고수열강

용접실습

정균호 · 박승리 공저

구민사

저자소개

정균호 전북대학교 대학원 기계공학과 졸업, 기계공학 석사
[前] 한국폴리텍대학 산업설비학과 교수, daum "용접기술" 카페 카페지기
[現] 주식회사 코린텍 기술고문
[現] 대한민국산업현장교수
[現] 한국폴리텍대학 산업설비학과 겸임교수(강사)
[E-mail] jungkho2001@hanmail.net
[자격증] 용접기술사, 금속재료기술사, 기계기술지도사, 용접기사, 용접기능장
[저 서]
(구민사) : 핵심 용접공학, 핵심 금속 · 용접야금학개론, 핵심 용접실무실습
고수열강 용접 · 특수용접기능사 필기 · 실기
고수열강 용접산업기사 필기 · 실기, 고수열강 용접기사 필기
고수열강 용접기능장 필기 · 실기, 고수열강 용접실습
(산업인력공단) : 용접설계시공, 금속보호가스용접 실기, 불활성가스텅스텐아크 용접 실기, 피복금속아크용접 실기
NCS 피복 아크 용접 실기, NCS CO_2 용접 실기
(삼천포마이스터공고) : 선박재료

박승리 군산대학교 대학원 기계공학과 졸업, 기계공학 석사
[現] 한국폴리텍대학 산업설비학과 교수
[자격증] 배관산업기사, 지방기능경기대회 심사장(배관, 공조냉동)

'고수열강 용접 실습' 개정편을 펴면서

요즈음 산업이 하루가 다르게, 눈부시게 발전함과 더불어 조선, 해양 플랜트, 풍력 발전설비, 원자력 발전설비, 자동차, 항공 등의 산업도 매우 빠른 속도로 발전하고 있으며, 그에 따른 용접 기술의 요구 수준도 매우 높아졌으며, 이론과 실기를 겸한 기량 높은 용접사나 용접기술 관리자의 필요성도 높아지고 있다.

따라서 단순히 자격증만 취득하고 경험이 없는 용접사보다는 체계적인 교육 훈련과 경험을 바탕으로 철저히 시험하고 검증된 설계와 시공법에 의한 용접 기술과 기술(능)인의 필요성이 더욱 많이 요구되고 있다.

필자는 1973년부터 지금에 이르기까지 산업현장과 교육현장에서 '용접과 금속'의 한 분야만을 고집하면서 꾸준히 기술을 익히고 학생들을 지도하고 취업시켜 왔으며, 모 공단의 교재 집필, 국가기술자격시험 문제 출제와 검토, 실기 감독을 해오면서 용접자격시험 준비를 하는 분들뿐만 아니라 혼자서 용접기술을 익히고자 하는 분들에게 꼭 필요한 실습 지침서를 남겨야겠다는 생각이 들었다. 지난 12년 9월말 '핵심 용접공학'을 출간하였으며, 2013년 2월 말 '고수열강 용접 특수용접기능사' '고수열강 용접산업기사' '고수열강 용접기능장' '용접기능장 문제집' '핵심금속·용접야금학개론' '핵심 용접실무실습'을 발간하였으며, 용접실습에 대한 지침서가 없어 실습을 하지 못하는 분을 위해 '고수열강 용접실습' 지침서를 집필하였는데 많은 분들이 추천하고 호응해준 덕분에 개정판을 출간하게 되었다.

본 '용접 실습' 지침서의 구성은 '제1장 가스용접 실습, 제2장 가스절단 실습, 제3장 전기용접 실습, 제4장 이산화탄산가스(CO_2) 아크용접 실습, 제5장 불활성가스 텅스텐아크(TIG)용접 실습'으로 구성하였으며, 이론적인 부분과 산업현장에서 요구되는 부분을 보강하였기에, 대학이나, 공고, 산업현장에서 학생 지도의 지침서로 활용하기에 충분하며, 이 교재만으로 혼자서도 기술 향상을 충분히 할 수 있는 교재라고 생각된다. 다만 최대한 점검하고 수정하였지만 아직도 발견되지 못한 잘못된 부분은 다음 개정판 출판시 수정할 것을 약속드린다. 마지막으로 이 책의 출판을 위해 적극적으로 후원해주신 도서출판 구민사 조규백 대표님과 직원 여러분께 깊은 감사를 드립니다.

차 례 contents

제1장 가스용접 실습

제2장 가스절단 실습(수동, 자동)

제3장 피복아크(전기)용접 실습

제4장 이산화탄산가스(CO_2) 용접

차 례 contents

PART 01

가스용접 실습

다섯 열기

용접 실습

용접 실습

01 가스용접 실습

제1절 가스용접

1 가스용접

가스용접에 가장 많이 사용되는 가스는 산소와 아세틸렌이다. 산소를 다량으로 사용할 경우는 액산(액체 산소)이나 다수의 압축 산소병을 설치한 집중 장치를 통하여 나오는 산소를 사용하며, 아세틸렌도 다수의 용기를 설치하여 파이프 라인을 통하여 나오는 가스를 사용한다.

가스용접에 사용하는 가스는 제조 원가와 사용의 편의성을 고려하여 집중 장치를 사용할 것인가 단일 용기를 설치하여 사용하는 방법을 택할 것인가를 결정해야 한다.

그러나 여기서는 단일의 압축 산소와 단일의 용해 아세틸렌 가스 용기를 사용하여 가스용접을 하는 것을 기준으로 집필하였으며, 적은 량을 사용할 경우는 대부분 이렇게 사용하게 된다.

2 가스용접의 원리

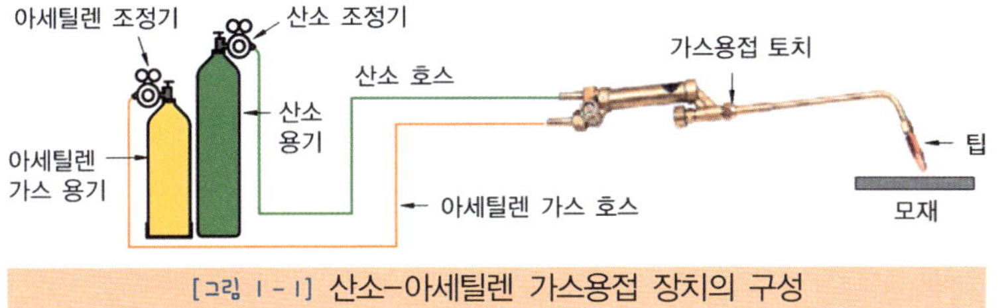

[그림 1-1] 산소-아세틸렌 가스용접 장치의 구성

가스용접은 사용하는 가스에 따라 산소-아세틸렌(oxy-acetylene gas), 산소-수소, 산소-프로판, 공기-아세틸렌 용접 등이 있다.

가스용접은 아크용접과 같은 융접의 일종이며, 산소-아세틸렌 가스가 연소할 때 발생하는 약 3000℃의 높은 열을 이용하여 모재와 용가제를 용융시켜 접합하는 방법이다.

3 산소 - 아세틸렌 불꽃

가. 불꽃의 구성

1) **불꽃심(백심** : flame core)

팁에서 나오는 혼합 가스가 연소하여 형성된 환원성의 백색 불꽃이다.

2) **속불꽃(내염** : inner flame)

백심 부분에서 생성된 일산화탄소와 수소가 공기 중의 산소와 결합, 연소하여 3200 ~ 3500℃의 높은 열을 발생하는 부분으로 약간의 환원성을 띠게 된다. 따라서 이 부분에서 용접하면 산화를 방지할 수 있다.

3) **겉불꽃(외염** : outer flame)

연소 가스가 다시 공기 중의 산소와 결합하여 완전 연소되는 부분으로, 불꽃의 가장 자리를 이루며, 약 2000℃의 열을 내게 된다.

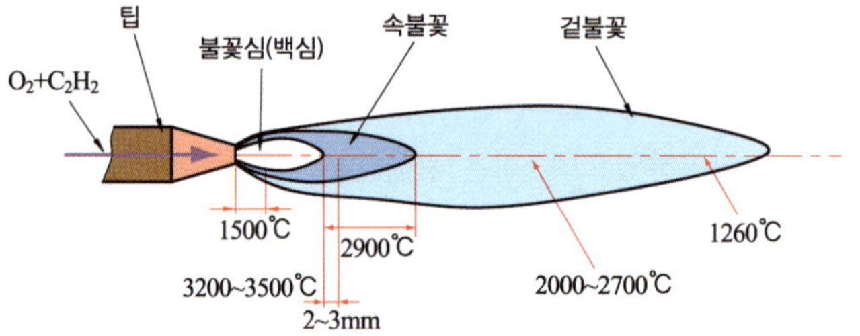

[그림 1-2] 산소-아세틸렌 불꽃 구성

나. 불꽃의 종류

1) **탄화 불꽃(아세틸렌 과잉 불꽃)**

토치의 아세틸렌 밸브를 적당히 열어 점화시킨 후 산소 밸브를 서서히 열면 불꽃이 점차 청색으로 변하면서 백심과 겉불꽃 사이에 연청색의 제3의 불꽃 즉, 아세틸렌 페더(깃)가 있는 불꽃이 형성되는 불꽃으로, 산화를 방지할 필요가 있는 스테인리스강, 스텔라이트, 모넬메탈 등의 용접에 사용된다.[그림 1-3 (a) 참조]

2) 중성 불꽃(표준 불꽃)

산소와 아세틸렌 가스의 혼합비가 1 : 1(실제는 1.1 ~ 1.2)의 비율로 혼합될 때 얻어지는 불꽃이다. 탄화 불꽃에서 산소 밸브를 계속 열거나 아세틸렌 밸브를 닫으면 백심과 겉불꽃 사이의 연한 청백색의 불꽃(아세틸렌 패더)이 점차 감소되어 백심과 일치된 백색의 불꽃이다. 이 백심 불꽃 끝에서 2 ~ 3mm 끝 부분의 온도가 높으며(약 3240℃) 산화나 탄화가 일어나지 않아 금속의 화학적 영향이 적으므로, 이 부분에 용접물을 두고 가열하여 용접해야 되며, 대부분의 금속은 이 불꽃을 사용하여 용접한다.[그림 1-3 (b) 참조]

3) 산화 불꽃(산소 과잉 불꽃)

산소의 과잉 불꽃으로 중성 불꽃에서 산소를 더 열어주면 산소가 과잉되어 백색 불꽃이 작으며 끝이 뾰족하거나 가늘며 끝이 뚜렷해지고 심하면 연한 회청색의 산화 불꽃이 된다. 이 불꽃은 산화성 분위기이므로 구리, 황동 등의 가스용접에 주로 이용된다.[그림 1-3 (c) 참조]

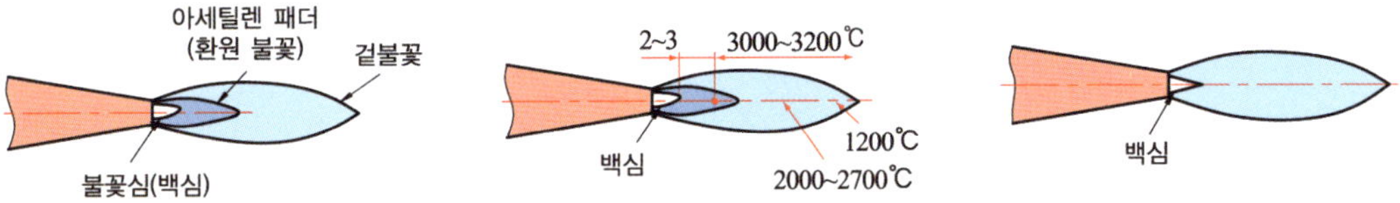

(a) 탄화 불꽃　(b) 중성(표준) 불꽃　(c) 산화 불꽃

[그림 1 - 3] 산소-아세틸렌 불꽃의 종류

4 압력 조정기

산소나 아세틸렌의 압력은 고압이므로 작업에서 필요로 하는 압력으로 낮추어야 한다. 이와 같이 높은 압력의 가스를 필요로 하는 압력으로 감압하는 기기를 압력 조정기 또는 감압 조정기라고 한다.

압력 조정기는 보통 부르동관식이 많이 사용되며, 일반적으로 2개의 게이지가 있는데 하나(용기 쪽에 가까운 게이지)는 용기 내의 압력을 나타내며, 또 하나는 토치에 공급되는 저압 게이지이다. 압력 조정은 조절 손잡이(나사식)를 시계 방향으로 돌리면 조정기 내부의 밸브시트가 열리어 저압 게이지 쪽으로 가스가 통과하게 되며, 반대로 하면 닫히게 된다.[그림 1-4 참조]

압력계의 작동 순서는 가스 압력 → 부르동관 → 링크 → 색터 기어 → 피니언 바늘 순이다.

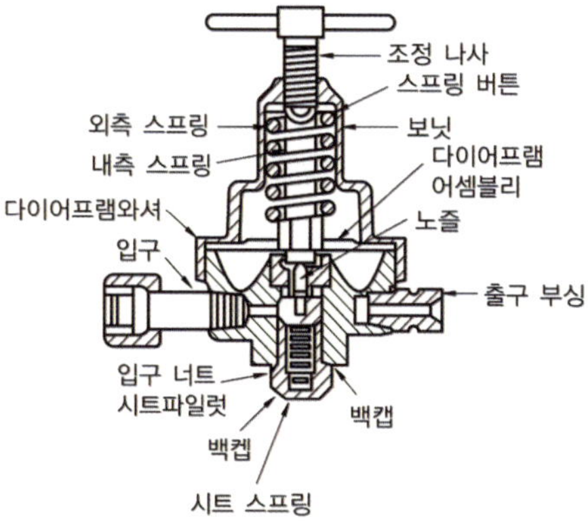

[그림 Ⅰ-4] 조정기의 내부 구조

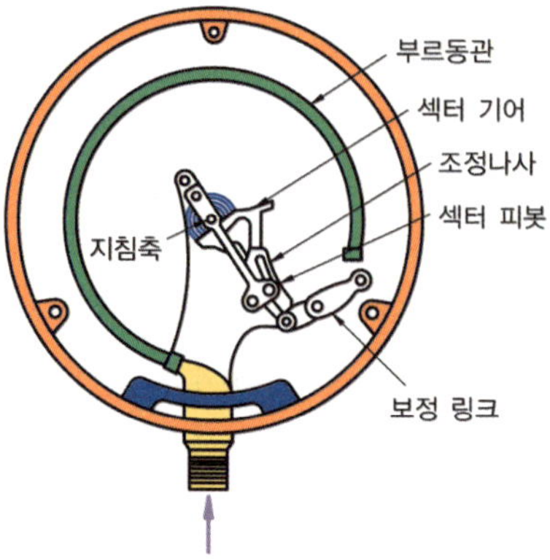

[그림 Ⅰ-5] 압력계의 내부 구조

가. 산소 압력 조정기

① 압력 조정 부분, 고압, 저압 게이지로 구성되어 있으며, 프랑스식과 독일식이 있다.

② 일반적으로 사용 압력은 3 ~ 4기압(kgf/cm^2) 이하로 조정한다.

나. 아세틸렌 압력 조정기

산소 압력 조정기와 모양은 같으나 압력 조정 스프링의 압력이 훨씬 낮으며, 접속구 나사는 왼나사로 되어 있다.

다. 압력 조정기의 구비 조건

① 조정기의 동작이 예민할 것

② 조정 압력은 용기 내의 가스량이 줄어들어도 항상 일정할 것

③ 게이지 압력과 토치 방출 압력과의 차이가 작을 것

④ 사용 중 동결할 염려가 없을 것

⑤ 가스 방출량이 많아도 유량이 안정되어 있을 것

라. 압력 조정기 취급상 주의 사항

① 용기에 조정기를 설치할 때 설치구에 있는 먼지를 털어 내고 연결구에서 가스의 누설이 없도록 정확하게 연결한다.

② 조정기 설치구나 나사부, 조정기 각부에 그리스나 기름 등을 사용해서는 안 된다.

③ 조정기를 견고하게 설치한 다음 조정 나사를 풀고 밸브를 천천히 열어야 하며, 가스 누설 여부를 비눗물로 검사한다.

④ 압력 지시계가 잘 보이도록 설치하며 유리가 파손되지 않도록 한다.

⑤ 조정기를 취급할 때에는 기름이 묻은 장갑 등을 사용해서는 안 된다.

⑥ 압력 용기의 설치구 방향에는 아무런 장해물이 없어야 한다.

제2절 가스용접 장치 설치 및 조작

1 설치 작업준비

가스용접 장치를 설치하기 위해서는 산소 및 아세틸렌 용기, 압력 조정기(산소, 아세틸렌용 각각), 고압 호스(산소 녹색 또는 검정색, 아세틸렌은 적색) 약 5m, 가스용접 토치와 팁, 스패너 등을 준비한다. 그리고 누설 검사용 비눗물과 붓도 준비한다.[그림 2-1 참조]

[그림 2-1] 가스용접 장치 설치 준비

2 용기에 압력 조정기 및 호스 부착

가. 압력 조정기 부착

산소 및 아세틸렌 용기의 밸브를 시계 반대 방향으로 열어 압력 조정기 설치구의 먼지나 이물질 등을 불어내고 깨끗이 한다. 이 때 용기의 가스 출구 앞쪽에 작업자가 서있지 않도록 주의한다.

산소병에는 산소 압력 조정기[그림 2-2 참조]를, 아세틸렌 용기에는 아세틸렌 압력 조정기를 설치한다.[그림 2-3 참조]

산소병의 압력 조정기 설치구의 나사는 오른 나사이므로 시계방향으로 돌려서 단단히 조이며, 용해 아세틸렌 용기는 왼나사이므로 시계 반대 방향으로 돌려야 조여진다.

[그림 2-2] 산소 압력 조정기 설치

따라서 나사 방향에 맞게 최대한 손으로 돌려서 압력 조정기를 설치한 다음 스패너로 단단히 조여 준다.

나. 호스 부착

1) 압력계에 호스 부착

산소 압력계의 가스 출구 닛풀(호스 연결구)에 녹색 또는 검정색의 호스를 끼우고 호스 클램프로 단단히 고정한다.

아세틸렌 압력계의 가스 출구 닛풀에 적색 호스를 끼우고 호스 클램프로 단단하게 고정한 다음 호스 내의 먼지 등을 제거하기 위해 용기의 고압 밸브를 잠깐 열었다 닫는다.

2) 토치에 호스 부착

산소 호스는 용접 토치의 산소(OX)라고 각인된 닛풀에, 아세틸렌 호스는 아세틸렌(AC)라고 각인된 토치의 닛풀에 끼운 후 호스 클램프로 단단하게 고정한다.[그림 2-4 참조] 호스는 KS 규격에 규정된 것(산소 호스 내압시험 압력 : 90kgf/mm^2, 아세틸렌 호스 내압시험 압력 : 10kgf/mm^2)을 사용해야 된다.

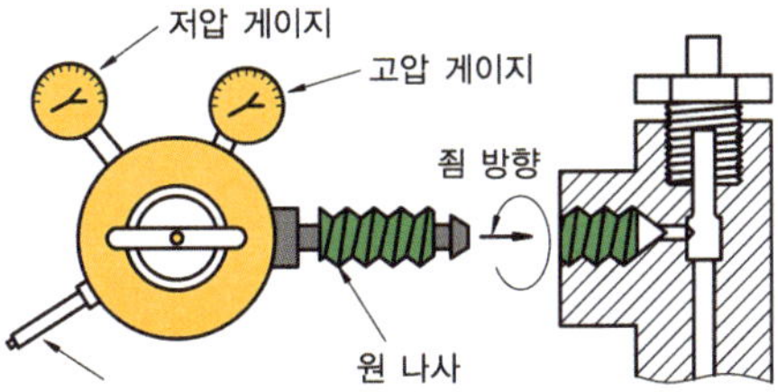

[그림 2-3] 아세틸렌 압력계 설치

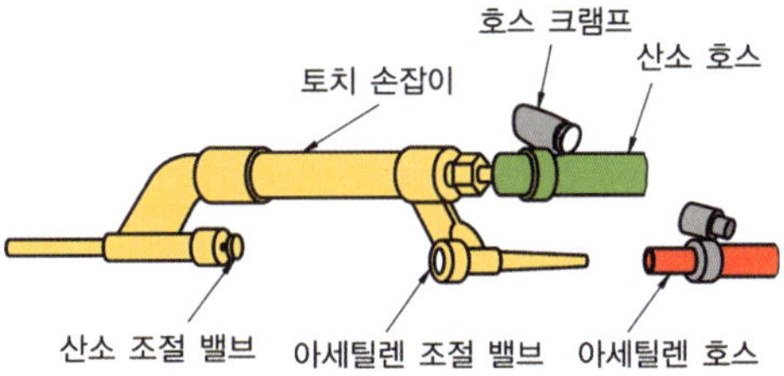

[그림 2-4] 토치에 호스 연결

다. 가스 누설 검사

용기의 고압 밸브를 열고, 압력 조정기의 손잡이를 조여서(압력 조정기가 열림) 적당한 압력을 걸어놓고 용기와 압력계, 호스 연결부 등 각 연결 부분을 준비된 비눗물을 사용하여 누설 여부를 점검하며 누설 부분이 있으면 더 단단하게 조여서 가스 누설이 없도록 한다.[그림 2-5 참조]

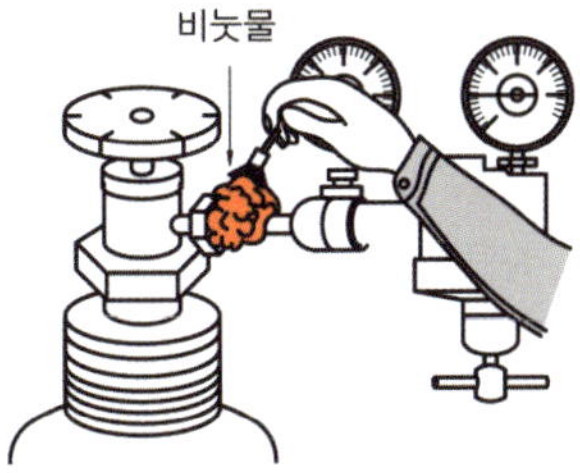

[그림 2-5] 압력계 연결부 누설 검사

3 가스 불꽃 조절

가. 가스 압력 조절

산소와 아세틸렌 압력계의 압력 조절 손잡이를 풀어 가스가 저압 게이지 쪽으로 나오지 않도록 한 후 용기의 고압 밸브를 시계 반대 방향으로 1~2바퀴 회전한다.(가스가 용기에서 분출하게 됨) 이 때 압력계의 고압 게이지의 바늘이 움직여 용기 내의 압력이 나타나므로 용기 내의 가스량을 알 수 있다.

산소 압력 조정기의 조절 손잡이를 시계 방향으로 회전시켜 저압 게이지의 압력을 2~5kgf/cm^{2}로, 아세틸렌은 산소의 약 1/10인 0.2~0.5kgf/cm^{2}로 조절한다. 만약 요구 압력보다 높게 나타났을 경우는 토치의 밸브를 열어놓고 압력 조절 손잡이를 시계 반대 방향으로 돌리며 설정 압력으로 조절한다.

나. 토치에 점화

오른손으로(오른손잡이 기준) 토치를 가연성 물질이 없는 안전한 곳을 향하도록 잡고(이 때 가스 용기와는 5m 이상 떨어질 것) 왼손의 엄지와 검지로 산소 밸브를 약간 열어준 후 (1/10~1/5 회전) 아세틸렌 밸브를 약 1/5~1/4 회전하여 열면서 점화 라이터로 점화한다. [그림 2-6 참조]

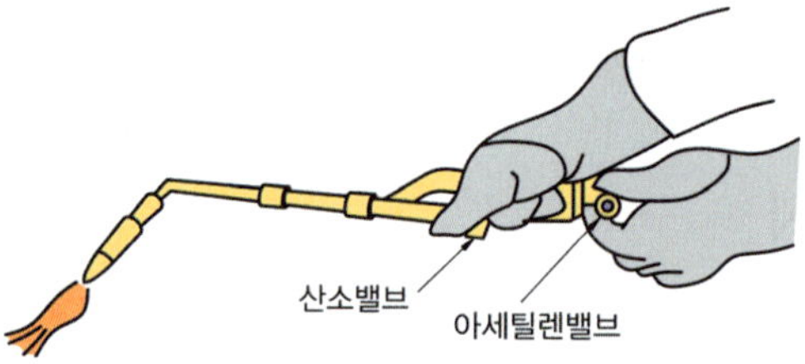

[그림 2-6] 가스용접 불꽃 조절

이 때 산소가 너무 적으면 매연이 매우 심한 적황색의 불꽃이 되며[그림 2-7 (a) 참조], 산소가 너무 많으면 딱 소리가 나면서 점화된다. 또한 아세틸렌 밸브를 너무 많이 열어서 불꽃이 팁 끝에서 떨어져 있을 경우는 산소를 열어도 불꽃 조절이 안되고 꺼져버리는 현상이 발생하므로 아세틸렌 밸브를 조금씩 닫아 불꽃이 팁 끝에 붙은 후에 산소 밸브를 열어 불꽃을 조절해야 된다.

그리고 점화는 전용 점화 라이터를 사용해야 되며 성냥불이나 일반 라이터를 사용할 경우 손을 데일 염려가 있으니 주의해야 된다.

다. 각종 불꽃 및 불꽃 세기 조절

일단 점화가 되면 산소 밸브와 아세틸렌 밸브를 조절하여 탄화 불꽃, 중성 불꽃, 산화 불꽃으로 조절해본다.[그림 2-7(a) 참조]. 탄화 불꽃은 아세틸렌이 산소보다 많이 분출하여 아세틸렌 깃이 백심 끝에서 많이 보일 때이며[그림 2-7 (b) 참조], 중성 불꽃은 산소와 아세틸렌 량이 1 : 1 정도일 때이며 백심과 아세틸렌 깃이 일치할 때의 불꽃이다.[그림 2-7 (c) 참조]

산화 불꽃은 산소가 아세틸렌 가스보다 많을 경우이며 아세틸렌 깃이 전혀 보이지 않아 백심이 선명하며 약간 뾰쪽해지게 된다.[그림 2-7 (d) 참조]

산화 불꽃은 구리나 구리 합금의 용접 이외에는 거의 사용되지 않으며, 일반적으로 중성 불꽃을 많이 사용하고 있다.

그리고 불꽃의 세기를 조절해본다. 불꽃을 세게 하려면 아세틸렌 밸브를 조금 열고 산소 밸브를 열어 다시 중성 불꽃으로 맞추며, 불꽃이 너무 세서 약하게 할 경우는 산소 밸브를 조금 닫고 아세틸렌 밸브를 닫으면서 중성 불꽃으로 조절한다.

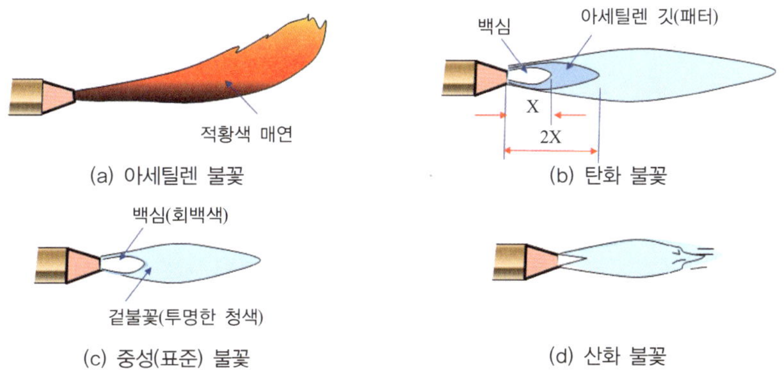

[그림 2-7] 각종 불꽃의 종류와 형태

4 불꽃 소화 및 정리 정돈

가. 불꽃 소화

불꽃을 소화할 경우는 토치의 산소 밸브를 거의 닫은 후 아세틸렌 밸브를 닫으면 작은 딱 소리가 나면서 꺼진다. 이 때 산소 분출량이 너무 많으면 딱 소리가 크게 나며, 너무 작거나 분출이 안되면 완전 소화가 안될 수 있으므로 다시 산소 밸브를 열어 소화 상태를 확인해야 된다.

나. 소화 및 잔여 가스 배출

불꽃이 꺼지면 가스 용기의 고압 밸브를 잠근 후 토치 밸브를 열어 호스 내의 잔여 가스를 제거한 후 토치의 밸브를 닫는다.

호스 내의 가스가 완전 배출되면 압력계의 저압과 고압 게이지의 바늘이 완전 내려와 '0'을 가리키게 되며, 그 후 다시 저압 게이지 바늘이 올라가게 되면 용기의 고압 밸브가 완전히 잠기지 않은 상태이므로 고압 밸브를 더 단단히 조여줘야 된다.

그리고 압력계의 압력 조절 손잡이를 풀어준다. 압력계는 부르동관식으로 되어 있으므로 나사의 원리에 의해 압력계의 손잡이를 시계 반대 방향으로 돌리면 압력계가 닫히게 되므로 가스 분출이 안된다.

다. 호스 정리

실습이 끝나면 토치 호스를 3회전 정도의 원으로 감아서 호스 걸이에 정돈한 후 사용했던 공구와 재료를 정리한 다음 주위를 깨끗이 청소한다.

제3절 비드놓기 가스용접

1 아래보기 비드놓기

가. 작업준비

1) 공구 및 재료 준비

가스용접에 필요한 공구와 재료(연강판, 가스용접봉 : 길이 1000mm), 보호구(앞치마, 보안경 : 차광도 5 ~ 6번) 등을 준비한다.[그림 3-1 참조]

와이어 브러시나 샌드페이퍼로 모재 표면의 흑피 부분을 깨끗이 청소하고 용접봉도 샌드페이퍼로 깨끗이 닦은 후 모재에 석필 등으로 금긋기한다. 좁은 비드를 놓을 경우는 1줄을, 넓은 비드놓기를 할 부분은 약 6 ~ 8mm 정도의 폭으로 2줄을 긋는다.

가스용접봉의 한쪽 끝 약 20mm 정도를 U자형으로 구부린다.(안전상 필요함) 가스용접봉이 너무 긴 경우 중간을 절단하여 사용한다.

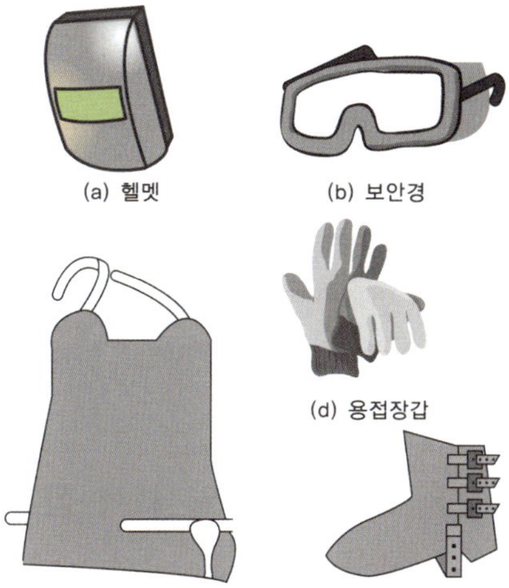

(a) 헬멧 (b) 보안경 (c) 앞치마 (d) 용접장갑 (e) 발커버

[그림 3-1] 가스용접 보호구

2) 작업준비

가스용접 장치의 각부를 점검하고 누설 유무를 확인한 후 모재 두께에 적합한 팁을 토치에 끼운다. 산소 압력을 2 ~ 5kgf/cm^{2}로, 아세틸렌 압력을 0.2 ~ 0.5kgf/cm^{2}로 맞춘다.[그림 3-2, 3-3 참조]

용접 앞치마, 장갑, 보안경 등 보호구 등을 착용한다.

[그림 3-2] 산소 압력 조절

[그림 3-3] 아세틸렌 압력 조절

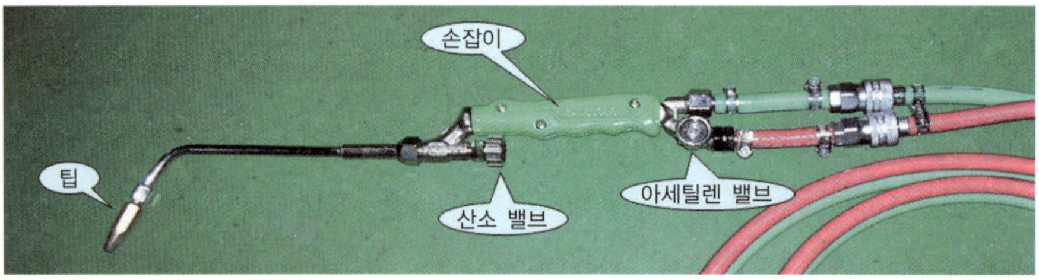

[그림 3-4] 가스용접 토치의 각부 명칭

나. 점화 및 불꽃 조절

토치에 점화하려면 토치의 산소 밸브를 약간 열고 아세틸렌 밸브를 열면서 점화 라이터로 점화한 후 곧 산소 밸브와 아세틸렌 밸브를 조작하여 중성 불꽃으로 만든다.

그리고 용접부의 형상에 따라 불꽃세기를 조절한다. 불꽃을 강하게 할 경우에는 아세틸렌 밸브를 먼저 열고 산소를 열어 조절하며, 불꽃을 약하게 할 경우는 반대로 산소 밸브를 조금씩 닫으며 아세틸렌 밸브를 닫으면서 중성 불꽃으로 조절한다.

다. 모재 고정 및 자세 잡기

작업대 위에 모재의 용접선이 좌우로 평행이 되며 수평이 되게 놓은 후 작업대 정면에 위치하여 편안한 자세로 앉아 토치와 용접봉을 가볍게 잡고 팔꿈치를 몸에서 적당히 뗀다.

토치의 작업각은 90°, 진행 반대각은 50 ~ 60°를 유지하며, 용접봉은 수평선에 대해 30 ~ 40°를 유지한다.[그림 3-5 참조]

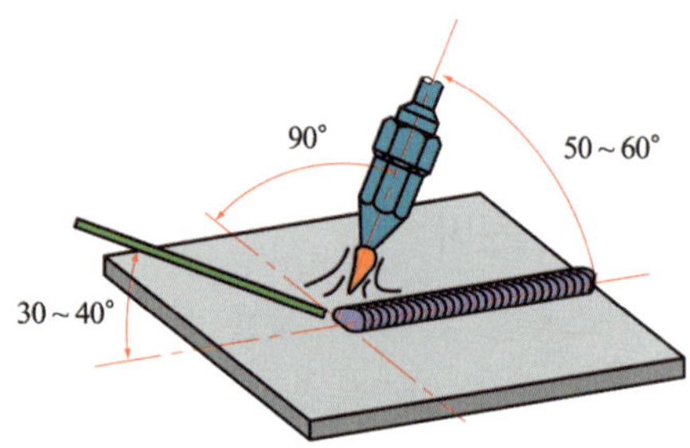

[그림 3-5] 토치의 작업각과 진행각

라. 아래보기 좁은 비드놓기

1) 좁은 비드놓기

용접선의 우측 끝 용접 시점을 중성 불꽃의 백심 끝으로 가열하여 용융지를 만든다. 이 때 모재와 백심 불꽃의 거리는 2 ~ 3mm 정도 유지한다.

용접봉은 겉불꽃 내에서 백심 끝 바로 앞의 용융지에 담갔다 뺐다 하면서 규칙적으로 상하 운동을 하며 토치 뒤의 비드 폭과 높이가 일정하도록 토치와 용접봉을 움직이며 전진한다. (전진법의 경우)

2) 크레이터 처리

비드의 끝 2 ~ 3mm 직전에서는 토치의 진행 반대각을 30 ~ 45°로 낮추면서 용접봉을 용융지 끝에 살짝 접촉시키면서 크레이터를 채운 후 토치를 들어 올리는 방법이나, 용접봉은 용융지 끝에 유지하고 토치를 전후로 움직이면서 입열량을 조절하여 크레이터 처리를 한 후 토치를 들어 올려 비드놓기를 종료한다.

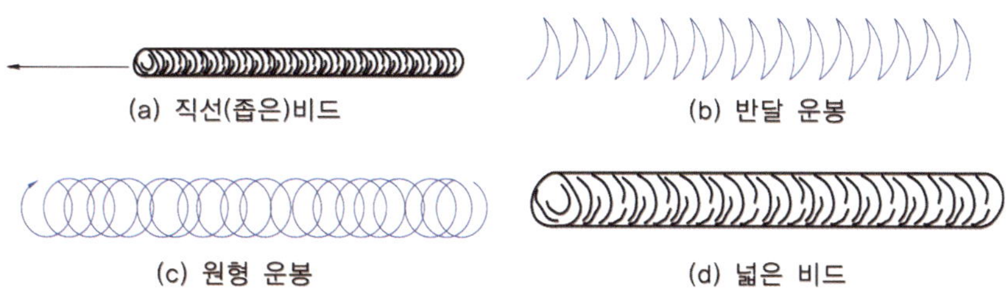

[그림 3-6] 좁은 비드 및 넓은 비드 형상 및 운봉법

마. 아래보기 넓은 비드놓기

모재의 우측 끝 용접 시점을 중성 불꽃으로 가열하여 용융지를 형성한 후 진행 방향과 직각 방향으로 약 6 ~ 8mm 정도 폭으로 반달 또는 원형으로 토치를 움직이며 용융지를 형성하며 용접봉을 겉불꽃 내에서 용융지에 찍어주듯이 상하운동하며 전진한다.
[그림 3-6, 3-7 참조]

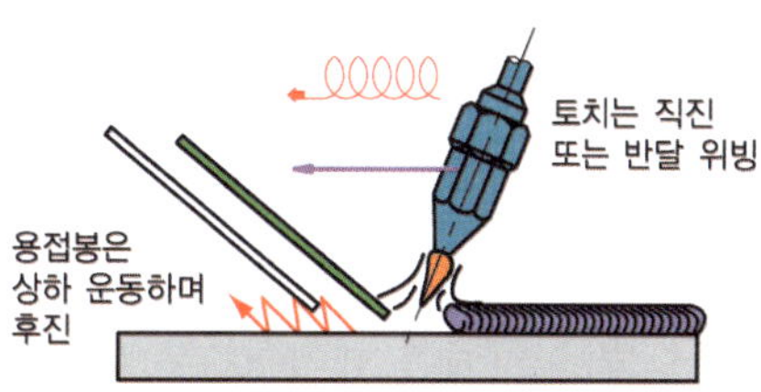

[그림 3-7] 토치 및 용접봉 진행

용접부 끝 크레이터 지점에서 토치는 진행 반대각을 적게 하여 상하운동하며 용접봉은 용융지에 대고 위빙하듯 움직여 비드 끝을 도톰하게 채운다.

바. 검사 및 반복 실습

토치의 산소 밸브를 4/5 정도 닫고 아세틸렌 밸브를 완전히 닫아 불꽃을 소화한 후 용접부의 산화막을 제거하고 와이어 브러시로 깨끗이 청소한다.

평가 기준에 의해 비드의 직선도, 폭과 높이, 파형, 언더컷, 오버랩, 용접시점과 크레이터 처리 상태 등을 점검한다. 검사에서 발견된 결함을 시정하려고 노력하며 위의 작업 순서 '가 ~ 마'를 반복 실습한다.

2 수평자세 비드놓기

가. 모재 고정 및 자세 잡기

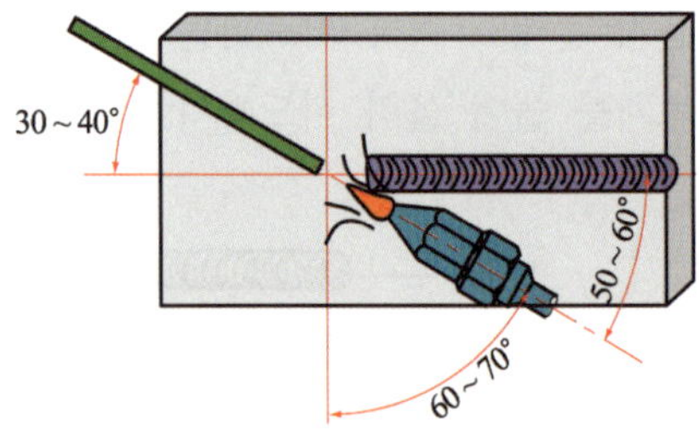

[그림 3-8] 수평자세 작업각 및 진행각, 용접봉 유지각도

모재가 수직이며, 금긋기한 용접선이 수평이 되게 작업대의 지그에 모재의 상단이 가슴 높이 정도 되게 단단히 고정한 후 작업대의 정면에 편안한 자세로 앉아 토치와 용접봉을 가볍게 잡고 팔꿈치를 몸에서 적당히 뗀다.

토치의 작업각은 수직인 하단부에 대해 60 ~ 70°, 진행 반대각은 50 ~ 60°를 유지하며, 용접봉은 수평선에 대하여 30 ~ 40°를 유지한다.[그림 3-8 참조]

나. 수평자세 비드놓기

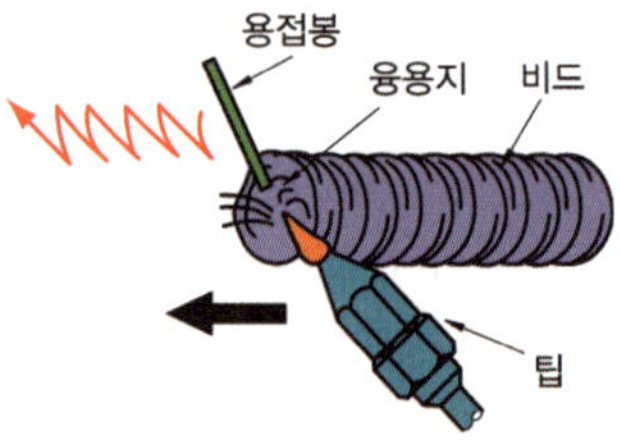

[그림 3-9] 수평자세 용접봉 진행

용접선의 우측 끝 용접 시점을 중성 불꽃의 백심 끝으로 가열하여 용융지를 만든다. 이 때 모재와 백심 불꽃의 거리는 2 ~ 3mm 정도 유지한다.

용접봉은 겉불꽃 내에서 백심 끝 바로 앞의 용융지에 담갔다 뺐다 하면서 규칙적으로 상하운동을 하며 전진한다.(전진법의 경우 [그림 3-9 참조]

비드 폭과 높이가 일정하도록 토치와 용접봉을 움직인다. 비드의 끝 부분은 아래보기 비드놓기와 같은 방법으로 크레이터를 채운 다음 토치를 들어 올린다.[그림 3-10 참조]

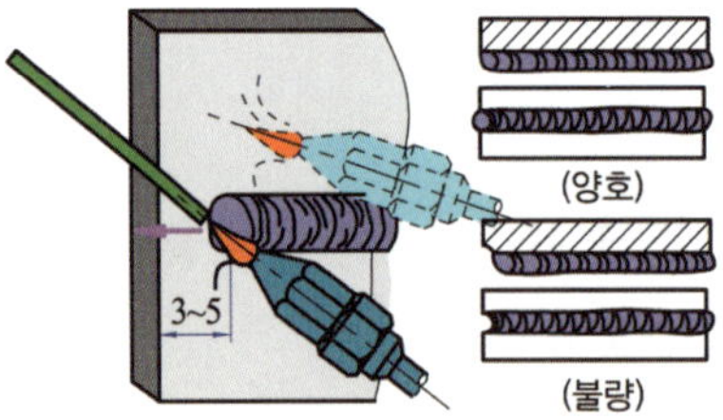

[그림 3-10] 크레이터 처리법

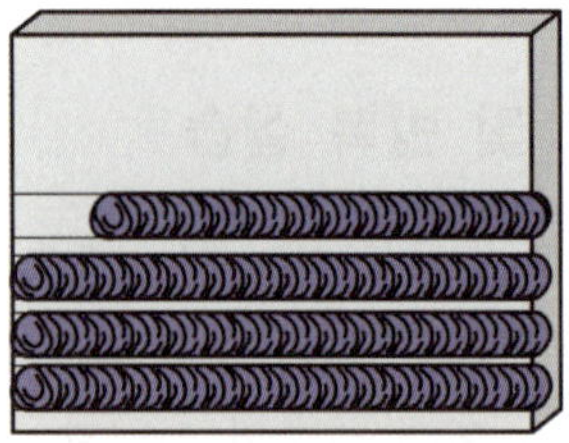
[그림 3-11] 수평자세 비드놓기

다. 검사 및 반복 실습

토치의 산소 밸브를 4/5 정도 닫고 아세틸렌 밸브를 완전히 닫아 불꽃을 소화한 후 용접부의 산화막을 제거하고 와이어 브러시로 깨끗이 청소한다.

평가 기준에 의해 비드의 직선도, 폭과 높이, 파형, 비드 처짐 상태, 언더컷, 오버랩, 용접시점과 크레이터 처리 상태 등을 점검하고[그림 3-11 참조], 검사에서 발견된 결함을 시정하려고 노력하며 위의 작업 순서 '가, 나'를 반복 실습한다.

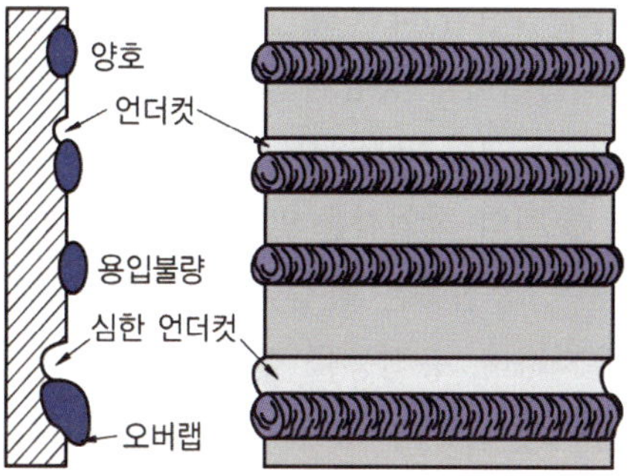

[그림 3-12] 각종 용접 결함

3 수직자세 비드놓기

가. 모재 고정 및 자세 잡기

모재와 금긋기한 용접선이 수직이 되게 작업대의 지그에 모재의 상단이 배꼽 높이 정도 되게 단단히 고정한다.

작업대의 정면에서 45° 우회전하여 편안하게 앉아 토치와 용접봉을 가볍게 잡고 허리를 굽힌다.[그림 3-13 참조]

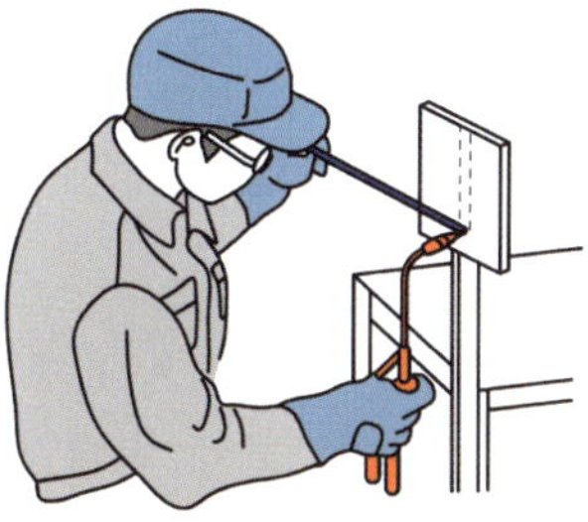

[그림 3-13] 수직자세

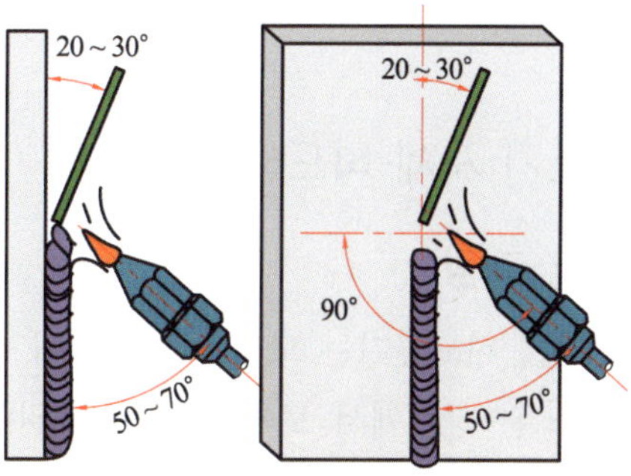

[그림 3-14] 각종 용접 결함

나. 수직자세 비드놓기

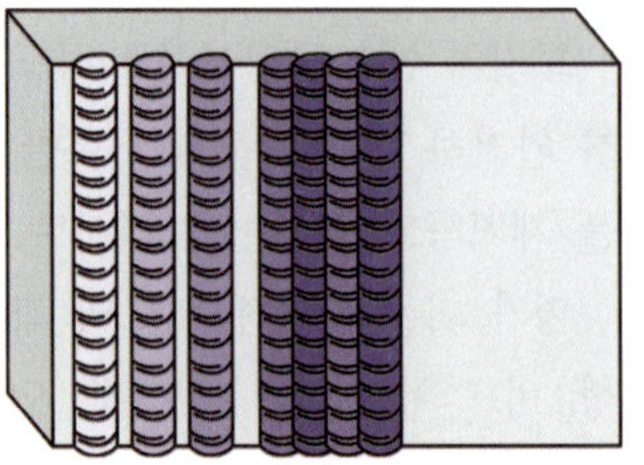

[그림 3-15] 수직자세 겹치기 비드

용접선의 하단 끝 용접 시점을 중성 불꽃의 백심 끝으로 가열하여 용융지를 만든다. 이 때 모재와 백심 불꽃의 거리는 2 ~ 3mm 정도 유지한다.

토치의 작업각은 90°, 진 행 반대각은 50 ~ 70°를 유지하며, 용접봉은 용접선 위쪽 수직선에 대하여 20 ~ 30°를 유지하며, 용접봉을 겉불꽃 내에서 백심 끝 바로 앞의 용융지에 담갔다 뺐다 하면서 규칙적으로 상하운동을 하며 상진한다.[그림 3-14 참조]

비드 폭과 높이가 일정하도록 토치와 용접봉을 움직인다. 비드의 끝 부분은 아래보기 비드 놓기와 같은 방법으로 크레이터를 채운 다음 토치를 들어 올린다.

다. 검사 및 반복 실습

토치의 산소 밸브를 4/5 정도 닫고 아세틸렌 밸브를 완전히 닫아 불꽃을 소화한 후 용접부의 산화막을 제거하고 와이어 브러시로 깨끗이 청소한다.

평가 기준에 의해 비드의 직선도, 폭과 높이, 파형, 언더컷, 오버랩, 용접시점과 크레이터 처리 상태 등을 점검하고[그림 3-15 참조], 검사에서 발견된 결함을 시정하려고 노력하며 위의 작업 순서 '가, 나'를 반복 실습한다.

4 위보기 자세 비드놓기

가. 모재 고정

위보기 자세 비드놓기는 모재가 머리보다 위쪽이며 용접부가 아래로 향한 상태에서 용접선이 좌우가 된 상태에서 토치의 불꽃이 위쪽으로 향하여 비드를 놓는 방법이다.

따라서 모재가 수평이고, 금긋기한 용접선이 아래쪽이 되며 좌우 수평이 되게 작업대의 지그에 고정하고 모재의 상단이 머리 높이보다 약 100mm 정도 높게 맞춘다.

나. 위보기 자세 잡기

작업대의 정면에 편안한 자세로 앉아 토치와 용접봉을 가볍게 잡고 팔을 들어 올려 토치 끝이 위로 향하게 하며, 백심과 모재와의 거리는 2 ~ 3mm, 토치의 작업각은 90°, 진행 반대각은 50 ~ 70°를 유지하며, 용접봉은 우측 용접선에 대하여 20 ~ 30°를 유지한다.[그림 3-16, 3-17 참조]

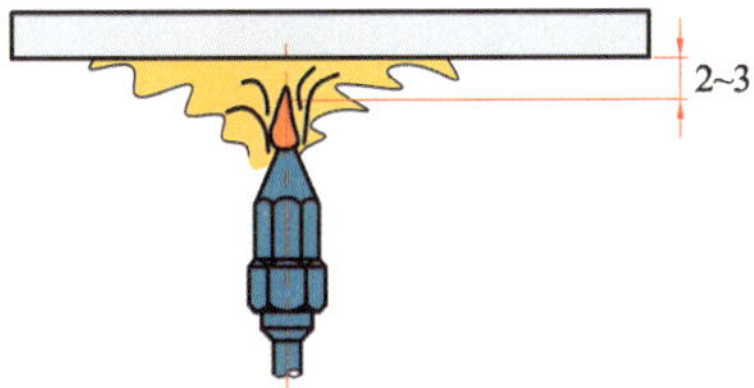

[그림 3-16] 모재와 백심의 거리

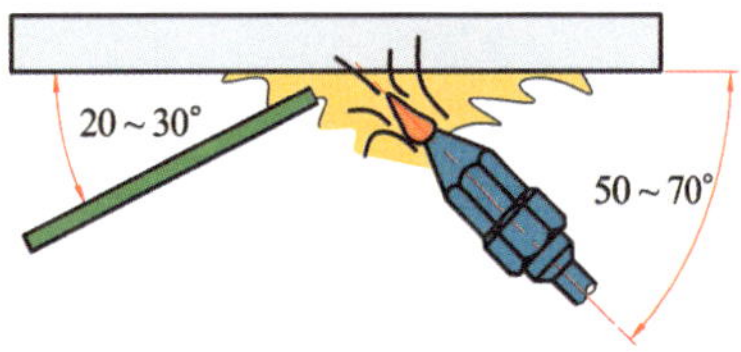

[그림 3-17] 토치와 용접봉 유지각

다. 위보기 자세 비드놓기

1) 좁은 비드놓기

용접선의 우측 끝 용접 시점을 중성 불꽃의 백심 끝으로 가열하여 용융지를 만들고, 용접봉은 겉불꽃 내에서 백심 끝 바로 앞의 용융지에 담갔다 뺐다 하면서 규칙적으로 상하운동을 하며 전진한다.(전진법의 경우)

이 때 토치 뒤의 비드 폭을 관찰하면서 비드 폭과 높이가 일정하도록 토치와 용접봉을 움직인다. 비드의 끝 부분은 크레이터를 채운 다음 토치를 들어 올린다.

2) 넓은 비드놓기

좁은 비드놓기와 거의 유사하지만 좁은 비드는 토치가 일직선으로 진행하지만 넓은 비드는 진행 방향에 대하여 직각 방향으로 6 ~ 8mm 정도 반달형 또는 원형 위빙을 하며 용융지를 형성하고 그 용융지에 일정한 주기로 용접봉을 담갔다 빼내었다 하면서 비드 폭이 8 ~ 10mm 이상 되게 진행하여 넓은 비드를 얻는다.[그림 3-18, 3-19 참조]

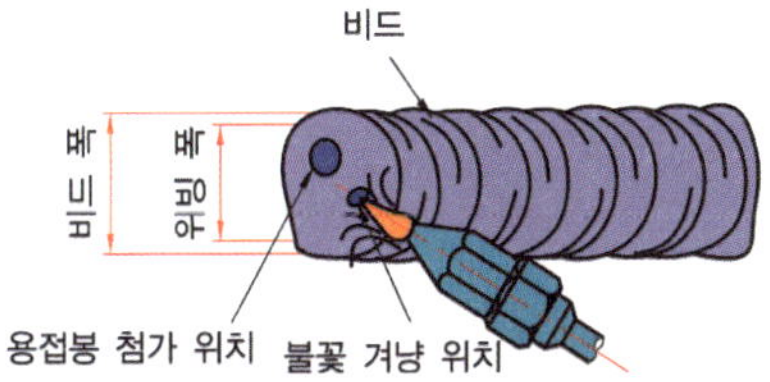

[그림 3-18] 용융지에 용접봉 첨가 위치

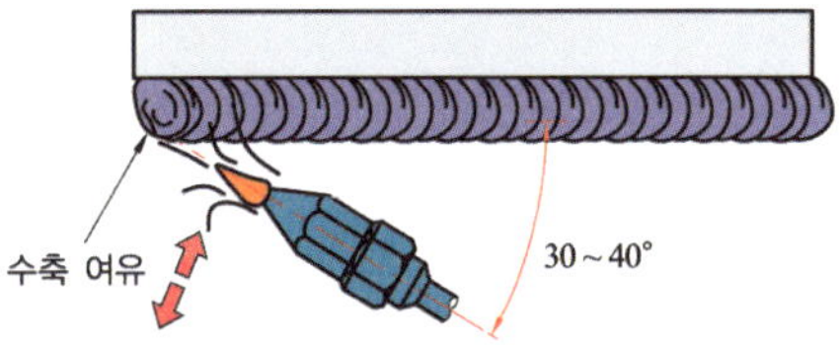

[그림 3-19] 크레이터 처리시 토치 조작

라. 검사 및 반복 실습

토치의 불꽃을 소화하고, 용접부를 와이어 브러시로 깨끗이 청소하여 산화물을 제거한 후 평가 기준에 의해 비드의 직선도, 비드 처짐, 폭과 높이, 파형, 언더컷, 오버랩, 용접시점과 크레이터 처리 상태 등을 점검한다.

검사에서 발견된 결함을 시정하려고 노력하며 위의 작업 순서 '가, 나'를 반복 실습한다.

마. 불꽃 소화 및 정리 정돈

1) 불꽃 소화

불꽃을 소화할 경우는 토치의 산소 밸브를 거의 닫은 후 아세틸렌 밸브를 닫으면 작은 딱 소리가 나면서 꺼진다. 이 때 산소 분출량이 너무 많으면 딱 소리가 크게 나며, 너무 작거나 분출이 안되면 완전 소화가 안될 수 있으므로 다시 산소 밸브를 열어 소화 상태를 확인해야 된다.

2) 토치 내의 가스 배출

불꽃이 꺼지면 가스 용기의 고압 밸브를 잠근 후 토치 밸브를 열어 호스 내의 잔여 가스를 제거한 후 토치의 밸브를 닫는다.

호스 내의 가스가 완전 배출되면 압력계의 저압 게이지의 바늘이 완전 내려와 '0'을 가리키게 되며, 만약 다시 저압 게이지 바늘이 올라가게 되면 용기의 고압 밸브가 완전히 잠기지 않은 상태이므로 고압 밸브를 더 단단히 조여줘야 된다.

그리고 압력계의 압력 조절 손잡이를 풀어준다.(압력계가 닫히게 되므로 가스 분출이 안됨)

3) 호스 정리

실습이 끝나면 토치 호스를 3회전 정도의 원으로 감아서 호스 걸이에 정돈한 후 사용했던 공구와 재료를 정리한 다음 주위를 깨끗이 청소한다.

제4절 필릿 가스용접

1 필릿 용접

가. 필릿 용접의 의의

필릿 용접은 용접부가 거의 직교하는 삼각형의 단면을 가진 용접으로, T 이음부나 겹치기 이음부의 구석 부분을 용접하는 것으로서 T 이음의 경우는 홈을 가공하는 경우도 있으나 대부분 구석 부분을 그대로 용접하는 경우가 많다.

나. 필릿 용접의 종류

1) 이음 형상에 따라

이음의 형상에 따라 T형, +자형, 겹치기형이 있으며, 용접부의 연속성 여부에 따라 연속 필릿 용접, 단속 필릿 용접이 있다.[그림 4-1 참조]

① **연속 필릿 용접 :** 용접부 길이 전체를 연속으로 용접한 것으로 강도를 많이 요할 경우에 필요하지만 변형이 크므로 주의해야 한다.

② **단속 필릿 용접 :** 용접부 전체의 길이를 일정한 간격으로 띄엄띄엄 용접하는 것으로, 병렬 필릿 용접, 지그재그 필릿 용접 등이 있다.

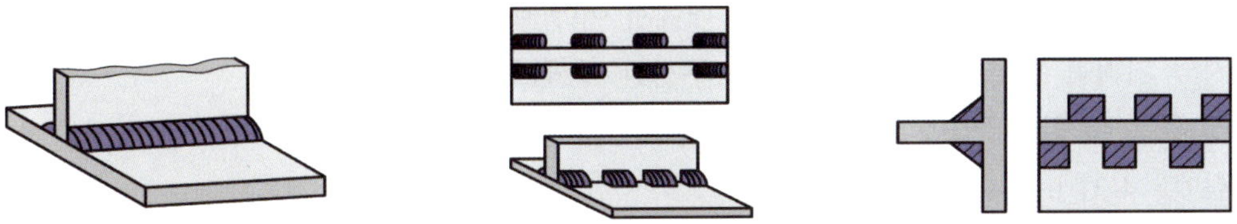

(a) 연속 필릿 용접　(b) 단속 필릿 용접　(c) 단속 지그재그 필릿 용접

[그림 4-1] 형상에 따른 필릿 용접부의 종류

2) 하중의 방향에 따라 [그림 4-2 참조]

① 전면 필릿 용접 : 용접선의 방향과 하중의 방향이 직교한 형상의 필릿 용접
② 측면 필릿 용접 : 용접선의 방향과 하중의 방향이 평행한 형상의 필릿 용접
③ 경사 필릿 용접 : 용접선의 방향이 하중의 방향에 대하여 경사져 있는 형상

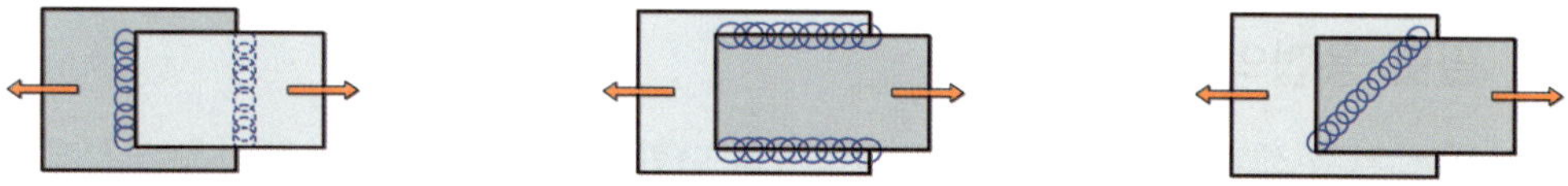

(a) 전면 필릿 용접 (b) 측면 필릿 용접 (c) 경사 필릿 용접

[그림 4-2] 하중의 방향에 따른 필릿 용접

다. 필릿 용접 이음 홈의 각부 명칭

필릿 용접 이음의 각부 명칭은 [그림 4-3]과 같다.(KSB 0106)

1) 목 길이(각장 Leg length)

필릿의 루트부에서 토(toe)까지의 거리 [그림 4-3]의 h를 칭한다.

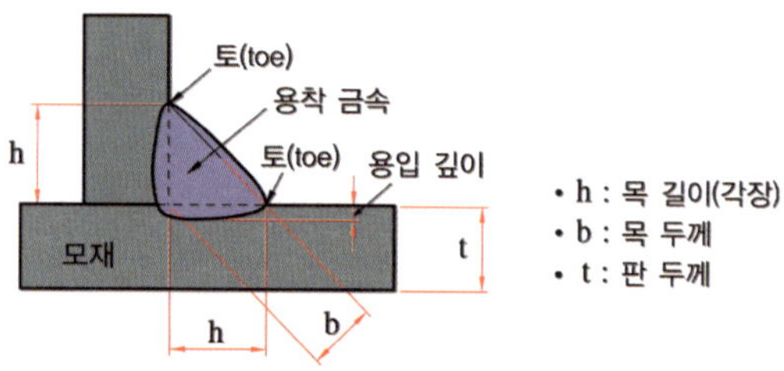

[그림 4-3] 필릿 용접 이음 홈의 각부 명칭

2) 목 두께(Thickness of throat)

이론 목 두께와 실제 목 두께가 있는데, 이론 목 두께는 필릿 용접의 가로 단면 내에서 이에 내접하는 2등변 삼각형의 루트부터 빗변까지의 거리를 말하며, 약간의 용입은 무시한 두께를 말한다.

실제 목 두께는 용입을 고려한 용입의 루트부터 필릿 용접의 표면까지의 최단 거리를 말한다.[그림 4-3] b는 이론 목 두께임)

3) 비드의 형상

필릿 용접부의 비드 형상은 볼록형과 평면형, 오목형이 있으며, 필릿 용접부는 약간 볼록형이 좋다.[그림 4-4 참조]

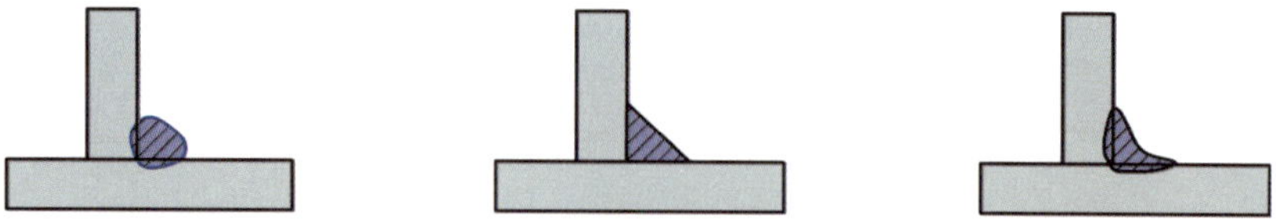

(a) 볼록형 필릿 (b) 평면형 필릿 (c) 오목형 필릿

[그림 4-4] 필릿 용접 이음의 표면 형상

PART 1

라. 필릿 용접 이음의 치수 결정

필릿 용접 이음의 치수는 필릿 강도 계산에 중요하며 그 크기는 판두께 t에 비하여 너무 작거나 커서는 안된다. 일반적으로 필릿 용접의 목 길이는 양면 필릿 용접에서는 판두께의 3/4 정도(보통 판두께의 70 ~ 100%)로 하고 있으나 대부분의 경우는 회사 규격으로 정하고 있다.

또한 루트 간격이 커지면 목 길이가 증가되며 결국 유효 목 두께가 감소되므로 필릿 용접 이음의 루트 간격은 0.8mm 이하로 하는 것이 적당하다.

2 아래보기 자세 필릿 가스용접

가. 필릿 용접 작업준비

1) 공구 및 재료 준비

필릿 가스용접에 필요한 공구(강철자, 마그네틱 척, 스파크 라이터 등)와 보호구, 재료(연강판, 가스용접봉)를 준비한 후 연강판(t3.2 ~ 4.0×125×150) 2매를 준비하여 하나는 필릿 용접할 위치에 금긋기를 하고, 다른 하나의 측면을 평평하게 가공한다.

2) 작업준비

가스용접 장치의 각부를 점검하고 누설 유무를 확인한다. 모재 두께에 적합한 팁(A1호 No. 3 ~ 5호, 또는 B1호 No. 200 ~ 300번)을 토치에 끼운다.

가스 용기의 밸브를 열고 압력 조정기의 손잡이를 조절하여 산소 압력을 2 ~ 5kgf/cm^{2}로, 아세틸렌 압력을 0.2 ~ 0.5kgf/cm^{2}로 맞춘다.

용접 앞치마, 장갑, 보안경 등 보호구 등을 착용한다.

나. 점화 및 불꽃 조절

토치에 점화하려면 토치의 산소 밸브를 약간 열고 아세틸렌 밸브를 열면서 점화 라이터로 점화한 후 곧 산소 밸브와 아세틸렌 밸브를 조작하여 중성불꽃으로 만든다.

그리고 용접부의 형상에 따라 불꽃 강도를 조절한다. 필릿 용접의 경우는 비드놓기나 맞대기용접의 경우보다 강하게 조절하여야 된다.

불꽃을 강하게 할 경우에는 아세틸렌 밸브를 먼저 열고 산소를 열어 조절하며, 불꽃을 약하게 할 경우는 반대로 산소 밸브를 조금씩 닫으며 아세틸렌 밸브를 닫으면서 중성 불꽃으로 조절한다.

다. 가접(가용접) 및 역변형주기

금긋기한 모재를 작업대 위에 수평으로 놓고 측면을 가공한 모재를 금긋기한 위치에 직각으로 세워 마그네틱 척 등으로 고정한 다음 양 끝을 단단하게 가접한다.[그림 4-5 참조], 연습 모재가 아닌 실제 용접 구조물의 경우는 양 끝에서 약 30mm 안쪽에 가접하는 것이 좋다.)

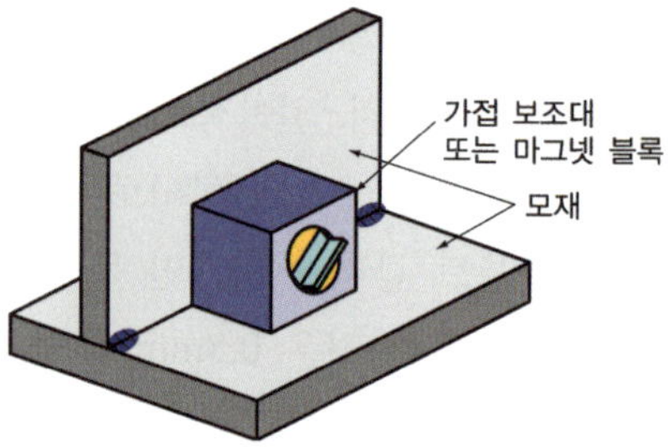

[그림 4-5] 필릿 용접 가접 방법

가접이 끝나면 용접 방향과 반대 방향으로 약 1 ~ 3° 역변형을 준다.

라. 모재 고정

가접한 모재의 용접부가 아래보기 자세가 되도록 수평판의 용접부 쪽을 들어 올려 보조판으로 고정하거나, 지그에 고정한다.[그림 4-6 참조]

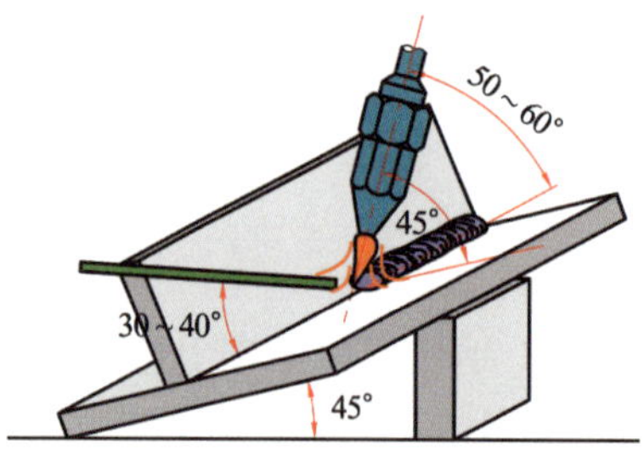

[그림 4-6] 아래보기 필릿 토치와 용접봉 각도 그림

마. 아래보기 필릿 가스용접

필릿 가스용접은 루트부가 잘 용융되지 않기 때문에 용접 전에 루트부를 충분하게 예열한 후 실시하는 것이 좋다.

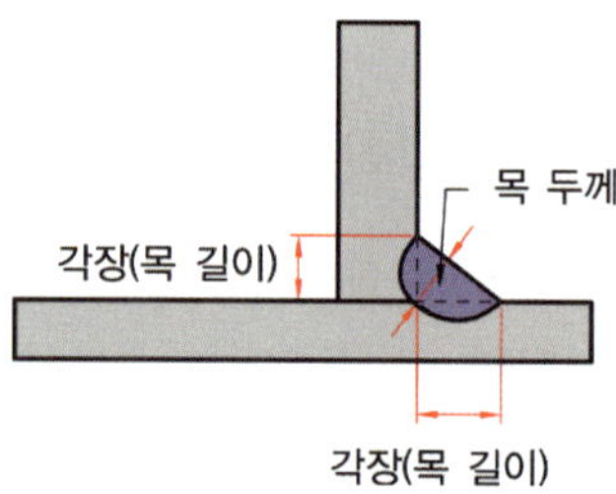

[그림 4-7] 목 길이와 목 두께

필릿 용접시 토치의 작업각을 45°, 진행 반대각을 50 ~ 60°로 유지하고 용접봉은 수평선에 대하여 30 ~ 40°를 유지하며 [그림 4-6 참조], 두 모재의 경계선 루트부를 토치의 불꽃으로 가열하여 용융지를 형성시킨 후 비드놓기 방법과 같이 용접봉을 백심 불꽃의 바로 앞 용융지에 담갔다 꺼냈다 하면서 목 길이(각장), 비드 폭과 높이, 피치가 일정하게 형성되도록 비드를 놓는다.[그림 4-7 참조]

바. 검사 및 반복 실습

용접부를 깨끗이 청소한 후 용접 상태를 검사하고 잘못된 점을 시정하려고 노력하며 반복 실습한다. 필릿 용접시 불꽃이 너무 약하면 루트부가 용융되지 않아 용입 불량, 오버랩 등이 생길 수 있으며, 불꽃이 너무 강하고 토치와 용접봉의 운봉이 나쁘면 언더컷이 생길 우려가 있다.[그림 4-8 참조]

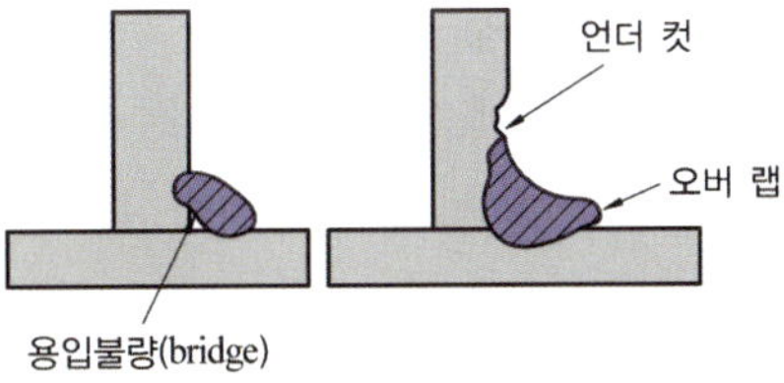

[그림 4-8] 필릿 용접부의 결함의 예

3 수평자세 필릿 가스용접

가. 모재 고정

가접한 모재의 용접부가 수평자세가 되도록 작업대나 지그에 아래판이 수평이 되도록 고정한다.[그림 4-9 참조]

나. 수평자세 필릿 가스용접

1) 전진법

작업대 앞에 편하게 앉아 토치와 용접봉을 잡고 모재의 우측 루트부 주위를 예열한다. 예열시 수평판에 열을 더 준다. 시작부가 용융되면 용접봉을 백심의 앞 수직판 용융지쪽에 넣었다 빼냈다 하면서 일정한 목 길이와 피치, 비드 형상이 되게 하며 좌측으로 진행한다.

용접 토치의 작업각은 45°, 진행 반대각은 50 ~ 60°로 유지하며, 용접봉은 30 ~ 40°를 유지하며 진행한다. 백심은 루트부에서 수평판 쪽으로 0.5 ~ 1mm 향하여 두 모재가 균일하게 가열되도록 한다.[그림 4-10 참조]

용접이 끝나는 지점 2 ~ 3mm 앞에서 토치의 각도를 줄이거나 상하 운동을 하여 열의 집중을 적게 하며, 용접봉은 용융지 속에서 움직이며 비드 끝을 볼록하게 크레이터 처리를 한다.

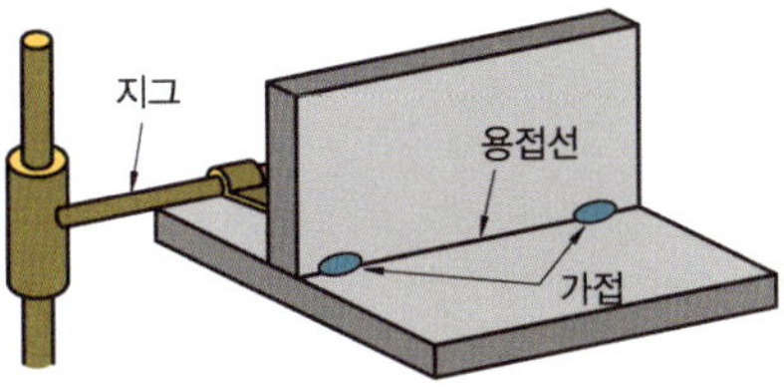

[그림 4-9] 가접 및 모재 고정 그림

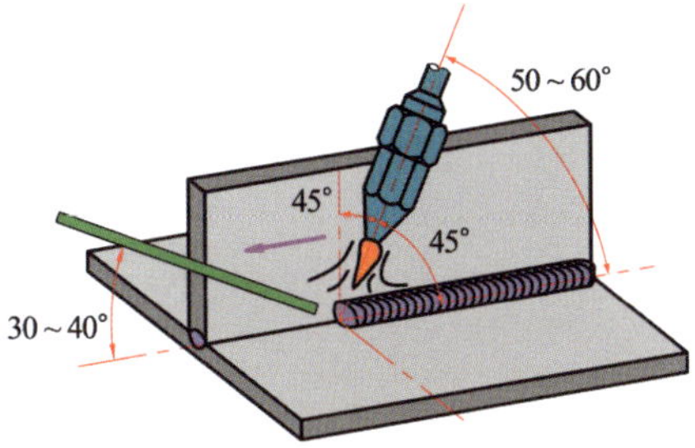

[그림 4-10] 토치와 용접봉 유지각도(전진법)

2) 후진법

작업대 앞에 편하게 앉아 토치와 용접봉을 잡고 모재의 좌측 루트부 주위를 예열한다. 예열시 수평판에 열을 더 준다. 시작부가 용융되면 용접봉을 백심의 앞 수직판 용융지쪽에 넣었다 빼냈다 하면서 일정한 목 길이와 피치, 비드 형상이 되게 하며 우측으로 진행한다.

용접 토치의 작업각은 45°, 진행각은 60 ~ 70°로, 용접봉은 30 ~ 40°를 유지하며 진행한다. 백심은 루트부에서 수평판 쪽으로 0.5 ~ 1mm 향하여 두 모재가 균일하게 가열되도록 한다. [그림 4-11 참조]

용접이 끝나는 지점 2 ~ 3mm 앞에서 토치의 각도를 30 ~ 40°로 낮추고 상하 운동을 하여 열의 집중을 적게 하며, 용접봉은 용융지 속에서 움직이며 비드 끝을 볼록하게 크레이터 처리를 한다.

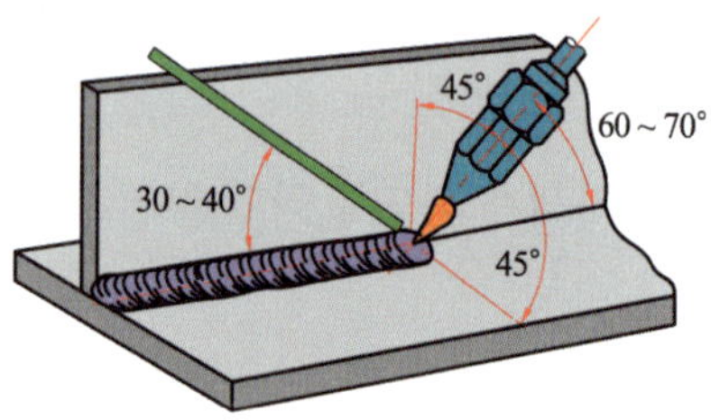

[그림 4-11] 토치, 용접봉 유지각도(후진법)

다. 검사 및 반복 실습

용접부를 깨끗이 청소한 후 목 길이의 적정 여부, 용입 불량 여부, 언더컷이나 오버랩 여부 등 용접 상태를 검사하고[그림 4-12 참조] 잘못된 점을 시정하려고 노력하며 반복 실습을 한다.

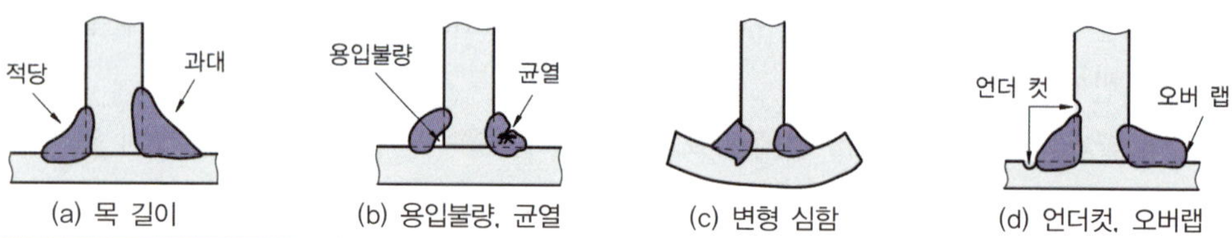

[그림 4-12] 수평 필릿 용접 결함

4 수직자세 필릿 가스용접

가. 모재 고정

가접한 모재가 수직이고 용접부가 수직이 되며, 모재의 상부가 가슴 정도 되게 단단하게 고정한다.[그림 4-13 참조]

나. 수직자세 필릿 용접

작업대 앞에 편하게 앉아 토치와 용접봉을 잡고 모재의 하단 루트부 주위를 예열한다.
시작부가 용융되면 용접봉을 백심의 앞 용융지쪽에 넣었다 빼냈다 하면서 일정한 목 길이와 피치, 비드 형상이 되게 하며 우측으로 진행한다.

이 때 용접 토치의 작업각은 45°, 진행 반대각은 60 ~ 70°로, 용접봉은 30° 정도로 유지하며 상진한다. 백심은 루트부에서 수평판 쪽으로 0.5 ~ 1mm 향하여 두 모재가 균일하게 가열되도록 한다.[그림 4-13 참조]

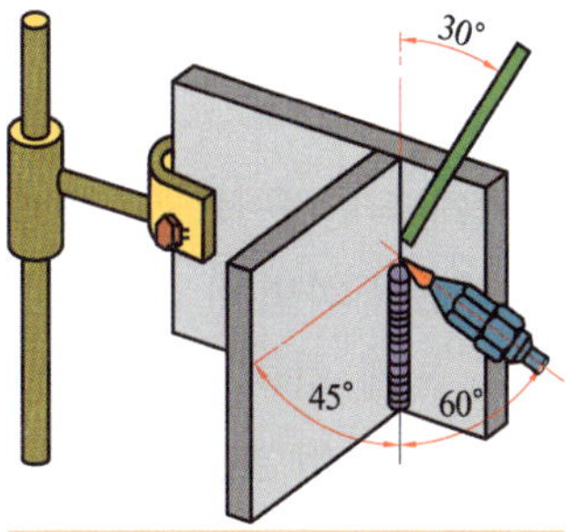

[그림 4 - 13] 수직 필릿 용접 모재 고정 및 각도

용접이 끝나는 지점 2 ~ 3mm 앞에서 토치의 각도를 30 ~ 40°로 낮추고 상하 운동을 하여 열의 집중을 적게 하며, 용접봉은 용융지 속에서 움직이며 비드 끝을 볼록하게 크레이터 처리를 한다.

다. 검사 및 반복 실습

용접부를 깨끗이 청소한 후 목 길이의 적정 여부, 용입 불량 여부, 언더컷이나 오버랩 여부 등 용접 상태를 검사하고[그림 4-14 참조] 잘못된 점을 시정하려고 노력하며 반복 실습을 한다.

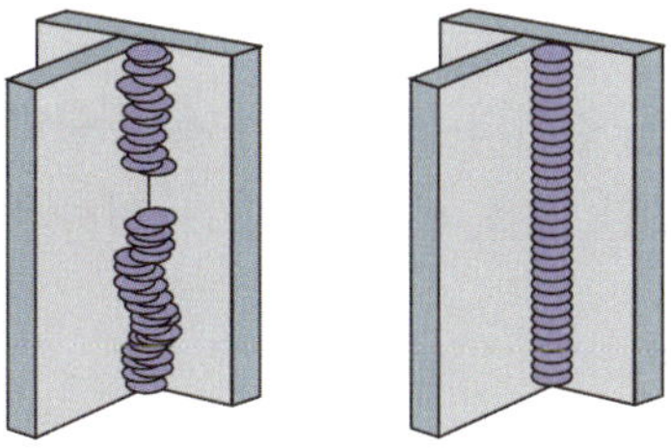

(a) 불량　　(b) 양호

[그림 4- 14] 수직 필릿 용접부의 양·부

5 위보기 자세 필릿 가스용접

가. 모재 고정

가접한 모재의 용접선이 머리 보다 위이며 용접부가 좌우가 되도록 단단하게 고정한다.

[그림 4-15] 위보기 필릿 모재의 고정 높이

나. 위보기 자세 필릿 용접

작업대 앞에 편하게 앉아 토치와 용접봉을 잡고 모재의 우측 루트부 주위를 예열한다. 시작부가 용융되면 용접봉을 백심의 앞 용융지쪽에 넣었다 빼냈다 하면서 일정한 목 길이와 피치, 비드 형상이 되게 하며 우측으로 진행한다.

이 때 용접 토치의 작업각은 45 ~ 50°, 진행 반대각은 50 ~ 60°로, 용접봉은 30 ~ 40° 정도로 유지하며 상진한다. 백심은 루트부에서 수평판 쪽으로 0.5 ~ 1mm 향하여 두 모재가 균일하게 가열되도록 한다.[그림 4-16 참조]

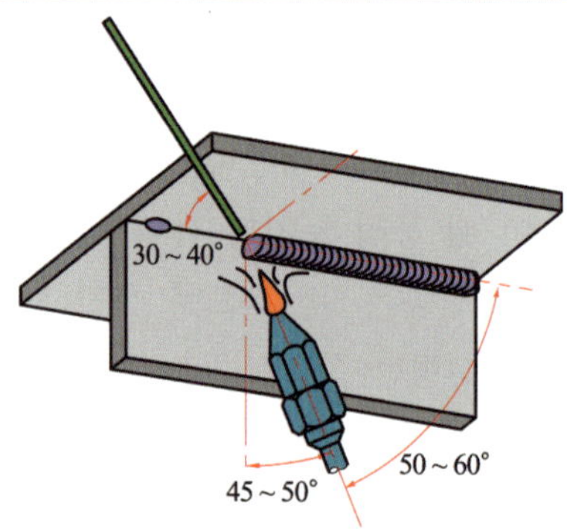

[그림 4-16] 토치와 용접봉 각도

토치의 진행이 일정하지 않고 한곳에 머무를 경우 비드 처짐이 생기므로 진행 속도를 일정하게 해야 된다.

용접이 끝나는 지점 3 ~ 5mm 앞에서 토치의 각도를 30 ~ 40°로 낮추고 상하 운동을 하여 열의 집중을 적게 하며, 용접봉은 용융지 속에서 움직이며 비드 끝을 볼록하게 크레이터 처리를 한다.

다. 검사 및 반복 실습

용접부를 깨끗이 청소한 후 목 길이의 적정 여부, 용입 불량 여부, 언더컷이나 오버랩 여부 등 용접 상태를 검사하고 잘못된 점을 시정하려고 노력하며 반복 실습을 한다.

제5절 모서리 가스용접

1 모서리 용접

모재의 측면과 측면을 직각 방향으로 가접하여 L자 형태의 홈 형상으로 용접하는 방법을 모서리 용접이라 한다.

모서리 용접은 필요에 따라 두 모재와의 사이를 붙이거나 루트 간격을 유지하여 용접할 수 있으며, 루트 간격을 유지하여 용접하는 경우가 강도가 훨씬 크나 이면 비드 형성에 특별한 기술이 필요하다.

2 아래보기 자세 모서리 가스용접

가. 모서리 용접 작업준비

1) 공구 및 재료 준비

필릿 가스용접에 필요한 공구(강철자, 마그네틱 척, 스파크 라이터 등)와 보호구, 재료(연강판, 가스용접봉)를 준비한 후 연강판(t3.2 ~ 4.0×125×150) 2매를 준비하여 두 모재의 측면을 평평하게 가공한다.[그림 5-1 참조]

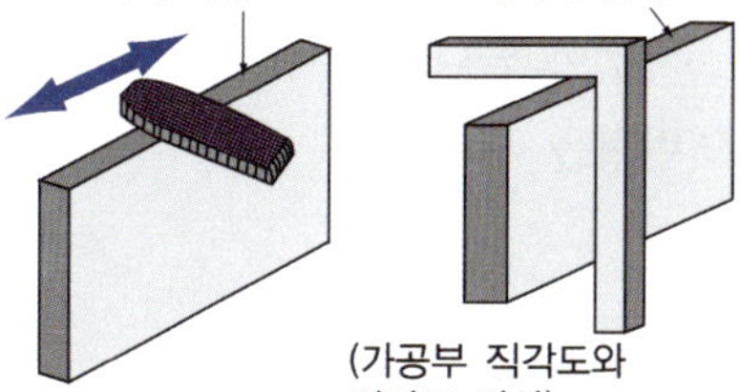

[그림 5-1] 모서리 용접 모재 가공

2) 작업준비

가스용접 장치의 각부를 점검하고 누설 유무를 확인한다. 모재 두께에 적합한 팁(A1호 No. 3 ~ 5호, 또는 B1호 No. 200 ~ 300번)을 토치에 끼운다.

가스 용기의 밸브를 열고 압력 조정기의 손잡이를 조절하여 산소 압력을 2 ~ 5kgf/cm^{2}로, 아세틸렌 압력을 0.2 ~ 0.5kgf/cm^{2}로 맞춘다.

용접 앞치마, 장갑, 보안경 등 보호구 등을 착용한다.

나. 점화 및 불꽃 조절

토치에 점화하려면 토치의 산소 밸브를 약간 열고 아세틸렌 밸브를 열면서 점화 라이터로 점화한 후 곧 산소 밸브와 아세틸렌 밸브를 조작하여 중성불꽃으로 만든다.

그리고 용접부의 형상에 따라 불꽃 강도를 조절한다. 모서리 용접의 경우는 맞대기용접의 경우와 비슷하게 조절하여야 된다.

불꽃을 강하게 할 경우에는 아세틸렌 밸브를 먼저 열고 산소를 열어 조절하며, 불꽃을 약하게 할 경우는 반대로 산소 밸브를 조금씩 닫으며 아세틸렌 밸브를 닫으면서 중성 불꽃으로 조절한다.

다. 가접(가용접) 및 역변형주기

두 모재의 가공한 측면을 서로 직각 방향으로 맞추어 모재를 작업대 위에 세워 마그네틱 척 등으로 고정한 다음 양 끝을 단단하게 가접한다.(연습 모재가 아닌 실제 용접 구조물의 경우는 양 끝에서 약 30mm 안쪽에 가접하는 것이 좋다) 모서리 용접 전용 지그를 사용하여 가접하면 더욱 정확하고 빠르게 가접할 수 있다.[그림 5-2 참조]

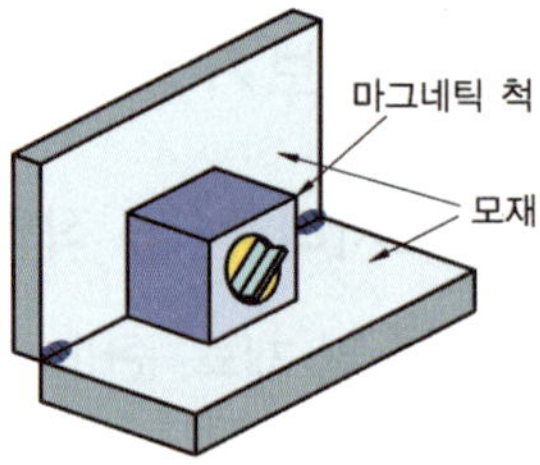

[그림 5 - 2] 모서리 용접 가접하기

가접이 끝나면 용접 방향과 반대 방향으로 약 1 ~ 3° 역변형을 준다.

라. 모재 고정

가접된 모서리 용접 모재의 용접선이 좌우가 되며 위로 향하도록 작업대 위에 작업하기 편한 높이로 고정한다.

마. 아래보기 모서리 용접

1) 1층(이면) 비드놓기

모재 두께가 3.2mm 이하일 경우는 1층으로 완성한다.

모재 두께가 4mm 이상일 경우 2층으로 완성한다. 토치와 용접봉의 각도를 [그림 5-3]과 같이 하여 전진법으로 이면 비드를 놓는다.

우선 모재의 맨 우측 가접부를 용융시켜 두 모재의 루트부가 용융되어 키홀이 형성되게 한 후 키홀 뒤 용융지의 건너편 경사면에 용접봉을 공급하며 키홀을 일정하게 형성시키며 전진한다.[그림 5-3 참조]

1층 비드의 높이가 모서리 끝보다 1 ~ 1.5mm 정도 낮게 쌓이도록 비드를 형성한다.

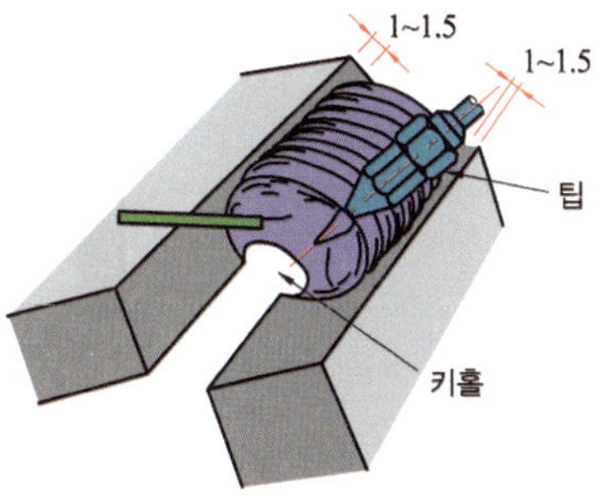

[그림 5 - 3] 1층 비드놓기와 비드 높이

2) 2층(표면) 비드놓기

토치의 각도와 용접봉의 각도를 1층 비드와 같이 하여 맨 우측끝 부근의 1층 비드를 용융시켜 용융지를 만든 후에 두 모재의 모서리가 약 1mm 정도 덮이며 둥글게 되도록 반달형 위빙을 하며 비드를 쌓는다.

비드의 끝 부분은 크레이터 처리를 한다. 크레이터 처리 방법은 용접이 끝나는 끝에서 약 3 ~ 5mm 부근에서 토치 각을 낮게 하고 용접봉은 용융지에 가볍게 접촉시켜 비드가 낮은 곳으로 움직이며 토치는 약간 들었다 낮추었다 하면서 열량 조절을 하여 크레이터 처리를 한다.

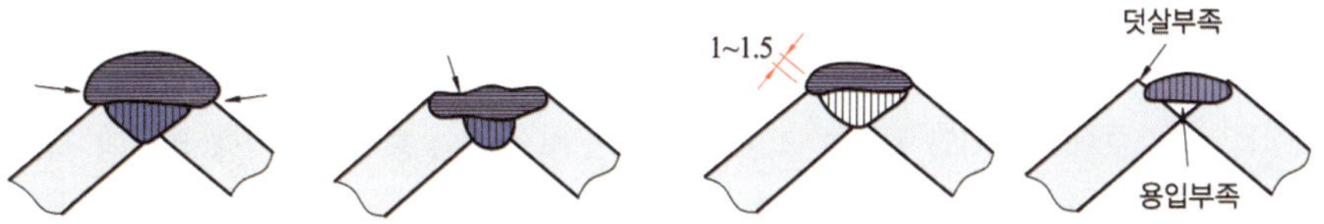

[그림 5 - 4] 모서리 용접 결함

바. 검사 및 반복 실습

모서리 용접은 [그림 5-4 (c)]와 같이 표면 비드가 두 모재의 모서리를 약 1 ~ 1.5mm 정도 덮이며, 볼록한 비드가 형성되는 것이 좋다.

용접부를 깨끗이 청소하여 산화물을 완전 제거하고, 오버랩, 모서리 흘러내림, 덧살 부족, 용입 불량 여부, 언더컷 여부 등 용접 상태를 검사하고 잘못된 점을 시정하려고 노력하며 반복 실습을 한다.

3 수평자세 모서리 가스용접

가. 모재 고정

[그림 5-5]와 같이 가접된 모서리 용접 모재의 용접선이 좌우가 되며 수평이 되게, 작업하기 편한 높이로 고정한다.

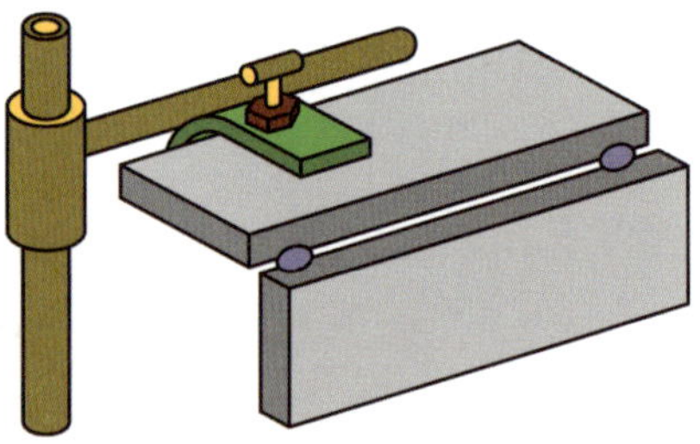

[그림 5-5] 수평 모서리 모재 고정

나. 수평 모서리 용접

1) 1층(이면, back) 비드놓기

토치와 용접봉의 각도를 [그림 5-6]과 같이 하여 전진법으로 이면 비드를 놓는다. 우선 모재의 맨 우측 가접부를 용융시켜 두 모재의 루트부가 용융되어 키홀이 형성되게 한 후 키홀 뒤 용융지의 건너편 경사면에 용접봉을 공급하며 키홀을 일정하게 형성시키며 전진한다.

1층 비드의 높이가 모서리 끝보다 1 ~ 1.5mm 정도 낮게 쌓이도록 비드를 형성한다.[그림 5-7 참조]

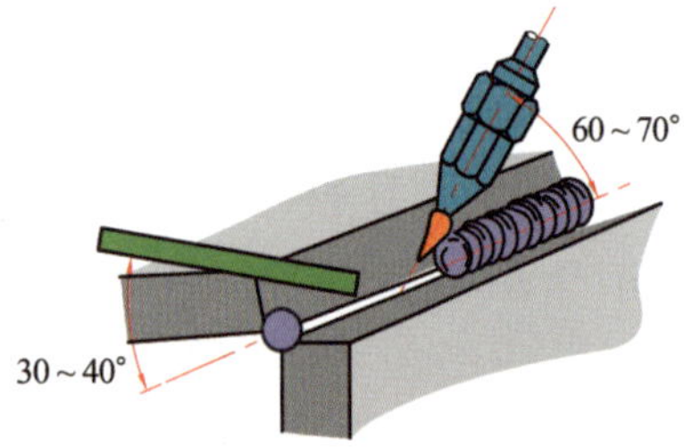

[그림 5-6] 수평 모서리 토치와 용접봉 각도

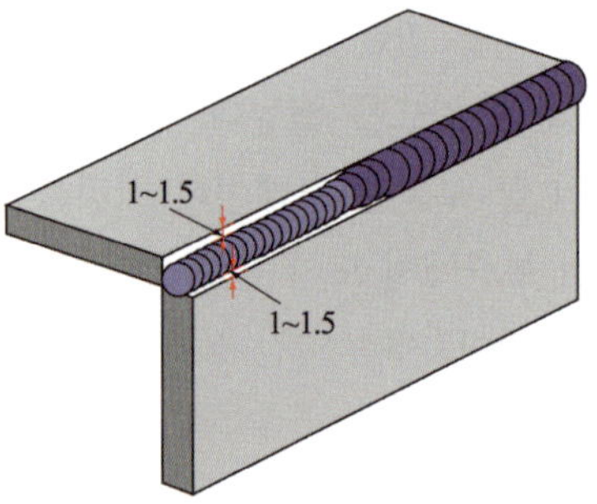

[그림 5-7] 2층 용접시 1층 비드의 적정 높이

2) 2층(표면) 비드놓기

토치의 각도와 용접봉의 각도를 1층 비드와 같이 하여 맨 우측끝 부근의 1층 비드를 용융시켜 용융지를 만든 후에 두 모재의 모서리가 약 1mm 정도 덮이며 둥글게 되도록 반달형 위빙을 하며 비드를 쌓는다.

비드의 끝 부분은 크레이터 처리를 한다. 크레이터 처리 방법은 용접이 끝나는 끝에서 약 2 ~ 3mm 부근에서 토치각을 낮게 하고 용접봉은 용융지에 가볍게 접촉시켜 비드가 낮은 곳으로 움직이며 토치는 약간 들었다 낮추었다 하면서 열량 조절을 하여 크레이터 처리를 한다.

다. 검사 및 반복 실습

모서리 용접은 표면 비드가 두 모재의 모서리를 약 1 ~ 1.5mm 정도 덮이며, 볼록한 비드가 형성되는 것이 좋다.

용접부를 깨끗이 청소하여 산화물을 완전 제거하고, 오버랩, 모서리 흘러내림, 덧살 부족, 용입 불량 여부, 언더컷 여부 등 용접 상태를 검사하고[그림 5-8 참조] 잘못된 점을 시정하려고 노력하며 반복 실습을 한다.

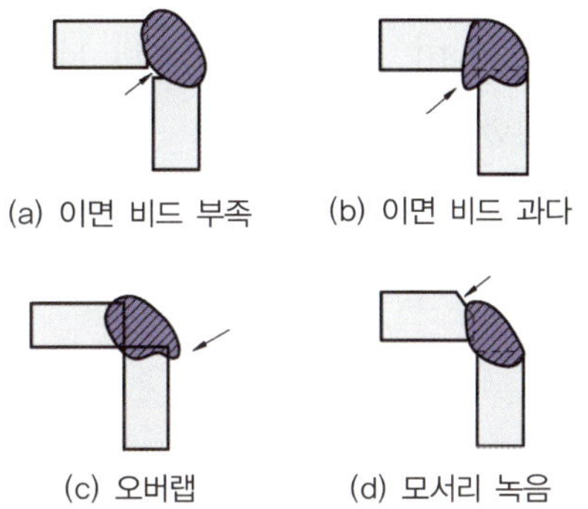

[그림 5-8] 수평 모서리 용접 결함

4 수직자세 모서리 가스용접

가. 모재 고정

가접된 모서리 용접 모재의 용접선이 수직이 되며 상단이 가슴 높이가 되게, 작업하기 편한 높이로 고정한다.

나. 수직 모서리 용접

1) 1층(이면, back) 비드놓기

모재 두께가 3.2mm 이하는 1층으로 완성하며, 그 이상은 2층으로 완성한다. 작업대 앞에 편하게 앉아 토치와 용접봉을 잡고 토치와 용접봉의 각도를 [그림 5-9]와 같이 유지하며 상진법으로 이면 비드를 놓는다.

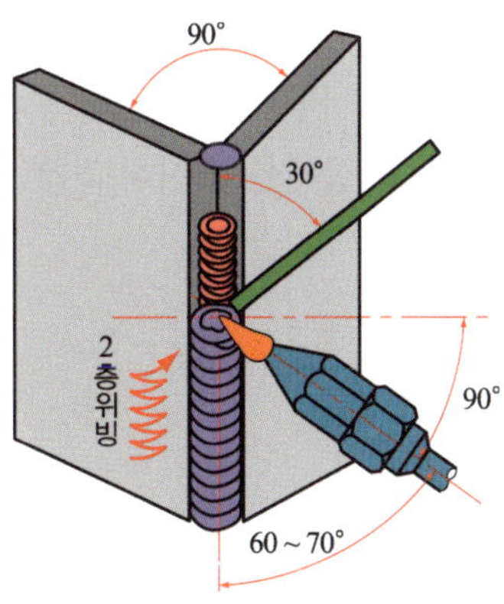

[그림 5-9] 수직 모서리 토치와 용접봉 각도

이 때 모재의 하단 가접부를 가열하여 두 모재의 루트부에 키홀이 형성되게 한 후 키홀 아래 용융지의 건너편 경사면에 용접봉을 공급하며 키홀을 일정하게 형성시키며 상진한다. [그림 5-10 참조] 1층 비드의 높이가 모서리 끝보다 1 ~ 1.5mm 정도 낮게 쌓이도록 비드를 형성한다.

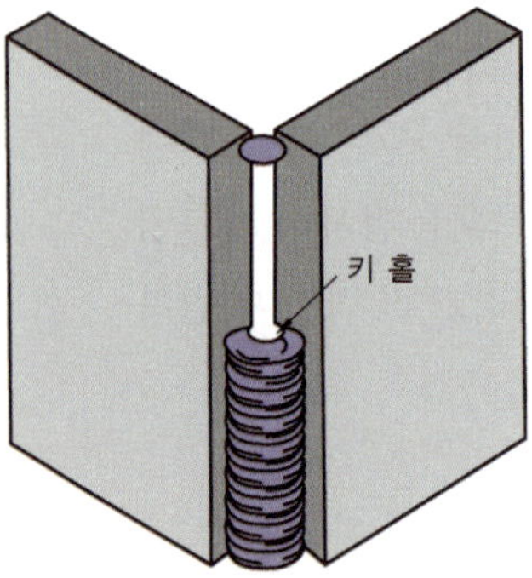

[그림 5 - 10] 모서리 용접시 키홀 형성

2) 2층(표면) 비드놓기

토치의 각도와 용접봉의 각도를 1층 비드와 같이 하여 하단 1층 비드를 용융시켜 용융지를 만든 후에 두 모재의 모서리가 약 1mm 정도 덮이며 둥글게 되도록 반달형 위빙을 하며 비드를 쌓는다.[그림 5-9 참조]

비드의 끝 부분은 크레이터 처리를 한다. 크레이터 처리 방법은 용접이 끝나는 끝 약 3 ~ 5mm 부근에서 토치 각을 낮게 하고 용접봉은 용융지에 가볍게 접촉시켜 비드가 낮은 곳으로 움직이며 토치는 약간 들었다 낮추었다 하면서 열량 조절을 하여 크레이터 처리를 한다.

다. 검사 및 반복 실습

용접부를 깨끗이 청소하여 산화물을 완전 제거하고, 오버랩, 모서리 흘러내림, 덧살 부족, 용입 불량 여부, 언더컷 여부 등 용접 상태를 검사하고 잘못된 점을 시정하려고 노력하며 반복 실습을 한다.

5 위보기 자세 모서리 가스용접

가. 모재 고정

가접된 모서리 용접 모재의 용접선이 좌우가 되고 용접부가 작업자의 머리보다 80 ~ 100mm 높으며 수평이 되게 작업하기 편한 높이로 고정한다.[그림 5-11 참조]

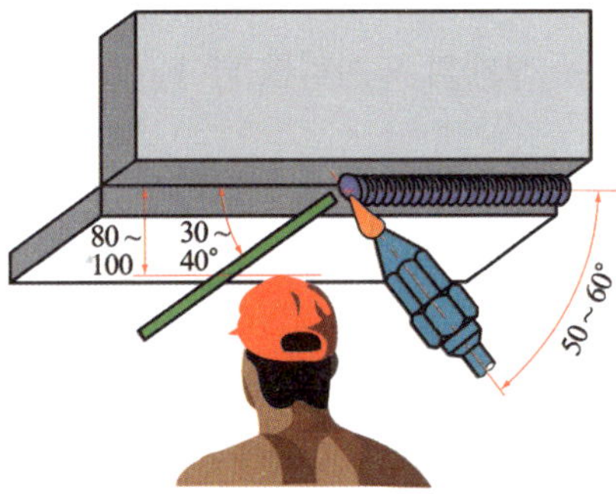

[그림 5 - 11] 위보기 모서리 가스용접 토치와 용접봉 각도

나. 위보기 모서리 용접

1) 1층(이면) 비드놓기

작업대 앞에 편하게 앉아 토치와 용접봉을 잡고 [그림 5-11]과 같이 토치와 용접봉의 각도를 유지하여 전진법으로 이면 비드를 놓는다.

우선 모재의 맨 우측 가접부를 용융시켜 두 모재의 루트부가 용융되어 키홀이 형성되게 한 후 키홀 뒤 용융지의 건너편 경사면에 용접봉을 공급하며 키홀을 일정하게 형성시키며 전진한다.

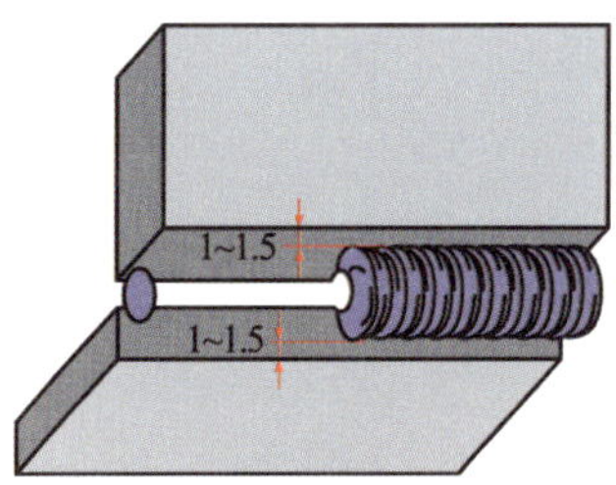

[그림 5 - 12] 위보기 모서리 1층 비드 높이

1층 비드의 높이가 모서리 끝보다 1 ~ 1.5mm 정도 낮게 쌓이도록 비드를 형성한다.[그림 5-12 참조]

2) 2층(표면) 비드놓기

토치의 각도와 용접봉의 각도를 1층 비드와 같이 하여 맨 우측 끝 부근의 1층 비드를 용융시켜 용융지를 만든 후에 두 모재의 모서리가 약 1mm 정도 덮이며 둥글게 되도록 반달형 위빙을 하며 비드를 쌓는다.

비드의 끝 부분은 크레이터 처리를 한다. 크레이터 처리 방법은 용접이 끝나는 끝에서 약 3 ~ 5mm 부근에서 토치각을 낮게 하고 용접봉은 용융지에 가볍게 접촉시켜 비드가 낮은 곳으로 움직이며 토치는 약간 들었다 낮추었다 하면서 열량 조절을 하여 크레이터 처리를 한다.

다. 검사 및 반복 실습

모서리 용접은 표면 비드가 두 모재의 모서리를 약 1 ~ 1.5mm 정도 덮이며, 볼록한 비드가 형성되는 것이 좋다.

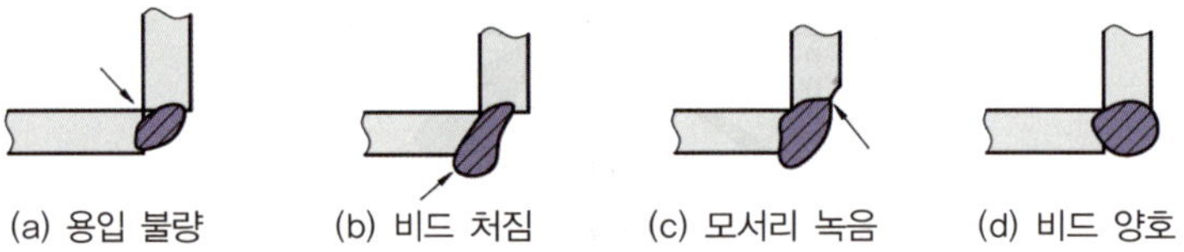

[그림 5 - 13] 위보기 모서리 용접 결함

용접부를 깨끗이 청소하여 산화물을 완전 제거하고, 오버랩, 모서리 흘러내림, 덧살 부족, 용입 불량 여부, 언더컷 여부 등 용접 상태를 검사하고 잘못된 점을 시정하려고 노력하며 반복 실습을 한다.[그림 5-13 참조]

제6절 V형 맞대기 가스용접

1 아래보기 자세 V형 맞대기 가스용접

가. 작업준비

1) 공구 및 재료 준비

V형 맞대기 가스용접에 필요한 공구(가접대, 틈새 게이지, 각도 게이지, 강철자 등)와 보호구(앞치마, 팔커버, 가죽장갑, 헬멧, 두건 등), 재료(연강판, 가스용접봉, 산소, 아세틸렌 등)를 준비한다.

연강판(t3.2 ~ 4.0×150×150) 2매를 준비하여 한쪽면을 줄이나 그라인더로 베벨각 35° ~ 40°가 되게 가공한 후 루트 면을 1 ~ 1.5mm 정도 되게 가공하며, 두 판을 맞대었을 때 틈이 없도록 가공한다.

표 6-1 맞대기 용접 작업 표준 조건

모재 두께	팁의 번호	산소 압력	아세틸렌 압력	용접봉 지름
3.2mm	A1호 N0.3, B1호 N.250	2 ~ 5kgf/cm^2	0.2 ~ 0.5kgf/cm^2	ϕ2.6 ~ ϕ3.2mm

2) 작업준비

가스용접 장치의 각부를 점검하고 가스 용기의 고압 밸브를 열고 누설 유무를 확인한 후 산소 압력을 2 ~ 5kgf/cm^{2}로, 아세틸렌 압력을 0.2 ~ 0.5kgf/cm^{2}로 맞춘다[표 6-1 참조].

모재 두께에 적합한 팁을 토치에 끼우고, 용접 앞치마, 장갑, 보안경 등 보호구 등을 착용한다.

나. 점화 및 불꽃 조절

토치에 점화하려면 토치의 산소 밸브를 약간 열고 아세틸렌 밸브를 열면서 점화 라이터로 점화한 후 곧 산소 밸브와 아세틸렌 밸브를 조작하여 중성 불꽃으로 만든다.

그리고 용접부의 형상에 따라 불꽃 강도를 조절한다. 불꽃을 강하게 할 경우에는 아세틸렌 밸브를 먼저 열고 산소를 열어 조절하며, 불꽃을 약하게 할 경우는 반대로 산소 밸브를 조금씩 닫으며 아세틸렌 밸브를 닫으면서 중성 불꽃으로 조절한다.

일반적으로 이면 비드를 놓을 경우는 약하게 하며, 표면 비드를 놓을 경우는 좀 세게 하며, 판두께가 얇을 경우는 약하게, 두꺼운 경우는 강하게 조절하며, 불꽃의 세기는 용입 정도, 용접 속도 등에도 관계가 있으므로 작업 상황이나 작업자에 따라 다르게 된다.

다. 가접(가용접) 및 역변형주기

V형 맞대기용접의 가접 방법은 어떤 자세의 용접과 동일하게 하면 된다. 다만 홈각이 작으면 루트 간격은 좀 넓게 하는 것이 좋다.

가접시 주안점은 베벨 홈 가공한 두 판을 작업대나 전용 가접대 위에 수평으로 엇갈리지 않게 놓고 한쪽 끝은 루트 간격이 2 ~ 3mm, 다른 한쪽은 3 ~ 3.5mm 되게 약 5mm 크기로 가접한다.[그림 6-1, 6-2 참조]

용접 후에 발생할 변형을 미리 막기 위해 가접한 두 판의 용접 홈 방향과 반대쪽으로 2 ~ 3° 구부려 역변형을 준다. 역변형 각도는 일반적으로 판두께가 두꺼워 용착금속량이 많을수록 크게 하며 판이 얇거나 패스 수가 적을 경우는 역변형 각도도 작게 하지만 작업자의 경험에 의해 적당하게 역변형을 주면 된다.

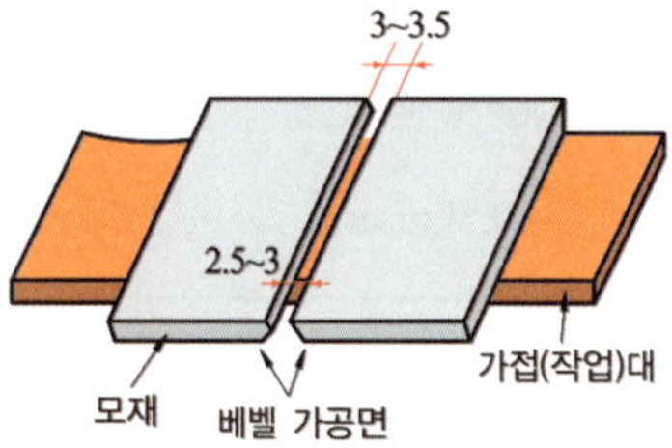

[그림 6 - 1] 맞대기용접 모재 가접법

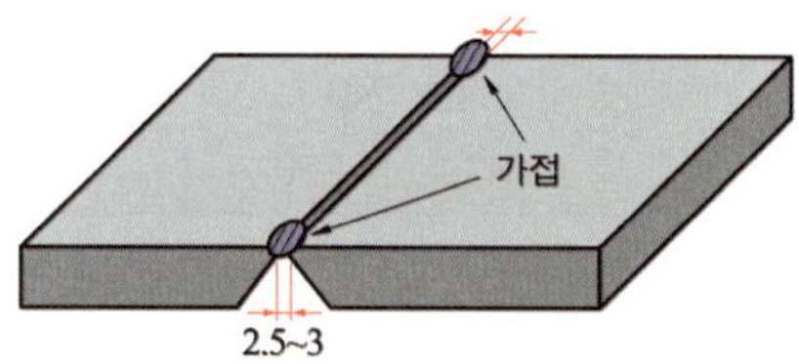

[그림 6 - 2] 가접 위치와 루트 간격

라. 모재 고정

작업대 위에 가접된 모재의 V홈 부분이 위로 향하고 용접선이 좌우로 평행이 되며 수평이 되게 고정한다. 이 때 이면 비드 용접시 모재의 뒤가 작업대의 바닥에 닿게 되면 불꽃의 압력이 뒤로 밀어내지 못하여 이면 비드가 나오지 않게 되므로 최소 10mm 이상은 띄어줘야 된다.[그림 6-3 참조]

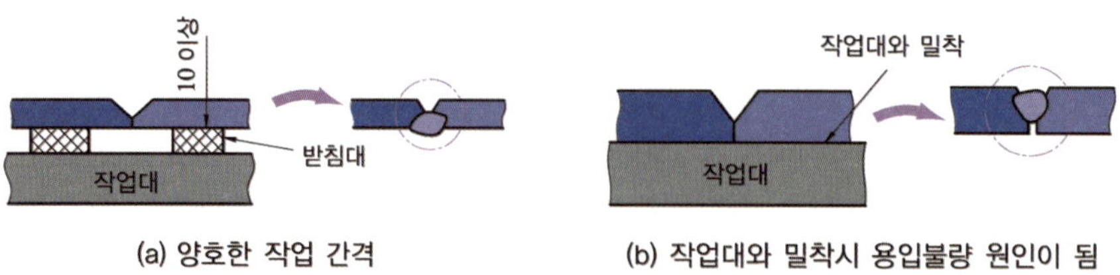

(a) 양호한 작업 간격　　(b) 작업대와 밀착시 용입불량 원인이 됨

[그림 6 - 3] 모재와 작업대 간격

마. 아래보기 1층(이면) 비드놓기

1) 이면(back) 비드놓는 법

작업대 앞에 편하게 앉아 용접선의 우측 끝 가접부에서 좌측으로 20~30mm 범위를 두 모재에 고르게 예열을 충분히 해준다. 예열이 끝나면 중성 불꽃의 백심 끝으로 가열하여 용융지를 만들면서 두 모재의 루트면을 용융시키면 키홀이 형성되며, 이 형성된 키홀 부근의 용융지가 출렁거리듯 할 때 용접봉을 토치의 겉불꽃 내에서 백심 끝 키홀 바로 앞의 용융지에 담갔다 뺐다 하면서 규칙적으로 상하운동을 하며 후진하며, 토치는 원형 또는 반달형으로 운봉하며 전진한다.[그림 6-4 참조], 전진법의 경우)

이 때 토치의 작업각을 90°, 진행 반대각은 50~60°를 유지하며, 용접봉은 수평선에 대해 30~40°를 유지한다.[그림 6-5 참조]

키홀이 작을 경우 용접봉의 공급을 느리게 하고, 키홀이 너무 클 경우는 용접봉의 공급을 빨리하여 키홀을 일정하게 유지하며 진행해야 된다. 그러나 이러한 방법으로 키홀의 크기 조절이 힘들면 불꽃의 세기를 조절하여야 된다.

1층 비드의 높이는 모재 표면보다 0.5~1mm 정도 낮게 놓는다.

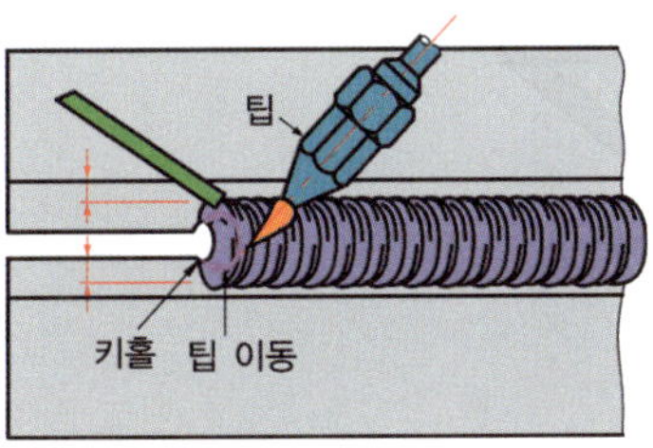

[그림 6-4] 이면 비드놓기시 팁의 이동

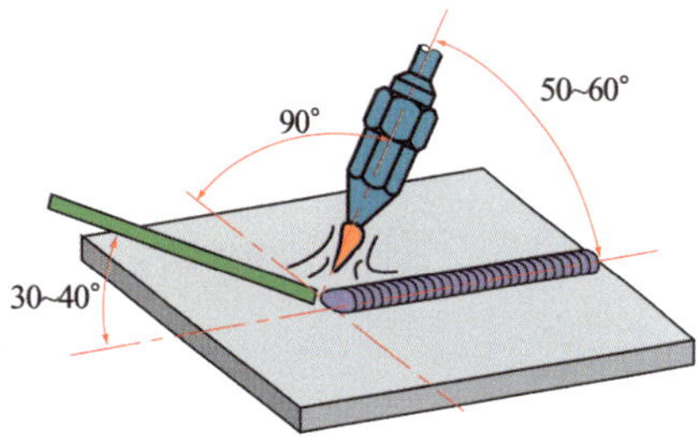

[그림 6-5] 토치의 작업각과 진행각

2) 이면 비드 잇는 법

이면 비드를 놓다가 어떤 이유로 중단되어 다시 이어갈 경우는 우선 키홀 직전의 이전 비드의 5~10mm 부근을 중성 불꽃으로 가열하여 용융시키면서 서서히 키홀 쪽으로 이동한 후 키홀 부분에서 용융지가 적당히 출렁거릴 때 용접봉을 공급하며 이전의 방법과 같이 진행한다.

바. 아래보기 2층(표면) 비드놓기

1층(백) 비드의 표면을 강철 브러시로 깨끗이 닦은 후 결함 여부를 검사한다. 불꽃을 이면 비드보다 다소 강하게 조절한 다음 우측 끝의 이면 비드 부분을 용융시켜 용융지를 만든 후 아래보기 비드놓기와 같은 방법으로 비드를 놓아 모재 표면보다 1.5~2mm 높이로 비드를 놓는다.

어떤 이유로 비드가 끊어졌을 경우는 이전 비드 끝에서 5 ~ 10mm 부분을 가열 용융시켜 용접봉 공급 없이 진행하다가 비드 끝 오목하게 패인 직전에 용접봉을 공급하며 비드놓기를 계속한다.[그림 6-6 참조]

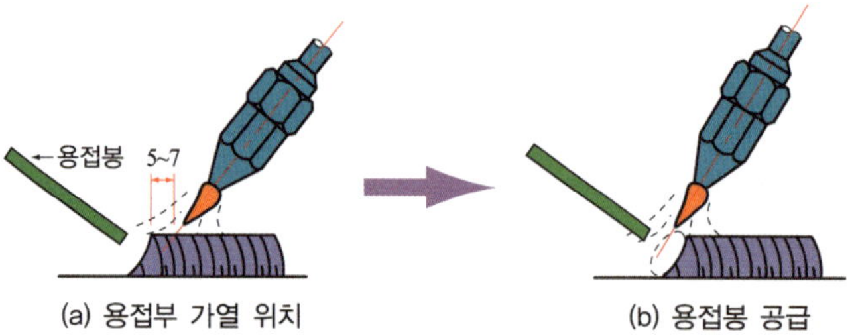

[그림 6-6] 비드 이음부 처리법

비드의 끝(크레이터) 부분은 열의 집중을 방지하기 위하여 토치의 진행 반대각을 낮추고 상하운동을 하며 용접봉은 용융지에 넣은 채 비드가 낮은 부분으로 이동하여 크레이터를 채운다.[그림 6-7 참조]

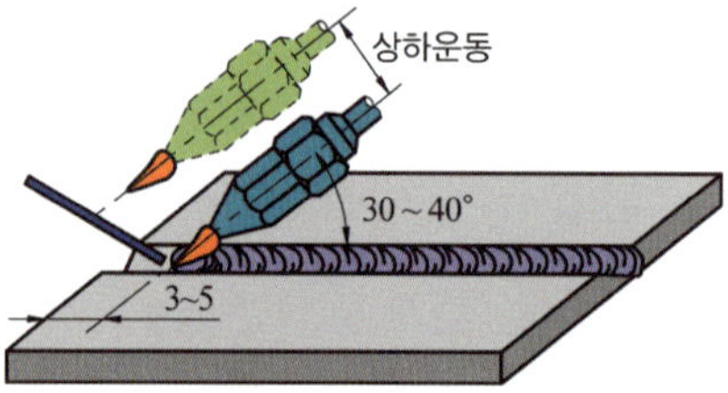

[그림 6-7] 크레이터 처리법

사. 검사 및 반복 실습

토치의 불꽃을 소화한 후 용접부의 산화물을 와이어 브러시로 깨끗이 제거한 후 평가 기준에 의해 이면 비드의 용융 상태, 표면 비드의 폭과 높이, 파형, 언더컷, 오버랩, 용접시점과 크레이터 처리 상태 등을 점검한다.

검사에서 발견된 결함을 시정하려고 노력하며 위의 작업 순서 '나 ~ 바'를 반복 실습한다.

2 수평자세 V형 맞대기 가스용접

가. 모재 고정

작업대의 지그에 가접된 모재가 수직이며 V홈 부분이 앞으로 향하며, 용접선이 좌우로 수평이 되게 지그에 고정한 후 작업하기 편한 높이(보통 가슴 정도)로 조절한다.

나. 수평자세 1층(이면) 비드놓기

1) 이면 비드놓는 법

작업대 앞에 편하게 앉아 중성 불꽃으로 우측 끝에서 20 ~ 30mm 범위의 두 판 모두를 고르게 예열한다. 예열이 끝나면 토치와 용접봉을 잡고 V홈의 우측 끝 가접부를 중성 불꽃의 백심 끝으로 가열하여 용융지를 만들면서 두 모재의 루트면을 용융시켜 키홀을 형성하고, 이 형성된 키홀 부근의 용융지가 출렁거리듯 할 때 용접봉을 토치의 겉불꽃 내에서 백심 끝 키홀 바로 앞의 용융지에 담갔다 뺐다 하면서 규칙적으로 상하운동을 하면서 후진하며, 토치는 직선 또는 반달형으로 운봉하며 전진한다.(전진법의 경우 [그림 6-8 참조]

이 때 토치의 작업각은 아래 모재를 기준으로 수직선에 대해 60 ~ 70°, 진행 반대각은 50 ~ 60°를 유지하며, 용접봉은 수평선에 대해 50 ~ 60°, 수직선에 대해 30°를 유지한다.

키홀의 크기 유지나 용접봉의 공급은 아래보기 자세와 같은 방법으로 실시한다.

키홀이 너무 크거나 한곳에 오래 머물 경우 비드의 처짐이 심하므로 키홀의 크기가 너무 크지 않게 하며, 진행 속도를 일정하게 유지해야 된다.

1층 비드의 높이는 모재 표면보다 0.5 ~ 1mm 정도 낮게 놓는다.[그림 6-10 참조]

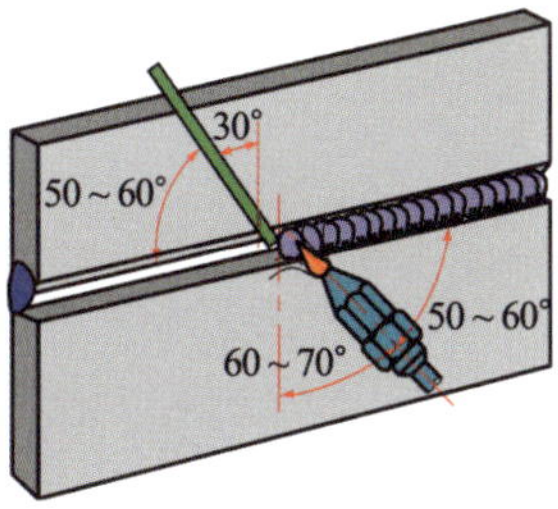

[그림 6-8] 수평자세 작업각과 진행각

[그림 6-9] 수평 가스용접의 바른 자세

2) 이면 비드 잇는 법

이면 비드를 놓다가 어떤 이유로 중단되어 다시 이어갈 경우는 아래보기 V형 맞대기 가스용접 방법과 같이 하면 된다.

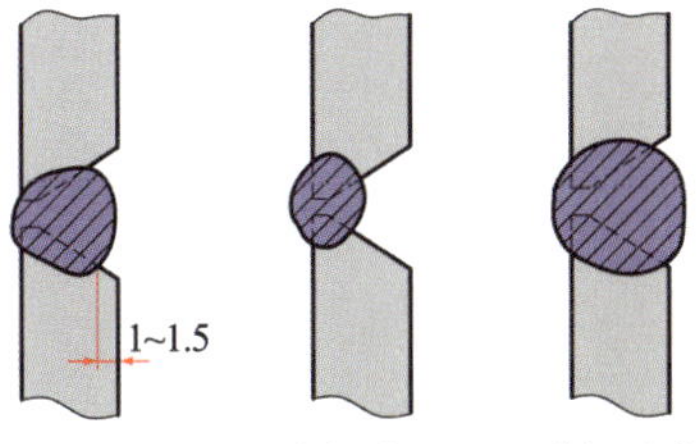

[그림 6-10] 1층 비드의 높이

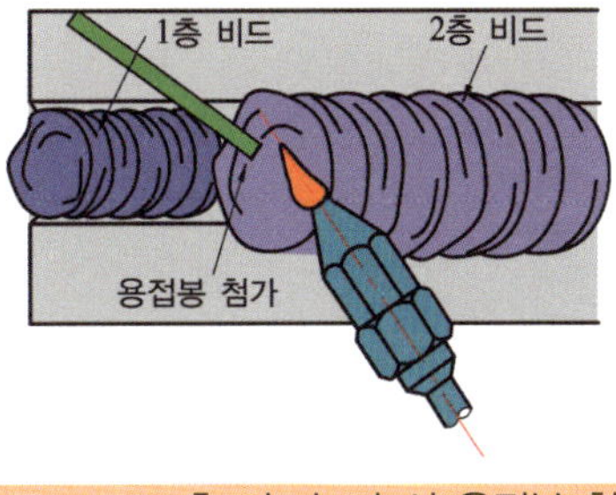

[그림 6-11] 2층 비드놓기 시 용접봉 첨가

다. 수평자세 2층(표면) 비드놓기

1층(이면, back) 비드의 표면을 강철 브러시로 깨끗이 닦은 후 결함 여부를 검사한다. 불꽃을 이면 비드보다 다소 강하게 조절한 다음 우측 끝의 이면 비드 부분을 용융시켜 용융지를 만든 후 상하 모서리 부분을 1 ~ 1.5mm 정도 용융시키며 모재 표면보다 1.5 ~ 2mm 높이로 비드를 놓는다. 어떤 이유로 비드가 끊어졌을 경우는 수평 비드 잇기법과 같이 하면 된다.

크레이터 부분은 열의 집중을 방지하기 위하여 토치의 진행 반대각을 낮추고 상하운동을 하며 용접봉은 용융지에 넣은 채 비드가 낮은 부분으로 이동하여 크레이터를 채운다.

라. 검사 및 반복 실습

불꽃을 소화하고 와이어 브러시로 산화물을 깨끗이 제거한 후 평가 기준에 의해 이면 비드의 용융 상태, 표면 비드의 폭과 높이, 파형, 언더컷, 오버랩, 용접시점과 크레이터 처리 상태 등을 점검한다.[그림 6-12 참조]

검사에서 발견된 결함을 시정하려고 노력하며 위의 작업 순서 '가 ~ 다'를 반복 실습한다.

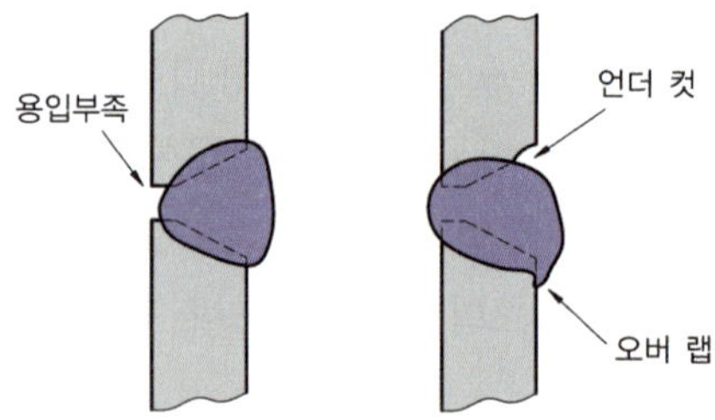

[그림 6 - 12] V형 맞대기 용접부의 결함

표 6-2 용접봉 지름과 모재 두께

가스용접봉 \ 구 분	종류 (KSD7005)	모재 두께	허용값
지름(m)	1.0, 1.6 2.0, 2.6, 3.2 4.0, 5.0, 6.0, 8.0	2.5 이하 2.5 ~ 6.0 7.0 이상	±0.1
길이(mm)	1,000		±0.3

3 수직자세 V형 맞대기 가스용접

가. 모재 고정

작업대의 지그에 가접된 모재가 수직이며 V홈 부분이 앞으로 향하며, 수직이 되게 지그에 고정한 후 작업하기 편한 높이(보통 가슴 정도)로 조절한다.

나. 수직자세 1층(이면) 비드놓기

1) 이면 비드놓는 법

작업대 앞에 편한 자세로 앉아 중성 불꽃으로 하단 가접부에서 20 ~ 30mm 주위를 고르게 예열한다. 예열이 끝나면 V홈의 하단 가접부와 루트부를 중성 불꽃의 백심 끝으로 가열하여 용융시키면 키홀이 형성되며, 이 형성된 키홀 부근의 용융지가 출렁거리듯 할 때 용접봉을 토치의 겉불꽃 내에서 백심 끝 키홀 바로 앞의 용융지에 담갔다 뺐다 하면서 규칙적으로 상하운동을 하며 상진하며, 토치는 직선 또는 반달형으로 운봉하며 상진한다.

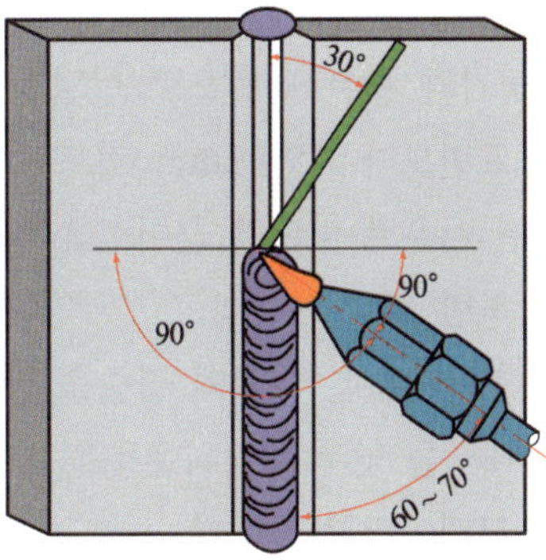

[그림 6 - 13] 수직자세 토치와 용접봉 각도

이 때 토치의 작업각은 수평선에 대해 90°, 진행 반대각은 약 60 ~ 70°를 유지하며, 용접봉은 수직선에 대해 30°를 유지한다.[그림 6-13 참조]

키홀의 크기 유지나 용접봉의 공급은 아래보기 자세와 같은 방법으로 실시한다.

수직자세 이면 비드 용접시 키홀이 너무 크거나 한곳에서 너무 오래 머물 경우 비드 처짐이 심하므로 키홀의 크기를 일정하게 유지하며 일정한 속도로 상진해야 된다.[그림 6-14, 6-15 참조] 1층 비드의 높이는 모재 표면보다 0.5 ~ 1mm 정도 낮게 놓는다.

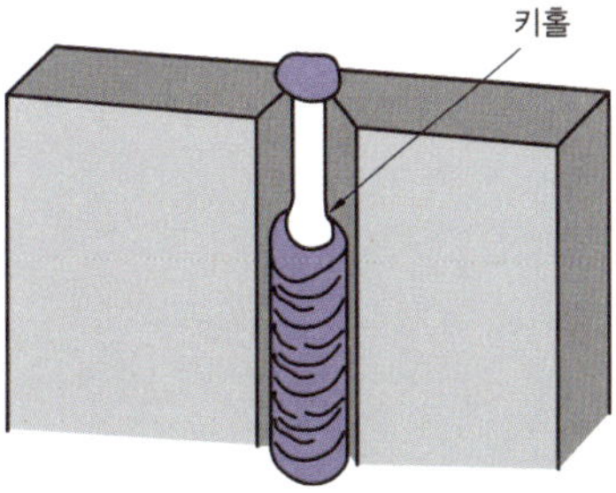

[그림 6 - 14] 수직자세 키홀 유지

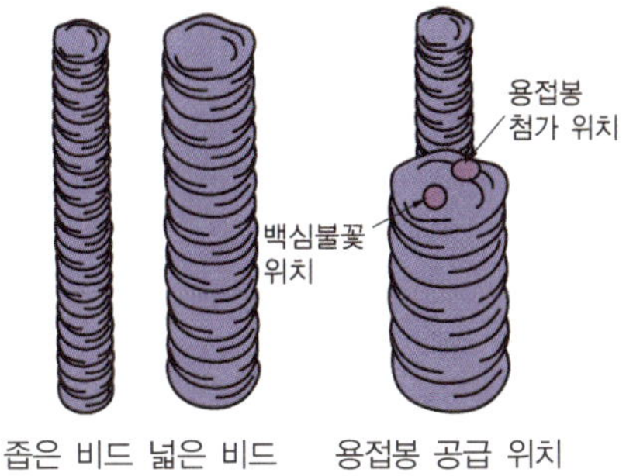

[그림 6 - 15] 비드 모양과 용접봉 공급위치

2) 이면 비드 잇는 법

이면 비드를 놓다가 어떤 이유로 중단되어 다시 이어갈 경우는 아래보기 V형 맞대기 가스 용접 방법과 같은 요령으로 비드 잇기를 하면 된다.

다. 수직자세 2층(표면) 비드놓기

1층(이면) 비드의 표면을 강철 브러시로 깨끗이 닦은 후 결함 여부를 검사한다. 불꽃을 이면 비드보다 다소 강하게 조절한 다음 하단 끝 이면 비드 부분과 양쪽 모서리 1 ~ 1.5mm 부분을 용융시켜 용융지를 만든 후 수직자세 비드놓기와 같은 방법으로 반달형 또는 원형 위빙을 하며 모재 표면보다 1.5 ~ 2mm 정도 높게 비드를 놓는다.

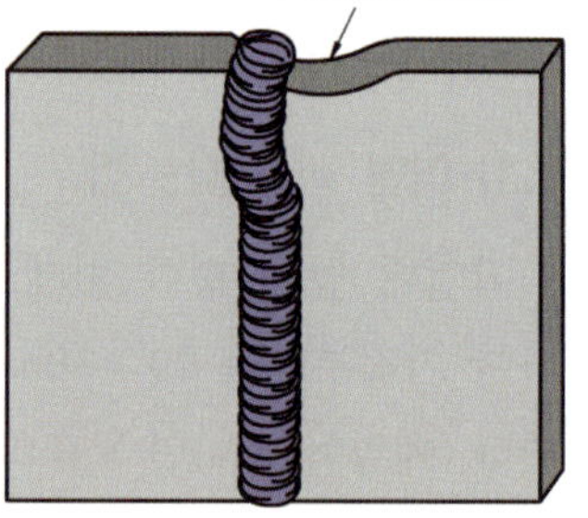

[그림 6 - 16] 가열 불균형시 용접부 변형 발생

어떤 이유로 비드가 끊어졌을 경우는 수직 비드 잇기법과 같이 하면 된다.

크레이터 부분은 열의 집중을 방지하기 위하여 토치의 진행 반대각을 낮추고 상하운동을 하며 용접봉은 용융지에 넣은 채 비드가 낮은 부분으로 이동하여 크레이터를 채운다.

용접 중에 두 모재에 가열되는 열량이 같아야 되며 만약 토치의 작업각이 한쪽으로 편중된 경우 [그림 6-16]과 같이 용접 끝부분에 엇갈리는 변형이 생기게 된다.

라. 검사 및 반복 실습

불꽃을 소화한 후 와이어 브러시로 산화물을 깨끗이 제거하고 평가 기준에 의해 이면 비드의 용융 상태, 표면 비드의 폭과 높이, 파형, 언더컷, 오버랩, 용접시점과 크레이터 처리 상태 등을 점검한다.

검사에서 발견된 결함을 시정하려고 노력하며 위의 작업 순서 '가 ~ 다'를 반복 실습한다.

4 위보기 자세 V형 맞대기 가스용접

가. 모재 고정

작업대의 지그에 가접된 모재가 수평이며 V홈 부분이 아래로 향하며, 용접선이 좌우(또는 전후)가 되게 지그에 고정한 후 작업하기 편한 높이(보통 머리보다 10~15cm 높게)로 조절한다. 고정된 모재는 용접 중에 떨어지지 않도록 견고하게 고정해야 된다.

나. 위보기 자세 1층(이면) 비드놓기

1) 이면 비드 놓는 법

작업대 앞에 편한 자세로 앉아 중성 불꽃으로 위보기 자세의 우측 가접부(용접선이 좌우로 된 경우)에서 20~30mm 주위를 고르게 예열한 후 토치와 용접봉을 바르게 잡고 위보기 자세를 취하여 V홈의 우측 가접부 안쪽 끝의 루트부를 중성 불꽃의 백심 끝으로 가열하여 키홀을 형성시키고, 이 키홀 부근의 용융지가 출렁거리듯 할 때 용접봉을 토치의 겉불꽃 내에서 백심 끝 키홀 바로 앞의 용융지에 담갔다 뺐다 하면서 규칙적으로 상하운동을 하며 후진하며, 토치는 직선 또는 반달형으로 운봉하며 전진한다.[그림 6-17 참조]

이 때 토치의 작업각은 90°, 진행 반대각은 약 60°를 유지하며, 용접봉은 수평선에 대해 30°를 유지한다.[그림 6-18 참조]

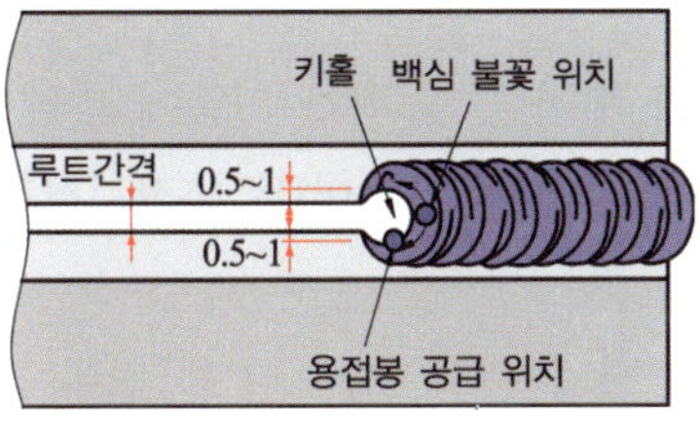

[그림 6-17] 키홀과 용접봉 공급

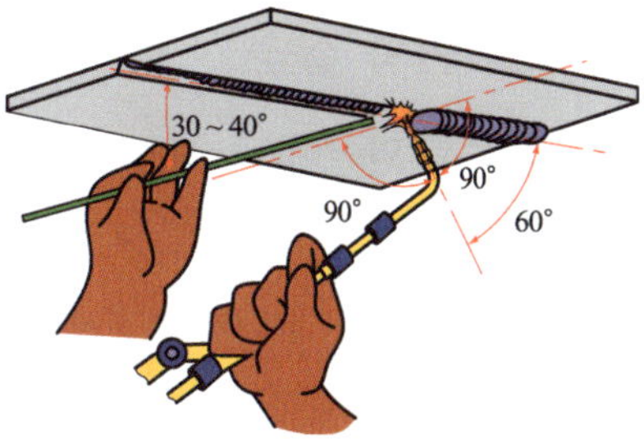

[그림 6-18] 위보기 자세 2층 비드놓기

키홀의 크기 유지나 용접봉의 공급은 아래보기 자세와 같은 방법으로 실시한다.

위보기 자세 이면 비드 용접시 키홀이 너무 크거나 한곳에서 너무 오래 머물 경우 비드 쳐짐이 매우 심하므로 키홀의 크기를 일정하게 유지하며 일정한 속도로 진행하여야 된다. 1층 비드의 높이는 모재 표면보다 0.5~1mm 정도 낮게 놓는다.

2) 이면 비드 잇는 법

이면 비드를 놓다가 어떤 이유로 중단되어 다시 이어갈 경우는 아래보기 V형 맞대기 가스 용접 방법과 같은 요령으로 하면 된다.

다. 위보기 자세 2층(표면) 비드놓기

1층(백) 비드의 표면을 강철 브러시로 깨끗이 닦은 후 결함 여부를 검사한다. 불꽃을 이면 비드보다 다소 강하게 조절한 다음 우측 끝 이면 비드 부분과 양쪽 모서리 1 ~ 1.5mm 부분을 용융시켜 용융지를 만든 후 위보기 자세 비드놓기와 같은 방법으로 반달형 또는 원형 위빙을 하며 모재 표면보다 1.5 ~ 2mm 높게 비드를 놓는다.[그림 6-19, 6-20 참조]

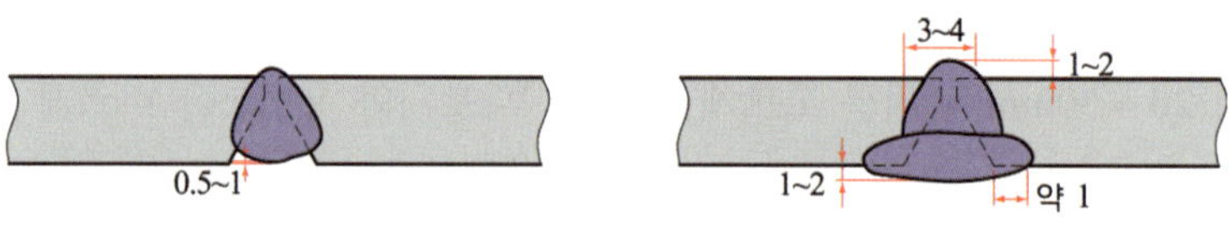

(a) 1층 비드의 폭과 높이 (b) 2층 비드의 폭과 높이

[그림 6 - 19] 비드의 폭과 높이

어떤 이유로 비드가 끊어졌을 경우는 위보기 자세 비드 잇기법과 같이 하면 된다.

크레이터 부분은 열의 집중을 방지하기 위하여 토치의 진행 반대각을 낮추고 상하운동을 하며 용접봉은 용융지에 넣은 채 비드가 낮은 부분으로 이동하여 크레이터를 채운다.

라. 검사 및 반복 실습

불꽃을 소화한 후 와이어 브러시로 산화물을 깨끗이 제거한 후 평가 기준에 의해 이면 비드의 용융 상태, 표면 비드의 폭과 높이, 파형, 비드 처짐, 언더컷, 오버랩, 용접시점과 크레이터 처리 상태 등을 점검한다.[그림 6-20, 6-21 참조]

검사에서 발견된 결함을 시정하려고 노력하며 위의 작업 순서 '가 ~ 다'를 반복 실습한다.

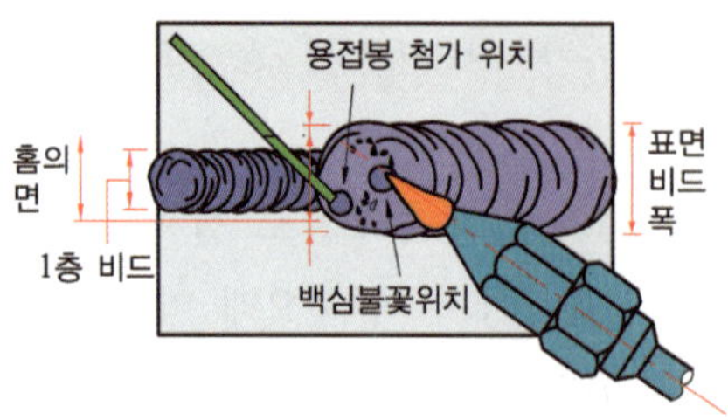

[그림 6 - 20] 용접봉 첨가 위치

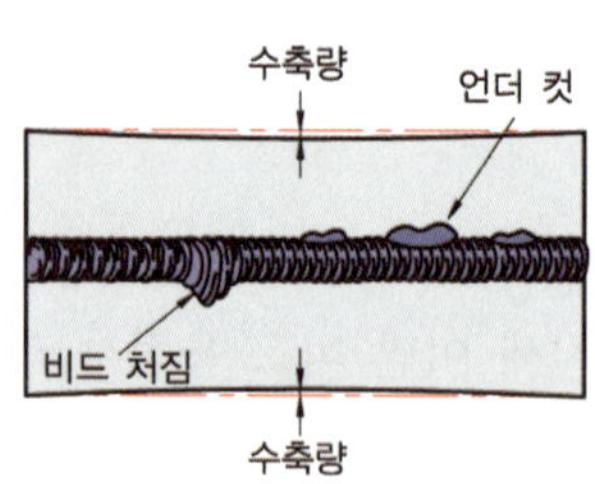

[그림 6 - 21] 위보기 맞대기용접 결함

제7절 강관(파이프) V형 맞대기 가스용접

1 강관 아래보기 자세 V형 맞대기 가스용접

가. 작업준비

1) 공구 및 재료 준비

도면을 익히고 작업에 필요한 공구(가접대, 틈새 게이지, 각도 게이지, 강철자 등)와 보호구(앞치마, 팔커버, 가죽장갑, 헬멧, 두건 등), 재료(강관 ϕ139.8×t4.5×70 2개, 가스용접봉, 산소, 아세틸렌 등)를 준비한다.

강관 2개를 준비하여 파이프 절단기로 베벨각 30 ~ 35°가 되게 가공(또는 선반 가공)한 후 루트면을 1 ~ 1.5mm 되며 강관의 가공면을 맞대었을 때 틈이 없도록 가공한다.[그림 7-1 참조]

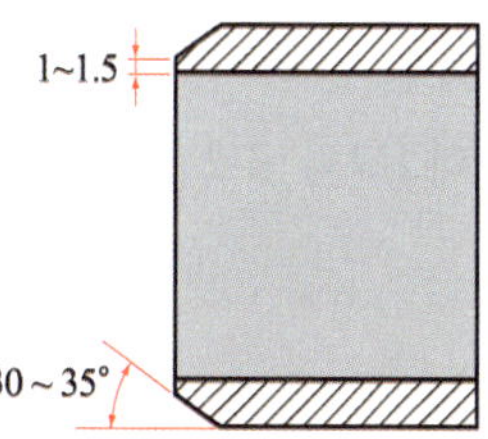

[그림 7-1] 강관 개선 가공

2) 작업준비

가스용접 장치의 각부를 점검하고 가스 용기의 고압 밸브를 열고 누설 유무를 확인한 후 산소 압력을 2 ~ 5kgf/cm^{2}로, 아세틸렌 압력을 0.2 ~ 0.5kgf/cm^{2}로 맞춘다.

모재 두께에 적합한 팁을 토치에 끼우고, 용접 앞치마, 장갑, 보안경 등 보호구 등을 착용한다.

나. 점화 및 불꽃 조절

토치의 산소 밸브를 약간 열고 아세틸렌 밸브를 열면서 점화 라이터로 점화한 후 곧 산소 밸브와 아세틸렌 밸브를 조작하여 중성불꽃으로 만든다.

그리고 용접부의 형상에 따라 불꽃 강도를 조절한다. 불꽃을 강하게 할 경우에는 아세틸렌 밸브를 먼저 열고 산소를 열어 조절하며, 불꽃을 약하게 할 경우는 반대로 산소 밸브를 조금씩 닫으며 아세틸렌 밸브를 닫으면서 중성 불꽃으로 조절한다.

일반적으로 이면 비드를 놓을 경우는 약하게 하며, 표면 비드를 놓을 경우는 좀 세게 조절한다. 또한, 판두께가 얇을 경우는 약하게, 두꺼운 경우는 강하게 조절하며, 불꽃의 세기는 용입 정도, 용접 속도 등에도 관계가 있으므로 작업 상황이나 작업자에 따라 다르게 된다.

다. 가접(가용접)

강관(V형) 맞대기용접 전 가접 방법은 전용 가접 지그를 사용하면 정확하고 쉽게 가접할 수 있으며, 가접시 두 모재가 서로 엇갈리지 않아야 된다. 그리고 가접은 어떤 자세의 용접이나 동일하게 하면 된다.

일반적으로 강관 두께가 두껍거나 홈각이 작으면 루트 간격은 좀 넓게 하는 것이 좋다. 가접시 루트 간격은 3 ~ 3.5mm로 전 둘레가 동일하여야 되며, 가접부 크기는 5mm 정도로 하며, 3 ~ 4군데를 가접하는 것이 보통이며, 강관의 지름이 크면 가접 수를 더 늘려야 된다. 가접부는 용접시 충분히 용융될 수 있도록 핸드 그라인더 등으로 양 끝을 경사지게 가공해야 된다.[그림 7-2 참조]

[그림 7-2] 강관 맞대기 가접 및 가접부 가공

라. 모재 고정

가접된 강관의 용접선이 좌우가 되며, 가접부의 하나가 2시 방향 정도 되게 수평 지그(전용 회전 지그를 사용하면 더욱 좋음) 위에 올려놓아 용접부가 큰 바늘로 7 ~ 8분 부근이 되도록 맞춘다.[그림 7-3 참조]

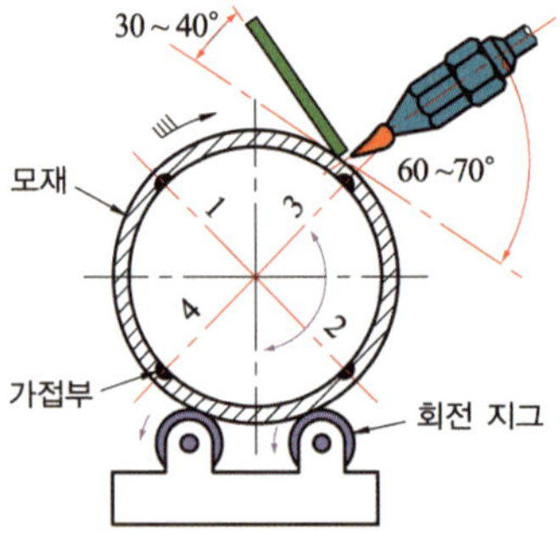

[그림 7-3] 회전 지그 이용 및 토치, 용접봉 각도

마. 강관 아래보기 1층(백) 비드놓기

1) 1층 비드놓기

용접 자세를 편하게 취하고 토치와 가스용접봉(ϕ2.6)을 잡고 토치의 불꽃을 큰 바늘로 7 ~ 8분 부근을 집중 가열하여 키홀을 형성시킨 후 키홀 부근의 용융지가 가볍게 흔들릴 때 키홀 건너편 용융지에 용접봉을 공급하며 큰 바늘로 53 ~ 54분 사이까지 좌진한다. 이 때 토치의 작업각은 90°, 진행 반대각은 원에 대한 접선에 대하여 60 ~ 70°를 유지하며 전진하고, 용접봉은 30 ~ 40°를 유지하며 키홀의 용융지 부근에서 상하운동을 하며 후진[그림 7-4 참조]하며, 진행 중에 항상 원형의 접선에 대하여 토치나 용접봉의 각도를 일정하게 유지하여야 된다.

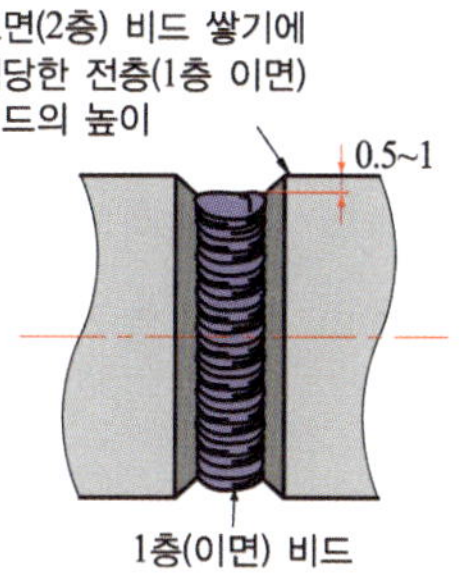

[그림 7 - 4] 표면 비드 전의 높이

만약 자동 회전 지그를 사용할 경우는 용접 시점이 항상 1시 정도가 되도록 속도를 맞춘다.

이면 비드놓기 중 불꽃이 너무 세거나 용접봉의 공급이 늦어져 키홀이 커지면 용락이 매우 심하며, 더 이상 용접이 진행될 수 없는 경우가 있으므로 키홀이 일정한 크기가 유지될 수 있도록 용접봉의 공급을 신속하게 해야 되며, 불꽃이 너무 셀 경우는 불꽃 세기를 낮추어 주어야 된다.

1층 비드(표면 비드 이전 비드)의 높이는 강관 표면보다 0.5 ~ 1mm 정도 낮게 쌓는다. [그림 7-4 참조]

2) 1층 비드 잇기

회전 지그를 이용할 경우는 용접 속도에 맞게 회전 지그를 자동 회전을 시키면서 용접한다면 잇는 부분이 적어질 수 있으나 가스용접봉의 길이에 한계가 있으므로 잇는 부분은 피할 수 없다. 그리고 잇는 부분은 대체적으로 각종 용접 결함이 많이 발생하므로 잇는 부분의 용착을 확실하게 해야 된다.

수동으로 회전하든 자동으로 회전하든 비드놓기 부분이 큰 바늘로 7 ~ 8분에서 53 ~ 54분 사이에 비드를 놓는 것이 가장 적당하므로, 이 부분이 아래보기 비드놓기가 끝날 때마다 비드의 끝 부분을 큰 바늘로 7 ~ 8분 부근으로 우회전한 후 반복하여 비드를 놓아야 된다. 비드를 이을 때는 비드 끝에서 약 5 ~ 7mm 이전 비드를 가열하여 용융지를 형성하면서 끝 부근으로 진행하여 끝부분의 루트부에 키홀이 형성되면 용접봉을 공급하면서 이전 비드와 높이나 폭이 일정하도록 비드를 잇는다.[그림 7-5 참조]

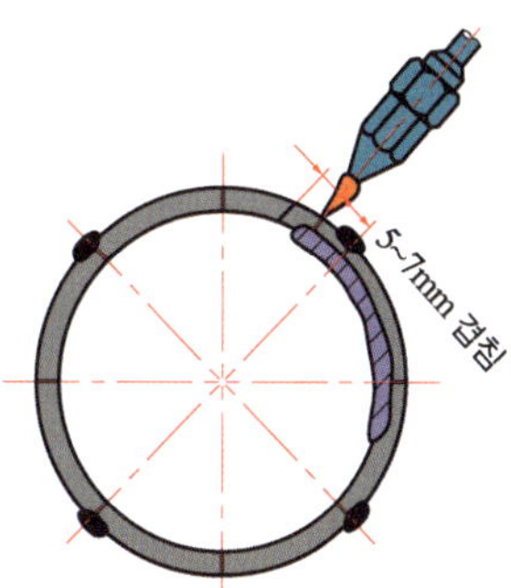

[그림 7 - 5] 1층 비드 잇기

바. 2층(표면) 비드놓기

1) 2층 비드놓기

1층 비드를 와이어 브러시로 깨끗이 청소하고 다시 지그에 올려놓아 용접하기 편한 높이로 조절한다. ϕ3.2 가스용접봉을 잡고 큰 바늘로 7~8분 부근을 집중 가열하여 용융지를 형성한 후 두 모재의 개선면 모서리+1~1.5mm 사이를 위빙하며 비드가 모재 표면보다 1.5~2mm 정도 높게 일정한 폭과 피치, 높이가 되도록 쌓으며 진행한다.[그림 7-6 참조]

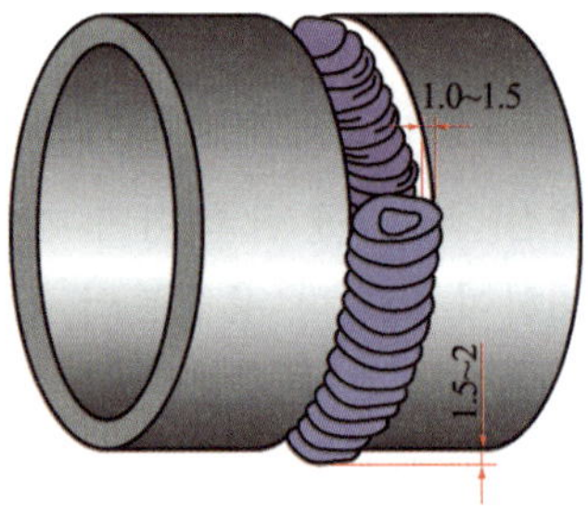

[그림 7-6] 적정 표면비드 높이

표면 비드놓기가 끝나서 최초 비드에 도달하면 최초 비드를 5~7mm 정도 겹쳐 비드를 놓아 이음부를 충분히 용융시켜야 된다.

사. 검사 및 반복 실습

용접이 끝나면 용접부 전체를 깨끗이 청소한 후 각종 용접 결함의 여부와 용접 외관 전체를 점검하여 잘못된 점을 시정하려고 노력하며 위의 '나~바'를 반복 실습한다.

모든 기술은 숙련에 달려 있다. 모든 작업이 잘 되었더라도 여러 번 반복 실습하여 언제 실시해도 동일하게 양호한 용접부가 얻어질 때까지 반복 실습을 해야 된다.

2 강관 수평자세 V형 맞대기 가스용접

가. 모재 고정

가접된 강관의 용접선이 좌우가 되며, 강관이 수직이 되게, 수평 지그(전용 회전 지그를 사용하면 더욱 좋음) 위에 올려놓아 용접부가 20분 부근이 되도록 맞춘다.

나. 강관 수평자세 1층(이면) 비드놓기

1) 1층 비드놓기

용접 자세를 편하게 취하고 토치와 가스용접봉(ϕ2.6)을 잡고 토치의 불꽃을 큰 바늘로 22~23분 부근을 집중 가열하여 키홀을 형성시킨 후 키홀 부근의 용융지가 가볍게 흔들릴 때 키홀 건너편 용융지에 용접봉을 공급하며 35분 사이까지 좌진한다.(전진법의 경우 [그림 7-7 참조] 이 때 토치의 작업각은 아래 강관에 수직한 선에 대하여 75~85°, 진행 반대각은 원에 대한 접선에 대하여 50~60°를 유지하며 좌진하고, 용접봉은 원의 접선에 대하여 30~40°, 위쪽 강관의 수직선에 대하여 60~70°를 유지하며 키홀의 용융지 위쪽 개선면에 상하운동을 하며 후진하며, 진행 중에 항상 원형의 접선에 대하여 토치나 용접봉의 각도를 일정하게 유지하여야 된다.[그림 7-8 참조]

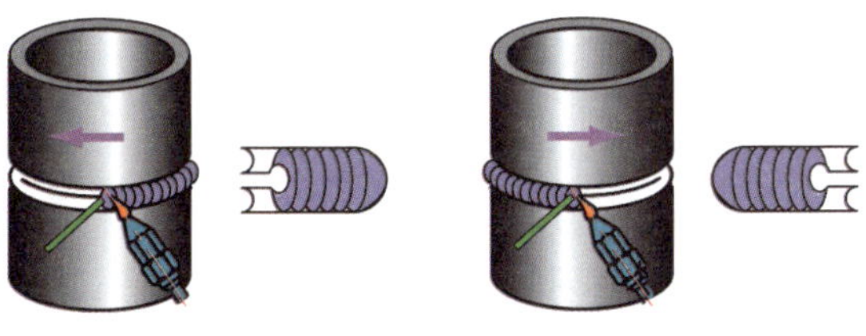

(a) 전진법 (b) 후진법

[그림 7-7] 전진법과 후진법

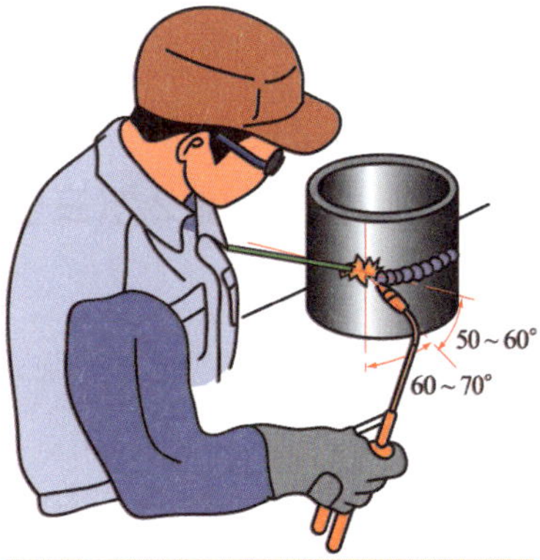

[그림 7-8] 수평 맞대기용접 자세

만약 자동 회전 지그를 사용할 경우는 용접 시점이 항상 25분 위치 정도가 되도록 속도를 맞춘다.

이면 비드놓기 중 불꽃이 너무 세거나 용접봉의 공급이 늦어져 키홀이 커지면 용락이 매우 심하며, 더 이상 용접이 진행될 수 없는 경우가 있으므로 키홀이 일정한 크기가 유지될 수 있도록 용접봉의 공급을 신속하게 해야 되며, 불꽃이 너무 셀 경우는 불꽃 세기를 낮춰줘야 된다.

1층 비드(표면 비드 이전 비드)의 높이는 강관 표면보다 0.5~1mm 정도 낮게 쌓는다. [그림 7-9 참조]

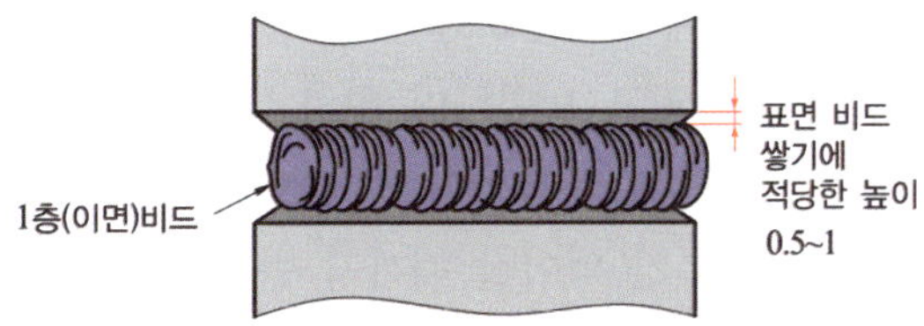

[그림 7-9] 수평자세 1층 비드 높이

2) 1층 비드 잇기

회전 지그를 이용할 경우는 용접 속도에 맞게 회전 지그를 자동 회전을 시키면서 용접한다면 잇는 부분이 적어질 수 있으나 가스용접봉의 길이에 한계가 있으므로 잇는 부분은 피할 수 없다. 그리고 잇는 부분은 대체적으로 각종 용접 결함이 많이 발생하므로 잇는 부분의 용착을 확실하게 해야 된다.

수동으로 회전하든 자동으로 회전하든 큰 바늘로 22 ~ 23분에서 35분 사이에 수평자세 비드를 놓는 것이 가장 적당하므로, 이 부분이 수평자세 비드놓기가 끝날 때마다 비드의 끝 부분을 큰 바늘로 22 ~ 23분 부근으로 우회전한 후 반복하여 비드를 놓아야 된다.

비드를 이을 때는 이전 비드 끝의 약 5 ~ 7mm를 가열하여 용융지를 형성하면서 끝 부근으로 진행하여 끝부분의 루트부에 키홀이 형성되면 용접봉을 공급하면서 이전 비드와 높이나 폭이 일정하도록 비드를 잇는다.

다. 강관 수평자세 2층(표면) 비드놓기

1) 2층 비드놓기

1층 비드를 와이어 브러시로 깨끗이 청소하고 다시 지그에 올려놓아 용접하기 편한 높이로 조절한다. ϕ3.2 가스용접봉을 잡고 큰 바늘로 22 ~ 23분 부근을 집중 가열하여 용융지를 형성한 후 상하 두 모재(강관)의 개선면 모서리 1 ~ 1.5mm 사이를 위빙하며 비드가 모재 표면보다 1.5 ~ 2mm 정도 높게 일정한 폭과 피치, 높이가 되도록 쌓으며 진행한다.[그림 7-10 참조]

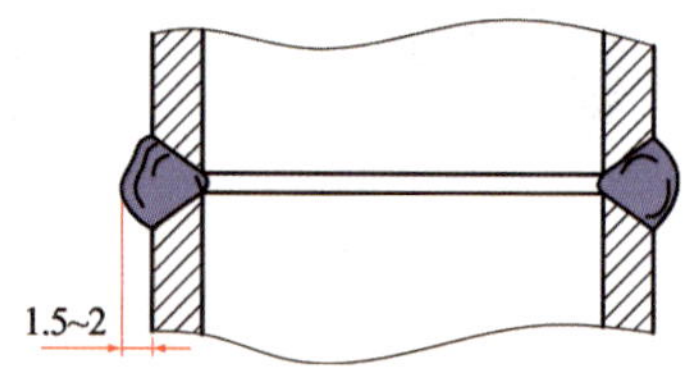

[그림 7 - 10] 표면 비드의 높이

어떤 원인으로 비드놓기가 중단되어 다시 이어갈 경우는 수평 비드 잇기와 같은 방법으로 진행하여야 되며, 표면 비드놓기가 끝나서 최초 비드에 도달하면 최초 비드를 5 ~ 7mm 정도 겹쳐 비드를 놓아 이음부를 충분히 용융시켜야 된다.

라. 검사 및 반복 실습

용접이 끝나면 용접부 전체를 깨끗이 청소한 후 각종 용접 결함의 여부와 용접 외관 전체를 점검하여 잘못된 점을 시정하려고 노력하며 위의 '가 ~ 다'를 반복 실습한다.

모든 기술은 숙련에 달려 있다. 모든 작업이 잘 되었더라도 여러 번 반복 실습하여 언제 실시해도 동일하게 양호한 용접부가 얻어질 때까지 반복 실습을 해야 된다.

3 강관 전자세 비드놓기 가스용접

가. 강관 전자세 비드놓기

전자세 용접이란 일반적으로 2가지 자세 이상이 복합된 자세를 말하며, 여기서는 강관을 수평으로 고정한 상태에서 위보기 자세, 수직자세, 아래보기 자세로 용접하는 자세를 말한다.[그림 7-11 참조]

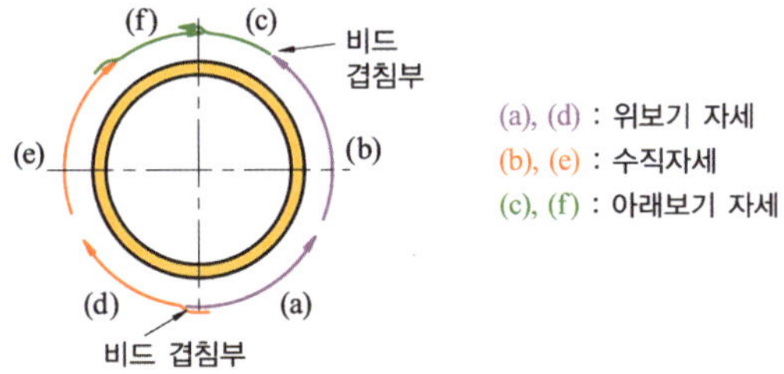

[그림 7-11] 위치별 용접 자세

이러한 전자세는 모재가 고정되어 있기 때문에 위보기 자세 작업시에 용락이나 스패터, 슬래그 낙하 등의 어려운 자세를 용접 결함없이 실시해야 하는 어려움이 있어 고도의 기술이 요구되는 자세이다.

강관을 전자세로 맞대기용접, 필릿 용접을 하기 위해서는 비드놓기를 잘해야 되므로 우선 전자세 비드놓기 연습을 많이 해야 된다.

나. 강관에 금긋기 및 모재 고정

1) 강관에 금긋기

강관은 둥글면서 면이 곡선이기 때문에 용접부를 정확하게 진행하기가 어려우므로 강관 원 둘레에 석필이나 백색 마카펜으로 일정한 간격으로 원을 그려야 된다. 금긋기 작업시 직선 비드를 놓는 부분은 단선으로 그리면 되나 넓은 비드놓기를 할 부분은 비드 폭보다 1 ~ 2mm 좁게 2선으로 그리는 것이 좋다.[그림 7-12 참조]

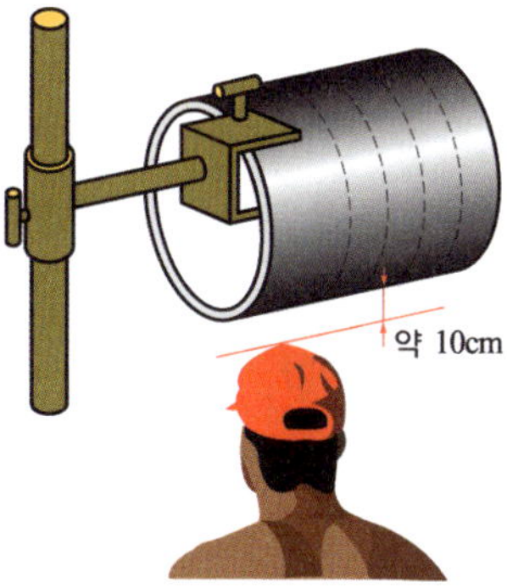

[그림 7-12] 금긋기 및 모재 고정

2) 모재 고정

강관의 용접선이 작업자 방향에 대해 원형이 되며, 강관이 수평이 되게 지그에 단단히 고정한 후 용접 부위가 작업자의 머리보다 10 ~ 15cm 높게 맞춘다.[그림 7-12 참조]

다. 전자세 강관 좁은 비드놓기

1) 위보기 비드놓기

고정된 강관의 앞에 편하게 앉아 [표 7-1]과 같은 작업 조건으로 맞춘 후 토치와 가스용접봉(ϕ2.6)을 잡고 토치의 불꽃을 25 ~ 30분(35 ~ 30분) 부근을 집중 가열하여 용융지를 만들고 용융지에 용접봉을 공급하며 큰 바늘로 32 ~ 33분(또는 22 ~ 23분) 사이까지 일정한 폭과 높이가 되며, 직선을 유지하며 진행한다. 이 때 토치의 작업각은 90°, 진행 반대각은 원에 대한 접선에 대하여 50 ~ 60°를 유지하며 전진하고, 용접봉은 원의 접선에 대하여 30 ~ 40°를 유지하면 된다.[그림 7-13 참조]

비드놓기 중 불꽃이 너무 세거나 용접봉의 공급이 늦어지면 용락이나 언더컷이 매우 심하므로 진행 속도와 용접봉 공급 속도를 일정하게 유지해야 된다.

표 7-1 가스용접 작업 표준 조건

구분	단위	치수
강관 두께	mm	3.2
팁번호	BO(A1)	100(No.5)
산소의 입력	kgf/cm^2	2.0 ~ 5.0
아세틸렌가스 입력	kg/cm^2	0.2 ~ 0.5
비드 놓기	층수	1 ~ 2

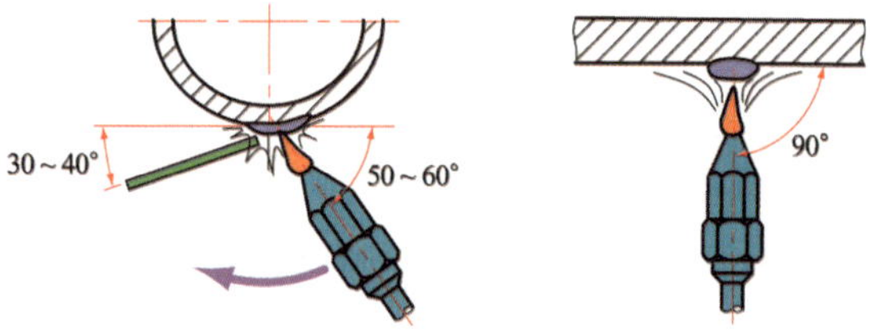

[그림 7-13] 토치와 용접봉 각도

2) 수직자세 비드놓기

전자세 강관 용접에서는 자세를 구분할 필요가 없이 작업이 가능한 범위까지 진행하는 것이 좋으므로 긴 용접봉(1000mm)을 사용하여 가급적 잇는 부분이 없도록 하는 것이 좋다.

따라서 꼭 구분을 한다면 37 ~ 38분(또는 22 ~ 23분)에서 50분(또는 10분) 사이를 수직자세로 보면 된다.[그림 7-14 참조] 수직자세는 위보기 자세보다 작업하기 편하지만 그래도 용융지가 처질 우려가 많으므로 용접봉 공급이나 토치의 진행 속도를 잘 맞추어 진행하여야 된다.

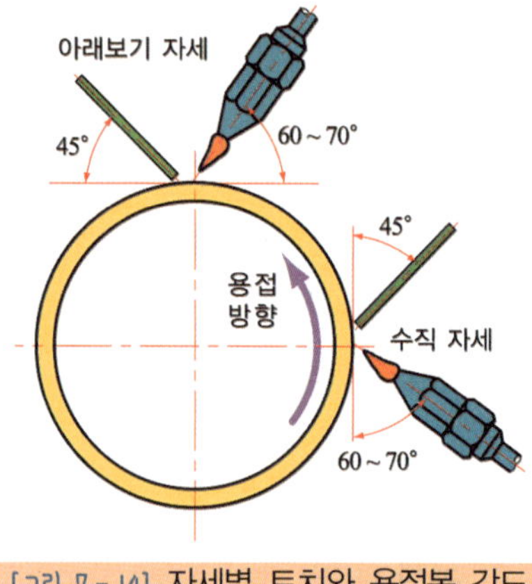

[그림 7-14] 자세별 토치와 용접봉 각도

3) 아래보기 자세 비드놓기

아래보기 자세는 수직자세를 제외한 상부 부분을 말한다. 아래보기는 다른 자세보다 작업하기 편하지만 강관이기 때문에 전체가 둥그러워서 평판 위에 비드놓기를 하는 것과는 좀 더 어려운 부분이다.

4) 반대편 전자세 비드놓기

강관에 비드놓기나 맞대기용접의 경우 한곳에서 전체를 빙 둘러 용접할 수 없으므로 위의 작업 '1) ~ 3)'과 같은 방법으로 이전 비드놓기의 반대 방향으로 비드를 놓으면 된다.

라. 강관 전자세 넓은 비드놓기

전자세 넓은 비드놓기는 좁은 비드놓기와 동일하게 실시하면 되지만 토치를 좌우 이동없이 전진(또는 후진)만 하는 것이 아니고 반달형 또는 지그재그형, 원형 등으로 좌우로 움직이며 용융지를 형성하고 여기에 용접봉을 공급하여 비드를 8 ~ 12mm 정도 넓게 비드를 놓는 방법이다.

마. 비드 잇기

비드를 놓다가 어떤 원인으로 중단이 되었을 경우 이전 비드의 끝 5 ~ 7mm 뒤에서 용융지를 형성하여 이전 비드까지 진행하면서 비드의 끝 크레이터 부근에서 비드가 낮아지기 직전에 용접봉을 공급하며 진행한다.

비드 잇기는 좁은 비드나 넓은 비드 모두 필요한 작업이며 중요한 부분이므로 잇기 연습이 많이 필요하다.

바. 검사 및 반복 실습

용접이 끝나면 용접부 전체를 깨끗이 청소한 후 각종 용접 결함의 여부와 용접 외관 전체를 점검하여 잘못된 점을 시정하려고 노력하며[그림 7-15 참조] 위의 작업 방법 '나 ~ 마'를 여러 번 반복 실습하여 언제 실시해도 동일하게 양호한 용접부가 얻어질 때까지 연습한다.

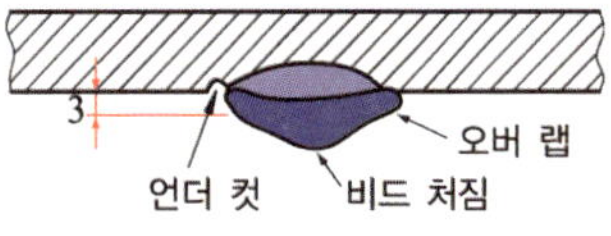

[그림 7 - 15] 위보기 자세 비드 결함

4 강관 전자세 V형 맞대기 가스용접

가. 작업준비

V형 맞대기 용접에 필요한 공구와 재료를 준비한다. V형 맞대기용접에 필요한 공구는 가스용접 토치와 팁, 강철자, 직각자, 용접 게이지, 디스크 그라인더, 강관 가접 전용 지그, 점화 라이터 등이 필요하며, 재료에는 산소와 아세틸렌 가스, 가스용접봉(ϕ2.6, ϕ3.2), 강관 ϕ114.3×t4.5×50 2개가 필요하다.

나. 모재 가공

강관의 한쪽을 선반이나 파이프(베벨 가공) 가스절단기를 사용하여 베벨각 30~35°로 가공한 후 루트면을 1.0 ~ 1.5mm로 다듬질한다. 이 때 2개의 가공된 루트면을 맞대었을 때 틈새가 없어야 된다.[그림 7-16 참조]

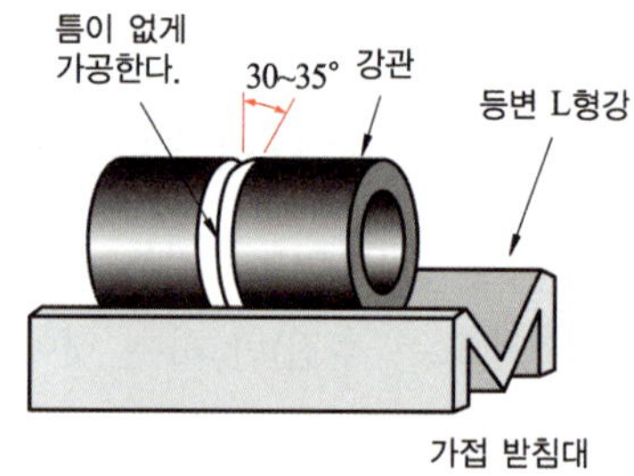

[그림 7-16] 강관 홈 가공상태 점검

다. 가접(가용접, tack welding)

가공이 완료되면 강관 중심에 대하여 +자 부분(90°)마다 석필이나 백색 마카펜으로 표시를 한 후 강관 맞대기 가접 전용 지그(앵글을 이용해도 좋음)를 사용하여 루트 간격을 2.5 ~ 3.5mm 띄워 고정시킨다.

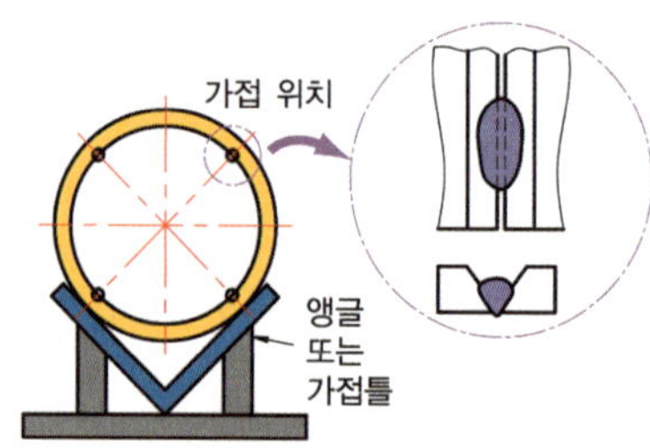

[그림 7-17] 가접 위치와 형상

토치를 잡고 적정 세기의 중성 불꽃을 조절한 후 가접 예정 표시 부분의 루트 부분을 집중 가열 용융시켜 키홀을 만들면서 약 5 ~ 7mm 정도 용접을 한다.

한 곳의 가접이 끝나면 그 부분과 180° 부분을 위로 놓고 루트 간격을 측정하여 변형되었을 경우 루트 간격 조절을 한 후 이전 가접과 동일한 방법으로 가접을 실시하며 다른 2곳도 동일한 방법으로 가접한다. 가접 부위가 너무 두툼할 경우는 양 끝 쪽으로 경사지게 가공하여 쉽게 키홀이 형성될 수 있도록 해야 된다.[그림 7-17 참조]

라. 모재 고정

가접된 강관의 용접선이 좌우가 되며, 가접부가 큰 바늘로 20분 위치와 40분 위치가 되게 맞춘 후 강관의 하단이 작업자의 머리보다 100 ~ 150mm 높이가 되게 단단하게 고정한다.[그림 7-18 참조]

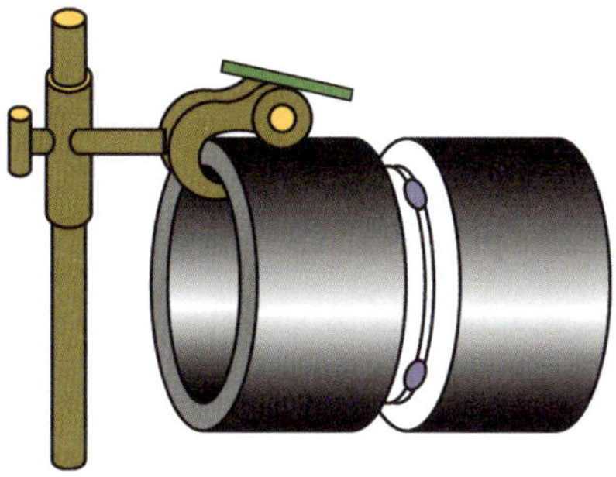

[그림 7-18] 모재 고정

마. 강관 전자세 1층(이면, back) 비드놓기

1) 위보기 자세 1층 비드놓기

용접자세는 고정된 원주면을 따라 강관 하단은 위보기 자세, 양 측면은 수직자세, 위 부분은 아래보기 자세로 구분할 수 있으나[그림 7-19 참조] 각 자세마다 용접을 중단할 필요는 없으며, 원형의 각 위치에 따른 접선에 따라 진행반대각과 용접봉의 각도가 일정하게 유지되어야 된다.

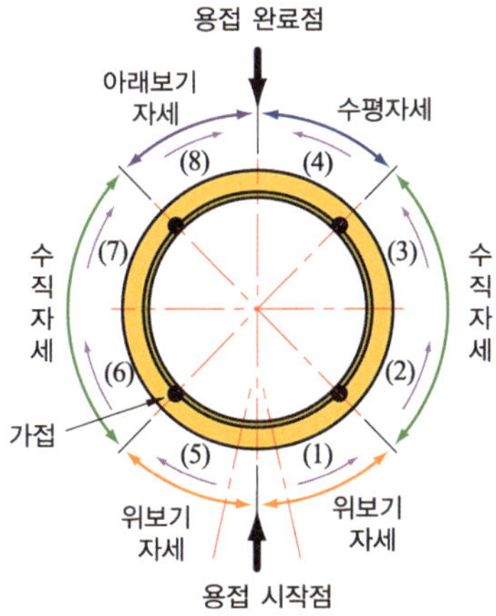

[그림 7-19] 용접 자세와 순서

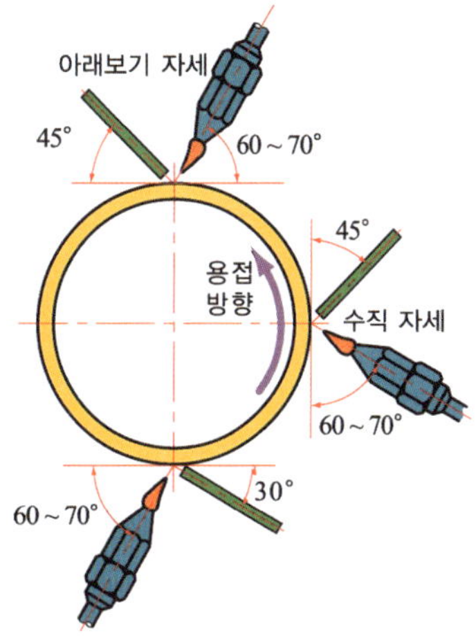

[그림 7-20] 자세별 토치와 용접봉 각도

이면 비드놓기 방법은 고정된 강관의 앞에 편하게 앉아 적정 작업 조건으로 맞춘 후 토치와 가스용접봉(ϕ2.6)을 잡고 토치의 불꽃을 큰 바늘로 25 ~ 30분(35 ~ 30분) 부근을 집중 가열하여 루트부를 용융시켜 키홀을 형성시키고 이 키홀 옆 용융지에 용접봉을 공급하며 40분(또는 20분) 시이까지 일정한 키홀의 형성과 용접봉을 공급하며 진행한다. 이 때 토치의 작업각은 90°, 진행 반대각은 원에 대한 접선에 대하여 60 ~ 70°를 유지하며 전진하고, 용접봉은 원의 접선에 대하여 30 ~ 40°를 유지하면 된다.[그림 7-20 참조]

이면 비드놓기 중 불꽃이 너무 세거나 용접봉의 공급이 늦어지면 키홀이 너무 커져서 진행이 안되거나 용락, 언더컷이 매우 심하므로 진행 속도와 용접봉 공급 속도를 일정하게 유지해야 된다.

2) 수직자세 1층 비드놓기

전자세 강관 용접에서는 자세를 구분할 필요가 없이 작업이 가능한 범위까지 진행하는 것이 좋으므로 긴 용접봉(1000mm)을 사용하여 가급적 잇는 부분이 없도록 하는 것이 필요하다.

따라서 꼭 구분을 한다면 40분(또는 20분) 반에서 50분(또는 10분) 사이를 수직자세로 보면 된다.[그림 7-19 참조] 수직자세는 위보기 자세보다 작업하기 편하며, 키홀이 잘 보여 일정한 키홀을 유지하기도 쉬워 이면 비드를 양호하게 용착시킬 수 있다. 그러나 키홀이 너무 커질 우려가 많으므로 용접봉 공급이나 토치의 진행 속도를 잘 맞추어 진행하여야 된다.

3) 아래보기 자세 1층 비드놓기

아래보기 자세는 수직자세를 제외한 상부 부분을 말한다. 아래보기는 다른 자세보다 작업하기 편하지만 강관이기 때문에 전체가 동그랗기 때문에 평판 V형 맞대기를 하는 것과는 좀 더 어려운 부분이다.

강관 전자세 비드놓기나 맞대기용접시 중요한 것은 원형이기 때문에 토치나 용접봉을 진행 중에 항상 원의 접선에 대한 진행각(진행 반대각)을 계속 조절하여 일정한 각도를 유지해야 된다.

4) 반대편 전자세 1층(이면) 비드놓기

강관에 비드놓기나 맞대기용접의 경우 한곳에서 전체를 빙 둘러 용접할 수 없으므로 이전 1층 이면 비드놓기의 반대 방향으로 위의 작업 '1) ~ 3)'의 방법과 같은 방법으로 실시하면 된다.

이 때 이면 비드가 이어지는 부분은 비드 잇기법과 같이 이전 비드의 5 ~ 7mm 뒤에서 가열하여 용융지를 만들며 루트 간격 사이로 진행하다가 비드 끝 부분이 용융되어 키홀이 형성되면 용접봉을 공급하며 진행하여야 된다.

5) 1층 비드 잇기

1층(이면) 비드를 이을 때는 이전 비드 끝에서 이전 비드 약 5 ~ 7mm 부분부터 가열하여 용융지를 형성하면서 비드 끝부근으로 진행하여 끝부분의 루트부에 키홀이 형성되면 용접봉을 공급하면서 이전 1층(백) 비드와 같은 방법으로 진행하며, 비드의 폭이나 높이가 일정하도록 진행한다.

바. 2층(표면) 비드놓기

1) 2층 비드놓기

1층 비드를 와이어 브러시로 깨끗이 청소하고 다시 지그에 고정한 후 ϕ3.2 가스용접봉을 잡고 전자세 비드놓기 작업과 같이 토치의 불꽃을 25 ~ 30분(35 ~ 30분) 부근을 집중 가열하여 두 모재의 개선 모서리를 1 ~ 1.5mm 정도 포함한 두 모서리 사이를 용융지를 만들고 이 용융지에 용접봉을 공급하며 40분(는 20분) 사이까지 일정한 폭과 높이가 되도록 반달형 또는 원형 위빙을 하며 위보기 자세, 수직자세, 아래보기 자세로 진행한다. 이 때 토치의 작업각은 90°, 진행 반대각은 원의 접선에 대하여 50 ~ 60°를 유지하며 전진하고, 용접봉은 원의 접선에 대하여 30 ~ 40°를 유지하며 된다.

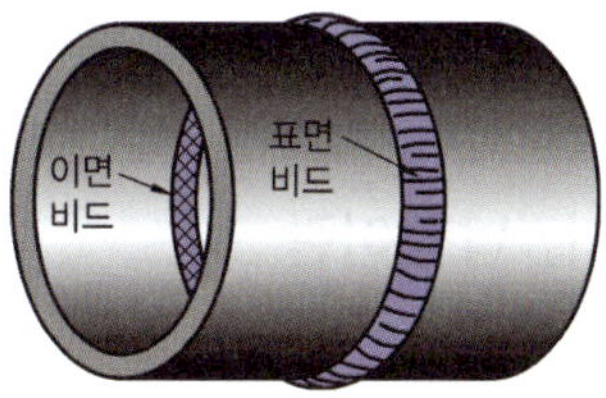

[그림 7-21] 전자세 V형 맞대기용접

[그림 7-21]은 V형 맞대기 가스용접이 완성된 형상을 나타낸 것이다.

비드놓기 중 불꽃이 너무 세거나 용접봉의 공급이 늦어지면 용락이나 언더컷이 매우 심하므로 진행 속도와 용접봉 공급 속도를 일정하게 유지해야 된다.

전자세 표면 비드놓기가 최초 비드에 도달하면 최초 비드를 5 ~ 7mm 정도 겹쳐 비드를 놓아 이음부를 충분히 용융시켜야 된다.[그림 7-22 참조]

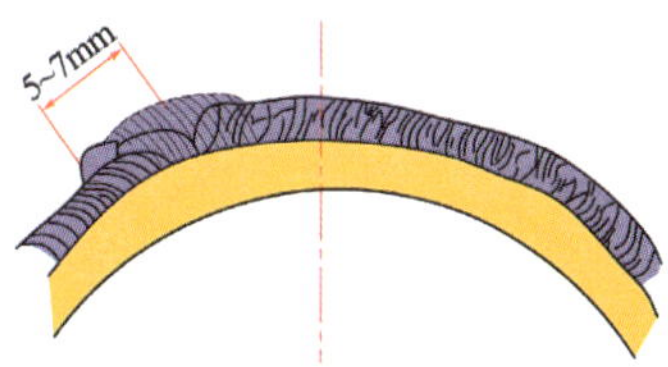

[그림 7-22] 비드 끝단의 보강

사. 검사 및 반복 실습

용접이 끝나면 용접부 전체를 깨끗이 청소한 후 각종 용접 결함의 여부와 용접 외관 전체를 점검하여[그림 7-23 참조] 잘못된 점을 시정하려고 노력하며 위의 '나 ~ 바'를 반복 실습한다.

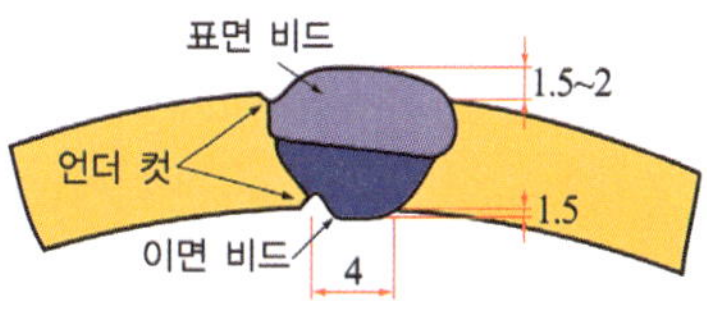

[그림 7-23] 용접부 결함 검사

모든 기술은 숙련에 달려 있다. 모든 작업이 잘 되었더라도 여러 번 반복 실습하여 언제 실시해도 동일하게 양호한 용접부가 얻어질 때까지 반복 실습을 해야 된다.

제8절 공조냉동 동관작업

1 납 땜

가. 납땜이란

동종 금속 또는 이종의 금속을 접합하려고 할 때 접합할 모재는 용융시키지 않고 모재보다 용융점이 낮은 금속 또는 그 합금을 용가재로 사용하여 두 모재간의 모세관 현상을 이용하여 금속을 접합하는 원리이며, 납땜의 성패는 용접 모재인 고체와 땜납인 액체가 어느 정도의 친화력을 갖고 접촉할 수 있느냐에 달려있다.

납땜은 일반 용접에 비하여 강도는 떨어지나 이종금속의 접합에 많이 사용된다.

나. 납땜의 종류

납땜은 연납땜과 경납땜이 있으며 가열 온도에 따라 450℃ 이하이면 연납땜, 450℃ 이상이면 경납땜으로 구분한다.

동관의 용접재 중 연납은 호칭 지름 40A 이하의 관이나 온도 및 사용 압력이 낮은 곳, 경납은 큰 관이나 온도 및 사용 압력이 높은 곳, 열팽창 등에 의한 응력이 예상되는 곳에 사용한다.

표 8-1 연납땜과 경납땜의 비교

구 분	연납땜	경납땜
용 제	Pb-Sn, Sn-Ag	BCup, BAg
용접온도	200 ~ 300	750 ~ 850
가열방법	프로판 토치나 전기 가열기	가스용접 토치 또는 프로판 토치
특 성	작업이 쉽고 강도가 약하다.	강도가 강하다.
용 도	온도 및 사용압력이 낮은 120℃ 이하 작은 관 용접시	고온 및 사용압이 높은 곳

다. 동관의 가열 온도와 용제의 상태 변화

경납땜은 450℃ 이상에서 용융되는 납땜재를 사용하여 모재의 고상선 이하의 적당한 온도에서 하는 작업이며 모세관 현상에 의한 겹침부는 견고한 접합이 이루어져 낮은 온도에서의 용접부는 동관 자체와 거의 같은 상용 압력을 가진다.

이 때 사용하는 용제는 금속 산화물 제거 및 파이프 표면을 감싸 주어 산화물 생성을 방지하고 경납재가 용해하여 동관 틈새로 모세관 현상에 의해 스며들어 가도록 한다.

표 8-2 동관의 가열 온도와 용제의 상태

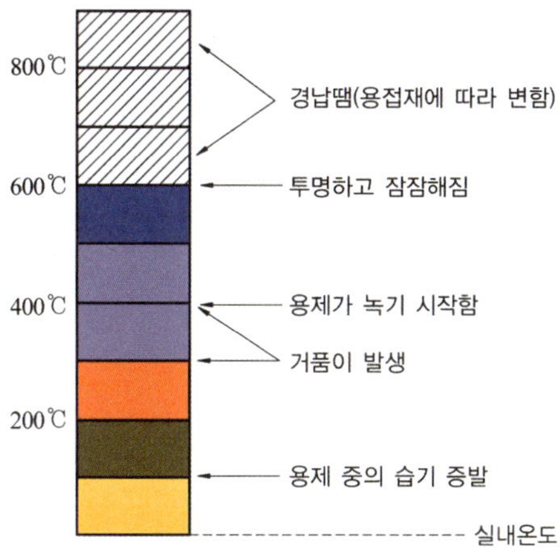

2 강관, 동관 접합 작업준비

가. 동관 작업 공구 준비

도면을 보고 필요한 공구를 준비한다. 동관 작업에 필요한 공구에는 가스용접 토치와 팁(시험장 시설 목록임), 점화 라이터, 튜브 커터, 튜브 벤더, 리머, 익스팬더(확관기), 플레어링 툴 셋, 사이징 툴, 손톱, 드릴(ϕ13, 시험장 시설 목록임) 등이 있다.[그림 8-2 참조]

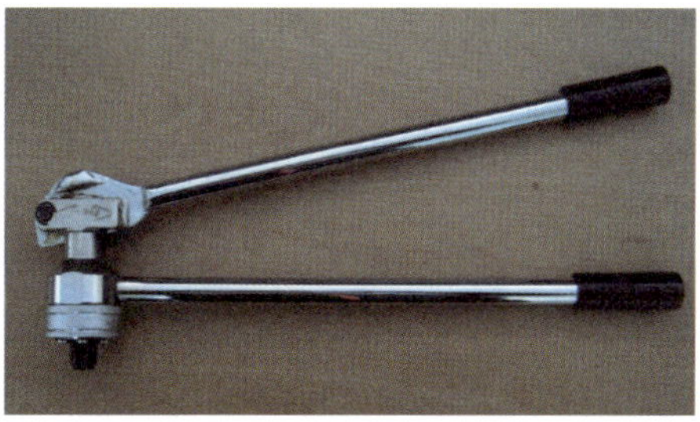

[그림 8-1] 동관 익스팬더(확관기)

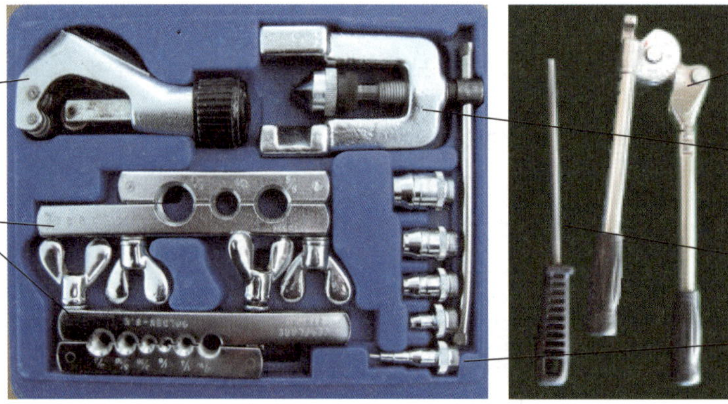

① 튜브 커터 : 동관(소구경) 절단용 공구
② 튜브 벤더 : 동관 굽힘 공구
③ 튜브 리머 : 동관 절단 후 관의 내외면에 생긴 거스러미를 제거하는 공구
④ 익스팬더 : 동관의 확관용 공구[그림 8-1 참조]
⑤ 플레어링 툴 셋 : 동관의 압축 접합용 공구
⑥ 사이징 툴 : 동관의 끝부분을 원으로 정형하는 공구

[그림 8-2] 동관 작업 공구의 종류

나. 동관 작업 재료 준비

도면[그림 8-4 참조]을 보고 동관 작업에 필요한 재료를 준비한다. 시험장에서는 작업에 따른 재료를 모두 지급한다.

도면과 같은 재료에는 일반배관용 탄소강관(흑관) 25A×110 1개, 일반구조용 압연강판(ϕ26×t2.0) 1개, 일반구조용 압연강판(ϕ34×t2.0) 1개, 동관(연질) ϕ9.52×1400 1개, 동관(연질) ϕ12.7×550 1개, 플레어 너트(동관용) ϕ12.7 2개, 니플(플레어 볼트) ϕ12.7 1개, 모세관 ϕ2.0×60 1개, 2구 분배관(산업기사는 3구 분배관) ϕ9.52 1개, 가스용접봉 ϕ2.6×500 1개, 은납 용접봉 ϕ1.2×300 1개, 황동 용접봉 ϕ2.4×450 1개, 붕사 15g 등을 준비한다. [그림 8-3 참조]

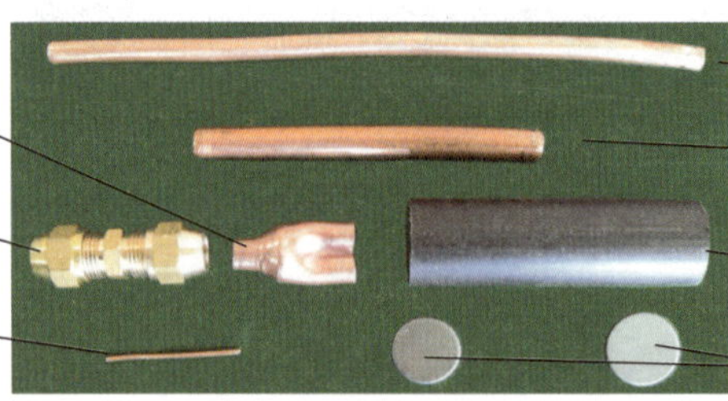

[그림 8-3] 동관 작업용 재료의 종류

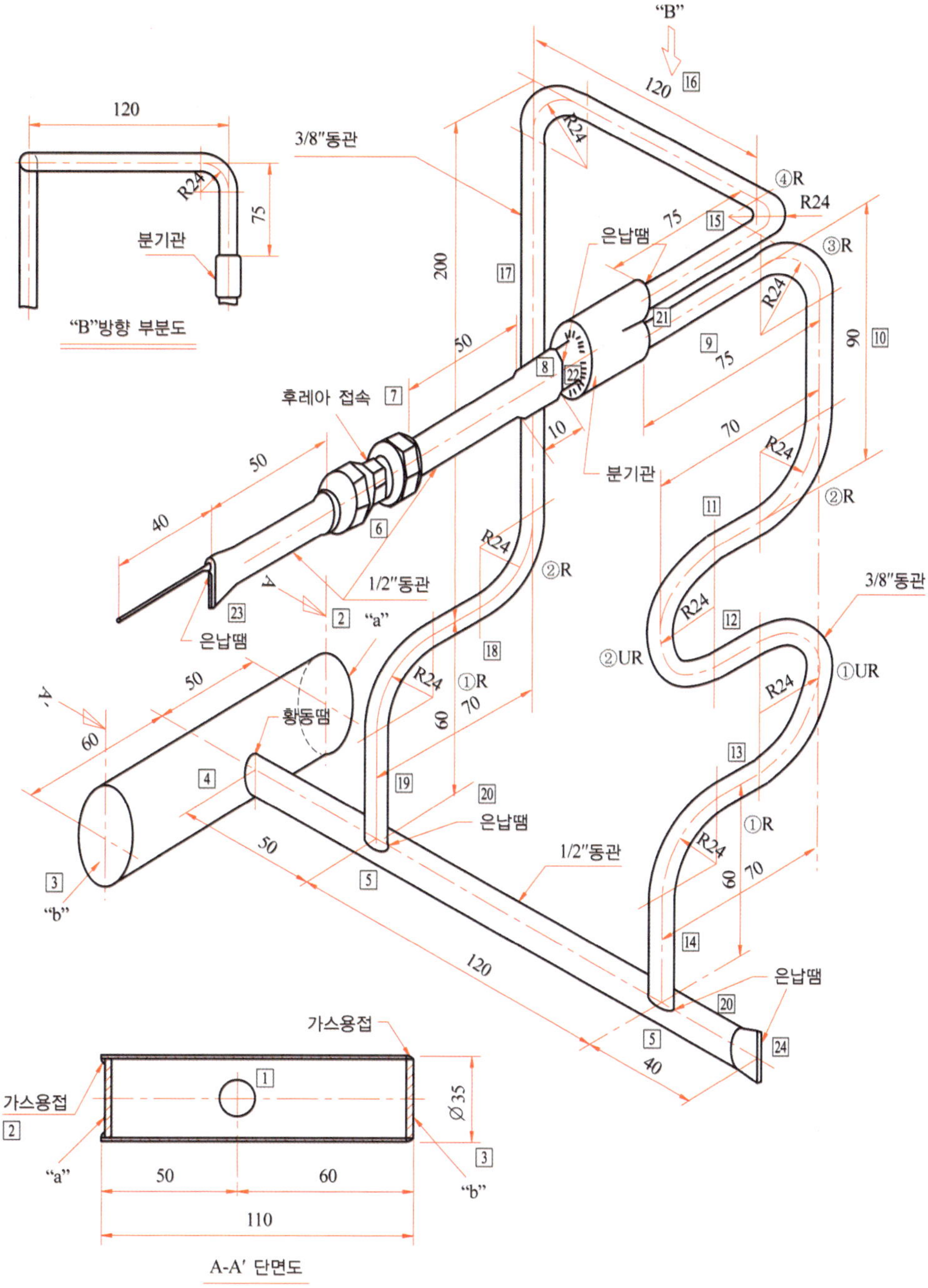

[그림 8-4] 공조냉동 동관작업 입체 도면

다. 강관 작업준비

[그림 8-4] A-A' 단면도와 같은 도면을 보고 탄소 강관 25A를 파이프 커터나 손톱, 고속 절단기 등으로 길이 110으로 절단하여 양 측면의 끝단을 평면으로 다듬질하며, 필요한 경우는 리밍을 한 후 가공된 강관에 한쪽은 50, 한쪽은 60이 되는 교차점에 ϕ13 드릴로 구멍을 뚫는다.[그림 8-5 참조]

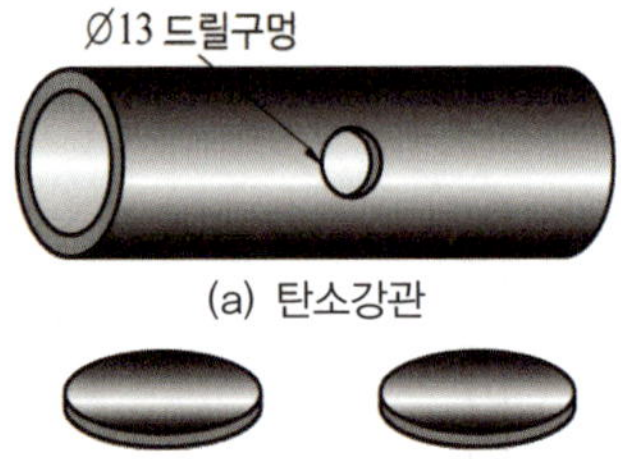

[그림 8-5] 강관 용접 재료

이 구멍은 강관의 양 끝을 내접 및 외접하여 완전 밀폐할 경우 구멍이 없으면 강관 내부의 공기의 엄청난 팽창으로 약한 부분에 균열 발생을 피할 수 없으므로 반드시 구멍이 있어야 된다. 여기서는 이 구멍에 동관을 끼워 황동 납땜하는 곳으로 사용된다.

2 강관 · 동관 황동 가스용접(경납땜)

가. 불꽃 조절

가스용접과 같은 방법으로 산화불꽃으로 조절한다.

나. 이종관(강관과 동관) 경납(황동납)땜하기

1) 강관에 삽입되는 직관 치수 계산 및 금긋기

강관에 연결되는 직선 동관 1/2''(ϕ12.7)의 치수를 계산하여 네일펜 등으로 금긋기한 후 절단한다.

우선 동관의 한쪽 끝에서 강관에 들어갈 여유치수 5(5 ~ 10)mm, 1차 동관 삽입 위치 50mm, 2차 동관 삽입 위치 120mm, 끝부분의 치수 40mm를 포함하여 전체 215mm이므로 여유치수를 포함하여 250mm 정도를 절단한다.

2) 강관과 동관 황동납 땜하기

강관의 측면에 뚫어놓은 구멍이 위로 가도록 수직으로 놓고 강관 구멍에 직선 동관(ϕ12.7× 250mm)을 끼운다. 이 때 동관이 너무 깊이 들어가면 강관으로 흐르는 유체에 저항이 커지므로 강관보다 크기가 작은 강관이나 물체를 끼워넣고 동관을 세워 직각을 맞춘다. [그림 8-6 (c) 참조]

다만 자격시험시는 시간 절약과 번거로움을 피하기 위해 강관 속 끝까지 삽입한 후 직각을 맞춘 후 끼워진 동관이 움직이지 않게 놓고 산화불꽃으로 강관 주위를 가열한 뒤 적당히 붕사를 뿌리고 황동봉 끝에도 약 100mm 정도 주위를 가열한 후 붕사를 묻힌 후 강관과 동관 연결부를 토치로 가열하여 강관이 암적색 정도 되었을 때 황동봉을 넣었다 뺐다하면서 전진한다.[그림 8-6 (d) 참조]

이 때 용융한 황동납이 과용융하여 흘러내릴 우려가 있으므로 토치의 불꽃을 잘 조절하거나 토치를 올렸다 내렸다 하면서 열량을 조절한다.

황동납땜이 끝나면 강관에 끼운 강관(물체)을 빼낸다.[그림 8-7 (e) 참조]

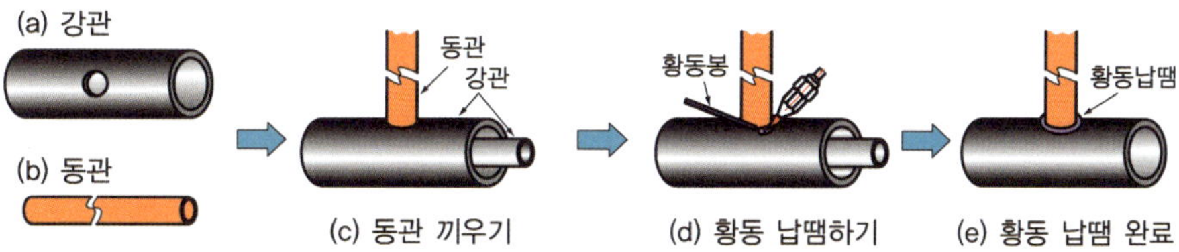

[그림 8-6] 강관과 동관 황동납 땜하기

3) 직관에 구멍 만들기

황동 납땜된 강관의 내접 부분이 왼쪽으로 가게 수평으로 놓고 직선 동관(ϕ12.7)의 상부에 강관 끝에서 50mm, 120mm, 40mm 부분을 금긋기한 후 40mm 부분을 동관 커터나 손톱으로 직각이 되게 절단한다.

[그림 8-7] 직관에 구멍 뚫기

절단된 동관의 상부(강관을 수평으로 놓았을 때 상부에 도면에 표시된 1차 동관 삽입 위치 50mm 부분과 2차 동관 삽입 위치 120mm 부분으로 표시된 부분을 중형 둥근줄을 사용하여 끼워질 동관 지름만큼의 원형으로 구멍(약 10mm)을 만든다.[그림 8-7 참조]

동관의 끝부분은 강관이 수평상태일 때 수직이 되도록 하며 끝을 눌러 압착시킨 후 은납땜한다.[그림 8-7 참조]

4 강관 측면 가스용접

가. 강관 측면 원판 내접 가스용접

[그림 8-4] 도면을 기준으로 직선 동관이 삽입되는 구멍을 기준으로 왼쪽에 내접 원판을 끼워 가스용접해야 된다. 따라서 동관이 황동납땜된 강관을 아래보기 자세 용접을 편하게 할 수 있을 정도의 높이로 작업대 위에 수직으로 세워 넘어지지 않게 고정한다.

그 옆에 원형 일반구조용 압연강판 ϕ26×t2.0을 작업대 평면에 놓고 토치와 가스용접봉을 잡고 중심부의 적당한 곳을 가열 살짝 용융시킨 후[그림 8-8 (a), (b) 참조] 용융지에 가스용접봉을 살짝 닿게 하여 가볍게 용착시킨 후 세워진 강관 상부 끝으로 옮겨 한쪽은 약 1mm 정도 강관 안으로 들어가며 반대편은 살짝 들리도록 한쪽을 맞춘 후 판이 닿는 부분의 파이프 상단을 토치 불꽃으로 가열하여 용융지를 만든 후 원판과 가접시킨다.[그림 8-8 (c) 참조]

다음에 가접부와 반대편을 처음 가접부와 같은 높이(원판 전체가 같은 높이)가 되도록 맞춘 후 그 부분을 용융시켜 가접한다.[그림 8-8 (d) 참조]

토치 불꽃으로 내접 원둘레 부분에서 큰 바늘로 10분 부근의 강관 면에 열이 70% 이상 가도록 각도를 조절하여 파이프 끝면이 용융되면서 그 열에 의해 원판 끝이 용융되도록 하면서 강관의 살에 의해 시계 반대 방향으로 제살 전둘레 용접하거나, 가스용접봉을 공급하여 전둘레 용접을 한다. 내접 전둘레 용접시 작업자가 회전하면서 작업할 수 없을 경우는 강관 자체를 이전 용접부만큼 시계 방향으로 회전시키면서 비드 잇기를 해야 된다.

비드 잇기 작업시 비드의 마지막 5mm 부분부터 다시 가열 용융시키면서 전진하다가 비드 끝 부근에서부터 용접봉을 공급하여 용접을 한다.[그림 8-8 (e) 참조]

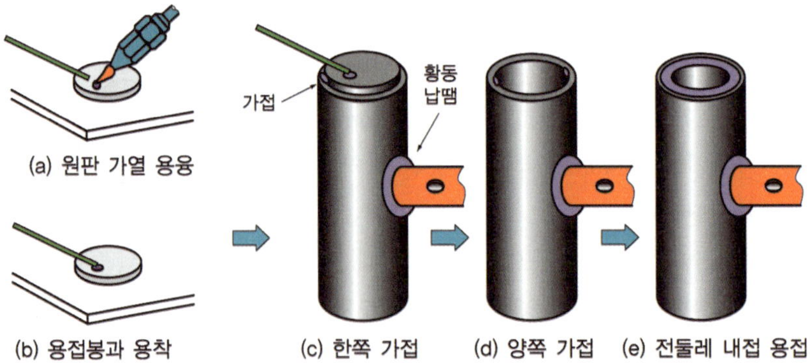

[그림 8-8] 강관에 내접 원판 가스용접하는 방법

전둘레 용접시 맨 처음 비드 부분에 도달하면 이 처음 부분을 약 5 ~ 7mm 정도 겹쳐서 용착시켜야 되며, 1층 전둘레 용접으로 충분하지만 혹시 기공 등이 발생하였을 수 있으므로 용접봉 공급은 적게 하면서 가볍게 2층으로 완성하는 것도 필요하다.

나. 강관 측면 원판 외접 가스용접

내접 용접한 부분이 아래로 가도록 돌려서 작업대 위에 수직으로 세워 넘어지지 않게 고정한 후[그림 8-9 (b) 참조] 원형 일반구조용 압연강판 ϕ29×t2.0을 강관 상단에 강관 원과 동심이 되게 놓은 후 원판이 녹지 않도록 토치 각도를 강관 쪽으로 향하여 가열하여 용융시킨 후 토치를 원판쪽으로 살짝 돌려 강관 용융열에 의해 원판의 끝을 용융시킨 후 용접봉을 넣어 가접한다. 어느 한쪽이 가접되면 그와 반대편을 동일한 방법으로 가접한다.[그림 8-9 (c) 참조]

가접이 완료되면 강관 끝과 원판이 완전 밀착이 되도록 망치로 가볍게 두들겨서 맞춘 후 22 ~ 23분 부근의 강관쪽에 불꽃을 3/4 정도 주어 강관을 집중 가열하면서 그 열에 의해 원판이 용융되도록 한 후 용융지가 형성되면 시계 방향으로 회전하면서 용접봉을 공급하여 용착시킨다. 이 때 어떤 원인으로 용접이 중단된 경우 비드의 마지막 5mm 부분부터 다시 가열 용융시키면서 전진하다가 비드 끝 부근에서부터 용접봉을 공급하여 용접을 한다. 전둘레 용접시 맨 처음 비드 부분에 도달하면 이 처음 부분을 약 5 ~ 7mm 정도 겹쳐서 용착시켜야 된다.

전둘레 용접시 몸을 돌리면서 전둘레 용접을 할 수 없을 경우는 이전 용접부만큼 강관 자체를 시계 반대 방향으로 회전하면서 비드 잇기를 하여 전둘레 용접을 하면 된다. 잇는 부분의 용착을 확실히 해야 된다.

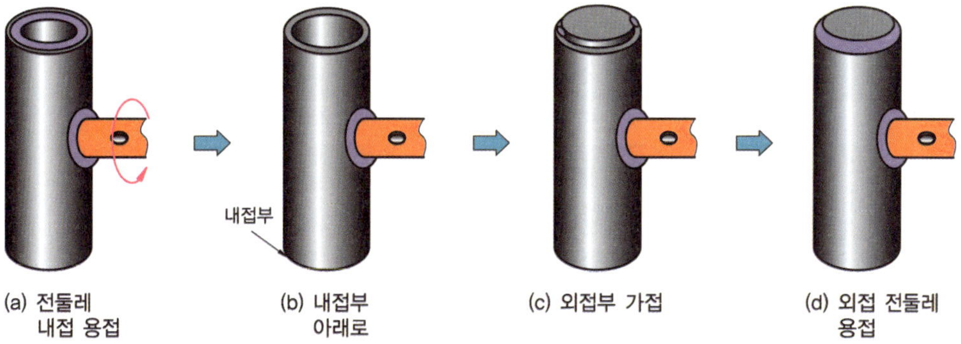

[그림 8-9] 강관에 외접 원판 가스용접하는 방법

5 동관 벤딩작업[그림 8-4 기준]

가. 1차 벤딩 동관 치수 계산 및 벤딩하기

1) 1차 벤딩 동관(ϕ9.52, L자형)의 치수 계산 및 금긋기

강관에 삽입되는 직선 동관 1/2″(ϕ12.7)의 첫 번째 구멍에 삽입되는 3/8″(ϕ9.52) 동관의 한쪽 끝에서 직선 동관에 끼워질 여유치수 약 4mm + 수직 부분 36(60-24) + ①R 부분 38($\frac{3.14\times 48}{4}$) + 하단 수평 부분 22(70 - 24 - 24) + ②R 부분 38+수직 부분 152(200-24-24) + ③R 부분 38+상부 수평 부분 72(120-24-24) + ④R 부분 38+분배관쪽 수평부분 51(75-24) + 분기관에 삽이할 길이 10=499mm를 각 부분별로 금긋기 및 벤딩작업 내용을 표시한 후 약 50mm 정도 더 여유를 주어 절단한 후 절단된 끝면을 리밍하고 다듬질한다.

2) 동관 벤딩 작업하기

3/8″ 동관을 R24로 벤딩할 수 있는 동관 벤딩기를 선택하여 동관 걸이 홈에 끼우고 하단 끝 부분에서 36으로 금긋기한 부분(①R 부분)이 벤딩기 각도 표시 눈금 '0'과 일치되게 한 후 벤딩기를 서서히 시계 방향으로 90° 회전시킨다.[그림 8-10 (a), (b) 참조]

다시 ①R 부분을 180° 회전시킨 후 ②R 시작 부분으로 금긋기한 곳을 벤더의 각도 표시 부분 '0'과 일치하게 한 후 벤딩기를 서서히 90° 회전시켜 ①R과 직각으로 벤딩한다.[그림 8-10 (c), (d) 참조]

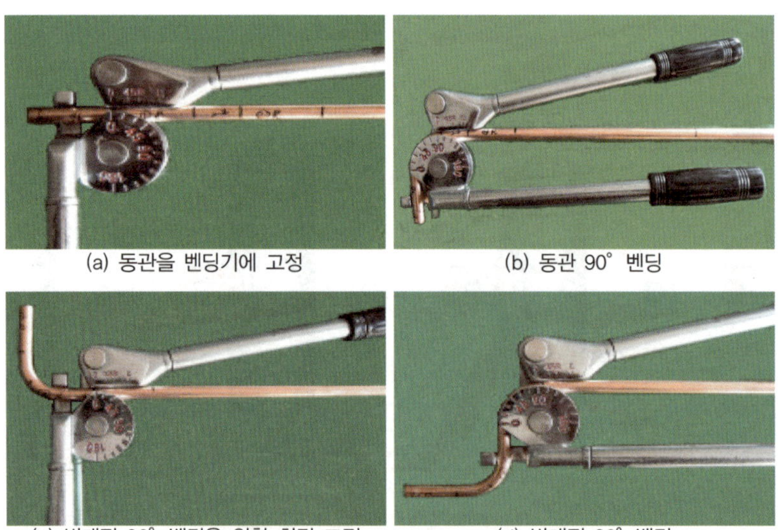

(a) 동관을 벤딩기에 고정 (b) 동관 90° 벤딩

(c) 반대편 90° 벤딩을 위한 회전 고정 (d) 반대편 90° 벤딩

[그림 8-10] 동관 벤딩

②R로 벤딩한 부분을 다시 90° 회전시켜 ①R 부분과 90° 우측으로 벤딩되도록 벤딩기 홈에 끼우고 '152'로 금긋기한 끝부분(③R 시작 부분)을 벤딩기 각도 눈금 '0'과 맞춘 후 90° 회전시킨다.

③R 부분을 90° 회전시켜 ①R 부분과 평행이 되도록 벤딩기 홈에 끼우고 ③R 끝에서 72로 금긋기한 부분(④R 시작 부분)이 벤딩기 각도 눈금 '0'과 맞춘 후 90° 회전시킨다.

④R 끝부분에서 수평 부분 51+10=61 부분을 동관 커터나 톱으로 절단한다. 이 때 동관 커터로 절단한 경우는 반드시 리밍을 해야 되며, 손톱으로 절단한 경우는 끝부분을 다듬질하여야 된다.

나. 2차 벤딩 동관(ϕ9.52, S자형)의 치수 계산 및 벤딩하기

1) 2차 벤딩 동관(ϕ9.52, S자형)의 치수 계산 및 금긋기

직선 동관 1/2″(ϕ12.7)의 두 번째 구멍에 삽입되는 3/8″(ϕ9.52)동관의 한쪽 끝에서 직선 동관에 삽입되는 여유치수 4mm+수직 부분 36(60-24)+①R 부분 38($\frac{3.14 \times 48}{4}$)+하단 수평 부분 22(70-24-24)+U형(반원) 부분 76($\frac{3.14 \times 48}{2}$)+두번째 수평 부분 22(70-24-24)+두번째 반원 부분 76+3번째 수평 부분 22+②R 부분 38+수직 부분 42(90-24-24)+③R 부분 38+분배관쪽 수평부분 51(75-24)+분기관에 삽이할 길이 10 = 475mm를 각 부분별로 금긋기 및 벤딩 작업 내용을 표시한 후 약 50mm 정도 더 여유를 주어 절단한다.

2) 동관 벤딩 작업하기

3/8″ 동관을 R24로 벤딩할 수 있는 동관 벤딩기를 선택하여 동관 걸이 홈에 끼우고 하단 끝 부분에서 36으로 금긋기한 끝 부분(①R 시작 부분)이 벤딩기 각도 표시 눈금 '0'과 일치되게 한 후 벤딩기를 서서히 시계 방향으로 90° 회전시킨다.

다시 ①R 부분을 180° 회전시킨 후 ①UR 시작 부분으로 금긋기한 곳을 벤더의 각도 표시 부분 '0'과 일치하게 한 후 벤딩기를 서서히 180° 회전시켜 벤딩한다.

①UR로 벤딩한 부분을 다시 180° 회전시켜 ②UR 시작 부분을 벤딩기 각도 눈금 '0'과 맞춘 후 180° 회전시킨다.

②UR 부분을 180° 회전시켜 ③R 시작 부분이 벤딩기 각도 눈금 '0'과 맞춘 후 90° 회전시킨다.

③R 시작 부분이 벤딩기 각도 눈금 '0'과 맞춘 후 90° 회전시킨다.

④R 끝부분에서 수평으로 된 51+10=61 부분을 동관 커터나 톱으로 절단한다. 이 때 동관 커터로 절단한 경우는 반드시 리밍을 해야 되며, 손톱으로 절단한 경우는 끝부분을 다듬질하여야 된다.

다. 2(3)구 분배관 앞쪽 직선 동관 작업

1) 나팔관 가공

동관의 기계적 접합은 플레어 접합 방법이 주로 사용되나, 압축링식 접합과 큰 파이프의 경우 플랜지 접합 방법도 이용된다.

기계적 이음은 화재 위험이 있는 작업 환경이나 파이프 내의 수분 등으로 용접작업이 불가능한 경우 또는 밸브, 방열기 등과 같이 분해 결합이 필요한 부위의 이음에 이용된다.

[그림 8-4] 도면에 따른 2구 분배관 앞쪽 직선 동관 1/2″(ϕ12.7)의 한쪽을 나팔관을 만들어 [그림 8-11, 8-12 참조] 플레어 너트에 끼운다.

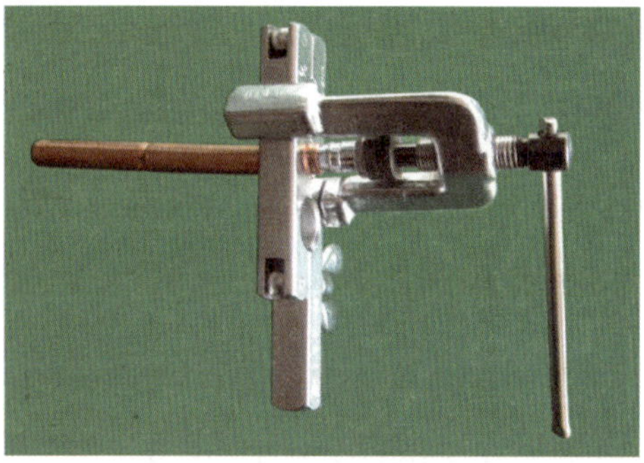

[그림 8-11] 동관 나팔관 작업

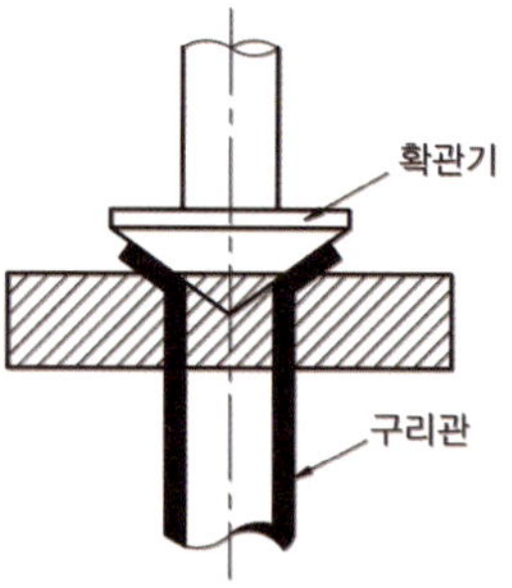

[그림 8-12] 플레어(나팔관) 가공 상태

작업 요령은 도면 치수에 맞게 동관 끝을 쇠톱 또는 동관 커터로 동관 축에 직각이 되게 절단한 한 후 리머를 이용하여 끝손질한다.

동관이 경질인 경우는 나팔관이나 확관 전에 가공할 부분을 동관의 용융 온도보다 낮은 온도로 가열하여 수냉하여 연화시킨다.

동관을 플레어링 바(flaring bar) 요크(yoke)와 결합한다. 동관을 지름에 맞는 홈에 넣고, 플레어링 바의 윗면과 동관 끝을 2mm 정도 높게 일치시킨 다음 클램프 나사를 돌려 고정한다. 이 때 방향에 주의한다.(나팔관 모양이 원뿔 쪽으로 향하도록 한다.)

나팔관 모양을 만든다. 캡을 화살표 방향으로 돌리고, 손잡이를 시계 방향으로 조인다. 손잡이 끝의 원추는 처음에 타원의 궤도로 움직여 파이프 끝을 벌려 놓은 후 캡을 다시 화살표 반대 방향으로 돌리고, 계속 하여 시계 방향으로 손잡이를 조여 원추는 정확한 원의 궤도를 움직여 파이프 끝을 접시 모양으로 완전하게 가공한다.

나팔관이 가공된 동관을 풀어내어 플레어 너트에 끼운 후 나팔관을 조립한다. 이 때 접촉되는 면이 매끈하지 못하고, 굴곡이 있거나 이물질이 끼어 있으면 누수 염려가 있으므로 점검 및 청소를 한다.

2) 동관 확관 작업

확관기는 동관, 알루미늄관, 연한 강관에 사용되며, 관 지름은 8 ~ 28mm까지 파이프 두께는 1.2mm까지 가공할 수 있다.

확관을 하려면 치수에 맞게 동관 끝을 쇠톱 또는 튜브 커터로 동관 축과 직각되게 절단하고 리머로 손질한다. 이 때 경질 동관일 경우 풀림 처리를 한 후 확관해야 된다.

[그림 8-4] 도면에 따른 확관 작업 요령은 평행부 50mm, 확관부 10mm 부분에 금긋기한 후 동관 커터로 절단하여 리밍과 다듬질한 후 확관기를 사용하여 10mm 부분을 확관한다.[그림 8-13 참조] 확관기를 정지시킨 상태에서 파이프를 넣어 확관기 손잡이를 서서히 움직여 목적에 맞게 소켓을 만들어준 후 동관을 끼우고 서서히 편심되지 않게 고르게 만들어 준다.

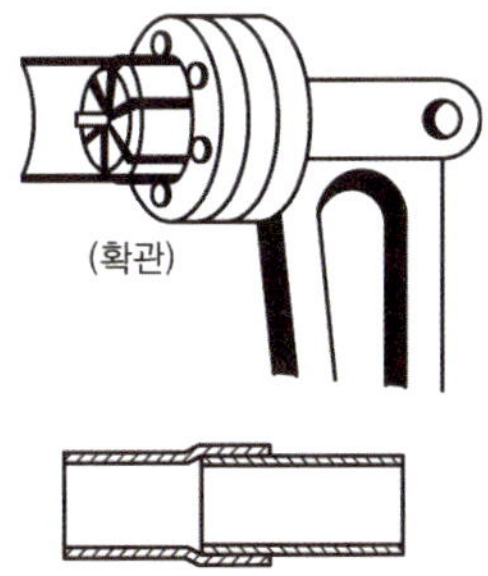

[그림 8-13] 확관 및 접속

라. 모세관 삽입 직선 동관 작업

모세관이 삽입되는 동관 1/2″(ϕ12.7)의 한쪽을 나팔관을 만들어 플레어 너트에 끼운 후 돌출 길이 50mm([그림 8-14] 도면의 치수) 부분에 금긋기한 후 동관 커터로 절단하여 다듬질한다.

동관의 끝부분에 모세관을 삽입하여 은납땜하여야 되므로 한쪽 끝 모세관 삽입 간격에 주의하면서 플라이어 등으로 눌러 완전 밀착시킨 후 모세관을 약 10mm 정도 타이트하게 끼워놓는다.

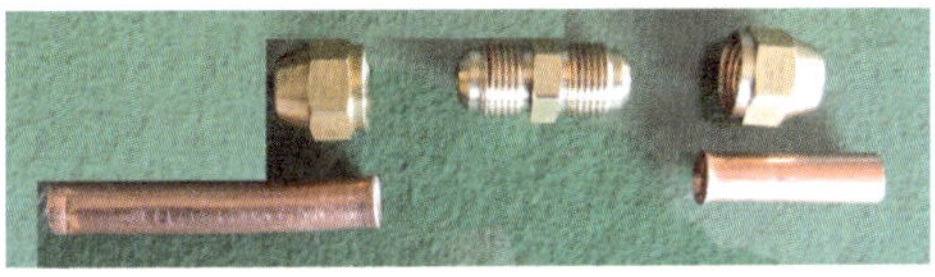

(a) 플레어 볼트 너트와 동관

(b) 나팔관 만들어 플레어너트 조립

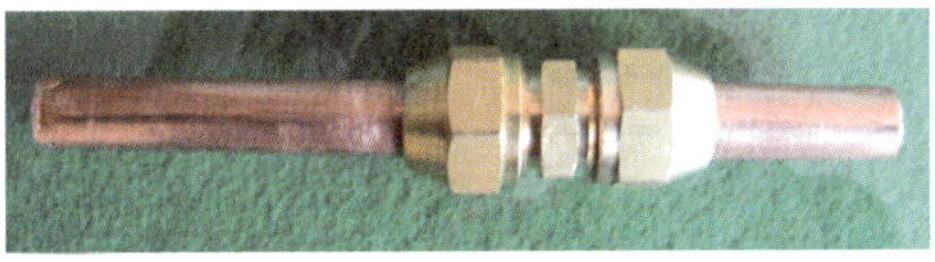

(c) 플레어 볼트 너트 조립

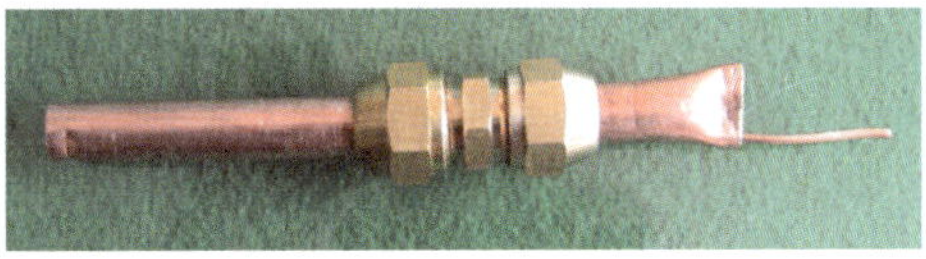

(d) 모세관 삽입

[그림 8-14] 모세관 작업과 플레어 볼트 너트 조립

6 은납땜 작업

가. 직선 동관과 수직 동관 납땜작업

강관에 연결된 직선 동관의 첫 번째 구멍에 L자형으로 벤딩된 동관을, 두 번째 구멍에 S자형 동관을 끼운 후 분배관에 약 10mm 정도 삽입하여 강관과 직선 동관이 수평 상태에서 수직이 되며, 형상, 치수, 벤딩의 방향 등을 맞추어 고정시킨 후 은납땜한다.

은납땜 방법은 구멍뚫린 동관에 수직으로 끼워진 동관의 면에 열의 2/3를 주고 1/3은 구멍 부분에 주어 납땜하려는 부분의 동관 주위 전체가 팥색 정도로 가열되었을 때 은납을 살짝 문지르듯하여 땜납을 공급한 후 토치와 납을 들어 올린다.[그림 8-15 참조]

납땜 부분의 형상을 확인한 후 이상이 없으면 분배관의 삽입 길이를 확인하고 분배관의 면에 2/3, 삽입 동관의 면에 1/3 정도로 열 분배를 하여 분배관과 동관이 동일하게 팥색으로 변하였을 때 연결부 둘레에 은납을 문지르듯하여 삽입하고 은납과 토치를 들어올린다.

은납땜 작업시 가급적 아래보기 자세가 되도록 하면 작업 능률이 높고 결함이 적을 수 있다. 납땜 부분 전체에 이상이 있나 없나를 확인하여 수정 보완한다.

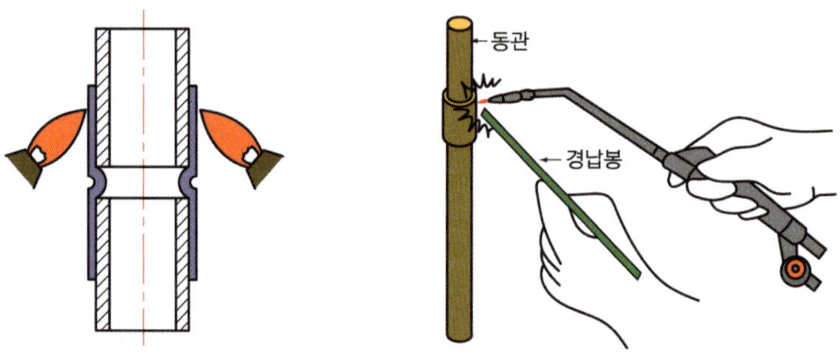

[그림 8-15] 납땜부 가열 및 납땜하는 방법

나. 분배관과 플레어링 직선 동관 납땜작업

플레어링 작업한 동관의 확관 부분을 분배관의 1구쪽에 약 5mm 정도 삽입한 후 은납땜한다.

다. 모세관 삽입부 납땜

모세관이 삽입된 끝부분을 은납땜한다. 특히 이 부분이 누수나 모세관이 막히는 경우가 있으므로 주의해서 납땜해야 된다.

7 검사 및 반복 실습

가. 검사 방법

[그림 8-16]은 완성된 작품의 형상이며, 완성된 제품을 보고 치수, 형상 등 다음 사항을 검사한다.

① 치수 오차가 한 부분이라도 ±10mm를 초과한 경우
② 각 용접부에 용접 이외의 작업을 했을 경우
③ 지급된 재료 이외의 다른 재료를 사용했을 경우
④ 도면과 상이한 작품인 경우
⑤ 기밀시험에서 기밀이 유지되지 않는 경우

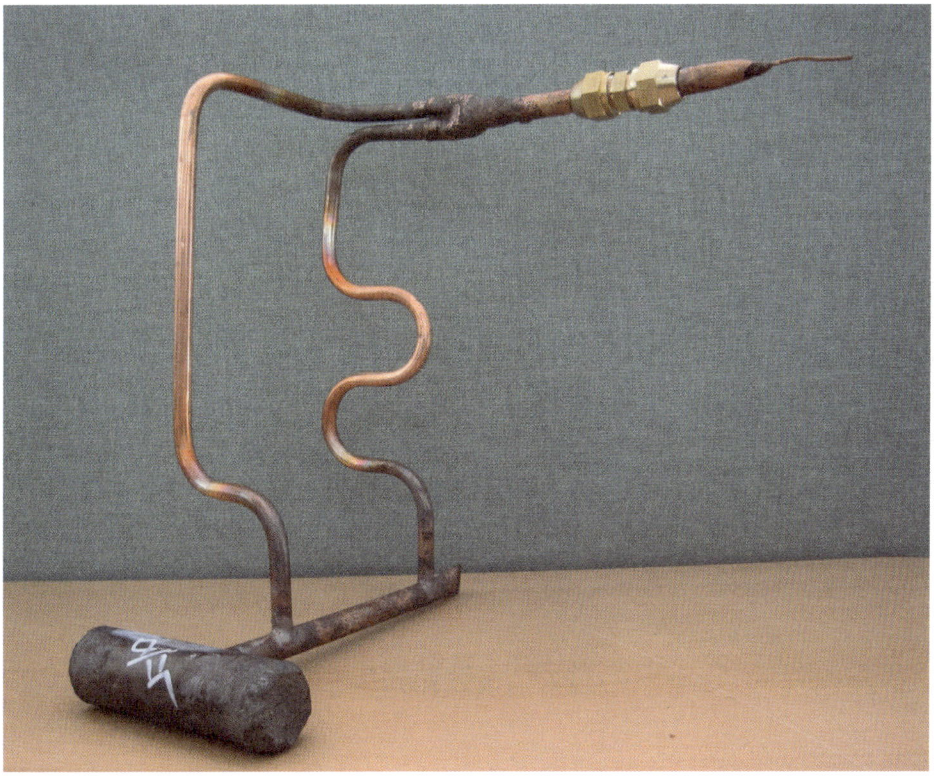

[그림 8-16] 완성된 동관 작업 작품

나. 반복 실습

[그림 8-17, 8-18(산업기사 수준)]과 같은 다른 형상들을 다양하게 반복 실습하여 숙련을 해야 된다.

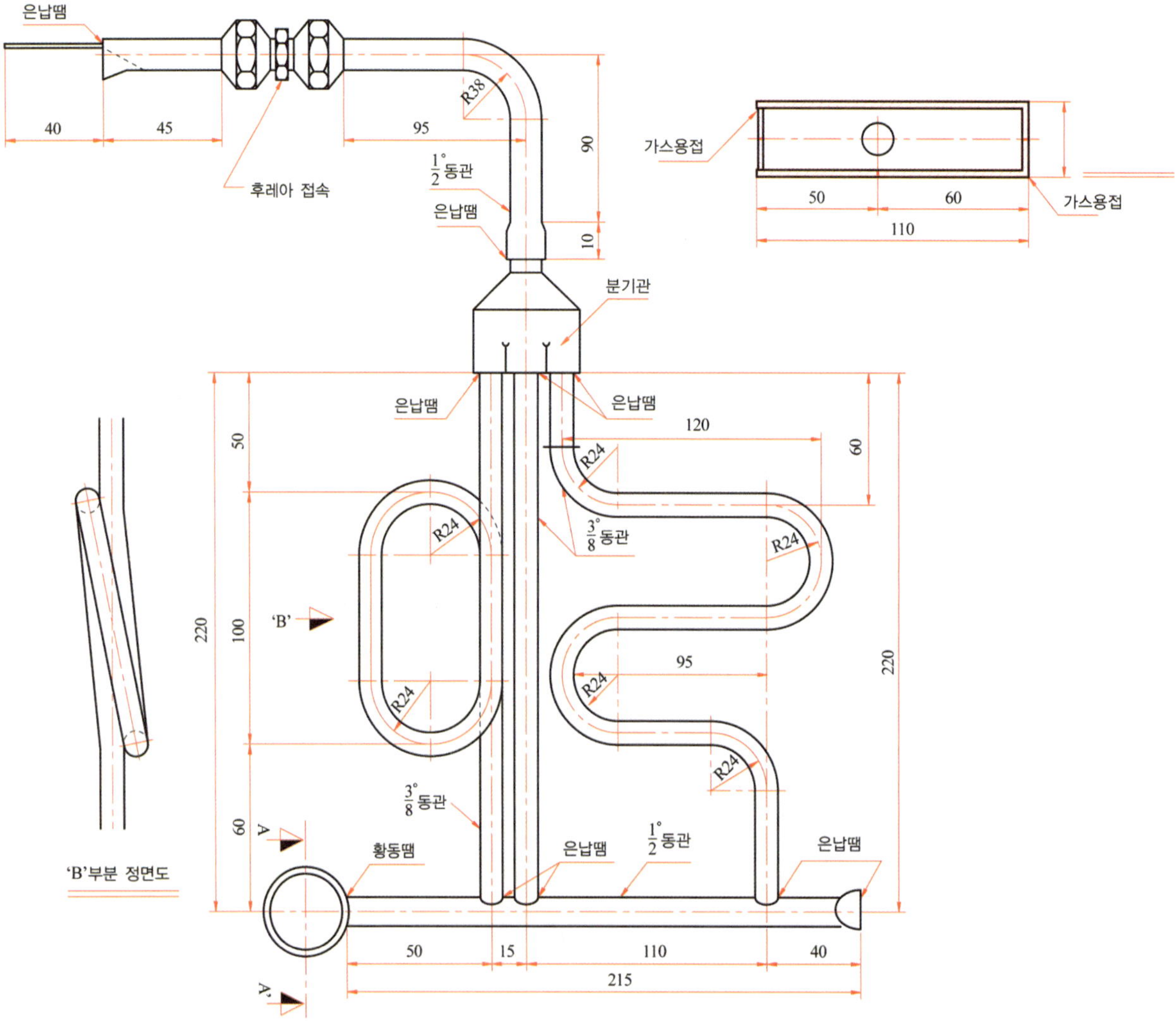

[그림 8 - 17] 동관 작업 도면 1

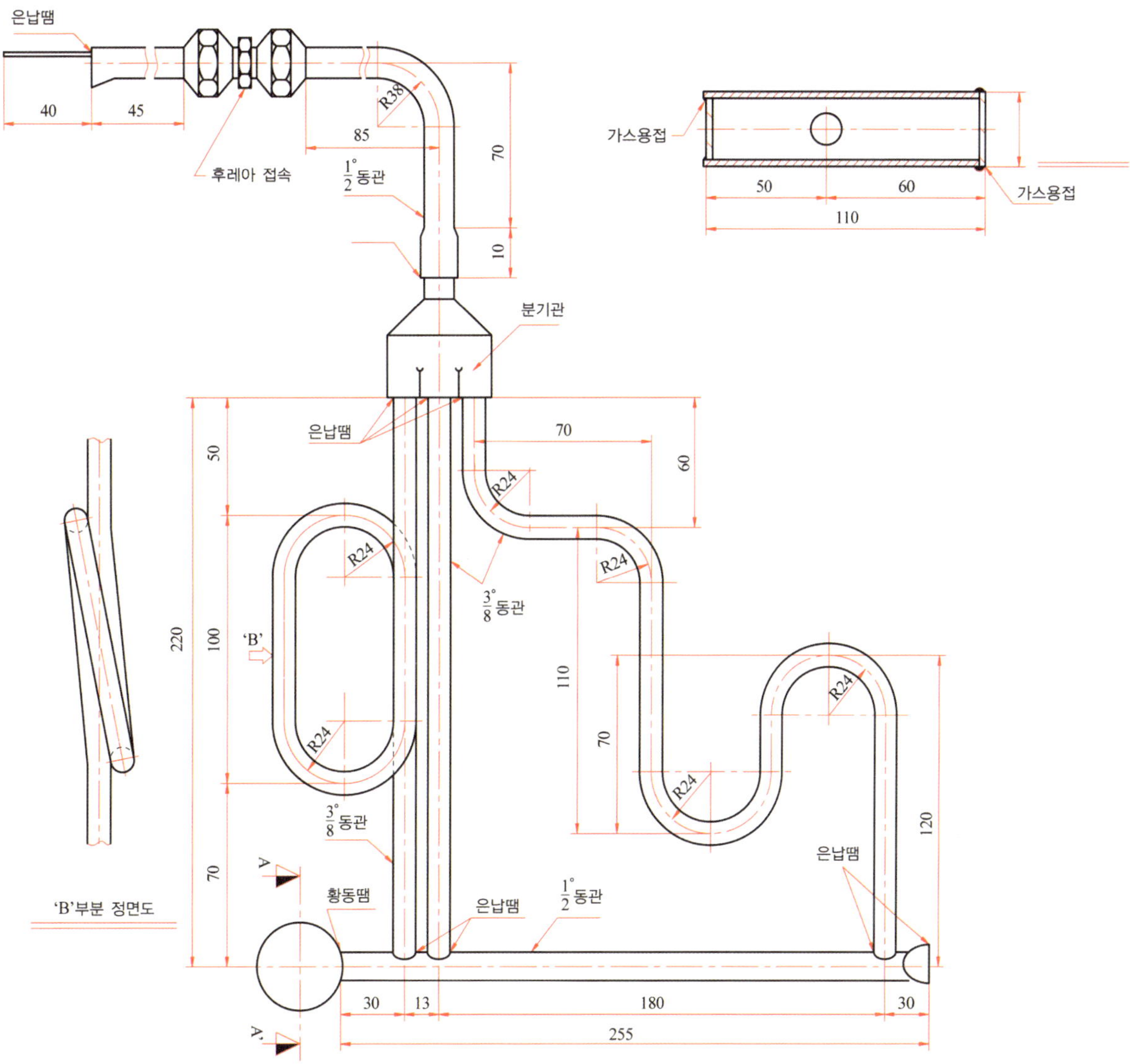

[그림 8-18] 동관 작업 도면 2

MEMO

PART 02

가스절단 실습 (수동, 자동)

용접 실습

02 가스절단 실습(수동, 자동)

제1절 가스절단

1 가스절단의 원리

가. 원 리

가스절단은 산소와 금속의 산화 반응을 이용한 절단법으로 보통 가스절단, 분말 절단, 가스 가공 등이 있으며 강(steel) 또는 합금강 절단에 이용된다. 절단에는 조작 방법에 따라 수동 절단과 자동 절단법이 있으며 수동 절단법은 작업자의 숙련도에 달려 있는 중요한 기술이다.

보통의 가스절단은 산소를 이용한 산소 절단을 의미한다. 이 때 이용되는 불꽃은 산소-아세틸렌 불꽃이나 산소-프로판 불꽃을 이용하고 있으며, 산업 현장에서는 산소-프로판 절단이 더 많이 활용되고 있다.

가스절단은 절단하고자 하는 부분을 예열 불꽃으로 철의 연소 온도까지 가열(850 ~ 900 ℃)한 후 고압 산소를 분출시키면 철과 산소가 화학 반응을 일으켜 산화철이 되면서 고압 산소의 기류에 밀려 절단된다.[그림 1-1, 1-2 참조]

나. 산화 반응

1) 제1반응 : $Fe + \frac{1}{2}O_2 \rightarrow FeO + 63.8kcal$

2) 제2반응 : $2Fe + 1\frac{1}{2}O_2 \rightarrow Fe_2O_3 + 196.8kcal$

3) 제3반응 : $3Fe + 2O_2 \rightarrow Fe_3O_4 + 267.8kcal$

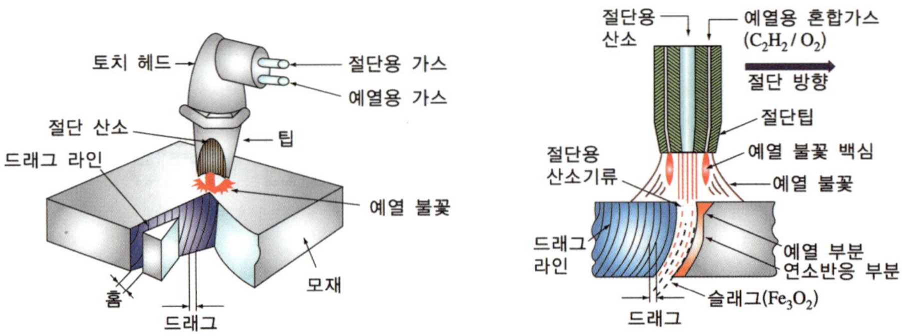

[그림 1-1] 가스절단의 원리

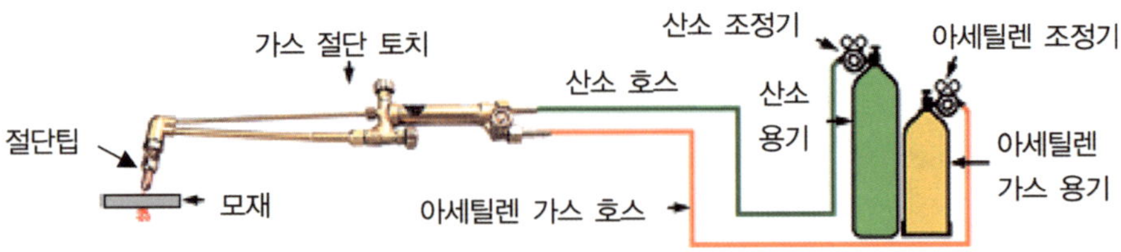

[그림 1-2] 가스절단 장치의 구성

2 가스절단에 영향을 주는 요인

가스절단의 좋고 나쁨 등 절단 결과의 판정, 양호한 절단면을 얻기 위한 조건으로 여러 가지가 있다. 양호한 절단면을 얻기 위해서는 절단재의 두께와 폭, 재질, 팁의 크기와 모양, 산소 압력, 절단 주행 속도, 절단재의 표면 상태, 사용 가스, 산소의 순도, 예열 불꽃의 세기, 예열 온도, 팁의 거리, 각도 등에 따라 달라진다.

가. 절단용 산소

1) 절단용 산소의 역할과 영향

절단용 산소는 절단부를 연소시켜 그 산화물을 깨끗이 밀어내는 역할을 한다. 산소의 압력과 순도가 절단 속도에 큰 영향을 미치며, 산소의 압력과 소비량에 거의 비례한다. 산소의 순도(99.5% 이상)가 높으면 절단 속도가 빠르며, 절단면이 양호하다.

2) 산소에 불순물이 증가되면 미치는 영향

① 절단면이 거칠어지고, 절단 속도가 늦어지며, 산소의 소비량이 많아진다.

② 절단 개시 시간이 길어지고, 슬래그 이탈성이 나빠지며, 절단 홈의 폭이 넓어진다.

나. 절단의 조건

① 산화 반응이 격렬하고 다량의 열을 발생할 것
② 모재 중에 불연소물이 적으며, 드래그(drag)가 가능한 한 작을 것
③ 모재의 연소 온도가 그 용융 온도보다 낮을 것
④ 산화물 또는 슬래그의 용융 온도가 모재의 용융 온도보다 낮으며, 유동성이 좋고 모재에서 쉽게 이탈할 것
⑤ 절단면이 평활하며 드래그의 홈이 낮고 노치(notch) 등이 없을 것
⑥ 절단면 표면의 각이 예리하며, 슬래그 이탈이 양호할 것
⑦ 경제적인 절단이 이루어질 것

다. 예열 불꽃(화염)

예열 불꽃은 절단 개시점을 급속하게 연소 온도로 가열하는 것이며, 절단 진행 중에는 항상 절단부를 연소 온도로 유지하며, 강재 표면의 스케일 박리로 철과 산소의 접촉을 좋게 해준다.

1) 예열용 가스는 아세틸렌, 프로판, 수소, 천연 가스 등이 있으나 아세틸렌 가스가 많이 사용된다.

2) 프로판 가스는 발열량이 높고 가격이 싸므로 절단에 많이 사용된다.

3) 수소 가스는 고압에서도 액화하지 않고 완전 연소하므로 수중 절단 예열 가스로 사용된다.

4) 예열 불꽃이 너무 세면(강하면)

① 모서리가 용융되어 둥글게 된다.
② 모재 뒤쪽에 슬래그가 많이 달라붙는다.
③ 절단면이 거칠어진다.

5) 예열 불꽃이 너무 약하면

① 절단 속도가 느리고 절단이 중단되기 쉽다.
② 역화를 일으키기 쉽다.
③ 드래그가 커지고 뒷면까지 통과하기 어렵다.

6) 완전 연소할 때 이론적인 가스의 혼합 비율

① 산소 : 아세틸렌 → 1 : 1
② 산소 : LPG(프로판 가스) → 4.5 : 1

라. 절단 속도

절단 속도는 절단의 좋고 나쁨을 결정짓는 중요한 조건으로, 모재의 온도가 높을수록, 절단 산소의 압력이 높을수록, 산소 소비량이 많을수록 비례하여 증가한다. 또한, 산소의 순도나 팁의 모양에 따라 다르다.

다이버젼트 노즐은 고속 분출을 얻는데 적합하며, 보통 팁에 비해 산소 소비량이 같을 때 절단 속도를 20 ~ 25% 증가시킬 수 있다.

3 산소- LP 가스절단

가. 액화 석유 가스(LPG, liquefied petroleum gas)

LP 가스는 석유나 천연 가스를 적당한 방법으로 분류하여 제조한 것으로 대부분 프로판(C_3H_8)으로 이루어져 있으며, 프로판 이외에 부탄(C_4H_{10}), 프로필렌(C_3H_6), 부틸렌(C_4H_8) 등이 있다.

나. LP 가스의 성질

① 액화하기 쉽고, 용기에 넣어 수송(운반)이 편리하다.(체적을 1/250 정도 압축)
② 온도 변화에 따른 팽창률이 크고 물에 잘 녹지 않는다.
③ 쉽게 기화하며, 발열량이 높으나, 증발 잠열이 크다.
④ 폭발 한계가 좁아 안전도가 높고 관리가 쉽다.
⑤ 연소할 때 필요한 산소의 양은 1 : 4.5이다.

다. 아세틸렌 가스와 프로판 가스의 비교

표 1-1 아세틸렌과 프로판 가스의 비교

아세틸렌 가스	프로판 가스
1. 점화하기 쉽다.	1. 절단 상부 기슭이 녹는 것이 적다.
2. 중성 불꽃을 만들기 쉽다.	2. 절단면이 미세하며 깨끗하다.
3. 절단 개시까지 시간이 빠르다.	3. 슬래그 제거가 쉽다.
4. 표면 영향이 적다.	4. 포갬 절단 속도가 빠르다.
5. 박판 절단할 때는 빠르다.	5. 후판 절단할 때는 빠르다.

라. 산소 대 프로판 가스의 혼합비

프로판 1에 대하여 산소 약 4.5로 아세틸렌 1 : 1에 비해 4.5배의 많은 산소가 필요하다.

마. 프로판 가스절단법

1) 절단 토치

LP용 절단 토치는 아세틸렌보다 연소 속도가 느리므로 가스의 분출 속도를 느리게 하며, 비중의 차이가 있으므로 토치의 혼합실을 크게 하여 팁에서도 충분히 혼합할 수 있게 설계한다.

2) 팁(tip)

팁 끝은 아세틸렌 팁 끝과 같이 평평하게 하지 않고 슬리브를 가공면보다 약 1.5mm 정도 깊게 한다.

3) 절단 방법

① 불꽃 조절

산소-프로판 가스를 사용하는 절단을 위한 불꽃 조절은 불꽃의 윤곽이 확실치 않아 산소-아세틸렌 가스를 사용하는 불꽃 조절보다 어렵다.

불꽃 조절 방법은 우선 토치의 산소 밸브를 약 1/5 정도 열고 프로판 가스 밸브를 열면서 점화한다. 이 때 불꽃이 팁 끝에서 떨어져 있는 상태에서 산소를 열면 불이 꺼지므로 프로판 불꽃이 팁에 붙을 때까지 프로판 가스 밸브를 조금씩 닫은 후 산소 밸브를 열어 준다.

백심에 속불꽃이 일치될 때까지 산소 밸브를 열어 불꽃을 조절하며, 만약 불꽃이 약하면 프로판 가스 밸브를 더 열고 산소를 열어 불꽃을 조절하며, 불꽃이 너무 셀 경우는 반대로 실시한다.

② 절 단

산소-프로판 가스절단법도 산소-아세틸렌 가스절단법과 동일하게 실시하면 된다.

제2절 수동 직선 직각 가스절단

1 절단 준비

가. 장비 및 공구 준비

가스절단을 위한 기본 장치(산소 용기, LPG 또는 아세틸렌 용기), 호스, 절단 토치, 판두께에 적합한 절단 팁(LPG용 또는 아세틸렌용 팁)과 공구, 라이터, 보안경, 직각자, 절단 안내판 등을 준비하고, 앞치마와 장갑, 보안경 등을 준비한다.

나. 절단 작업준비

설치된 산소와 아세틸렌 용기를 열고 비눗물 등으로 각 연결부의 가스 누설 여부를 확인한 후, 산소의 압력을 3 ~ 5kgf/cm^2, 프로판 가스(또는 아세틸렌 가스)의 압력을 조절한다.

작업대에 절단할 판을 놓고 절단할 위치에 금긋기한다. 보호구를 착용한다. 보안경은 가스 절단에 적합한 차광번호(보통 5 ~ 7번)의 것을 사용해야 된다.

다. 불꽃 조절

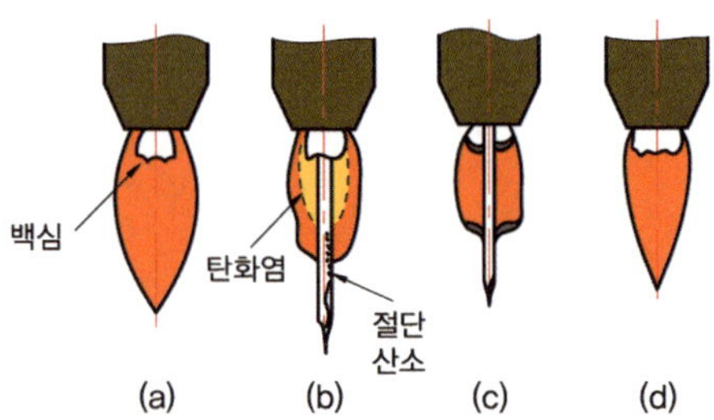

[그림 2 - 1] 불꽃의 종류

절단 토치의 예열 산소 밸브를 조금 열고 아세틸렌(또는 LPG) 밸브를 열면서 점화 라이터로 점화한다. 아세틸렌 밸브를 너무 많이 열어 점화된 불꽃이 팁끝에서 떨어져 있는 경우는 불꽃 조절이 안되고 산소 밸브를 열면 꺼져버리므로 아세틸렌 밸브를 조금 닫아 불꽃이 팁끝에 붙어 있는 상태에서 산소를 열어 중성 불꽃으로 조정한다.

[그림 2-1 (a)]는 중성 불꽃의 형상이며, (b)는 고압산소를 열었을 때 아세틸렌 가스량이 산소보다 많아 생긴 탄화염(아세틸렌 깃)이 생긴 모양이며 이 상태에서 산소를 조금 더 열어주면 (c)와 같은 중성 불꽃이 된다. 여기서 산소를 더 열어주면 (d)와 같은 산화 불꽃이 된다.

불꽃의 세기를 조절한다. 불꽃이 약하면 아세틸렌 밸브를 열면서 산소를 열어 중성 불꽃으로 조절하며, 불꽃이 너무 센 경우는 반대로 산소 밸브를 조금 닫고 아세틸렌 밸브를 닫으면서 조절한다.

조절된 불꽃의 형상이 끝이 반듯하며 전체가 대칭이어야 되며 그렇지 않은 경우는 소화한 후 팁클리너로 깨끗하게 손질한 후 점화하여야 절단 상태가 양호하게 나타난다.

2 수동 절단

가. 안내판을 사용한 직선 직각 절단

절단 부위는 바닥과 최소 50mm 이상 떨어져 있어야 좋으므로 작업대 위에 내화벽돌이나 받침판 2개를 절단선과 평행하고 사이를 50mm 정도 띄워 놓고 그 위에 금긋기한 절단선이 전·후가 되며 2개의 받침판의 중앙이 되도록 놓는다.

[그림 2-2] 수동 안내판 직선 직각 절단

절단 길이에 적합한 안내판을 준비하여 절단 팁 끝의 중앙 고압산소 분출구의 중심이 절단선에 위치하도록 안내판을 절단선 우측에 놓는다.

절단 방법은 절단부 전체를 적당하게 예열한 후 오른손은 토치의 손잡이를 잡고 왼손은 상부 고압 산소 밸브를 잡고 팁의 우측면이 안내판에 살짝 접촉된 상태에서 작업각 90°, 진행 반대각은 80~85°로 유지하며 백심 끝이 절단부와 2~3mm 높이가 되도록 유지하며 절단 시작 부분이 적황색 정도 되도록 가열한 후 고압 산소 밸브를 1/2~3/4 정도 열어 고압 산소를 분출시키면서 일정한 속도로 잡아 당기며 절단하고 절단이 끝나면 바로 고압 산소 밸브를 잠근다.[그림 2-2, 2-3 참조]

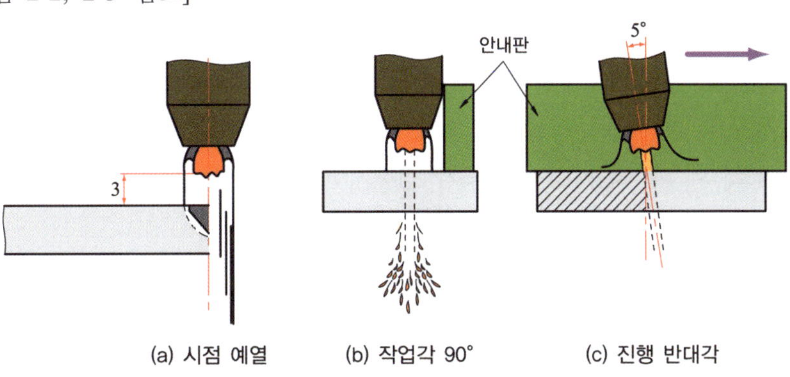

[그림 2-3] 절단 시점 예열 및 절단

이 때 왼손은 고압 산소 밸브에서 떼어서는 안되며, 절단이 중지되면 바로 고압 산소 밸브를 닫고 다시 예열한 후 절단 중지점보다 2 ~ 5mm 뒤로 후퇴하여 고압 산소 밸브를 열면서 절단을 진행하면 된다.

이 때 절단 시작부위가 판의 끝인 경우는 팁의 고압 산소 분출구의 중심이 판의 끝에 와야 되며, 판의 면에 있을 경우는 고압산소 밸브를 서서히 열어 구멍이 형성된 후에 절단이 진행되어야 한다. 그렇지 않으면 고압산소 분출시 용융 산화물이 튀어 화상을 입을 우려가 있다.

나. 안내판을 사용한 직선 경사각 절단

일면 개선(✓)형 또는 V형 맞대기용접 등을 할 경우는 절단부가 일정한 각도로 경사져 있어야 된다. 따라서 경사진 안내판을 사용하는 것이 좋다. 안내판은 보통 측면이 35° 경사진 것을 사용한다.

1) 새 모재(연강판) 절단

새 모재를 절단할 경우는 용접 길이 방향이 좌측으로 가게 놓고 모재의 좌측 끝에서 15mm 정도 떨어지며 모재의 좌측 끝과 평행하게 경사 안내판을 놓는다.

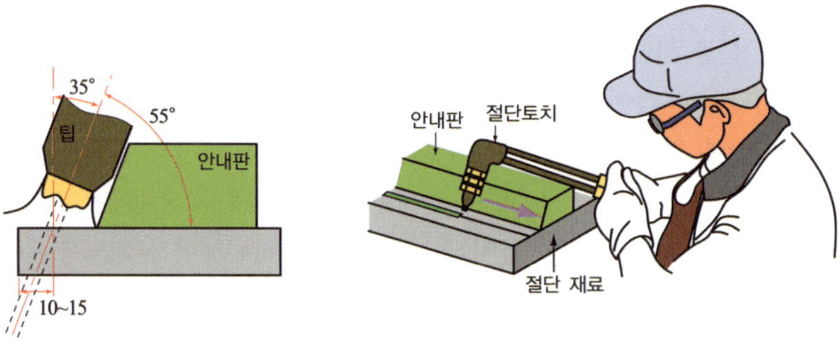

[그림 2-4] 수동 안내판 직선 경사각 절단

절단 부위 전체를 적당하게 예열한 후 토치와 고압 산소 밸브를 잡고 팁을 경사진 안내면에 살짝 접촉시켜 작업각 55°, 진행각 95°, 백심과 모재와의 거리 2 ~ 3mm를 유지시키고 절단선 끝 모서리 부분을 집중 예열하여 적황색이 되었을 때 고압 산소를 분출하며 절단한다. [그림 2-4 참조] 이 때 처음 경사 각도가 정해지면 끝까지 동일한 각도를 유지해야 된다.

2) 용접된 모재의 경사각 절단

용접된 모재를 절단할 경우는 용접 길이 방향이 전·후가 되게 놓고 비드 우측끝에서 10 ~ 15mm 정도 떨어지며 비드의 우측선 끝과 평행하게 경사 안내판을 놓는다.

절단할 부분 전체를 적당하게 예열한 후 토치와 고압 산소 밸브를 잡고 팁을 경사진 안내면에 살짝 접촉시켜 작업각 55°, 진행각 95°, 백심과 모재와의 거리 2 ~ 3mm를 유지시키고 절단선 끝 모서리 부분을 집중 예열하여 적황색이 되었을 때 고압 산소를 분출하며 절단한다. 이 때 처음 경사 각도가 정해지면 끝까지 동일한 각도를 유지해야 된다.

다. 직각 자유 절단

직각 자유 절단이란 수동 절단 토치를 사용하여 일반적으로 작업각 90°, 진행 반대각은 80 ~ 85°로 유지하며 우에서 좌로 이동하며 직선 또는 곡선을 절단하는 법을 말한다.

작업 방법은 '가'와 같이 절단재 밑에 받침판이나 내화벽돌을 놓고 절단선이 좌우가 되도록 놓은 후 금긋기한 절단선의 전체를 토치로 이동하며 예열한 후 맨 우측 모서리 주위 10mm 이내를 황적색 정도가 되도록 가열한 후 절단팁의 고압 산소 분출 구멍의 중심이 모서리 끝에 맞추고 백심과 절단재 표면의 거리는 2 ~ 3mm 정도되며 진행 반대각이 80 ~ 85°가 되도록 맞춘 후 고압 산소 밸브를 열어 절단을 시작한다.

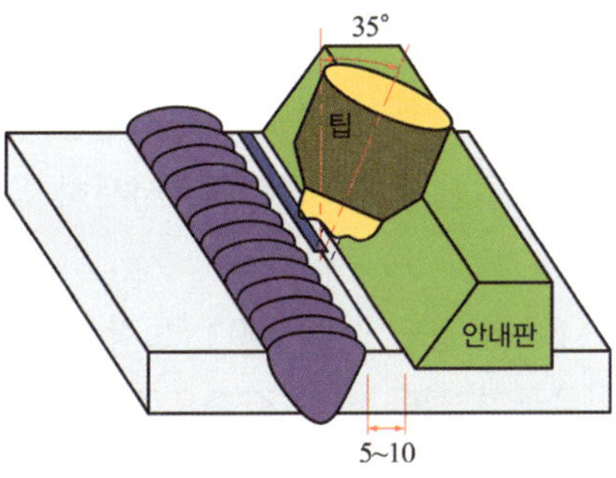

[그림 2-5] 용접 모재 안내판 절단

[그림 2-6] 수동 직선 직각 자유 절단

라. 도면에 의한 가스절단

1) 모재에 금긋기와 모재 고정

절단할 모재(연강판, t9×150×250)의 길이 방향(250mm)의 중심에 길이 방향과 직각으로 금긋기한다.[그림 2-7 참조]

그리고 가스절단대 위에 가로 방향으로 20 ~ 50mm 정도 벌어지도록 내화 벽돌 2개를 나란히 놓고 그 위에 모재의 금긋기선(절단할 선)이 2개의 내화 벽돌 사이의 홈 부분에 평행하게 놓는다.[그림 2-8 참조]

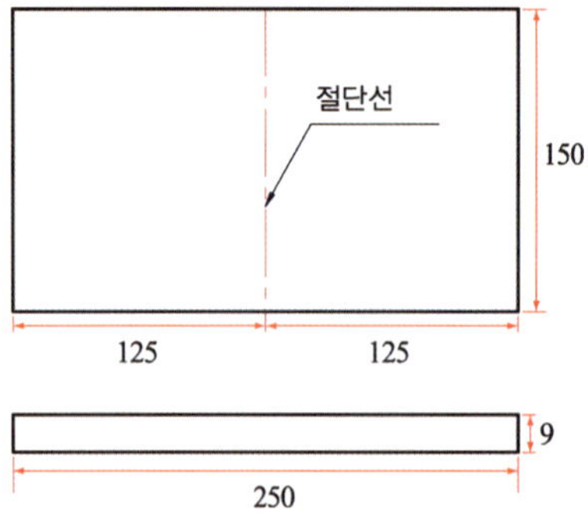

[그림 2-7] 필릿 용접 모재 가스절단

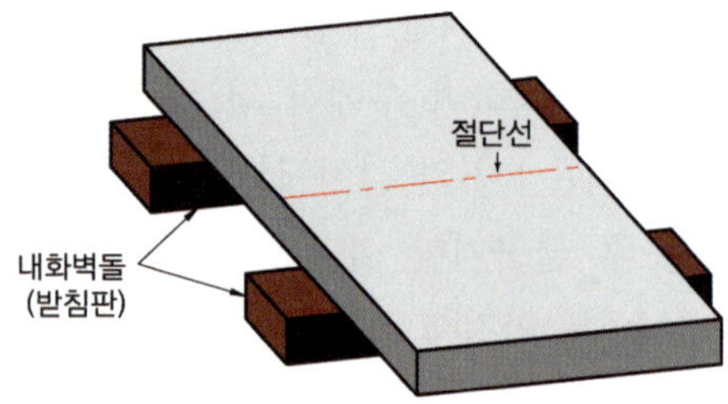

[그림 2-8] 모재 고정(절단 준비)

2) 가스절단

토치를 바르게 잡고 가스절단 토치에 점화하여 적당한 세기의 중성 불꽃으로 조절한 다음 고압 산소 밸브를 열어 고압 산소의 분출 상태를 확인한다. 절단선 위에 토치를 서서히 움직여 적당히 예열한다.

적당하게 예열되면 모재 우측 끝 표면에서 팁끝을 2 ~ 3mm 정도 띄워 900℃(노랑색) 정도로 예열한 후 고압 산소 밸브를 열어 절단이 개시되면 금긋기 선을 따라 좌측으로 진행하여 절단한다.

절단 방법은 '2) 다'와 같은 방법으로 절단하면 된다. 절단이 끝나면 고압 산소 밸브를 잠궈서 산소 밸브를 잠그고 프로판 가스 밸브를 잠가 소화한다.

마. 원형 절단

연강판의 해당 반지름 위치에 펀치를 사용하여 중심 마크를 만들고 컴퍼스를 사용하여 해당하는 원을 그린다.

수동 절단 토치에 중심점 고정 치구를 절단팁의 고압산소 구멍 끝에서 원의 반지름 위치에 고정한다. 이 때 중심점 치구와 토치의 팁이 수직이 되어야 하며 중심점 치구가 경사진다면 정원으로 절단이 안되며 절단면도 직각 상태가 되지 않는다.

절단 시작점 부분에 드릴로 구멍을 뚫는다. 그리고 토치에 점화하여 불꽃을 조절한 후 중심점 고정 치구의 중심점을 펀치 자리에 맞추고 절단 원형을 시계 반대 방향으로 돌려보아 절단의 유연성이나, 절단에 지장이 되는 점이 없는지 확인하고 문제점이 있으면 시정한다. 그리고 절단할 부분을 예열한다.

예열이 끝나면 드릴 구멍 위치를 집중적으로 가열하여 적황색이 되었을 때 고압 산소 밸브를 열고 절단 상태를 관찰하면서 적당한 속도로 시계 반대 방향으로 진행한다.[그림 2-9 참조]

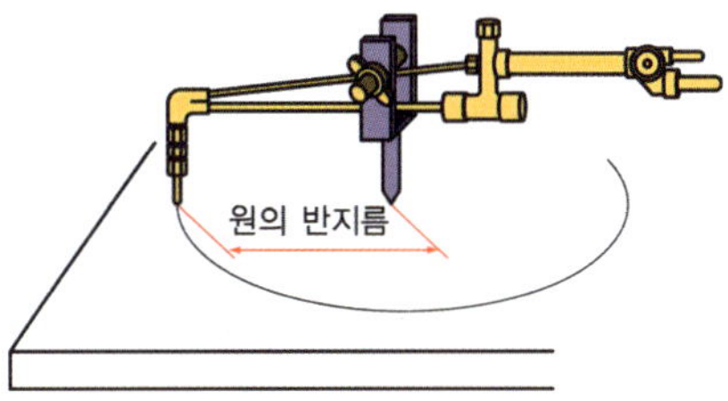

[그림 2-9] 수동 원형 절단의 예

만약 드릴 구멍을 뚫지 않은 상태인 경우는 절단 원 내부 약 10mm 부분을 가열하여 절단 가능한 상태가 되었을 때 고압 산소를 약한 상태에서 점점 세게 분출시켜 구멍이 형성되면 토치를 원형 금긋기선 끝까지 밀어 절단한 후 중심점 고정 치구를 중심점에 맞춘 후 시계 반대 방향으로 절단을 진행하면 된다.

바. 점검 및 정리 정돈

절단이 끝나면 불꽃을 소화한 후 고압 가스 용기 밸브를 잠그고 다시 토치 밸브를 열어 호스 내부의 잔류 가스를 배출한 후 작업 전의 상태로 정리 정돈한 후 절단된 상태를 확인을 받는다. 이 때 절단면을 줄이거나 그라인더 가공을 해서는 안 된다.

절단할 때 사용했던 장비나 공구를 정리하고 주위를 깨끗이 청소한다.

제3절 자동(직선 직각, 경사각) 가스절단

1 자동 가스절단기

자동 가스절단기는 절단기가 자동으로 이동하며 금속을 절단하는 장치로서 절단 방법을 손으로 조작하는 반자동식과 모든 조작이 자동적으로 이루어지는 전자동식이 있다.

① **소형 자동 가스절단기** : 1~2개의 팁으로 직선 절단에 사용하는 절단기
② **반자동 가스절단기** : 자유로운 곡선이나 짧은 직선 절단에 주로 사용
③ **형 자동 가스절단기** : 같은 형상을 다량 절단할 때 사용하는 절단기
④ **광전식 가스절단기** : 원격 조정이 가능하며, 정밀도가 높은 절단기로, 소량 · 대량 절단에 적합한 절단기

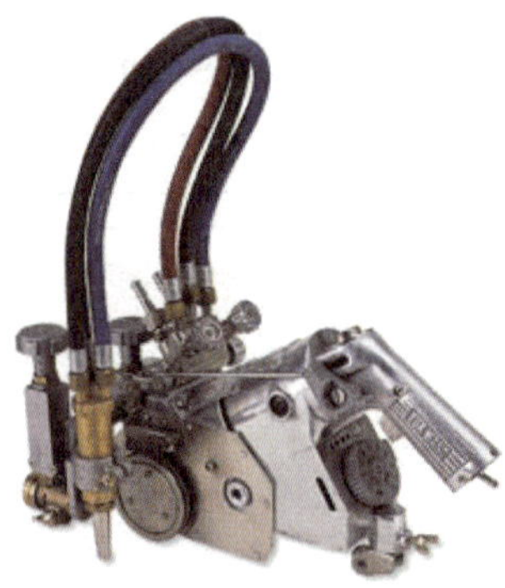

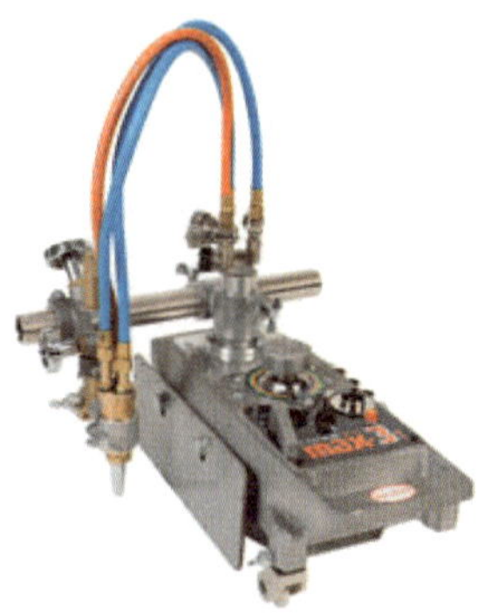

[그림 3-1] 자동 가스절단기의 종류

2 자동 가스절단기의 각부 명칭

자동 가스절단기는 절단기 몸체, 안내 대차와 레일, 속도계, 팁 상하 조절 레버, 토치 좌우 조절 레버, 클러치, 전진, 후진 스위치 등으로 구성되어 있다.[그림 3-2 참조]

각부 명칭과 사용법, 용도 등을 숙지한다.

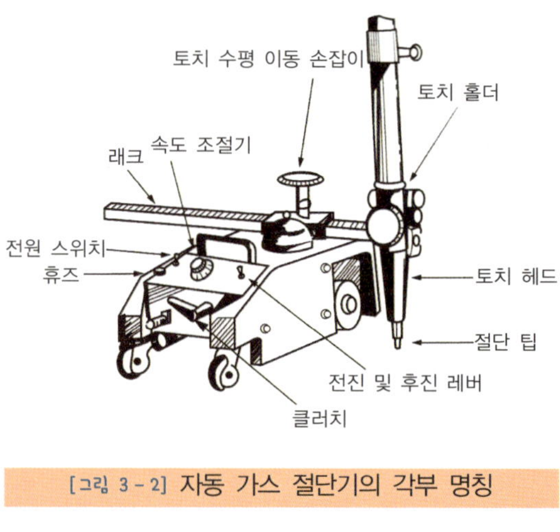

[그림 3-2] 자동 가스 절단기의 각부 명칭

3 절단 작업

가. 절단 준비

자동 절단에 필요한 장비(산소 및 LPG 용기, 절단기, 레일)와 공구(클램프, 몽키 스패너, 점화 라이터), 보호구를 준비한다.

절단팁의 크기가 절단할 판두께에 알맞은 것인지 확인하고 부적합하면 교환한다. 절단기의 전원 콘센트를 확인한다.

모재 표면을 깨끗하게 한 후 절단 작업대 위에 절단할 재료를 놓고 절단할 절단선을 금긋기한다.

절단선과 100 ~ 150mm 정도 떨어져 절단선과 평행이 되도록 레일을 놓고 절단기를 설치한 후 불꽃 조절없이 절단기를 움직여 보고 토치의 팁이 절단선과 일치하게 움직이는지 확인하고 이상이 없으면 레일의 양 끝을 클램프로 단단하게 고정한다.

절단기의 가동 상태와 절단 속도를 맞추고[표 3-1, 그림 3-3 참조], 팁을 직각 또는 주어진 각도로 경사시켜 맞춘 후 고정한다.

표 3-1 자동 절단 조견표

판두께 mm	팁지름 mm	산소압력 kgf/cm^2	절단속도 mm/min	가스소비량 m^2/hr	
				산소	아세틸린
3	0.5 ~ 1.0	1.0 ~ 2.1	560 ~ 810	0.5 ~ 1.6	0.14 ~ 0.26
6	0.8 ~ 1.5	1.1 ~ 2.4	510 ~ 710	1.0 ~ 2.6	0.17 ~ 0.31
9	0.8 ~ 1.5	1.2 ~ 2.8	480 ~ 660	1.3. ~ 3.3	0.17 ~ 0.34
12	0.8 ~ 1.5	1.4 ~ 3.8	430 ~ 610	1.8 ~ 3.5	0.23 ~ 0.37
19	1.0 ~ 0.5	1.7 ~ 3.5	380 ~ 560	3.3 ~ 4.5	0.34 ~ 0.43

나. 불꽃 조절

산소의 압력을 2 ~ 5kgf/cm^2, 아세틸렌은 0.2 ~ 0.5kgf/cm^2로 조절한 후 절단기의 산소 밸브를 조금 열고 아세틸렌(또는 LPG) 절단팁에 불을 붙인 후 산소 밸브를 조금씩 열어 중성 불꽃으로 조절한다. 이 때 불꽃 세기의 강약을 조절하여 적당한 불꽃 세기의 중성 불꽃으로 맞추고, 불꽃의 백심이 모재 끝에서 2 ~ 3mm가 되도록 맞춘다.

다. 자동 가스절단

가동 클러치를 중립에 놓고 예열 불꽃으로 절단선을 따라 손으로 움직이며 한두 번씩 예열한다. 예열이 끝나면 절단 시작점을 황적색이 되도록 가열한 후 고압 산소의 분출구가 절단 시점의 모서리 끝에 걸리도록 한 후 고압 산소 밸브를 1/2 ~ 3/4 회전시켜 열면서 클러치를 절단 방향으로 넣는다.(절단기에 따라 절단 방향이 한쪽으로만 된 경우도 있다)

절단이 완료되면 고압 산소 밸브를 잠그고 클러치를 중립에 놓고 불꽃을 소화한다.

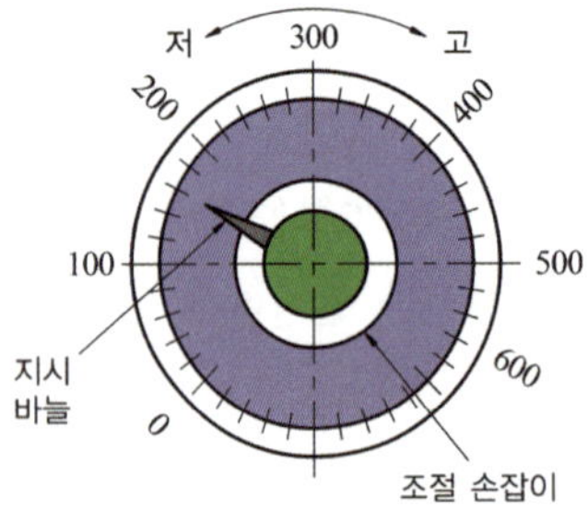

[그림 3-3] 절단 속도 조절

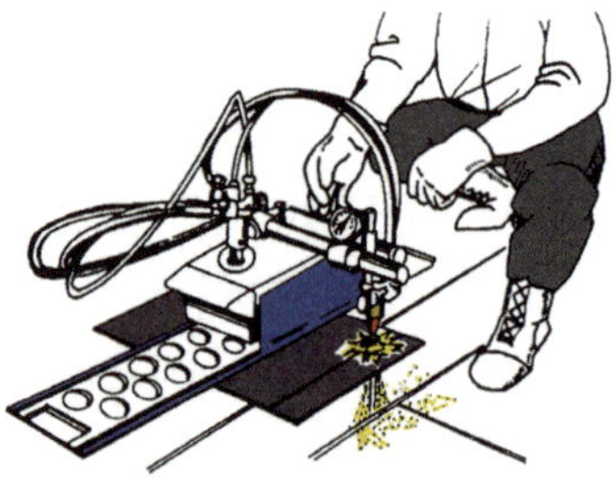

[그림 3-4] 자동 가스절단

4 검사 및 반복 실습, 정리 정돈

가. 검사 및 반복 실습

절단면을 검사한다. 절단면의 드래그 라인, 절단 윗면 모서리 상태, 절단 정밀도, 산화물의 부착 상태 등을 검사하고 팁에 이물질이 묻어 있으면 줄칼이나 팁 클리너로 팁을 깨끗이 청소한다.

잘못된 점을 시정하려고 노력하며 위의 실습 내용을 반복 실습한다.

나. 정리 정돈

가스 용기의 밸브를 잠그고 절단기의 밸브를 열어 호스 내의 잔여 가스를 제거한다. 잔여 가스가 제거되면 다시 절단기의 밸브를 닫고 레일 위의 칩이나 이물질, 주위의 산화물 등을 깨끗이 청소한다.

PART 03

피복아크(전기) 용접 실습

용접 실습

용접 실습

03 피복아크(전기) 용접 실습

제1절 교류 아크 용접기

1 교류 아크 용접기의 개요

교류 아크 용접기 종류에는 가동 철심형, 가동 코일형, 가포화 리액터형, 탭전환형가 있으나, 가동 철심형이 가장 많이 사용되고 있다.

가동 철심형은 변압기의 원리를 이용한 것으로 고정 철심에 1차 및 2차 코일이 감겨져 있으며, 고정 철심 사이에 가동 철심이 나사의 원리에 의해 고정 철심의 내부를 전·후진하면서 전류의 높낮이를 조절하는 원리로 구성되어 있다.[그림 1-1 참조]

따라서 핸들을 시계 방향으로 회전하면 가동철심은 고정철심 내부에서 멀어지면서 전류가 증가하며, 시계 반대 방향으로 돌리면 가동철심이 고정철심 내부로 들어가면서 전기 저항이 증가하여 전류가 낮아지게 된다.[그림 1-2 참조]

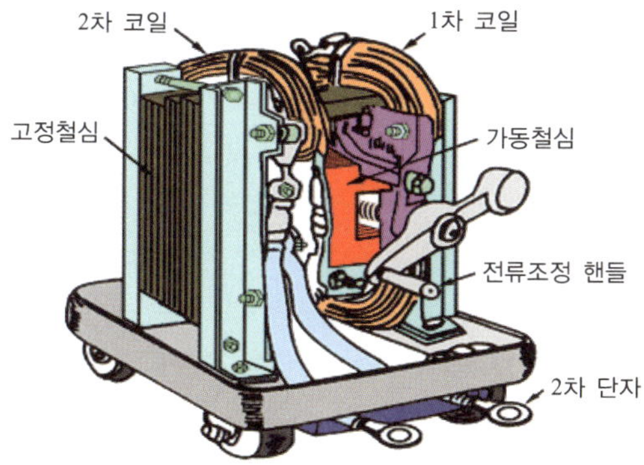

[그림 1-1] 가동 철심 용접기의 형상

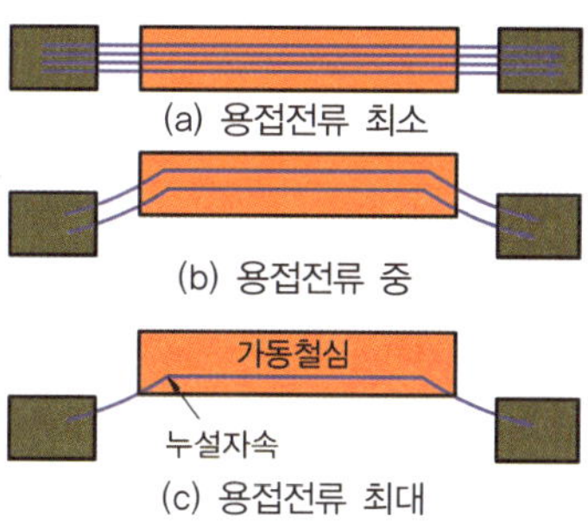

[그림 1-2] 가동 철심 위치와 전류 크기

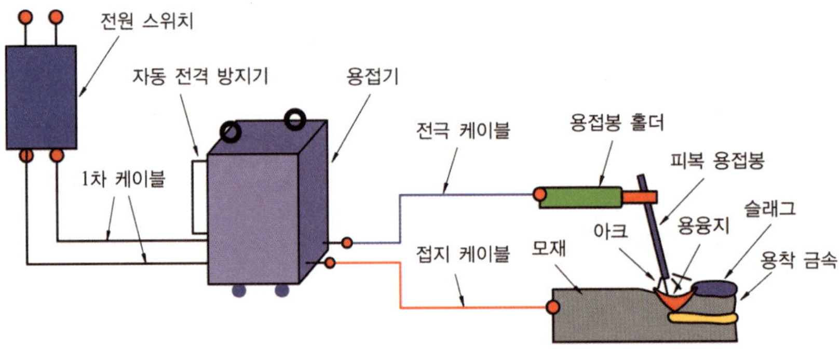

[그림 1-3] 교류 아크 용접기 접속과 각부 명칭

2 용접기 접속 케이블 및 용접기 설치 장소

용접기에 접속되는 케이블은 용접기의 정격 전류에 따라 [표 1-1]과 같으며, 용접기는 다음과 같은 장소에 설치해야 한다.

① 진동이나 습기, 먼지 등이 없는 건조한 장소
② 옥외 비바람이 치지 않는 장소나 주위 온도가 -10℃ 이상인 장소
③ 옥외 부식성 가스나 휘발성 가스, 기름, 증기 등이 발생하지 않는 장소

표 1-1 용접기 용량에 따른 케이블의 크기(KSC 3321)

용접기 용량(A)	200	300	400
1차 케이블(지름 ϕ)	5.5	8	14
2차 케이블(단면적, mm^2)	38	50	60

3 용접기 사용시 주의 사항

① 용접기는 정격 사용율보다 과대하게 사용하지 않는다.
② 용접기의 V단자와 U단자와 케이블이 확실하게 연결되어 있는 상태에서 절연이 확실하게 되었는지 점검한 후 사용한다.
③ 용접 중에 전류 조절을 하지 않는다.
④ 작업 중단 또는 종료, 정전시에는 즉시 스위치를 차단시킨다.
⑤ 용접기 위에 재료나 공구를 올려놓지 않는다.
⑥ 전격 방지기가 부착된 용접기를 사용한다.

4 용접의 개요

가. 비드(bead)

영어로 비드(bead)란 '물고기 비늘'의 뜻이 있듯이 비드놓기란 용접봉에서 녹아내리는 쇳물을 한방울씩 한방울씩 고기 비늘처럼 쌓아 일정한 폭과 높이로 용융지를 형성하는 작업이다.

비드놓기는 실제로 두 물체를 용접하는 것이 아니고 판 위에 용융지를 일정하게 형성하는 방법을 연습하는 것으로, 제품을 양호하게 용접하기 위한 가장 중요한 연습법이다. 비드놓기는 좁은 폭으로 놓는 방법과 넓은 폭으로 놓는 방법이 있다.

1) 좁은 비드

좁은 비드놓기법은 아크를 발생하여 작업각과 진행각을 유지하며 좌우 움직임은 거의 하지 않고 진행 방향으로만 일정한 속도로 진행하여 형성한 좁은 비드이다.

2) 넓은 비드

비드를 놓을 때 진행 방향과 직각 방향으로 일정한 폭과 피치로 움직이며 전진하여 비드를 놓는 방법이며, 비드 넓이는 보통 심선 지름의 3배 정도로 하고 있다.[그림 1-4 참조]

대체로 좁은 비드는 얇은 판이나 수평자세에 많이 적용하며, 넓은 비드는 그 외 자세에 적용하는 것이 일반적이다.

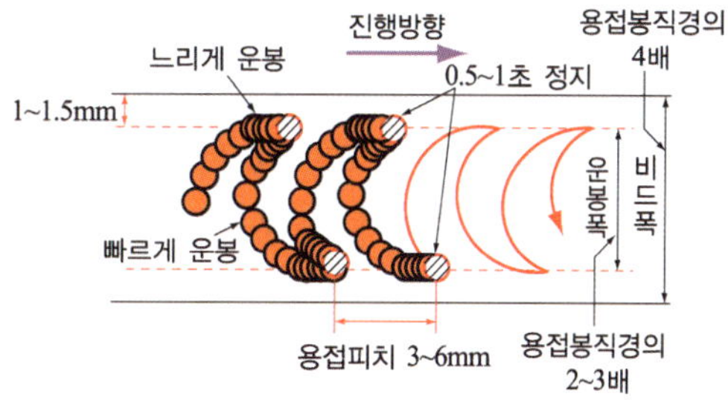

[그림 1-4] 넓은 비드의 위빙법

3) 비드놓기

비드를 놓을 때 용접봉 끝의 아크 불빛을 보지 말고 용접봉 뒤에 형성된 용융지를 일정한 폭으로 연결되는지를 확인하고 용접봉 앞쪽의 용접하고자 하는 용접선을 관찰하며 진행하고 비드가 끝나는 부분에서는 크레이터 처리를 하여 마무리를 한다.

이 때 아크 길이(용접봉 끝 부분과 모재와의 높이)는 심선 지름의 1배 이하(보통 2 ~ 3mm)를 유지한다.

용접시 피복 아크 용접봉의 길이가 한정되어 있기 때문에(E4316, ϕ3.2 봉은 350mm, ϕ4.0 봉은 400mm), 용접봉이 소모되면 용접이 끝나는 부분에서 비드 잇는 부분이 발생되며, 시작 부분과 끝 부분에 대한 용착도 양호하게 해야 된다.

또한 용접은 모재가 적당한 깊이로 용융(용입)되어야 하므로 모재의 재질과 형상, 용접부의 위치, 봉의 굵기 등에 따라 적당한 전류를 조절해야 된다.

나. 용접 전류와 용접 속도

용접 전류는 모재와 용융지를 가열 용융시키기 위한 열을 발생하는 주요 요소이다.

즉 용접 입열량(Jule)은 $\frac{60EI}{V}$이다. 여기서 E는 아크 전압, I는 용접 전류, V는 용접 속도(cm/min)이며, 60을 곱하는 이유는 전류 전압이 초(sec) 단위이며, 용접 속도는 분(min) 단위이므로 단위를 통일하기 위함이다.

따라서 용접 전류는 모재의 재질, 두께, 용접부 형상, 용접 위치, 용도, 그리고 용접봉의 재질과 굵기 등에 따라 다르며, 작업자의 기량, 작업 방법, 용접 속도, 아크 길이에 따라서도 다르므로 정확하게 얼마로 해야 된다는 수치는 정할 수 없다. 다만 경험치나 평균치에 의해 이 정도라고 정하는 것이 일반적이다.

일반적으로 모재 두께가 두꺼울수록, 모재의 중심부일수록, 용접 속도가 빠를수록, 두 모재 간 루트 간격이 좁을수록, 홈각이 작을수록 비례하여 높은 전류를 사용하며, 그 반대의 경우는 비례하여 낮은 전류를 사용하게 된다.

또한, 학교에서 교육을 받을 때 적용하는 전류와 산업 현장에서 사용하는 전류는 많은 차이가 있다. 학교에서는 아직 배우는 단계이므로 정확한 운봉법을 숙련시키는 것이 중요하므로 낮은 전류로 용접 속도를 느리게 하며 실습을 하게 되며, 산업 현장에서는 수준 높은 기량자가 작업하게 되며, 또한 많은 일량을 처리하려면 용접 속도가 빨라야 되므로 높은 전류를 사용하게 된다. 즉 자동차 운전을 배울 때 처음에는 시속 20 ~ 30km만 되어도 매우 빠른 것 같고 겁이 나지만 어느 정도 숙련이 되면 100km를 넘어 160km도 겁 없이 달리는 것과 같은 이치이다.

그러나 지나치게 속도가 높으면 사고의 위험이 커지듯이 용접도 지나치게 높은 전류는 용착금속의 질을 떨어뜨리며, 기공, 언더컷 등 각종 결함이 발생될 우려가 있으므로 많은 실험에 의해 적정 전류를 선택할 필요가 있으며, 산업현장에서는 PQR(용접절차승인시험기록)과 WPS(용접 절차 사양서)를 사용하고 있다.

용접 속도는 용접 전류의 높낮이에 따라 달라진다. 용접 전류가 높으면 용접 속도도 빨라지게 된다. 동일 전류에서 용접 속도가 빠르면 용입 깊이는 낮아지며, 용접 속도가 느리면 용입이 깊어지는 것이 일반적이나, 너무 느리면 오버랩이 발생할 수 있다. 특히 아래보기 자세가 아닌 다른 자세에서는 용접 속도가 느리면 용락이나 비드 처짐이 생길 수 있으므로 용접 속도를 일정하게 유지해야 된다.

제2절 피복 아크 용접봉

1 피복 아크 용접봉의 개요

피복 아크 용접봉은 용가재(filler metal) 또는 전극봉이라고도 하며, 용접할 모재와 모재 사이의 틈을 메워 주며, 용접부의 품질을 좌우하는 중요한 소재이다.

용접봉의 종류에는 피복 여부에 따라 피복 용접봉과 비피복 용접봉, 용접할 재질에 따라 연강용, 저합금강용, 스테인리스강용, 주철용 등이 제조되고 있다. 비피복 용접봉은 주로 자동 용접이나 반자동 용접에, 피복봉은 수동 피복 아크 용접에 사용된다.

피복 아크 용접봉은 금속 심선 표면에 피복제를 발라 건조한 것으로 심선의 지름은 1~10mm까지, 길이는 350~900mm까지가 있으며, 한쪽 끝은 용접 홀더에 물려 전류를 통할 수 있도록 약 25mm 정도는 노출되어 있다.

2 피복 아크 용접봉

가. 피복 아크 용접봉의 심선

피복 아크 용접봉 심선의 재질은 대체로 모재 성분과 동일한 것을 사용하고 있으며, 용접의 결과는 피복제와 심선과의 상호 화학 작용에 의해 형성된다. 연강용 피복 아크 용접봉의 화학 성분은 [표 2-1]과 같으며, 용착 금속의 균열(crack) 방지를 위하여 주로 저탄소 림드강이 사용된다.

그러나 유럽쪽에서는 용접구조용강으로 림드강을 사용하지 않고 세미 킬드강 또는 킬드강이 사용되고 있으며, 우리나라에서도 최근 림드강 대신 세미 킬드강이 많이 사용되고 있는 추세이다.

표 2-1 연강용 피복 아크 용접봉 심선의 화학 성분(KSD 3508)

종류 기호		화학성분 %					
		C	Si	Mn	P	S	Cu
1종	SWR 11	0.09 이하	0.03 이하	0.35~0.65	0.020 이하	0.023 이하	0.20 이하
2종	SWR 21	0.10~0.15	0.03 이하	0.35~0.65	0.020 이하	0.023 이하	0.20 이하

나. 피복제의 역할

① 아크를 안정시킨다.
② 중성 또는 환원성 분위기로 대기 중으로부터 산화, 질화 등의 해를 방지하여 용착 금속을 보호한다.
③ 용융 금속의 용적(globule)을 미세화하여 용착 효율을 높인다.
④ 용착 금속의 냉각 속도를 느리게 하여 급냉을 방지한다.
⑤ 용착 금속의 탈산 정련 작용을 하며, 용착 금속에 필요한 합금 원소를 첨가한다.
⑥ 용융점이 낮은 적당한 점성의 가벼운 슬래그를 만들며, 슬래그를 제거하기 쉽다.
⑦ 파형이 고운 비드를 만든다.
⑧ 모재 표면의 산화물을 제거하고, 양호한 용접부를 만든다.
⑨ 스패터(spatter)의 발생을 적게 한다.
⑩ 전기 절연 작용과 녹슴을 방지한다.

다. 피복 배합제의 성분

피복제 중에 포함된 주요 성분은 아크 안정제, 슬래그 생성제, 가스 발생제, 탈산제, 고착제, 합금 첨가제 등이 있다.

1) 아크 안정제

피복제 성분이 아크열에 의해 이온화를 쉽게 하므로 아크에 부드러운 느낌을 주고 잘 꺼지지 않으며, 아크 전압도 낮아지고 아크도 안정된다.

아크 안정제 성분은 규산나트륨(Na_2SiO_3), 규산칼륨(K_2SiO_3), 석회석($CaCO_3$), 산화티탄(TiO_2) 등이 있다.

2) 슬래그 생성제

용융점이 낮고 가벼운 슬래그를 만들어 용융 금속의 표면을 덮어서 용융 금속의 냉각 속도를 느리게 하며, 산화나 질화, 기공 등을 방지하는 역할을 하는 것으로, 산화티탄(TiO_2), 석회석($CaCO_3$), 산화철, 이산화망간(MnO_2), 일미나이트($TiO_2 \cdot FeO$), 규사(SiO_2), 장석($K_2O \cdot Al_2O_3 \cdot 6SiO$), 형석($CaF_2$) 등이 있다.

3) 가스 발생제

중성 또는 환원성 가스를 발생하여 아크 분위기를 대기로부터 보호하고 용융 금속의 산화나 질화를 방지한다. 성분의 종류는 석회석, 녹말, 톱밥, 탄산바륨($BaCO_3$), 셀룰로오스 등이 있다.

4) 탈산제

용융 금속 중의 산화물을 탈산 정련 작용하는 것으로, 규소철(Fe-Si), 망간철(Fe-Mn), 망간, 알루미늄 등이 사용된다.

5) 고착제

심선에 피복제를 고착시키는 역할을 하는 물질로서, 물유리(규산나트륨 : Na_2SiO_3), 규산칼륨(K_2SiO_3) 등의 수용액이 사용된다.

6) 합금 첨가제

용접 금속의 여러 성질을 개선하기 위한 것으로, 망간, 실리콘, 니켈, 몰리브덴, 크롬, 구리, 바나듐 등의 금속 원소가 이용된다.

표 2-2 피복 배합제의 성분과 성질

원료 \ 성질	아크 안정제	슬래그 생성	탈산제	환원 가스 발생제	산화성	합금제	유동성 증가	고착제	슬래그 박리성 증가
탄산나트륨, 탄산칼슘, 중탄산나트륨, 산성백도, 생석회, 석회석($CaCO_3$)	○	○							
황혈염, 형석(CaF_2)	○	○					○		
규산나트륨(물유리), 규산칼륨	○	○						○	
규사, 이산화망간(MnO_2)	○	○			○		○		
산화티탄, 석면	○	○					○		○
적철광, 자철광, 사철	○	○			○		○		○
붕사, 붕산, 고토, 제강슬래그		○							○
탄산마그네슘, 알루미나, 빙정석		○					○		
페로실리콘, 페로티탄, 페로바나듐		○				○			
산화몰리브덴, 산화니켈					○	○			
망간, 페로망간, 크롬, 페로크롬			○			○			
알루미늄, 마그네슘			○						
니켈, 니크롬산, 구리						○			
소맥분	○		○	○				○	
면사, 면포, 종이, 목재 톱밥	○		○	○					
탄가루			○	○		○			
해초, 아교, 카세인, 젤라틴, 아라비아고무, 당밀				○				○	

라. 용착 금속의 보호 방식에 따른 분류

1) 슬래그 생성식

용적이나 모재의 주위를 액체 용제 또는 슬래그로 덮어 공기와의 직접 접촉을 하지 않도록 하는 형식이다.

2) 가스 발생식

일산화탄소, 수소, 탄산 가스 등 환원성 가스나 불활성 가스에 의해 용착 금속을 보호하는 형식이다. 가스 발생식의 특징은 전자세 용접에 적당하며, 슬래그 제거가 쉽고 슬래그 생성식에 비해 작업 능률이 좋으며, 안정된 아크를 얻을 수 있으나, 스패터가 많으며, 유독 가스를 발생하는 경우가 있다.

3) 반가스 발생식

가스 발생식과 슬래그 생성식을 혼합한 형식이다.

마. 연강용 피복 아크 용접봉의 표시

용접봉의 표시는 일본은 우리와 단위는 같지만 첫 글자를 D로, 우리는 E를 사용한다. 그러나 미국의 경우는 야드 파운드법을 사용하므로 lbs/in^{2}로 표시하고 있다. 따라서 43kgf/mm^{2}는 60,000lbs/in^{2}가 된다. 따라서 E4313은 E6013으로 표시한다.

연강용 피복 아크 용접봉은 KSD 7004에 규정되어 있으며, 기호의 의미는 다음과 같다.

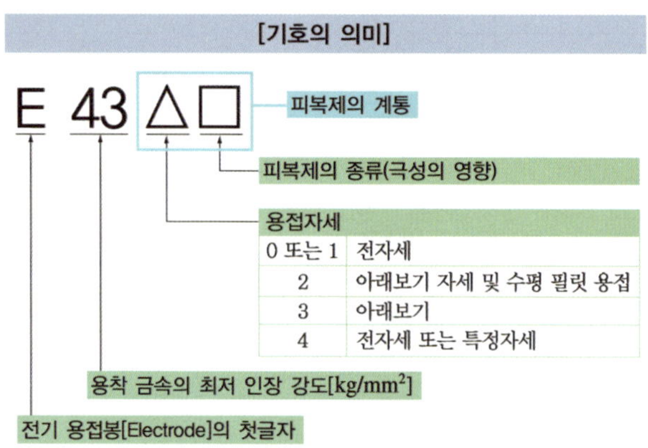

바. 연강용 피복 아크 용접봉의 특성

1) 일미나이트계(E4301)

① 주성분 : 일미나이트($TiO_2 \cdot FeO$)와 사철 등을 30% 이상 포함한 슬래그 생성계이다.
② 특성 : 가격이 저렴하며, 작업성과 용접성이 우수하고, 전자세 용접봉으로 용입 및 기계적 성질이 양호하며, 내부 결함이 적고, 슬래그의 유동성이 좋다.
③ 용도 : 우리나라, 일본에서 많이 생산하며, 일반 구조물의 중요 강도의 부재, 각종 압력용기, 조선, 건축, 철도 차량 등에 사용한다.

2) 라임티타니아계(E4303)

① 주성분 : 산화티탄을 30% 이상, 석회석을 포함한 슬래그 생성계이다.
② 특성 : 슬래그의 유동성이 좋고, 비드 외관이 깨끗하고 언더컷이 적다. 슬래그 제거가 쉽고 용입이 얕다(피복제는 두껍다).
③ 용도 : 기계, 차량, 일반 강재의 박판 용접에 적합하다.

3) 고셀룰로오스계(E4311)

① 주성분 : 유기물(셀룰로오스)을 30% 정도 함유한 가스 발생식이다.
② 특성 : 가스에 의한 산화, 질화를 막고 피복제가 얇으므로 슬래그 생성이 적고 스패터가 심하며, 비드 파형이 거칠고 용입이 깊다. 위보기 자세와 좁은 홈 용접이 가능하다. 보관 중에 습기를 흡수하기 쉽다(기공 발생 우려)
③ 용도 : 아연 도금 강판, 저장 탱크, 배관 용접에 많이 사용한다.

4) 고산화티탄계(E4313, E6013)

① 주성분 : 산화티탄을 30% 이상 포함한 슬래그 생성계이다.
② 특성 : 아크가 안정되고, 스패터가 적으며, 슬래그 제거가 좋고, 비드가 고우며 언더컷이 잘 발생하지 않는다. 전자세와 수직 하진 자세 및 접촉 용접이 가능하며, 작업성이 좋고, 용입이 얇다.
③ 용도 : 고온 균열 발생이 크고, 기계적 성질이 나빠 일반 경구조물 용접, 박판 용접에 적합하다.

5) 저수소계(E4316)

① 주성분 : 석회석($CaCO_3$)이나 형석(CaF_2)을 주성분으로 한 것으로, 용착 금속 중의 수소 함유량이 다른 봉에 비해 1/10 정도로 현저히 적다.

② 특성 : 인성과 연성이 풍부하고 기계적 성질이 우수하나, 아크가 다소 불안정하며, 작업성이 나쁘다. 시점에서 기공이 생기기 쉬우므로 후진법을 선택하여 문제를 해결하는 경우도 필요하다.

③ 용도 : 중요 부재의 용접, 고압 용기 후판 중구조물, 탄소 당량이 높은 기계 구조용강, 구속이 큰 용접, 유황 함유량이 많은 강 용접에 이용된다.

④ 건조 : 피복제는 습기를 흡수하기 쉬우므로 사용 전 300~350℃에서 1~2시간 건조 후 사용한다.

6) 철분 산화티탄계(E4324)

① 주성분 : 고산화티탄계에 철분을 약 50% 정도 첨가시킨 용접봉이다.(E4313과 비슷함)

② 특성 : 우수한 작업성과 고능률성을 갖춘 것으로 스패터가 적고 용입이 얕다. 아래보기 자세와 수평 필릿 자세 전용 용접봉이다.

③ 용도 : 저탄소강, 저합금강, 고탄소강 등에 사용된다.

7) 철분 저수소계(E4326, E7018)

① 주성분 : 저수소계 용접봉 피복제에 철분을 30~50% 정도 첨가한 용접봉이다.

② 특성 : 용착 효율이 좋고 능률적이며, 스패터가 적다. 기계적 성질이 우수하고 슬래그 박리성이 E4316보다 좋으며, 작업성도 좋다.

③ 용도 : 아래보기 자세와 수평 필릿 자세 전용 용접봉이며, 용도는 E4316과 비슷하다.

8) 철분 산화철계(E4327)

① 주성분 : 산화철에 규산염을 첨가하여 산성 슬래그를 생성시킨 것이다.

② 특성 : 용착 효율이 좋고 능률적이며, 스패터가 적은 스프레이형으로, 용입이 양호하며, 슬래그 제거가 양호하다.

사. 기타 피복 아크 용접봉

1) 고장력강 피복 아크 용접봉

① 고장력강 : 항복점과 인장 강도가 일반 구조용 압연 강재(SS41)나 용접 구조용 압연 강재(SWS 41)보다 높은 저합금강으로, 인장 강도가 490N/mm^2(50kgf/mm^2) 이상인 것을 말한다.

② 특성 : 판두께를 얇게 할 수 있어 무게 경감과 재료의 절약, 취급이 간단하며 가공이 용이하다.

③ 용도 : 내식성 향상 등이 요구되는 선박, 차량, 항공기, 압력 용기, 병기 등에 사용된다.

④ 종류 : KSD 7006에 490N/mm^2(50kgf/mm^2), 519N/mm^2(53kgf/mm^2), 568N/mm^2(58kgf/mm^2)급이 규정되어 있다.[표 2-3 참조]

표 2-3 고장력강 피복 아크 용접봉 종류(KSD 7006)

종 류	피복제 계통	용접자세	사용 전원	인 장 시 험		
				인장 강도 N/mm^2(Kgf/mm^2)	항복점 N/mm^2(Kgf/mm^2)	연신율 (%) 이상
E 5001	일미나이트계	F, V, O, H	AC, DC(±)	490(50)	392(40)	20
E 5013	라임티타이아계	F, V, O, H	AC, DC(±)	490(50)	392(40)	20
E 5016	저수소계	F, V, O, H	AC, DC(+)	490(50)	392(40)	23
E 7016				686(70)	549(56)	16
E 8016				784(80)	666(68)	15
E 5826	철분저수소계	F, H	AC, DC(+)	568(58)	490(50)	18

2) 스테인리스강 피복 아크 용접봉

스테인리스강은 철에 크롬(Cr)을 12% 이상 함유시킨 강으로 탄소강보다 내식성과 내열성이 우수하며, 기계적 성질과 가공성도 우수하다. 용접봉의 종류는 티탄계와 라임계가 있다.

① 티탄계

(a) 주성분 : 루틸을 주성분으로 한 것으로, 우리나라의 스테인리스강 용접봉은 거의 티탄계이다.

(b) 특성 : 아크가 안정되고 스패터가 적으며, 슬래그 제거성도 양호하다. 수직, 위보기 용접시 용적이 낙하하기 쉽고, 용입이 얕아 얇은 판 용접에 적합하다.

(c) 종류 : E 308, E 308L, E 309, E 309 Mo, E 310, E 316

(d) 용도 : X선 검사 성능이 양호하여 고압 용기나 중구조물 용접에 쓰인다.

② 라임계

(a) 주성분 : 형석, 석회석이 주성분이다.

(b) 특성 : 비드가 볼록형으로 아래보기 및 수평 필릿 용접시 비드 외관이 나쁘고, 슬래그가 용융지를 거의 덮지 못하며, 아크가 불안정하다.

3) 주철 피복 아크 용접봉

① 주철 용접봉은 주로 주물 제품의 결함을 보수할 때나 파손된 제품을 수리할 때 사용되며, 연강 및 탄소강에 비해 용접이 어렵기 때문에 용접 전, 후의 처리와 봉의 선택이 중요하다.

② 종류 : 주철용 피복 아크 용접봉으로는 니켈계, 모넬 메탈봉, 연강용 용접봉 등이 있다. Fe-Ni 봉은 균열의 발생이 적어 많이 사용되며 모넬 메탈봉은 값이 싸나 다층 용접시 균열이 발생될 우려가 있다. 순 니켈봉은 저전류 저온용에 주로 사용된다.

4) 동 및 동합금용 피복 아크 용접봉

① 주로 탈산 구리 용접봉 또는 구리 합금 용접봉이 사용되고 있다.

② 연강에 비해 열전도도와 열팽창계수가 크기 때문에 용접에 어려움이 있으나, 계속 우수한 용접봉 개발이 진행되고 있다.

③ 종류별 특성

(a) 순동(DCu) : 합금 원소 최대 4% 함유, 첨가에 따라 용접성이 향상된다.

(b) 규소 청동(DCuSi) : 규소 청동, 순동, 기타 동합금의 용접에 우수하다.

(c) 인청동(DCuSn) : 용접 그대로는 취화되기 쉬우며, 피닝 처리하면 향상된다. 규소 청동에 비하여 작업성이 떨어진다.

(d) 알루미늄 청동(DCuAl) : 용접 작업성과 기계적 성질은 우수하나 순동, 황동 용접은 곤란하다.

(e) 특수 알루미늄 청동(DCuAlNi) : 알루미늄 청동과 같은 성능을 갖고 있으나, 균열에 유의해야 한다.

(f) 백동(DCuNi) : 용접 작업성이 양호하고, 해수에 대한 내식성이 좋다.

아. 연강용 피복 용접봉의 선택

용접봉은 용접 결과에 중요한 역할을 하므로 사용 목적에 알맞게 선택하는 것이 중요하다. 알맞은 용접봉을 선택하려면 피용접물의 재질과 사용 목적에 따라 선택하고, 용접봉의 작업성과 용접성을 고려해야 된다.

1) 작업성

작업성이란 아크 발생과 아크 상태, 용접봉 용융 상태, 슬래그 상태, 스패터 발생 상태 등의 직접적인 것과 슬래그 박리성, 스패터 제거 난이도, 기타 작업의 난이도 등 간접 작업성으로 구분할 수 있다.

2) 용접성

용접성이란 내균열성의 정도, 용접 후의 변형이 생기는 정도, 내부의 용접 결함의 정도, 용착 금속의 기계적 성질 등을 말한다.

피복 아크 용접봉에서 내균열성이 제일 좋은 것은 저수소계이고, 다음이 일미나이트계, 제일 떨어지는 것이 티탄계이다. 피복제의 염기도가 높을수록 내균열성이 우수하나, 작업성은 떨어지며, 산성도가 높을수록 내균열성은 작아지나, 작업성은 좋아진다.[그림 2-1 참조]

용접봉의 편심율은 3% 이내여야 하며, 이보다 크면 아크 쏠림 등 아크가 불안정하다.[그림 2-2 참조]

$$편심율(\%) = \frac{D' - D}{D} \times 100$$

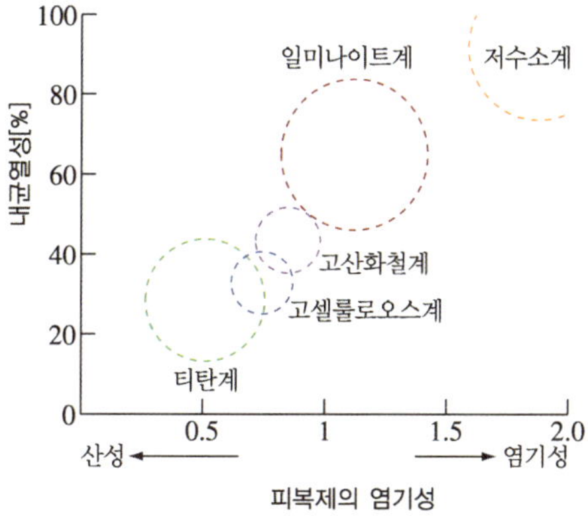

[그림 2-1] 용접봉의 내균열성 비교

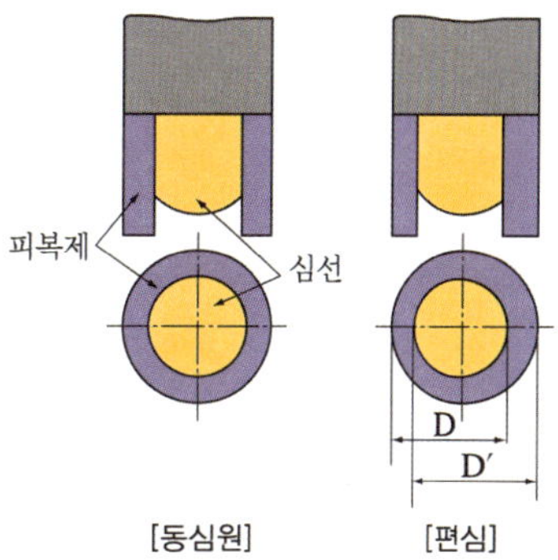

[그림 2-2] 피복제의 편심

자. 용접봉 관리(취급시 주의 사항)

① 현장에서 사용하는 용접봉은 회수와 건조 등 보관에 신중을 기해야 한다.

② 용접봉 건조는 일반적으로 70~100℃에서 30분~1시간 정도 건조하여 사용해야 되며, 저수소계 용접봉의 경우는 300~350℃에서 1~2시간 건조 후 70℃ 전후로 보온 유지하며 사용해야 한다.(보온통의 유지 온도 : 100~120℃)

③ 피복 아크 용접봉은 습기에 민감하므로 지면보다 높고 건조하며, 진동이 없고 하중을 받지 않는 장소에 보관해야 된다.

④ 사용 중에 피복제가 떨어지는 일이 없도록 통에 넣어서 운반하여 사용하도록 한다.

⑤ 용접사는 용접 전류, 용접 자세 및 건조 등 용접봉 사용 조건에 대한 용접봉 제조자의 지시에 따라야 한다.

⑥ 용접봉에 습기는 기공이나 균열의 원인이 되므로 사용 전에 충분히 건조해야 한다.

제3절 교류 아크 용접기 설치 및 조작

1 용접기 설치 작업준비 및 케이블 접속

가. 케이블 및 부속품 준비

용접기 규격에 맞는 1차 및 2차 케이블(길이 약 3m), 용접 홀더(400호), 접지 클램프, 압착단자, 볼트 너트, 절연 테이프 등과 결선에 필요한 공구(몽키스패너 또는 스패너, 드라이버) 등을 준비한다.[그림 3-1 참조]

그리고 케이블 설치 작업 중 감전을 막기 위해 배전반의 전원 스위치를 차단(off)하고 '수리 중'이라고 부착한다.(가급적 관리자를 배치한다.)

용접기 상판을 분해한 후 압축공기를 사용하여 먼지 등을 제거한다.(년 1 ~ 2회)

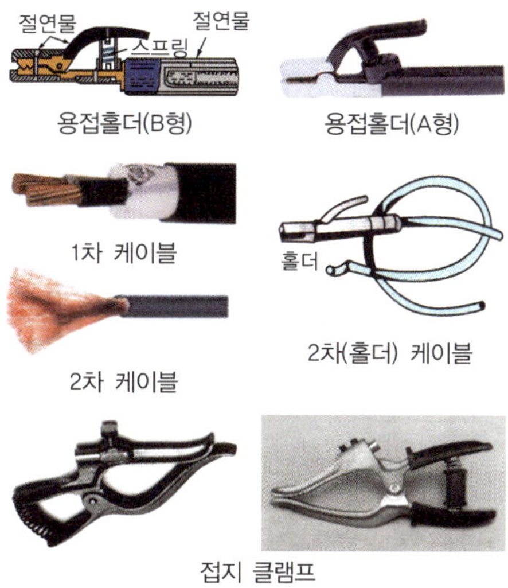

[그림 3-1] 2차 케이블 및 홀더, 접지 클램프

나. 1, 2차 케이블 접속

1) 2차 케이블 접속

용접기에 1차 또는 2차 케이블을 접속한다. 특별히 접속 순서는 없으나 먼저 2차 케이블을 접속한 후 1차 케이블을 접속하는 것이 좋다.

용접기의 규격에 맞는 캡타이어 코드선의 하나에 용접 홀더를, 하나는 접지 클램프를 접속한 다음 반대편에 압착 단자를 단단히 고정한 후 용접기 2차측 단자의 우측에 홀더선 케이블을, 좌측에는 접지 클램프 선을 연결하여 볼트 너트로 단단하게 고정한다. 홀더선을 접속하기 전에 전류 측정 CT를 홀더선에 끼운다.

용접기와 연결부 등 각 접속부의 노출된 부분을 절연 테이프로 감아 절연한다.

2) 1차 케이블 접속

1개의 1차 케이블의 한쪽 끝에 압착단자를 고정시킨 후 용접기 1차측 단자에 접속하고, 또 다른 1개의 1차 케이블의 한쪽 끝에는 압착단자를 고정시킨 후 전격 방지기 입력선과 연결한 후 전격 방지기 출구선을 용접기의 1차측 다른 단자에 연결한다.

1차측에 연결한 2개의 케이블의 반대쪽 끝을 15 ~ 20mm 정도 피복을 제거한 후 메인 스위치(벽에 설치된 브레커 스위치)에 연결한다. 만약 메인 스위치가 3상인 경우 RST 중의 2개를 연결하며, 용접기가 다수인 경우 RST를 교번하여 연결하여 전압의 편중을 피해야 한다. (예 : 1번째 : RS, 2번째 : ST, 3번째 TR 등)

용접기 케이스 조임 너트의 하나를 풀고 메인 스위치의 접지선(보통 녹색선임)을 연결한 후 용접기의 1차 단자와 1차 케이블 연결부 등의 노출부를 절연 테이프로 감아 절연한다.

다. 용접기의 고장 진단 등 이상 유무 점검

① 용접기와 케이블의 연결 부분의 이상 유무를 점검한다.

② 가동 철심의 이송용 나사 부분 및 가이드 등 활동 부분에는 그리스를 칠하여 준다.

③ 전원 스위치를 넣고 용접기의 작동 상태, 전류 조정 상태를 점검한다.

2 아크 발생 및 종료

가. 작업에 필요한 재료, 보호구, 공구 준비

연강판(t9.0×150×150), 피복 아크 용접봉(E4313 또는 E4316, ϕ3.2), 기타 재료를 준비한다.

아크 발생에 필요한 보호구(앞치마, 팔커버, 발커버, 용접 장갑, 헬멧(핸드 실드), 방진 마스크 등)와 아크 발생에 필요한 공구를 준비한다.[그림 3-2 참조]

헬멧에 차광번호가 적당한 차광랜즈(보통 10 ~ 11번)와 백유리를 끼운다.

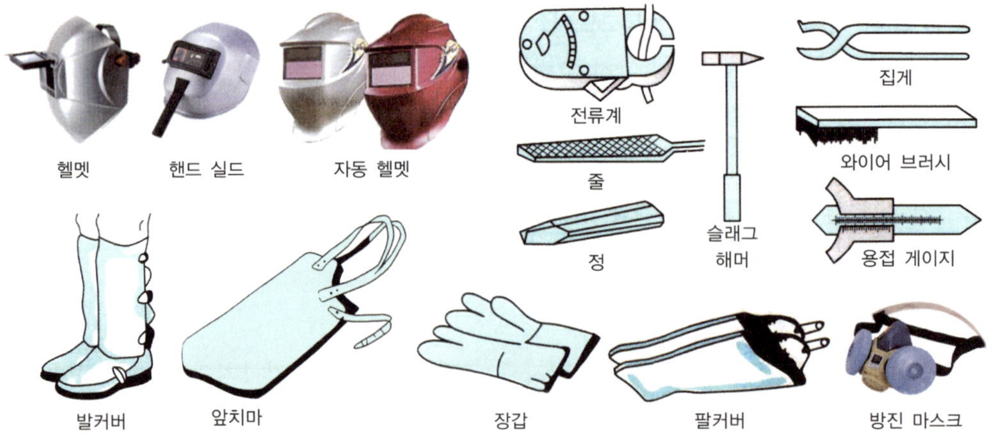

[그림 3-2] 용접 보호구 및 공구의 종류

나. 아크 발생

용접기에 전원을 넣고, 피복 금속 아크 용접봉 E4313(또는 E4316) ϕ3.2를 용접 홀더에 90°로 물린다.

아크 발생에 필요한 전류를 조절한다.(ϕ3.2 : 80 ~ 120A, ϕ4.0 : 120 ~ 160A)

연강판에 연강판 변두리와 평행하게 석필(또는 백색 마카펜)으로 직선(용접선)을 그은 후 작업대 위에 용접선이 좌우가 되게 바르게 놓고, 편한 자세로 앉아서 아크를 발생할 위치를 겨냥한 후 헬멧으로 얼굴을 가린다.

용접봉 끝을 모재에 살짝 접촉시켰다 떼면서 아크를 발생한 후 불빛으로 시작점을 찾아 빨리 이동한다. 시작점 부분에서 아크를 안정시키며 아크 길이(모재 표면과 용접봉 끝과의 거리)를 약 3mm(심선 지름의 1배 이하) 정도 유지한다.

아크 발생법은 [그림 3-3]과 같이 2가지 방법이 있다.

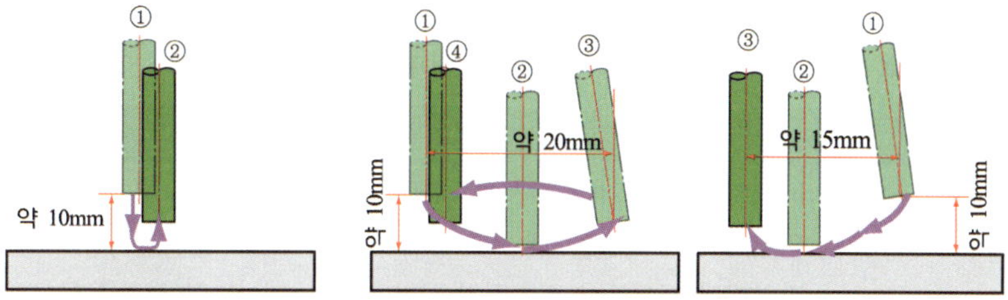

(a) 점찍기법 (b) 긁기법

[그림 3-3] 아크 발생법

1) 점찍기법(tapping method)

용접봉 끝을 모재에 수직으로 찍듯이 접촉시켰다 들어 올리는 법

2) 긁기법(scratching method) : 용접봉 끝을 모재에 살짝 긁는 방법

아크가 발생되면 차광랜즈를 통해서 아크 길이, 용입 깊이, 용융지, 아크 분위기, 슬래그 형성 상태, 비드 폭, 진행 방향 등을 관찰한다.

다. 비드놓기

연강판에 대하여 작업각 90°, 진행각 75 ~ 85°를 유지하여 비드 폭이 약 6 ~ 8mm 정도(좁은 비드일 경우)로 일정한 폭을 유지하며 천천히 우측으로 이동한다. 이 때 아크 불빛으로 보이는 비드의 폭과 진행할 방향의 용접선을 살펴야 된다.

아크 길이와 진행 속도가 일정해야 비드 파형이나 폭도 일정하게 형성하게 된다.

라. 검사 및 반복 실습

용접 중에 아크 발생음, 아크 발생 자세 등이 올바른가를 점검하고, 검사 중에 나타난 잘못된 점을 시정하려고 노력하며 반복 실습한다.

3 정리 정돈

실습이 끝나면 용접기의 전원을 차단하고, 벽에 있는 메인 스위치를 차단하며, 전체 배전반의 전원을 차단한다. 전원을 넣을 경우는 이와 반대로 배전반의 전원을 넣고 벽 스위치를 입력한 후 용접기 스위치를 입력해야 된다.

그리고 사용했던 공구와 재료를 정리한 후 주위를 깨끗이 청소한다.

표 3-1 교류 아크 용접기의 고장 진단 및 보수 정비 방법

고장현상	외부 및 내부의 고장 원인	보수 및 정비 방법
1. 아크가 발생되지 않는다.	• 배전반의 스위치나 용접기 전원 스위치가 off 되었을 때 • 작업대에 케이블이 접속되지 않았을 때 또는 접속 부분에 녹이나 페인트에 의해 통전이 불량할 때 • 1, 2차 케이블 또는 코일이 단선되었을 때	• 배전반 및 용접기 스위치의 접속 상태를 점검, 이상시 수리한다. • 케이블의 접속을 확실히 한다. 페인트에 의한 경우 페인트를 제거한다. • 1, 2차 케이블의 접속 상태를 점검하여 수리한다. 만약 코일이 단선된 경우 외주 수리 또는 폐기한다.
2. 아크가 불안정하다.	• 2차 케이블이나 접지선, 홀더의 접속이 불량할 때 • 단자 접촉부의 연결이나 스위치 접속이 불량할 때 • 전격 방지기의 작동이 불량할 때	• 접속 상태를 점검하여 확실하게 체결한다. • 단자 접속부나 용접기 스위치 접속부를 줄로 다듬질하거나 수리 교환한다. • 전격 방지기를 교환한다.
3. 용접기가 소음이 심하다.	• 용접기 케이스나 고정 철심 고정용 볼트 너트가 느슨하거나 풀렸을 때 • 용접기 설치 장소가 고르지 못할 때 • 가동 철심 이동 축 지지 볼트 너트가 풀려 가동 철심이 움직일 때 • 가동 철심과 철심 안내측 사이가 느슨할 때	• 케이스나 고정 볼트를 확실히 조인다. • 용접기 설치 장소를 평평하게 한다. • 철심 지지용 볼트 너트를 단단하게 조인다. • 가동 철심을 빼내어 틈새 조정판을 넣어 틈새를 적게 한다. 그래도 소리가 크면 교환한다.

고장현상	외부 및 내부의 고장 원인	보수 및 정비 방법
4. 전류 조절이 안된다.	• 전류 조정 손잡이와 가동 철심 축과의 고정 상태 불량 또는 고착되었을 때 • 가동 철심 축의 나사 부분이 불량할 때 • 가동 철심 축의 지지가 불량할 때	• 전류 조절 손잡이를 수리 또는 교환하거나, 철심 축에 그리스를 발라 준다. • 철심 축을 교환한다. • 철심 축 고정 상태를 점검 수리 또는 교환한다.
5. 용접기 및 홀더선, 접지선이 너무 뜨겁다.	• 용접기를 허용사용률 이상 과도하게 사용하였을 때 • 철심과 코일 사이에 이물질이 많이 있을 때 • 1, 2차 케이블의 연결 상태가 느슨하거나 케이블의 용량이 부족할 때 • 케이블의 구리선이 많이 절단되어 규정 단면적보다 부족할 때	• 허용사용률 이상 사용하지 않는다. • 케이스를 열고 압축공기로 청소한다. • 느슨한 부분을 단단하게 조이거나, 정격 용량의 케이블로 교환한다. • 단자 부분의 일부 케이블을 절단하여 다시 접속한다.
6. 사용 중 전류가 점차로 중지되거나 증가한다.	• 단자 고정 볼트 너트가 풀렸을 때 • 케이블의 용량이 부족할 때 • 철심이 노후되었을 때	• 볼트 너트를 단단하게 조인다. • 규정 용량의 케이블로 교환한다. • 철심을 교환한다.

PART 3

제4절 비드놓기 피복 금속아크 용접

1 아래보기 자세 비드놓기

가. 용접 준비

교류 아크 용접은 고열과 강한 아크 불빛, 연기와 금속 증기 등을 다량 발생하기 때문에 그에 대한 보호구를 준비하고 작업에 필요한 공구와 재료를 준비해야 한다.

용접재료는 모재(주로 연강판)와 피복 아크 용접봉(주로 E7016 저수소계, 아래 모든 피복 아크 용접에는 저수소계만 사용함을 기준으로 함)을 준비한다.

피복 아크 용접 보호구에는 가죽 앞치마, 가죽 장갑, 발커버, 팔커버, 용접 헬멧(또는 핸드 실드), 방진 마스크 등이 있으며, 필요한 공구로는 전류계(암페어메터), 치핑 해머(슬래그 해머), 집게, 와이어 브러시, 석필(마카펜), 강철자 등이 있다.

용접 헬멧에는 차광 유리(차광 번호 10 ~ 11번)를 끼우고 차광 유리 앞에 맨유리를 끼운다.

나. 용접기 점검

용접기는 정기 점검과 수시 점검을 통해 언제든지 사용할 수 있도록 한다. 특히 실습 전에는 케이블의 단선 및 노출 여부, 접지 케이블 접속 여부, 이상 발생음 여부 등을 점검한다.

다. 보호구 착용

용접 중 강렬한 아크 불빛이나 스패터, 금속 흄 등으로 부터 작업자 보호를 위해 용접 전에 용접 앞치마, 팔커버(또는 조끼), 발커버, 용접용 가죽 장갑과 방진 마스크 등을 착용한다. 그리고 헬멧(또는 핸드 실드)을 작업대 위나 작업대 옆에 놓는다.

라. 아래보기 자세 좁은 비드놓기

1) 모재 고정

모재의 한쪽 끝에서 약 5mm 정도 띄워서 모재 끝선과 평행하게 석필 등으로 금긋기(직선 연습을 위해 필요함)를 하여 작업대 위에 용접선이 좌우가 되게 작업자와 평행하게 작업대 앞쪽에 놓는다.

2) 전류 조절

교류 아크 용접기의 전류 조절 핸들을 움직여 ϕ3.2 용접봉은 120 ~ 140A, ϕ4.0 용접봉은 130 ~ 160A로 조절한다. 전류 조절 핸들은 일반적으로 오른쪽 방향으로 돌리면 전류가 높아지며, 왼쪽으로 돌리면 낮아진다.

직류(DC) 아크 용접기의 경우는 정극성으로 결선하고 볼륨 스위치를 사용하여 전류를 조절한다.

3) 좁은 비드놓기

작업대 앞에 편하게 앉아 용접봉을 용접 홀더에 직각으로 물린 후 자세를 바로 잡고 용접 시작부를 확인한 후 헬멧을 착용하고 모재의 왼쪽 끝 금긋기한 선 부근에서 아크를 발생하여 불빛으로 금긋기한 선을 빨리 확인하고 시작점으로 이동한다.

이 때 작업각(진행 방향에 수직한 각)은 90°, 진행각을 75 ~ 85°로 유지하며[그림 4-1 참조], 아크 길이가 심선 지름의 1배 이하(보통 2 ~ 3mm)가 되도록 일정한 속도로 우진한다. 우진(오른손잡이)할 때 이전 비드의 폭을 확인하고 진행 방향을 확인하면서 진행해야 된다.

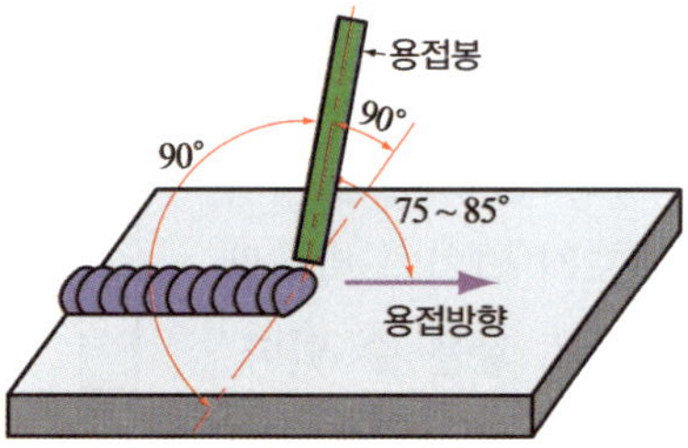

[그림 4 - 1] 용접봉 각도

4) 비드 잇기 및 크레이터 처리

진행 중 아크가 끊어졌거나 용접봉이 다 소모되어 비드를 연결해야 할 경우 잇는 부분이 층이 생기지 않게 이어야 되며[그림 4-2 참조], 크레이터 처리는 비드 끝 부분에서 모서리가 녹기 1 ~ 2mm 직전에 아크를 잠시 끊은 후 다시 일으키기를 2 ~ 3회 정도 실시하여 볼록하게 채운다.

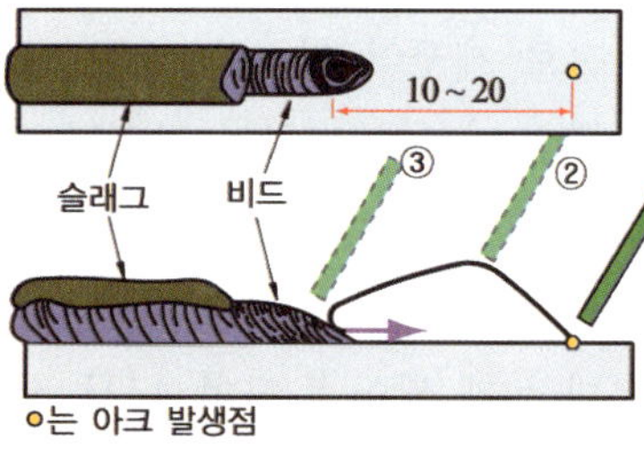

[그림 4 - 2] 비드 잇는 법

5) 용접부 청소와 검사

1줄의 비드놓기가 끝나면 슬래그(slag)와 스패터를 제거하고 와이어 브러시로 깨끗하게 청소한 후 용접부를 검사한다. 비드의 외관을 관찰하여 비드의 파형, 폭, 높이 등의 양·부, 언더컷, 오버랩, 시점과 종점(크레이터) 처리의 양·부 등을 파악한다.[그림 4-3, 4-4 참조]

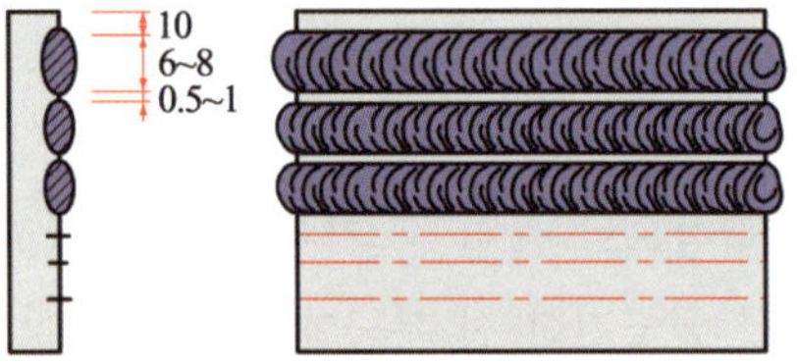

[그림 4-3] 좁은 비드놓기

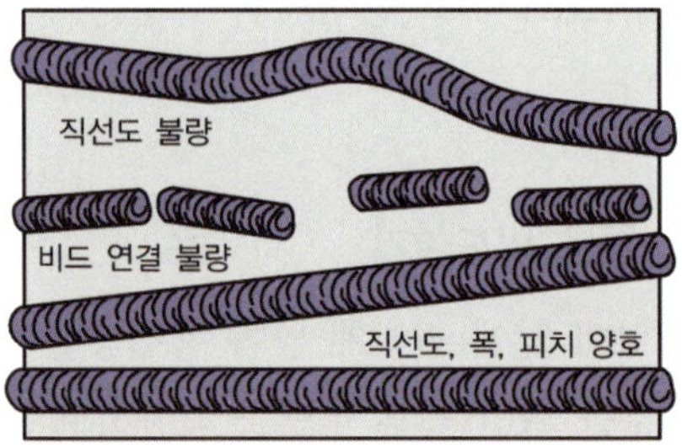

[그림 4-4] 비드놓기 양·부

6) 겹치기 좁은 비드 놓기

[그림 4-3]과 같이 한줄 한줄의 비드가 어느 정도 형성되면 그 다음엔 [그림 4-5]와 같이 겹치기 비드 놓기 연습을 해야 한다. 겹치기 비드는 모재에 여러 층(다층)의 비드를 쌓을 경우 반드시 겹치기 비드쌓기를 해야 결함이 없이 2층 이상을 쌓을 수 있다.

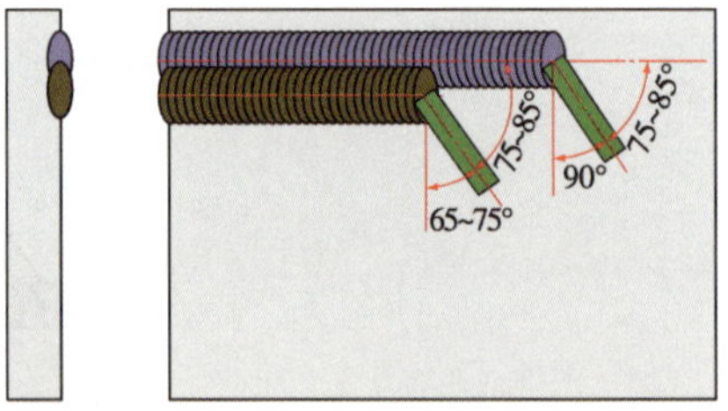

[그림 4-5] 겹치기 비드놓기의 예

방법은 모재의 한쪽 끝에서 약 5 ~ 10mm 정도 안쪽에 석필이나 백색 마카펜으로 모재의 변두리선과 평행하게 직선을 긋고 위의 작업방법 '3)'과 같이 금긋기 선을 따라 1줄의 비드를 놓는다. 다음으로 깨끗이 청소하고, 2번째 비드부터는 이전 비드와 모재의 경계선에 용접봉의 1/4 ~ 1/3 정도가 겹치며 작업각은 모재에 대하여 65 ~ 75°, 진행각은 75 ~ 85°를 유지하며 비드를 놓는다.

이 때 용접봉의 겹침 상태가 너무 많으면 이전 비드보다 높게 쌓이게 되며, 너무 적으면 비드와 비드 사이의 골이 깊게 되며, 겹침 상태가 불균일하면 각 비드가 평행을 이루지 못하고 외관이 불량해지며 다층쌓기를 할 경우 슬래그 섞임 등의 각종 결함이 발생할 수 있다.

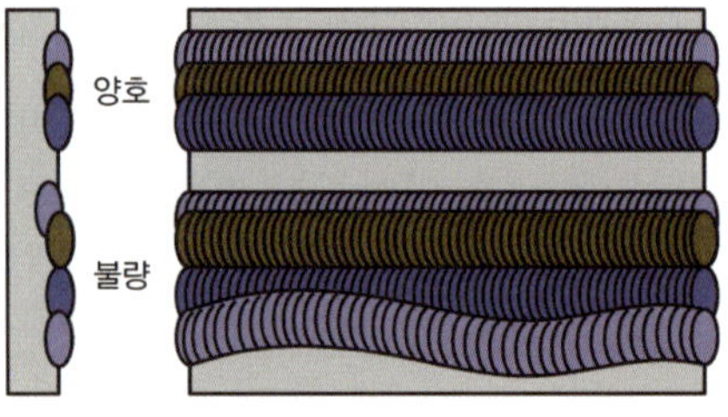

[그림 4-6] 겹치기 비드의 양·부

[그림 4-6]은 겹치기 비드의 양·부를 나타낸 것이다.

7) 반복 실습

모든 기술은 반복에 의한 숙련 정도에 달려 있다. 검사에서 잘못된 점을 고치려고 노력하며 이전 작업 '1) ~ 6)'을 잘 할 수 있을 때까지 반복 실습한다.

마. 아래보기 자세 넓은 비드놓기

1) 넓은 비드

넓은 비드놓기는 용접 진행 방향에 대하여 직각 방향으로 용접봉 지름의 2 ~ 3배 정도 넓게, 비드 피치는 3 ~ 4mm 정도 되게 움직이며 우진하는 방법이다. 위빙 폭은 약 10 ~ 12mm 정도(비드 폭은 12 ~ 14mm)가 적당하며, 운봉 중심부는 좀 빠른 듯하고 운봉 끝부분은 약 0.5 ~ 1초 정도 멈추는 듯 하면서 진행한다.[그림 4-7 참조]

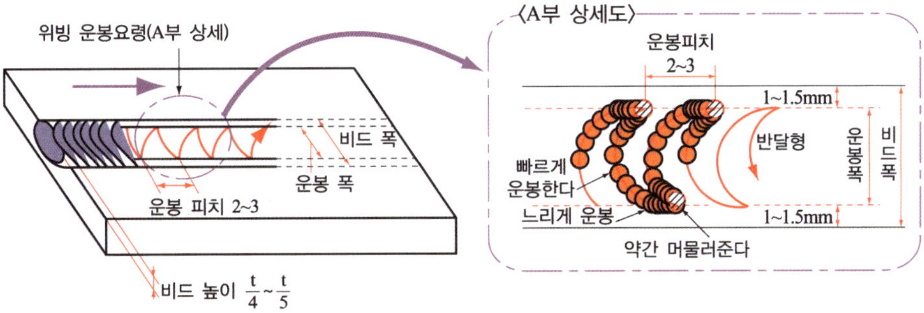

[그림 4-7] 넓은 비드 피치와 비드 폭

2) 모재 고정

모재의 한쪽 끝에서 약 5 ~ 10mm 정도 띄워서 모재 끝선과 평행하게 석필 등으로 폭이 약 10 ~ 12mm 정도 되게 2줄을 긋는다. 금긋기한 모재를 좁은 비드놓기와 동일한 방법으로 모재의 용접선이 작업자와 평행이 되게 놓는다.

3) 전류 조절

전류를 ϕ3.2 용접봉은 110 ~ 130A, ϕ4.0 용접봉은 120 ~ 150A로 조절한다. 위빙 비드놓기 전류는 좁은 비드놓기 전류보다 약 10A 정도 낮게 하는 것이 좋다. 왜냐하면 위빙 폭이 넓기 때문에 모재에 가열되는 입열량이 많아 언더컷이 생길 우려가 있기 때문이다.

4) 넓은 비드놓기

용접봉을 홀더에 직각으로 물린 후 자세를 바로 잡고 헬멧을 착용한 다음 모재의 왼쪽 끝 금긋기한 선 부근에서 아크를 발생하여 아크 불빛으로 금긋기한 선을 빨리 확인하고 시작점으로 이동한다.

작업각과 진행각은 좁은 비드와 같이 하고 금긋기한 두 선을 확인하며 일정한 운봉 폭과 피치를 유지하며 위빙하면서 일정한 속도로 우진한다.

위빙 방법은 [그림 4-7]과 같이 용접 피치와 폭이 일정하며, 위빙의 양 끝에서 0.5 ~ 1초 정도 멈추는 듯 하며 우진한다.

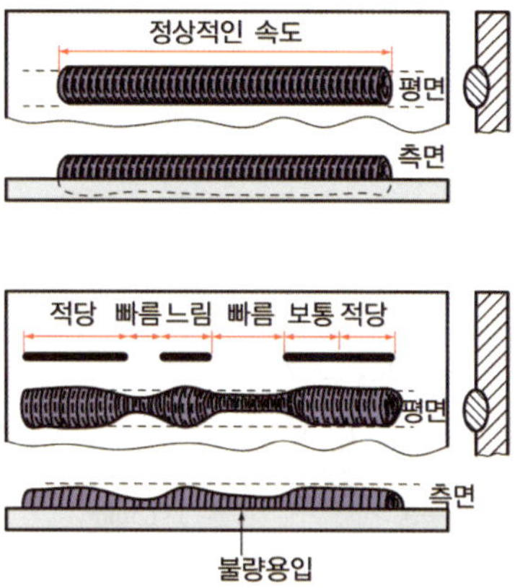

[그림 4-8] 넓은 비드의 양·부

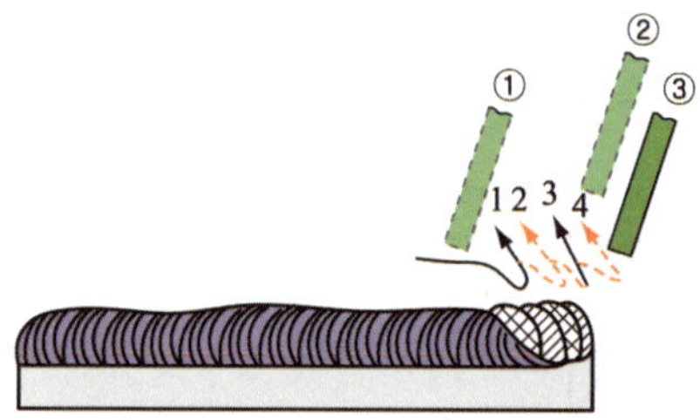

[그림 4-9] 크레이터 처리법

5) 비드 잇기 및 크레이터 처리

용접 중 어떤 원인으로 아크가 끊어졌거나 용접봉이 전부 소모된 경우 비드 잇기를 한다. RT 검사 등 중요한 구조물의 경우 비드 끝 부분을 깨끗이 청소한 후 이전 비드의 10 ~ 15mm 부분에서 아크를 발생하여 진행하며 이전 비드와 폭과 높이가 동일하도록 맞춘 후 위빙하여 진행한다. 비드놓기가 끝나면 비드 잇기를 하여 높아진 부분은 연삭하여 높이를 맞추어야 된다.

비드잇기의 또다른 방법은 이전 비드 끝에서 20 ~ 30mm 떨어진 부분에서 아크를 발생하여 이전 비드의 끝 크레이터 부분으로 빨리 이동한 후 크레이터 부분은 좀 느리게 진행하고 그 이후는 정상 속도로 진행하면 된다(중요도가 낮은 경우).

비드가 판의 끝에 오면 판 끝 직전 2 ~ 3mm 부분에서 아크를 끊었다 발생했다 하면서 조금씩 판끝으로 덧쌓는다. 크레이터 부분은 크레이터 폭과 넓이보다 약간 좁게 타원으로 좁히며 용적을 2 ~ 3회 채운다.[그림 4-9 참조]

6) 용접부 청소와 검사, 반복 실습

넓은(위빙) 비드놓기는 직선(좁은) 비드놓기보다 많은 시간을 가지고 충분하게 숙련해야 되므로 각 비드마다 깨끗이 청소하여 잘못된 점을 파악하고 그 잘못된 점을 고치려고 노력하며 반복 연습을 한다.[그림 4-8, 4-10 참조]

(a) 비드 겹침 상태 불량 (b) 한쪽 용접 변형 심함 (c) 비드 겹침 상태 불량 (d) 비드 겹침 양호

[그림 4-10] 다층 비드 용접 상태

2 수평자세 비드놓기

가. 수평 비드놓기

수평 비드놓기는 모재를 수직으로 세우고 용접선이 수평 상태에서 일반적으로 좌에서 우측으로 우진하며 좁은 비드를 놓는 방법이다. 수평 비드놓기는 특별한 경우를 제외하고는 거의 겹치기 좁은 비드놓기를 한다.

수평 비드놓기가 아래보기 비드나 수직 비드놓기와 다른 점은 모재가 세워져 있고 모재의 용접선이 수평이며, 직선(좁은) 비드놓기를 한다는 것이다.

나. 용접 준비

1) 모재 고정

수평자세는 모재가 수직이고 용접선이 수평이 되어야 하므로 적당한 지그가 필요하다. 모재에 비드놓기할 부분에 금긋기를 한 후 용접 지그에 모재의 금긋기한 용접선이 좌우로 수평이 되며, 모재의 맨 위가 가슴 정도 높이가 되게 작업하기 편한 높이로 고정한다. 이 때 모재가 작업자의 몸 중심보다 약간 좌측에 위치하는 것이 좋다.[그림 4-11 참조]

[그림 4-11] 수평자세 시선 위치

2) 전류 조절

수평자세 전류는 아래보기 자세와 같이 해도 충분하다. ϕ3.2 용접봉은 120 ~ 140A, ϕ4.0 용접봉은 130 ~ 160A로 조절한다.

다. 수평 좁은 비드놓기

1) 아크 발생 및 비드놓기

작업대 앞에 편하게 앉아 몸을 우측으로 약 20 ~ 30° 회전한 자세에서 홀더를 잡고 헬멧을 쓴 후 용접 시점(좌측 끝) 가까이 용접봉 끝을 이동하여 아크를 발생한다.

아크 발생법에는 [그림 4-12 (b)]와 같이 시작점 전 20 ~ 30mm 뒤에서 아크를 발생하여 아크 불빛을 보면서 시점으로 빨리 옮겨서 아크를 안정시킨 후 후진하여 비드를 놓는 방법과 (a)와 같이 용접봉 끝에서 약 10mm 정도 부분을 시점 모서리에 가볍게 접촉시킨 후 서서히 들어 올리며 모서리 끝에서 아크를 발생하여 아크를 안정시킨 후 후진하여 비드를 놓는 방법이 있다. 따라서 중요한 부분에는 (a)의 방법을 사용해야 용접 결함 발생을 줄일 수 있으며, 아크 스트라이크에 의한 잔류 응력도 줄일 수 있다.

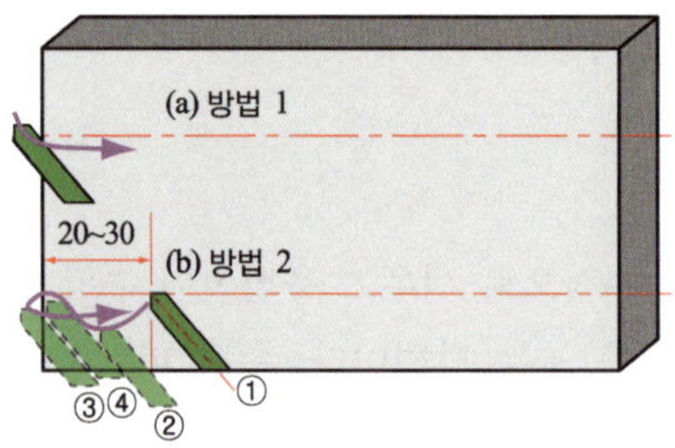

[그림 4-12] 수평자세 아크 발생법

아크가 안정되면 작업각(진행 방향에 수직한 각)과 진행각을 75 ~ 85°로 유지하며 비드 파형과 폭이 일정하도록 직선으로 우진한다.[그림 4-13 참조]

비드는 아래쪽에서 위로 쌓이도록 겹치기 비드를 놓아야 된다.[그림 4-14 참조]

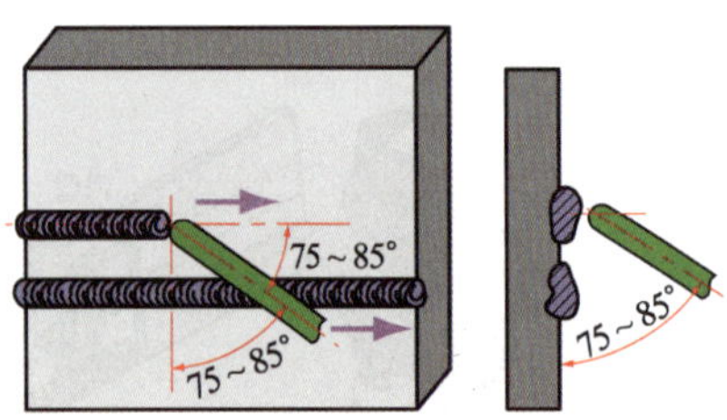

[그림 4-13] 수평자세 겹치기 비드놓기시 작업각

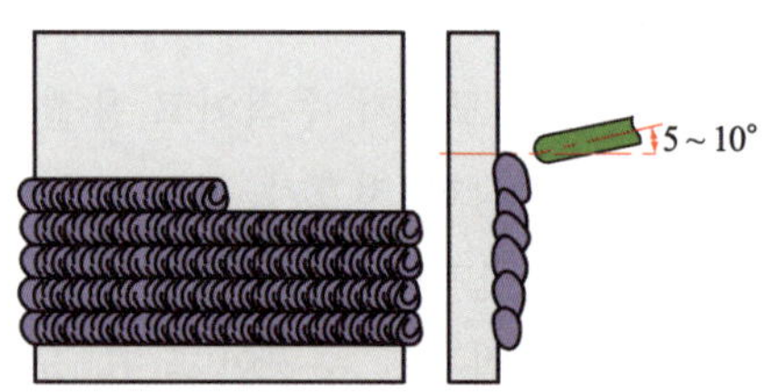

[그림 4-14] 수평자세 겹치기 비드놓기시 작업각

2) 비드 잇기 및 크레이터 처리

비드 잇기나 크레이터 처리는 많은 반복 연습이 필요하다. 비드 이음 부분을 깨끗이 청소한 후 이음부의 약 10~20mm 뒤에서 아크를 발생하여 이전 비드의 끝으로 신속하게 옮겨 경사진 부분의 상부 이전에서 경사진 끝(비드 끝에서 모재사이)까지는 좀 느리게 운봉하다가 정상 속도로 진행한다.[그림 4-15 참조] 또다른 비드 잇기 방법은 아래보기 자세와 같으며, 크레이터 처리도 아래보기 방법과 같이 하면 된다.

시점이나 잇는 부분, 크레이터 부분이 용입 불량이나 기공, 슬래그 섞임 등 결함이 많이 발생하므로 주의해야 된다.

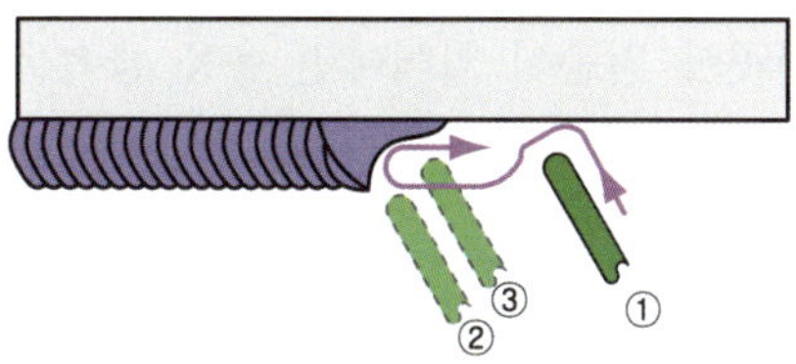

[그림 4-15] 수평자세 비드 잇기

3) 검사 및 반복 실습

비드를 깨끗이 청소한 후 비드 폭과 피치, 파형의 균일도, 언더컷, 오버랩, 기공, 슬래그 섞임 등의 유무를 점검한 후 결함의 발생 원인을 파악하여 고치려고 노력하며 반복 실습한다.

용접부 청소가 끝나면 홀더를 잡고 용접봉의 피복제 하단 부분이 비드의 상부와 모재와의 경계선에 위치하도록 하여 직선으로 진행한다.

라. 수평 넓은 비드놓기

수평자세에서는 특별한 경우를 제외하고는 넓은 비드를 사용하지 않으나 경우에 따라 필요한 경우가 있다.

수평자세 넓은 비드놓기시 주의해야 할 점은 비드가 처지는 현상이므로 이 현상을 최소화하여야 된다.

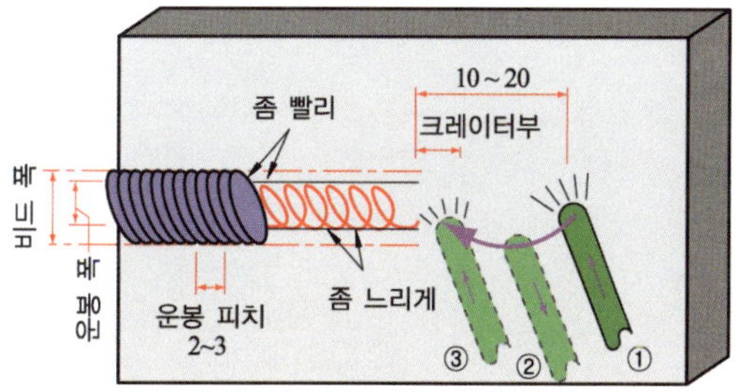

[그림 4-16] 수평 넓은 비드놓기

넓은 비드놓기 방법은 경사 위빙법이 많이 쓰인다. [그림 4-16]과 같이 경사 타원 또는 경사 반달(지그재그)형 위빙법이 적합하다. 경사 위빙법은 위쪽은 좀 느리게 아래쪽은 좀 빨리 움직인다.

3 수직자세 비드놓기

가. 수직 비드

수직 비드놓기는 모재를 수직으로 세우고 용접선이 수직이 된 상태에서 아래에서 위로 상진하며 비드를 놓는 방법이며, 일반적으로 위빙 비드를 놓는다. 필요에 따라서 위에서 아래로 내려오며 비드를 놓는 하진법이 있으나 아주 얇은 판을 사용하거나 하진용 용접봉을 사용할 경우에 적용한다.

수직 비드놓기가 아래보기 비드놓기와 다른 점은 모재가 수직으로 세워진 상태이므로 아크 길이가 길거나 운봉 중 한곳에 멈춤이 일어나면 용융 금속은 바로 처지는 현상이 생기므로 비드 폭과 피치가 일정하도록 상진해야 된다.

나. 용접 준비

1) 모재 고정

수직자세는 모재의 용접선이 수직이 되어야 하므로 적당한 지그가 필요하다. 용접 지그에 모재의 용접선의 맨 위가 가슴 정도 높이가 되게 작업하기 편한 높이로 고정한다. 이 때 모재가 지그의 끝부분에 놓이게 되어 지그가 조금이라도 흔들리면 끝부분은 더 많이 움직이므로 지그 지주에 가까이 위치하도록 고정한다.

2) 전류 조절

수직자세 전류는 아래보기 자세보다 10 ~ 20A 낮게 하는 것이 좋다. ϕ3.2 용접봉은 100 ~ 120A, ϕ4.0 용접봉은 110 ~ 150A로 조절한다.

다. 수직 상진 비드놓기

1) 바른 자세 잡기

[그림 4-17]과 같이 홀더의 경사 홈에 용접봉을 물리고, 작업대 앞에 편하게 앉아 몸을 우측으로 약 30 ~ 40° 회전한 자세에서 오른발을 반보 정도 벌리고 홀더를 잡고 헬멧을 쓴 후 상반신을 약간 앞으로 구부린다.

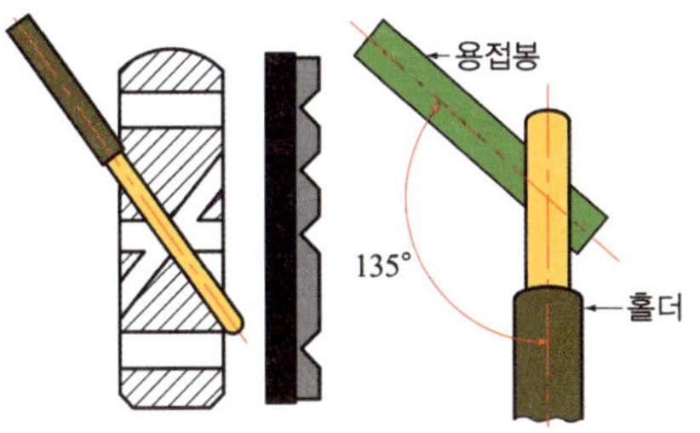

[그림 4-17] 홀더에 용접봉 물림 각도

2) 수직 상진 비드놓기

하단 용접 시점 가까이로 용접봉 끝을 이동하여 아크를 발생한 후 아크 불빛을 보고 빠른 속도로 시점으로 이동하여 아크를 안정시킨다.

아크가 안정되면 작업각(진행 방향에 수직한 각)은 90°, 진행 반대각을 75 ~ 85°로 유지하며 아크 길이를 짧게 하여 피치와 폭이 일정하도록 위빙하며 상진한다. 이 때 비드 폭이나 피치는 아래보기 자세 넓은 비드놓기와 동일하게 하면 되며, 비드의 중심부는 좀 빠르게, 양 끝은 0.5 ~ 1초 정도 머무름을 확실하게 하여 언더컷이 발생하지 않도록 한다.[그림 4-18 참조]

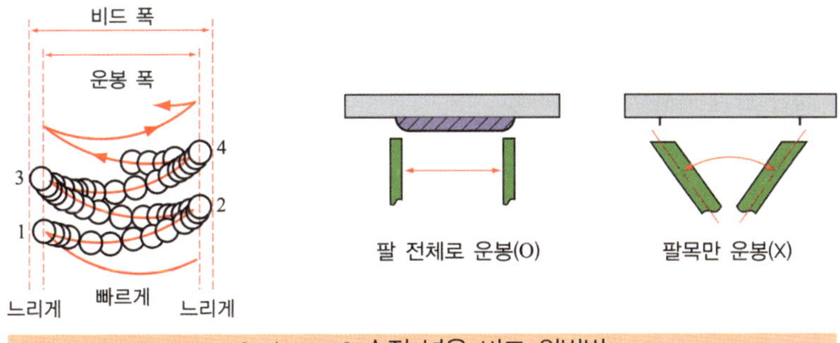

[그림 4-18] 수직 넓은 비드 위빙법

3) 비드 잇기

비드 잇기나 크레이터 처리는 많은 반복 연습이 필요하다. 시점이나 잇는 부분, 크레이터 부분이 용입 불량이나 기공, 슬래그 섞임 등 결함이 많이 발생하므로 주의해야 된다.

비드 잇기법은 여러 가지가 있으나, [그림 4-19]와 같이 이전 비드 상단에서 아크를 발생하여 끝의 능선 직전까지 내려온 후 좀 느리게 좌우로 1 ~ 2회 위빙한 후 정상 속도로 위빙하여 상진한다.

만약 비드 잇는 위치가 높은 경우는 [그림 4-21]과 같이 오목하게 파임이 생기며, 잇는 위치가 이전 비드 끝단보다 너무 낮은 경우는 [그림 4-22]와 같이 잇는 부분이 볼록하게 처지는 부분이 생기게 된다.

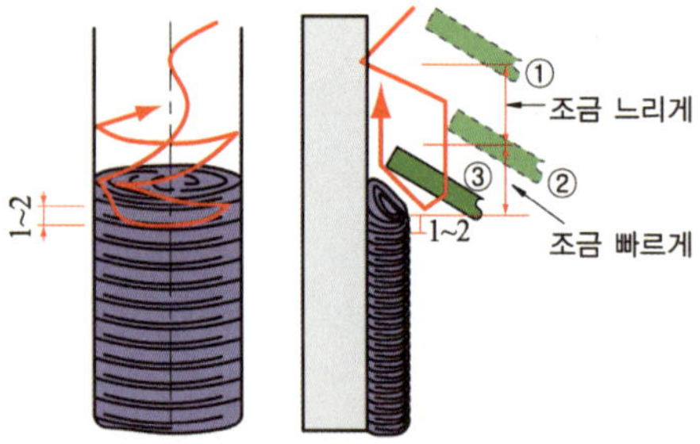

[그림 4-19] 수직자세 비드 잇는 법

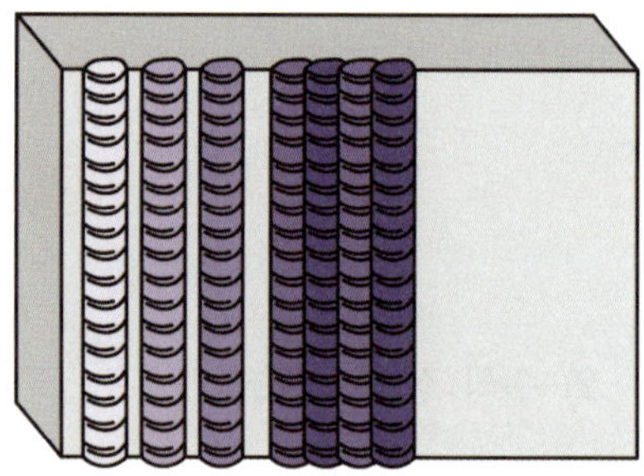

[그림 4-20] 수직 겹치기 비드놓기

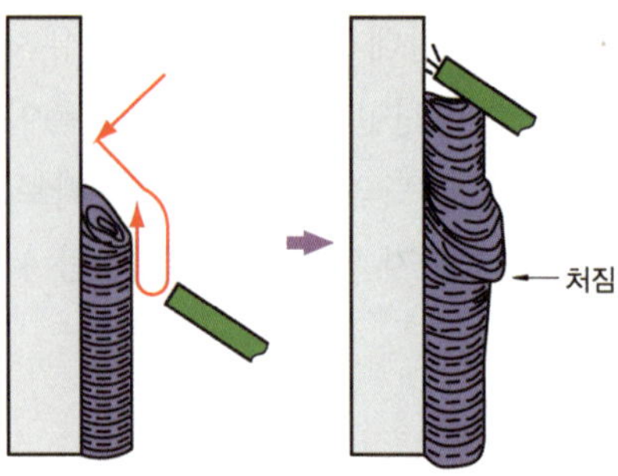

[그림 4-21] 잇는 봉의 위치가 높은 경우

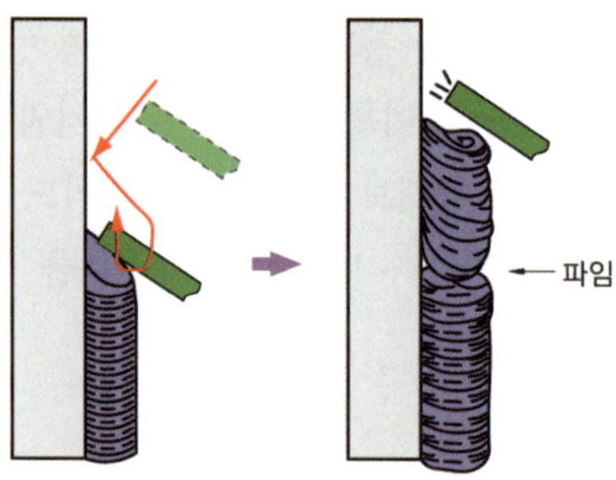

[그림 4-22] 잇는 봉의 위치가 낮은 경우

4) 크레이터 처리

크레이터 처리는 모재 끝 1 ~ 2mm 직전에 아크 길이를 짧게 하여 끊었다가 다시 일으켜 비드의 끝 납작한 부분보다 작은 원형으로 돌리며 용착 금속을 조금씩 보충하고 끊기를 2 ~ 3회 반복하며 위로 덧쌓는다.

라. 수직 하진 비드놓기

수직 하진 비드놓기는 얇은 판을 수직 상진법을 사용하면 전류를 낮추어도 심한 언더컷이나 구멍이 날 수 있어 상진하기 어려울 때 사용한다.

하진 비드놓기는 상진 비드놓기보다 전류를 10 ~ 20A 높게 조절하고 진행각을 60 ~ 70°로 낮게 유지하며 아크 길이를 짧게, 위빙 속도를 빠르게 해야 된다. 이 때 속도가 느려서 슬래그가 용융지보다 아래로 처져 있으면 바로 비드놓기를 중단하고 슬래그를 제거한 뒤 다시 진행하여야 된다.

마. 검사 및 반복 실습

모든 기술은 반복 실습에 의해 숙련되는 것이므로 비드를 깨끗이 청소한 후 비드 폭과, 피치, 파형의 균일도, 언더컷, 오버랩, 기공, 슬래그 섞임 등의 유무를 점검한다.[그림 4-23 참조]

검사 후 결함의 발생 원인을 파악하여 고치려고 노력하며 반복 실습한다.

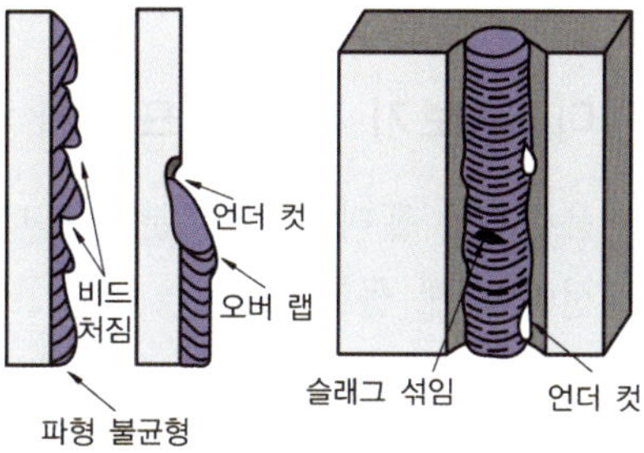

[그림 4 - 23] 수직 비드의 결함

비드놓기는 이전 비드와 약 2 ~ 3mm 정도 겹치도록 한다. 비드 겹침법은 이전 비드와 모재와의 경계선에서 약 10 ~ 12mm 폭으로 선을 긋고 용접봉 끝의 중심이 이전 비드의 경계선과 금긋기 선에 오도록 하여 위빙하면 일정하게 겹침 비드가 형성된다.

4 위보기 자세 비드놓기

가. 위보기 자세 비드놓기란

위보기 자세 비드놓기는 모재의 용접선이 작업자의 눈보다 위로 향해진 상태에서 용접봉 끝이 위로 들려지도록 용접하는 방법이며, 일반적으로 넓은 비드놓기를 한다.

위보기 자세는 눈을 위로 향해야 하므로 머리가 뒤로 굽혀지고 스패터와 용적이 낙하하는 등 많은 어려움이 있고, 화상을 입을 우려가 많으므로 보호구를 잘 착용하여야 하는 등 다른 자세보다 위험하고, 난이도가 매우 높아 많은 반복 실습이 필요하다.

나. 용접 준비

1) 모재 고정

모재를 지그의 상부에 수평이 되며, 용접선이 모재의 하단 전후(또는 좌우, 여기서는 전후)가 되게 작업자의 머리보다 약 100mm 높게 단단하게 고정한다. 모재의 높이나 용접선의 방향은 용접하기 편한 자세가 되도록 고정하는 것이 좋다.

2) 전류 조절

위보기 자세 전류는 수직자세 전류 정도로 조절하면 된다. E4316, ϕ3.2 용접봉은 100 ~ 120A, ϕ4.0 용접봉은 110 ~ 150A로 조절한다.

다. 위보기 자세 비드놓기

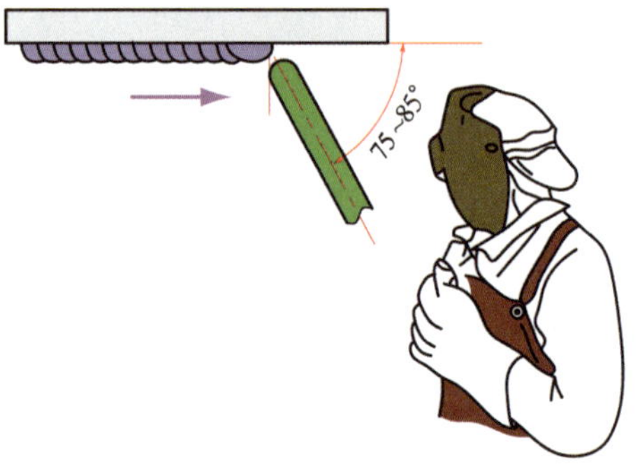

[그림 4 - 24] 위보기 자세 진행각

용접봉을 홀더의 끝 부분에 홀더 손잡이와 일직선이 되게 물린다.

작업대 앞에 편하게 앉아 홀더를 잡고 용접봉 끝을 시점 가까이 옮긴 후 헬멧을 쓰고 아크를 발생하여 아크 불빛으로 시점까지 빨리 이동한 후 아크가 안정되면 작업각(진행 방향에 수직한 각)은 90°, 진행각을 75 ~ 85°로 유지하며 피치와 폭이 일정하도록 위빙하며 진행한다.[그림 4-24 참조] 이 때 비드 폭이나 피치가 일정하게 운봉하며, 운봉의 중심은 빠르게, 비드의 양 끝은 머무름을 확실하게 하여 언더컷이 발생하지 않도록 한다.

용융지가 잘 보이지 않으므로 시선을 최대한 용접부를 주시하며 아크 길이가 길어지지 않게, 한 곳에 멈춤이 일어나지 않게 위빙하여 진행하여야 된다.

라. 비드 잇기 및 크레이터 처리

비드 잇기나 크레이터 처리는 많은 반복 연습이 필요하다. 시점이나 잇는 부분, 크레이터 부분이 용입 불량이나 기공, 슬래그 섞임 등 결함이 많이 발생하므로 주의해야 된다.

마. 검사 및 반복 실습

한줄의 비드놓기가 끝나면 비드를 깨끗이 청소한 후 비드 폭과, 피치, 파형의 균일도, 언더컷, 오버랩, 기공, 슬래그 섞임 등의 유무를 점검한 후 결함의 발생 원인을 파악하여 고치려고 노력하며 반복 실습한다.

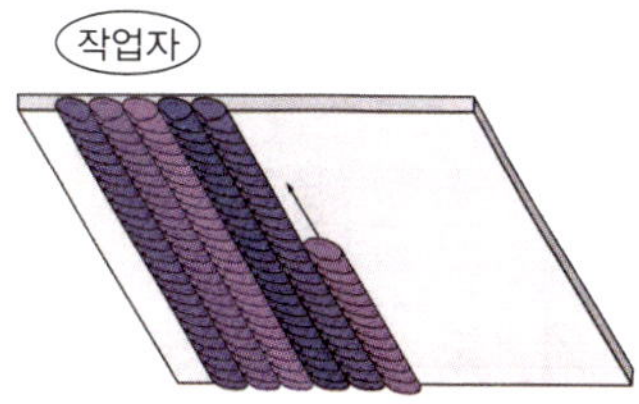

[그림 4-25] 위보기 자세 비드놓기

비드놓기는 이전 비드와 약 2 ~ 3mm 정도 겹치도록 한다. 비드 겹침법은 이전 비드와 모재와의 경계선에서 약 10 ~ 12mm 폭으로 선을 긋고 용접봉의 중심이 비드의 경계선과 금긋기한 선에 오도록 하여 위빙하면 일정하게 겹침이 형성된다.[그림 4-25 참조]

바. 안전 실습

위보기 자세는 용접부가 작업자 머리보다 위에 있으므로 작업 중에 스패터와 용융 방울, 슬래그 등이 수없이 낙하하므로 용접 전에 보호구를 잘 착용하고 노출부나 틈새가 없도록 가린 후 실습을 해야 된다. 또한 상부에 고정된 모재가 떨어지는 일이 있으므로 단단하게 고정하여야 하며, 반드시 안전화를 착용하고 실습해야 된다.

사. 정리 정돈

모든 작업이 끝나면 용접기와 메인 스위치를 끄고 홀더선 등을 정리하며, 사용했던 공구를 공구함에 정리한 다음 주위를 깨끗이 청소한다.

제5절 T형 필릿 피복 아크 용접

1 필릿 용접

가. 목 길이와 목 두께

필릿 용접은 두 판을 겹치거나 T자형, 또는 +자형으로 놓고 용접하는 방법으로 용접부의 형상이 삼각형을 이루고 있는 용접을 말한다. 이 때 직각진 비드의 루트부에서 비드 끝까지의 길이를 각장(목 길이)이라 하며, 루트부에서 비드 표면까지의 거리를 목 두께라 한다. 목 길이는 이론상 목 길이와 실제 목 두께로 구분하며, 목 두께도 이론상과 실제 목 두께가 있다.[그림 5-1 참조]

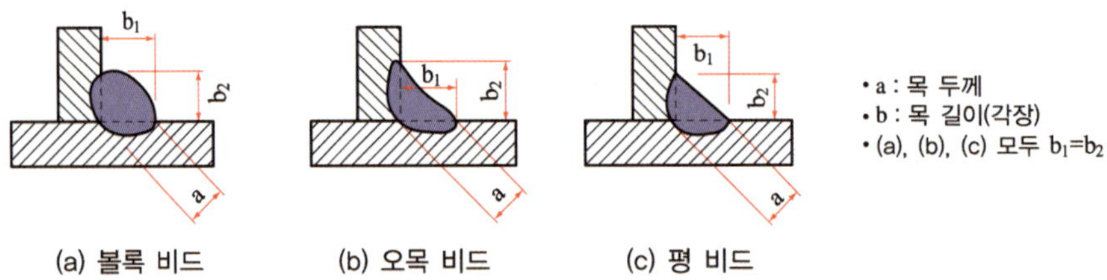

[그림 5-1] 필릿 용접의 목 길이와 목 두께

2 아래보기 자세 T형 필릿 피복 아크 용접

가. 작업준비

도면에 제시된 재료(연강판) 및 용접봉, 용접 공구, 보호구를 준비하고, 모재 2매의 한쪽면을 직각이 되도록 가공한다.

용접기와 케이블 연결부의 노출 여부 등을 점검 및 수리한다.

나. 용접봉 장착 및 전류 조절

E4316, ϕ3.2(ϕ4.0) 용접봉을 용접 홀더에 물리고 전류를 110 ~ 140A(120 ~ 160A)로 조절한다.

다. 모재에 금긋기 및 가접

[그림 5-2]와 같은 도면을 보고 용접할 부분에 석필이나 백색 마카펜으로 금긋기한다. 금긋기가 완료된 모재를 수평으로 놓고 또 하나의 모재를 금긋기한 선에 수직으로 세운다.

이 때 마그네틱 베이스를 수직판 안쪽에 받친 다음(베이스가 없는 경우는 보조대 등을 사용하여 세운다) 양 끝에서 약 30mm 안쪽(양쪽 끝의 비드가 놓이지 않는 부분이 아닌 곳)에 용접부 길이 5mm 정도가 되게 가접한다.[그림 5-3 참조]

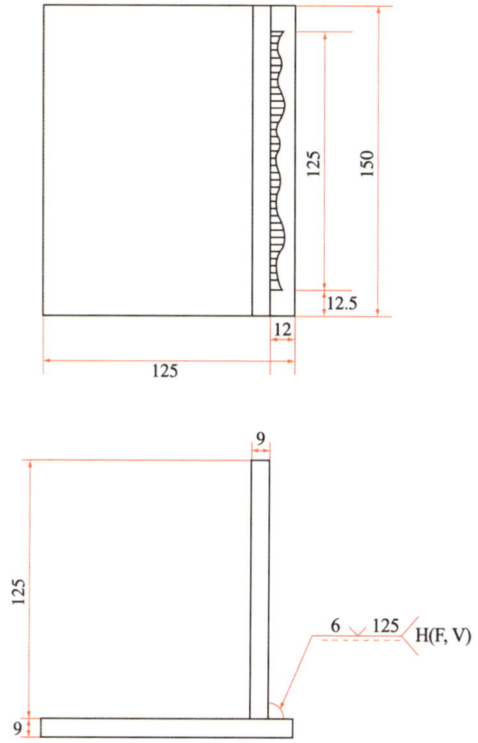

[그림 5-2] T형 필릿 용접 도면

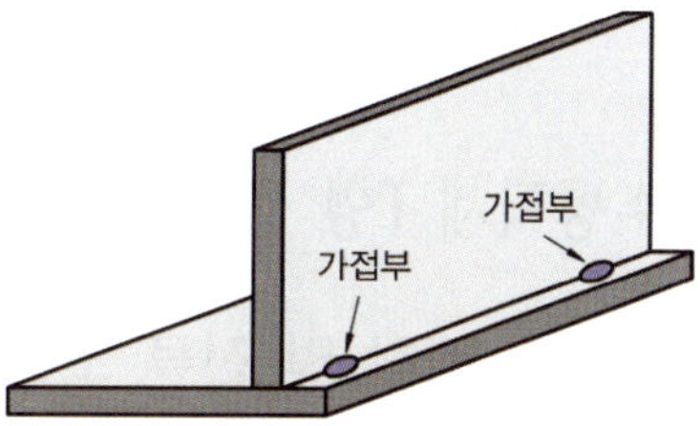

[그림 5-3] 필릿 용접부 가접하기

필릿 용접 연습만 할 경우는 양 끝에 가접해도 무방하나, 구조물의 중요성이 요구되는 경우 가접 부위는 차가운 상태에서 용접하게 되므로 용입불량이나 슬래그 섞임 등 각종 결함이 많이 발생하므로 모든 용접에서 가접 부위는 모서리나 코너 등에 가접해서는 안되며, 용접에 의해 가접부가 충분하게 용착할 수 있는 위치로 약 30mm 안쪽에 하는 것이 적당하다.

가접부를 깨끗이 청소한다. 청소 중 금긋기 선이 지워진 경우 다시 긋는다.

라. 필릿 용접

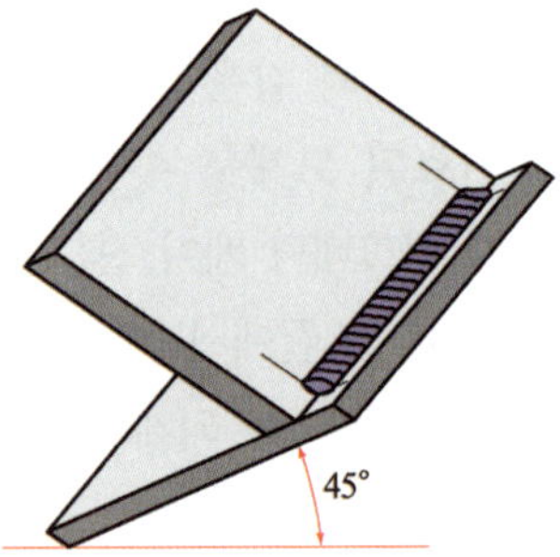

[그림 5-4] 아래보기 자세 필릿 용접

가접한 모재의 용접할 부분이 아래로 가며 용접선이 좌우가 되게 작업대 위에 [그림 5-4]와 같이 수평판을 45°로 들어 올려 고정시켜야 된다.

모재가 고정되어 있으면 필릿 용접 자세를 취하고 용접해야 할 부분을 확실하게 확인하여 주어진 각장(목길이)을 맞추어 작은 위빙을 하여 필릿 용접한다. 이 때 작업각은 45°, 진행각은 75 ~ 85°를 유지하여 진행한다.

WPS나 [그림 5-2]에 의하면 양 끝에서 12.5mm 띄어서 용접하게 되어 있으므로 좌측 12.5mm 부분에 표시된 부분에 용접봉 끝을 가까이 대고 헬멧을 쓴 후 아크를 발생하여 작은 위빙을 하여 각장 6mm를 맞추면서 비드 폭과 파형이 균일하게 우진한다.(우진법의 경우)

좌진법의 경우는 우측 끝에서 12.5mm를 띄어 표시된 부분에서 아크를 발생하여 좌측 끝 12.5mm 부분까지 작은 위빙으로 전진하면 된다.

필릿 각장은 6mm로 해야 되며, 각장의 -20 ~ 50%를 초과하지 않게 해야 된다. 특히 비드의 양 끝 비용접부가 용접되지 않도록 해야 되며, 수직판 안쪽에 가접이나 용접부가 형성되어서는 안 된다.(요구조건에 따라 다를 수 있음)

3 수평자세 T형 필릿 피복 아크 용접

가. 용접봉 장착 및 전류 조절

아래보기 자세 필릿 용접할 수 있는 전류를 조절한다. E4316, $\phi3.2(\phi4.0)$ 용접봉을 용접 홀더에 물리고 전류를 110 ~ 140A(120 ~ 160A)로 조절한다.

나. 모재 고정

수평자세의 경우 [그림 5-5]의 형상 그대로 작업대 위에 용접선이 작업자와 평행이 되며 좌우가 되게 고정한다.

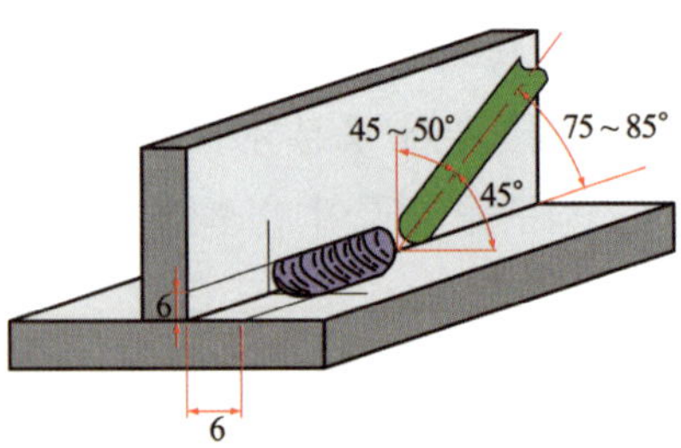

[그림 5-5] 수평 필릿 작업각과 진행각

다. 필릿 용접

작업하기 편한 자세로 앉아 홀더를 잡고 필릿 용접부를 확인하여 용접봉 끝을 좌측 용접 시점 가까이 위치한 후 헬멧을 쓰고 아크를 발생한다.

이 때 작업각은 45°, 진행각은 75 ~ 85°를 유지하며[그림 5-5 참조], 1패스로 할 경우 가벼운 위빙으로 각장을 맞추어 용접한다.[그림 5-6 (a) 참조]

3패스로 완성할 경우 1층은 아주 좁은 비드로 완성한 후 2층 2 ~ 3패스는 겹치기 좁은 비드로 완성한다.[그림 5-6 (b) 참조]

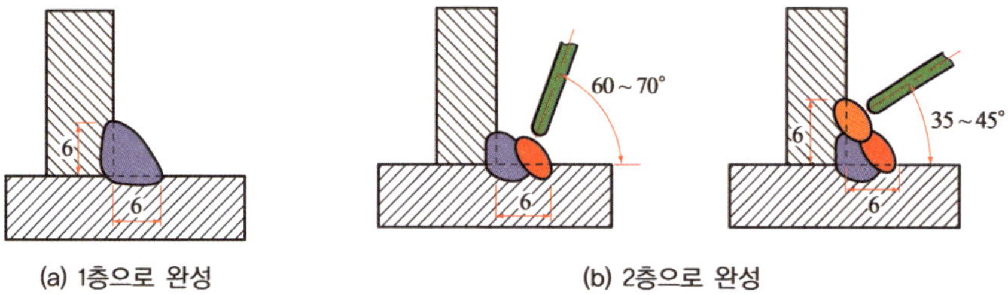

[그림 5-6] 수평자세 필릿 용접

4 수직자세 T형 필릿 용접

가. 전류 조절

수직자세 필릿 용접할 수 있는 전류를 조절한다. 전류는 아래보기 자세보다 10 ~ 20A 낮게 조절한다. E4316, ϕ3.2(ϕ4.0) 용접봉을 용접 홀더에 물리고 전류를 100 ~ 130A(110 ~ 140A)로 조절한다.

나. 모재 고정

가접한 모재의 용접선이 수직이 되게 지그에 단단히 고정하여 작업하기 편한 높이로 조절한다.

다. 필릿 용접

필릿 용접 도면에 의한 수직 필릿 용접하기 편한 자세로 앉아 홀더를 잡고 필릿 용접부를 확인하여 용접봉 끝을 하단의 용접 시점 가까이 위치한 후 헬멧을 쓰고 아크를 발생한다. 작은 반달형 위빙이나, 경사 밤형 또는 경사 삼각형법의 위빙으로 각장을 맞추어 용접한다.

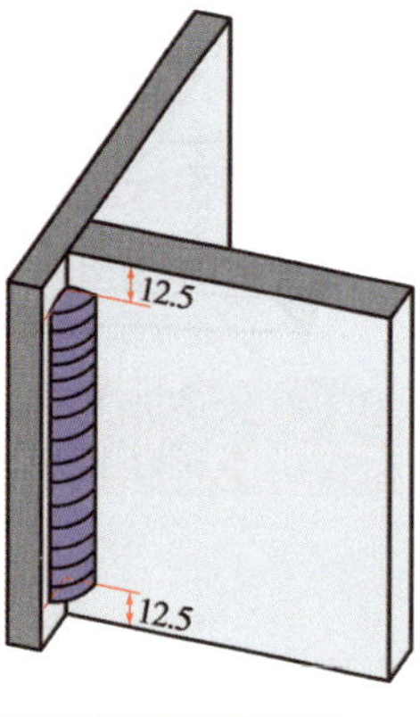

[그림 5-7] 수직자세 필릿 용접

필릿 용접시 양 끝에서 12.5mm 부분의 비용접부나 안쪽에 가접이나 용접부가 형성되지 않도록 주의한다.[그림 5-7 참조]

5 위보기 자세 T형 필릿 피복 아크 용접

가. 용접봉 장착 및 전류 조절

용접봉 E4316, ϕ3.2(ϕ4.0) 용접봉을 용접 홀더에 물리고 전류를 110 ~ 140A(120 ~ 160A)로 조절한다.

나. 모재 고정

위보기 자세의 경우 [그림 5-8]의 형상 그대로 작업대 위에 용접선이 작업자의 눈보다 높아야 되며 용접선이 좌우가 되게 단단하게 고정한다.

다. 필릿 용접

작업하기 편한 자세로 앉아 홀더를 잡고 필릿 용접부를 확인하여 용접봉 끝을 좌측 용접 시점 가까이 위치한 후 헬멧을 쓰고 아크를 발생한다.

이 때 작업각은 45°, 진행각은 75 ~ 85°를 유지하며, 1패스로 할 경우 삼각형 또는 밤형 위빙으로 각장을 맞추어 용접한다.[그림 5-8 참조]

2패스로 완성할 경우 1층은 아주 좁은 비드로 완성한 후 2층은 위빙에 의해 완성한다.[그림 5-9 참조]

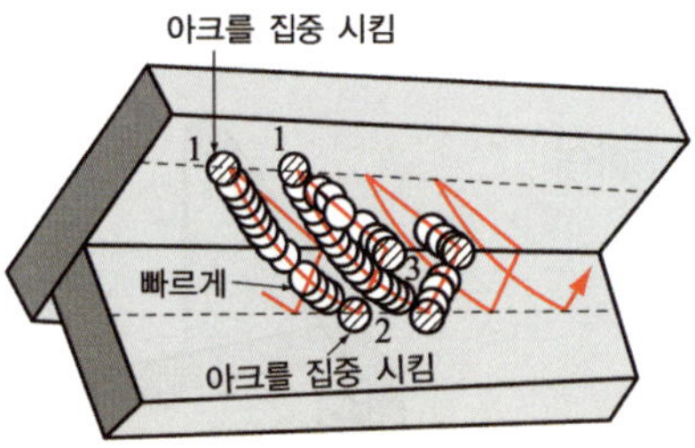

[그림 5-8] 위보기 자세 필릿 1층 경사 위빙 방법의 예

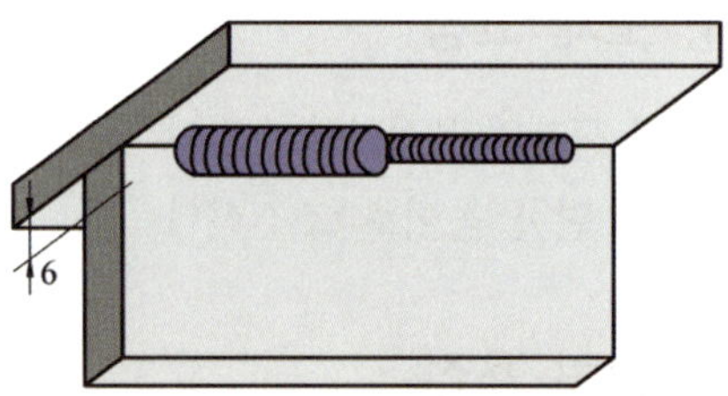

[그림 5-9] 위보기 자세 필릿 2층 비드 놓는 법

라. 비드 잇기

비드 잇기나 크레이터 처리는 많은 반복 연습이 필요하다. 시점이나 잇는 부분, 크레이터 부분이 용입 불량이나 기공, 슬래그 섞임 등 결함이 많이 발생하므로 주의해야 된다.

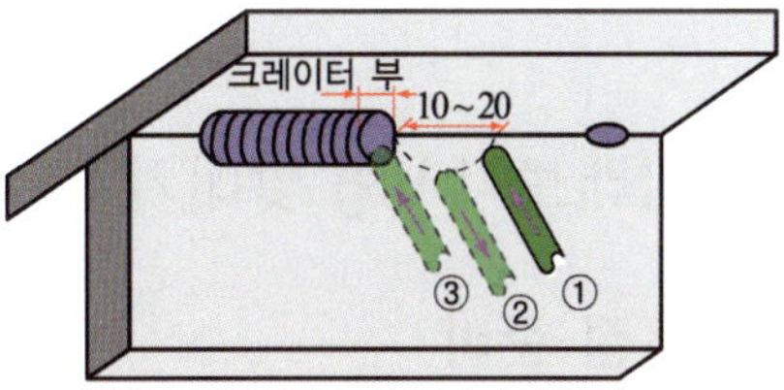

[그림 5-10] 위보기 자세 필릿 비드 잇기법의 예

비드 잇기법은 여러 가지가 있으나, 이전 비드 끝에서 20~30mm 떨어진 곳에서 아크를 발생하여 이전 비드의 능선 직전까지 전진한 후 좀 느리게 좌우로 1~2회 위빙한 후 정상 속도로 위빙하여 후진한다.[그림 5-10 참조]

중요한 부분의 경우는 이전 비드를 20~30mm 겹쳐서 아크를 발생하여 비드놓기와 같은 방법으로 '다'와 같이 진행하며, 비드 잇는 부분이 이전 비드와 겹쳐서 높아졌으므로 다른 비드 높이와 같이 연삭하여야 된다.

마. 검사 및 반복 실습

비드를 깨끗이 청소한 후 목 길이(각장) 크기, 비드 폭, 피치, 파형의 균일도, 언더컷, 오버랩, 기공, 슬래그 섞임 등의 유무를 점검한다.

검사 후 결함의 발생 원인을 파악하여 고치려고 노력하며 반복 실습한다.

바. 정리 정돈

모든 작업이 끝나면 용접기와 메인 스위치를 끄고 홀더선 등을 정리하며, 사용했던 공구를 공구함에 정리한 다음 주위를 깨끗이 청소한다.

제6절 V형 맞대기 피복 아크 용접

1 아래보기 V형 맞대기 피복 아크 용접

가. 용접 준비

1) 공구 준비

용접 작업에 필요한 공구를 준비한다. 작업에 필요한 공구는 보호구, 헬멧(핸드 실드), 집게, 가죽 장갑, 앞치마, 팔커버(또는 조끼), 발커버, 와이어 브러시(브러시), 줄, 30cm 자, 석필 등이다. 그 외에 가접대, 보안경 등도 있으면 좋다.

2) 작업준비

용접에 임하기 전에 보호구를 착용하고 용접기의 이상 유무, 작동 상태를 점검한다. 그리고 도면을 보고 모재와 작업 내용을 확인한다.

나. 모재 가공

35°로 베벨 가공된 모재의 루트면을 두께 1.5 ~ 2.0mm 정도 되도록 가공한다.(작업자에 따라 다를 수 있으며, 6mm 판은 두껍게 가공하는 것이 좋음) 이 때 두 모재의 루트면의 두께가 동일해야 한다.[그림 6-1 (b) 참조]

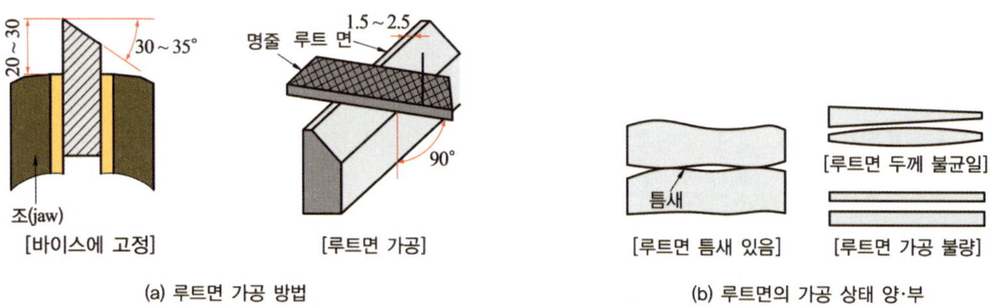

[그림 6-1] V형 맞대기 모재 가공

용접부 길이의 중심부에 석필이나 마카펜, 줄 등으로 선명하게 표시한다. 금긋기나 줄로 중심부를 표시하는 이유는 E4316, ϕ3.2 용접봉으로 위빙법에 의해 이면 비드를 놓을 경우 하나의 봉으로 용접부 150mm 끝까지 이면 비드를 놓을 수 없으며, 연결부는 결함이 발생하기 쉽기 때문에 시험편이 채취되는 부분(중심부에서서 약 10mm 띄어 38±2mm)이 비드 연결부가 되지 않게 하기 위해 중심부에서 아크를 끊고 다시 이어야 된다.

다. 가접(가용접) 및 역변형 주기

1) 전류 조절

가접 전류를 110 ~ 140A 정도로 맞춘다.

2) 루트 간격 조절

가접대 위에 모재의 개선면이 아래로 향하게 수평으로 놓고 한쪽은 2.5 ~ 3mm, 다른 쪽은 3 ~ 3.5mm 정도로 맞추고 두 모재가 엇갈림이 없이 수평이 되게 고정한다.(루트 간격은 작업자마다 다를 수 있음)

보통 ϕ3.2 용접봉의 심선으로 맞추는 것이 가장 좋으며, 한쪽은 ϕ3.2로 한쪽은 ϕ3.2+0.5 ~ 1로 하는 것이 보통이다. 이 때 조절된 루트 간격이 가접 중에 움직이지 않도록 무거운 것으로 눌러 주면 좋다.

3) 가 접

가접할 때 용접봉은 길이 100 ~ 150mm 정도의 짧은 것이 좋으며, 두 모재의 양 끝을 단단하게 가접한다.[그림 6-2 참조] 한쪽의 가접이 끝나면 반대편 끝의 루트 간격과 엇갈림 여부를 확인하여 조정한 후 가접한 다음 가접부의 슬래그, 스패터, 이물질 등을 깨끗이 제거한다.

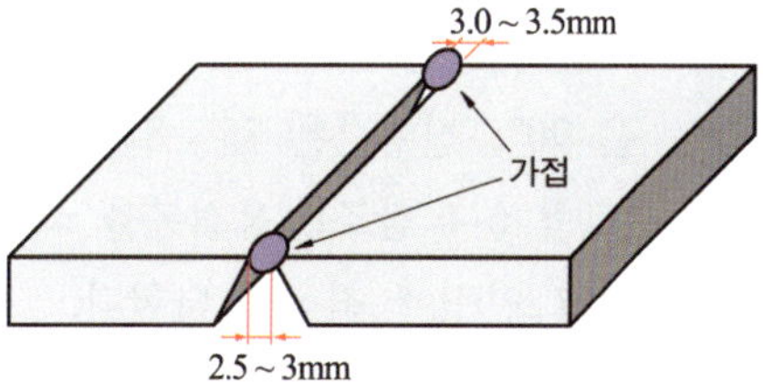

[그림 6-2] V형 맞대기용접 전 가접

가접 상태가 홈쪽으로 돌출되지 않도록 가접해야 되며, 만약 돌출된 경우 줄가공을 하여 평평하게 만들어야 된다.

4) 역변형 주기

가접된 모재를 용접 방향 반대편으로 약 2 ~ 3° 정도 굽힌다.[그림 6-3 참조] 이 때 판두께와 용접 패스 수의 다소에 따라 얇은 판은 적게, 두꺼운 판은 크게 준다.

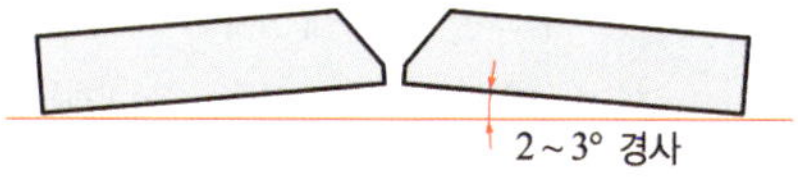

[그림 6-3] 맞대기 모재 역변형 주기

역변형을 주는 이유는 용접을 하게 되면 용접 방향으로 수축 변형이 생기므로 미리 이 변형을 용접 반대 방향으로 굽혀주면 용접 후에 두 모재가 수평 상태가 될 수 있기 때문이다.

라. t6.0 연강판 아래보기 V형 맞대기

1) 모재 고정

가접된 모재의 용접선이 좌우로 수평이 되며, 개선 홈 부분이 위로 향하게 수평 작업대 위나 지그에 고정한다. 이때 루트 간격이 좁은 쪽이 왼쪽이 되게 하며 모재가 몸의 중심보다 약간 왼쪽에 놓는 것이 좋다.(오른손잡이 기준)

2) 1층(이면, back) 비드놓기

① 전류 조절

용접기를 조작하여 전류를 80 ~ 95A 정도(ϕ3.2 용접봉 사용시)로 조절한 다음 모재 앞에 작업하기 편한 자세로 모재와의 평행이 되게 앉아서 용접봉을 홀더의 손잡이와 90° 되게 물린다.

② 1층(이면) 비드놓기

용접봉 끝을 왼쪽 시점 가까이 옮기고 헬멧을 쓴 후 아크를 발생하여 시점으로 옮겨 아크를 안정시키면서 개선 홈 안쪽으로 봉을 밀어 넣는다. 작업각은 90°, 진행각은 75 ~ 85°를 유지하며 [그림 6-4 참조], 용접봉을 좌우로 움직이지 말고 아크 안정에 최선을 다한다.

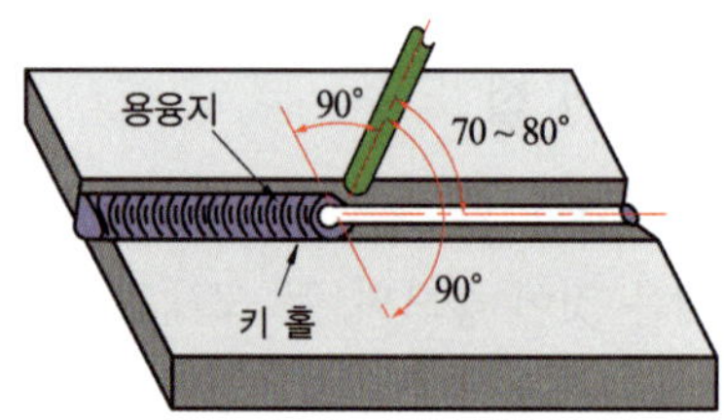

[그림 6-4] 이면 비드놓기 작업각과 진행각

시작부가 가열되면 약 5mm 정도는 위빙하지 말고 매우 천천히 우진하다가 키홀(key hole)이 형성되면 바로 두 모재의 루트면과 루트면 사이를 이전 용융지와 약 1/3 정도 겹치면서 키홀이 일정하도록 위빙하며 중심 표시 부분까지 우진한 후 아크를 끊는다.

일반적으로 이면 비드놓기는 [그림 6-5]와 같이 3가지 방법이 있다. 휘핑법은 박판의 이면 비드놓기시에 적용되며, 직선법은 루트 간격 없이 두 모재를 맞대어 놓고 직선으로 전진하는 방법이다.

[그림 6-5] 이면 비드 운봉법의 종류

③ 이면 비드 잇기

비드놓기가 끝난 부분을 깨끗이 청소한 후, 새 용접봉을 홀더에 물리고 이음부의 주위에서 아크를 발생하여 아크 길이를 좀 길게 하면서 이음부의 위치를 확인하고 빨리 이음부 상단으로 옮긴다.

이 때 봉을 좌우로 움직이지 말고 홈 안으로 서서히 밀어 넣으며 아크를 안정시킨 후 약 5mm 정도는 좌우로 움직이지 말고 느린 속도로 우진하며 키홀을 형성시킨다.

키홀이 형성되면 키홀의 크기를 일정하게 유지하며 위빙 방법에 의해 끝까지 우진하며 모재 표면보다 0.5 ~ 1mm 정도 낮게 1층 비드를 놓는다.[그림 6-6 참조]

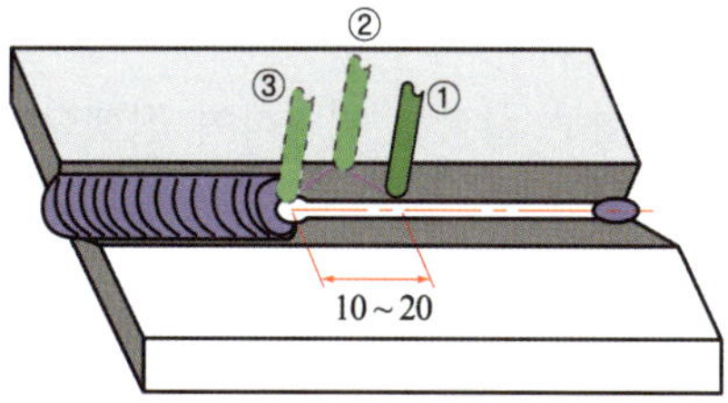

[그림 6 - 6] 이면 비드 잇는 법

④ 크레이터 처리 및 용접부 청소하기

모재 끝의 1 ~ 2mm 부분에서 아크를 끊었다 발생했다 하면서 조금씩 덧붙이를 하며 모재 끝까지 전진하여 크레이터 처리를 한 후 용접부의 슬래그 및 스패터 등을 깨끗이 제거한다. 이면 비드놓기 후 2층(표면) 비드놓기 전에 혹 용입이 불량하여 슬래그가 혼입한 경우 가는 송곳이나 좁은 정 같은 것으로 완전 제거해야 된다.

3) 2층(표면) 비드놓기

1층(이면) 비드가 청소된 모재를 1층 비드놓기와 동일하게 모재를 고정하고 표면 비드 용접 전류를 ϕ3.2를 사용할 경우 120 ~ 140A, ϕ4.0을 사용할 경우 140 ~ 160A로 조절한다.

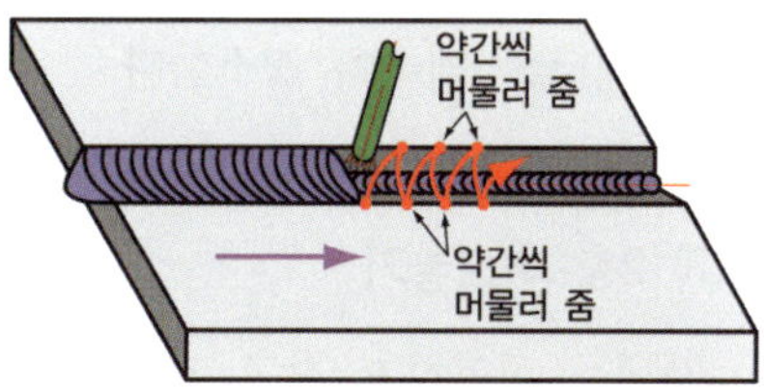

[그림 6 - 7] 표면 비드놓는 법

새 용접봉을 홀더에 물린 후 자세를 바로 잡고 이면 비드 좌측 개선면 위의 한쪽 모서리에서 아크를 발생한다. 아크를 안정시키며 다음 모서리까지 약간 천천히 위빙한다.[그림 6-7 참조]

아크가 안정되면 작업각과 진행각을 일정하게 유지하고 정상 속도로 위빙하며 우진한다.

위빙 폭은 개선면 상부 모서리와 모서리에 용접봉 끝의 1/2 ~ 1/3 정도가 오도록 하며, 위빙할 때 비드의 양 끝에서 약 0.5 ~ 1초 정도 멈추는 듯 하여 언더컷이 생기지 않게 한다.

용접부 길이에 따라 ϕ3.2 용접봉을 사용하는 경우는 1/2 부분에서 아크를 끊은 후(ϕ3.2 용접봉으로 끝까지 채울 수 없기 때문에 중심부에서 끊어야 됨) 용접부를 깨끗이 청소한다.

4) 비드 잇기

청소한 모재를 다시 처음 상태로 고정한 후 새 용접봉으로 아크를 발생하여 아래보기 비드놓기의 비드 잇는 방법과 같이 비드를 잇는다. 표면 비드는 모재 표면보다 약 2mm 정도 높이로 쌓는다.

5) 크레이터 처리 및 용접부 청소하기

용접부 끝까지 위빙하여 진행한 후 끝 부분에서 크레이터 처리를 한 후 용접부를 깨끗이 청소한다.

마. t9.0 연강판 아래보기 V형 맞대기

1) 모재 고정

판두께 t6의 모재와 같은 방법으로 고정한다.

2) 1층(이면) 비드놓기

t9의 모재는 t6 보다 3mm 정도 두꺼우므로 t6 모재보다 10 ~ 15A 정도 전류를 높게 해야 된다. ϕ3.2 용접봉을 사용할 경우 전류를 90 ~ 105A 정도로 조절한다.

전류 조절이 끝나면 t6 모재의 용접시와 동일하게 이면 비드를 놓는다. 이때 모재 두께의 1/2 정도 높이로 채워지게 하는 것이 좋다.

이면 비드의 전체 길이를 t6의 용접과 같이 중심부를 기준으로 2번으로 완성한 후 슬래그와 스패터를 깨끗이 청소한다.

3) 2층 비드놓기

자세를 편안하게 잡고 전류를(ϕ3.2를 사용할 경우 110 ~ 140A, ϕ4.0 용접봉을 사용할 경우 120 ~ 160A) 조절한 후 모재의 좌측 끝에서 아크를 발생하여 위빙하며 우진한다. 이때 2층 비드가 모재 표면보다 1 ~ 1.5mm 정도 낮게 채워지게 하며, 개선면의 상부 모서리가 녹지 않게 하는 것이 좋다.[그림 6-8 참조]

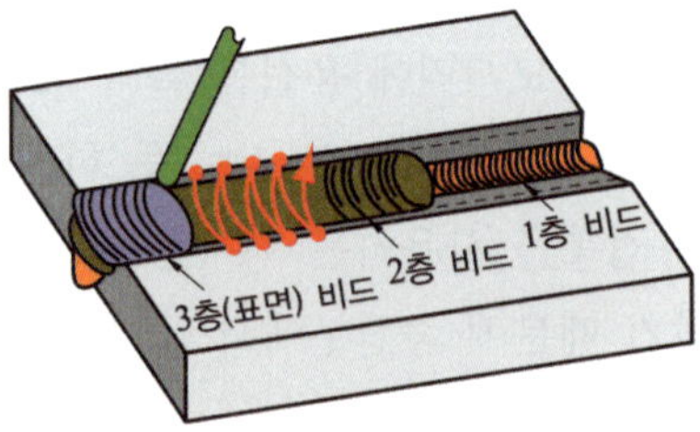

[그림 6 - 8] 각층 비드놓기의 예

ϕ3.2 용접봉을 사용할 경우 2층 비드놓기도 중심을 기준으로 2번으로 완성하며, 비드놓기가 끝나면 비드를 깨끗이 청소한 후 다시 지그에 고정한다(ϕ4.0 용접봉 사용시는 1회로 완성)

4) 3층(표면) 비드놓기

모재를 고정한 후 전류를 2층 비드놓기보다 10A 정도 낮게(ϕ3.2를 사용할 경우 100 ~ 120A, ϕ4.0을 사용할 경우 110 ~ 150A)로 조절한다.

자세를 바르게 잡고 t6과 같은 방법으로 개선면 끝 모서리에서 모서리까지 비드를 놓는다.[그림 6-9 참조] 이 때 표면 비드는 모재 표면보다 약 2mm 정도 높게 쌓는다.

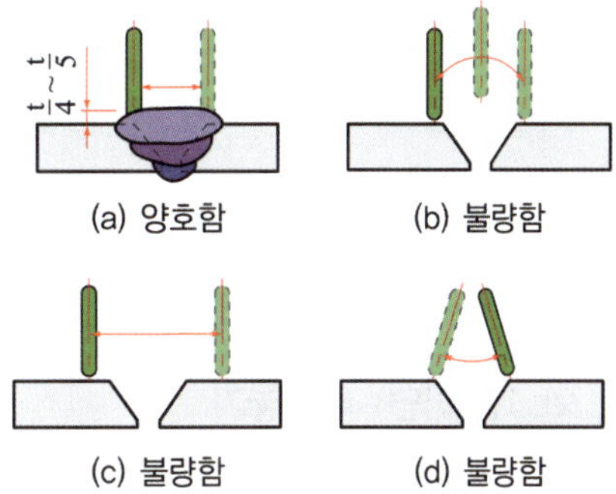

[그림 6 - 9] 표면 비드 운봉법 양·부

5) 청소 및 검사

표면 비드놓기가 끝나면 용접부를 깨끗이 청소한 후 용접 상태를 검사하고[그림 6-10 참조], 주위를 잘 정리 정돈한다.

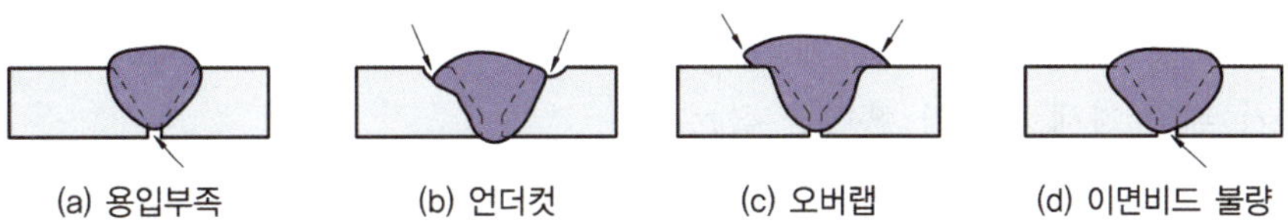

[그림 6 - 10] 표면 비드 결함의 종류

2 수평자세 V형 맞대기 피복 아크 용접

가. 용접 준비와 모재 가공

공구나 작업준비, 그리고 모재 가공법은 아래보기 자세와 동일하게 하면 된다.

나. 모재 가접(tack welding) 및 역변형 주기

가접법이나 역변형을 주는 방법도 아래보기 자세와 동일하게 하면 된다.

다. t6.0 연강판 수평 V형 맞대기

1) 모재 고정

가접된 모재를 용접 지그에 모재가 수직이며 용접선이 수평이 되게 작업하기 편한 높이로 고정한다. 이 때 루트 간격이 좁은 쪽이 왼쪽이 되게 하며 용접선의 높이가 가슴 정도가 적당하다. 모재를 단단하게 고정하여 작업 중 움직이거나 떨어지지 않도록 해야 된다.

2) 1층(이면) 비드놓기

① 1층 1/2 비드놓기

용접을 하려면 우선 전류를 잘 맞추어야 된다. 이면 비드 전류를 아래보기 자세 전류와 같이 조절한다. 적정 전류는 모재의 홈각도, 루트면의 두께, 루트 간격, 그리고 아크 길이, 용접 속도 등에 따라 다르므로 적정 전류를 정하기 어려우나 일반적으로 80 ~ 95A (ϕ3.2 용접봉 사용시) 정도로 조절하면 무난하다. 용접봉을 홀더의 손잡이에 대하여 120°로 맞추어 물린 후 모재에 대하여 몸의 각도를 20 ~ 30° 정도 우측으로 틀어 작업하기 편한 자세로 앉아 홀더를 잡는다.

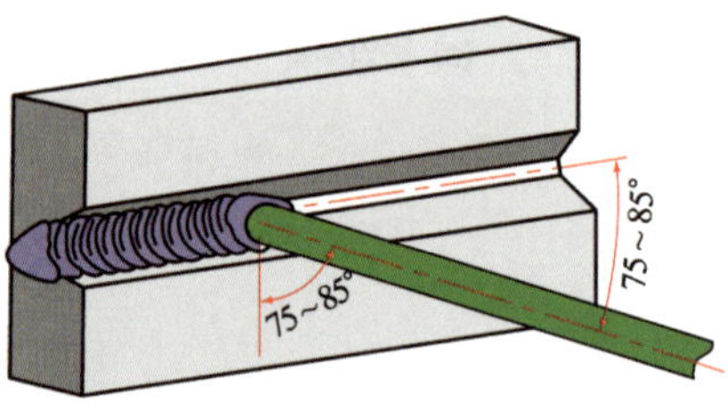

[그림 6 - 11] 수평자세 작업각과 진행각

용접봉 끝을 모재의 좌측 끝으로 옮긴 후 헬멧을 쓰고 아크를 발생하여 불빛으로 시작점으로 빨리 이동하여 아크를 안정시키며 개선 홈 안쪽으로 봉을 밀어 넣는다.

이 때 작업각과 진행각은 75 ~ 85°를 유지하며 [그림 6-11 참조] 키홀이 생길 때까지 천천히 우진하다가 키홀(key hole)이 형성되면 바로 상하 루트면과 루트면 사이를 이전 용착부와 약 1/3 정도 겹치면서 키홀이 일정하도록 위빙하며[그림 6-12 참조] 중심 표시 부분까지 우진한 후 중심부에서 아크를 끊는다.

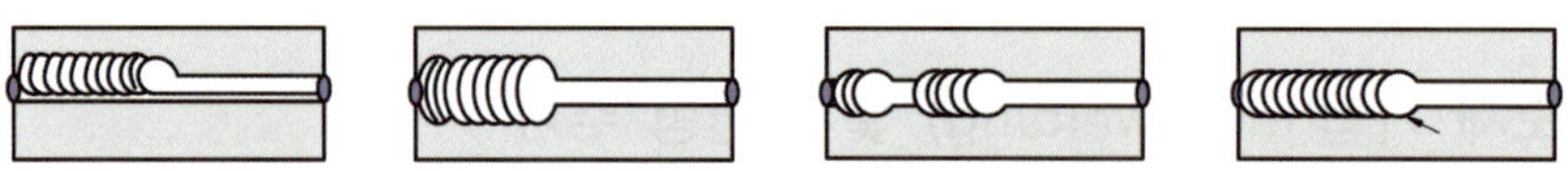

[그림 6 - 12] 수평자세 키홀 양·부

② 이면 비드 잇기

아크가 끝난 부분을 깨끗이 청소하고 새 용접봉을 홀더에 물리고 이음부의 주위에서 아크를 발생하여 아크 길이를 좀 길게 하면서 이음부의 위치를 확인하고 빨리 이음부로 옮긴다. 용접봉을 홈 안으로 서서히 밀어 넣으며 아크를 안정시키며 약 5 ~ 10mm 정도는 위빙없이 좀 느린 속도로 우진하여 키홀이 형성되면 위빙하면서 키홀의 크기를 일정하게 유지하며 용접부 끝까지 우진한다.

1층 이면 비드는 모재 표면보다 1 ~ 1.5mm 정도 낮게 놓은 후 용접선 끝의 1 ~ 2mm 부분에서 크레이터 처리를 한다. 용접이 끝나면 용접부의 슬래그 및 스패터 등을 깨끗이 제거한다.

3) 2층(표면) 비드놓기

① 2층 1패스 비드놓기

수평자세 표면 비드는 겹치기 좁은 비드로 2패스로 완성한다. 전류는 1층보다 다소 높게 120 ~ 140A(ϕ3.2를 사용할 경우)로 조절한다.

자세를 바로 잡고 하단 모재의 왼쪽 끝 모서리와 1층 비드의 경계선에서 아크를 발생하여 아크를 안정시킨 후 위빙없이 좁은 비드로 용접선 끝까지 진행한다. 이 때 작업각과 진행각을 일정하게 유지하며 하단 모재의 개선 모서리 선에 용접봉의 하단 ~ 1/4 정도가 겹치도록 하며 진행한다. 용접이 끝나면 깨끗이 청소한다.

② 2층 2패스 비드놓기

상단 모재의 왼쪽 끝 모서리에서 아크를 발생하여 아크를 안정시킨 후 상단 모재의 개선 모서리 선에 용접봉 중심의 1/2 정도가 겹치도록 하며 용접선 끝까지 진행하고 우측 끝부분에서 크레이터 처리를 한다. 표면 비드는 모재 표면보다 약 2mm 정도 높게 쌓아야 되며, 용접 후 용접부를 깨끗이 청소한다. [그림 6-13 참조]

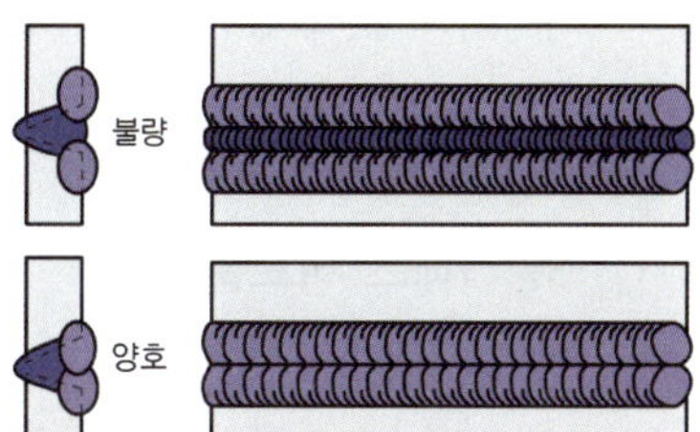

[그림 6 - 13] 표면 비드놓기 양·부

라. t9.0 연강판 수평 V형 맞대기

1) 1층(이면) 비드놓기

t9 모재의 이면 비드놓는 법은 t6 모재와 동일하게 실시하면 된다. 다만 판두께가 3mm 정도 더 두껍기 때문에 t6의 모재는 2층으로 완성했지만 t9 모재는 3층으로 완성하는 것이 일반적이다. 따라서 1층(백) 비드는 모재 두께의 약 1/2 정도 높이로 쌓는 것이 적당하다.

2) 2층 비드놓기

2층 비드는 모재 표면보다 1 ~ 1.5mm 정도 낮게 채워지게 쌓는 것이 중요하다. 이 때 전류는 표면 비드보다 다소 높게 조절하는 것이 일반적이다.

① 2층 1패스 비드놓기

모재의 왼쪽 끝 시작점에서 아크를 발생하여 용접봉 끝의 중심을 1층 비드의 하단 개선면과의 경계선에 맞춘다. 이때 작업각은 하단 모재의 수직선에 대하여 95 ~ 110° 정도 되게 진행각은 75 ~ 85°로 유지한다.[그림 6-14 (a) 참조]

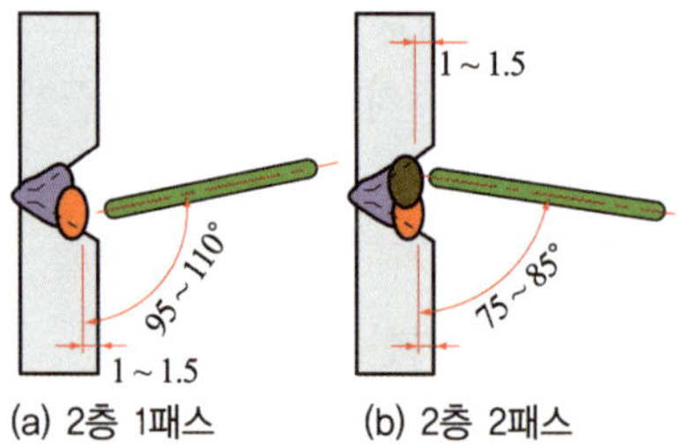

[그림 6 - 14] 2층 비드놓기 작업각

직선(좁은) 비드로 모재 끝까지 진행하며, 모재 표면보다 1 ~ 1.5mm 정도 낮게 채워지게 한다. 개선면의 상부 모서리가 녹지 않게 하는 것이 좋다. 비드를 깨끗이 청소한 후 지그에 고정한다.

② 2층 2패스 비드놓기

모재 왼쪽 끝에서 아크를 발생하여 용접봉 끝의 하단을 1층 비드의 상단 개선면과의 경계선에 맞춘다. 이때 작업각은 수직선에 대하여 75 ~ 85° 정도 되게, 진행각은 용접선에 대하여 75 ~ 85°로 유지한다.[그림 6-14 (b) 참조]

직선(좁은) 비드로 모재 끝까지 진행한다. 이때 모재 표면보다 1 ~ 1.5mm 정도 낮게 채워지게 한다. 개선면의 상부 모서리가 녹지 않게 하는 것이 좋다. 비드를 깨끗이 청소한 후 지그에 고정한다.

3) 3층(표면) 비드놓기

① 3층 1패스 비드놓기

t9의 모재의 수평 표면 비드는 좁은 비드 겹치기 3패스로 완성한다. 전류는 2층보다 다소 낮추는 것이 좋다. 특히 맨 위의 패스는 모재를 식히거나 전류를 낮추어서 비드를 놓아 언더컷을 방지해야 된다.

하단 모재의 왼쪽 끝에서 아크를 발생하여 아크를 안정시킨 후 하단 모재의 개선 모서리 선에 용접봉의 하단이 1/4 정도 겹치도록 하며 일직선으로 우측 끝까지 진행한다. 이 때 작업각은 하단 모재의 수직선에 대하여 95 ~ 110°, 진행각은 75 ~ 85°를 유지하며 진행한다.[그림 6-15 (a) 참조] 우측 끝부분에서 크레이터 처리를 한다.

② 3층 2패스 비드놓기

모재의 왼쪽 끝에서 아크를 발생하여 표면 1패스 비드와 2층 2패스 비드의 경계선에 용접봉 하단이 오도록 하여 작업각은 수직선에 대하여 85 ~ 90°, 진행각은 75 ~ 85°를 유지하며 진행한다.[그림 6-15 (b) 참조] 우측 끝부분에서 크레이터 처리를 한다.

③ 3층 3패스 비드놓기

상단 모재의 왼쪽 끝에서 아크를 발생하여 상단 모재의 개선 모서리 선에 용접봉 중심의 1/3 정도가 겹치도록 하며 진행한다. 이 때 작업각과 진행각은 75 ~ 85°를 유지한다.[그림 6-15 (c) 참조] 표면 비드는 모재 표면보다 약 2mm 정도 높게 쌓는다. 다만 전체 비드가 약간 볼록해야 되므로 용접 속도를 잘 맞추어야 되며, 비드놓기가 끝날 때마다 용접부를 깨끗이 청소해야 된다.

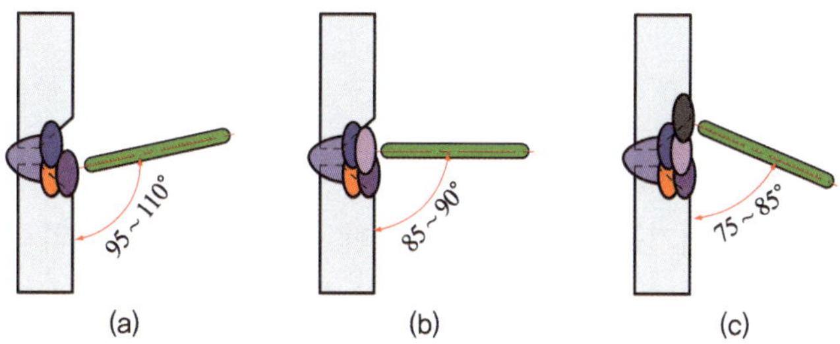

[그림 6 - 15] 3층 비드놓기 작업각

3 수직자세 V형 맞대기 피복 아크 용접

가. 용접 준비와 모재 가공

도면을 보고[그림 6-16 참조] 필요한 재료와 공구를 준비한다. 모재 가공법은 아래보기 자세와 동일하게 하면 된다.

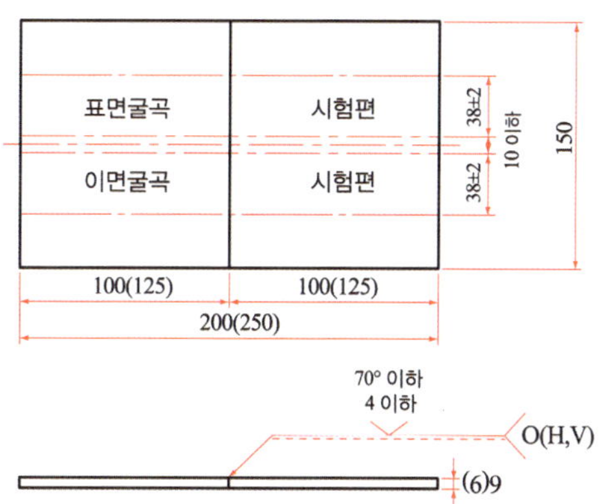

[그림 6 - 16] V형 맞대기 용접 도면

나. 모재 가접(tack welding) 및 역변형 주기

가접법이나 역변형을 주는 방법도 아래보기 자세와 동일하게 하면 된다.

다. t6.0 연강판 수직 V형 맞대기

1) 모재 고정

가접된 모재를 용접 지그에 용접선이 수직이 되게 작업하기 편한 높이로 고정한다. 이 때 루트 간격이 좁은 쪽이 아래로 향하게 하며 상부의 높이가 가슴과 목 사이가 적당하다. 모재를 단단하게 고정하여 작업 중 움직이거나 떨어지지 않도록 해야 된다.

2) 1층(이면) 비드놓기

① 1층(이면, back) 1/2 비드놓기

이면 비드놓기는 맞대기용접 중 가장 중요한 용접이며, 고난도의 기술을 요한다. 적당한 전류와 정교한 위빙으로 키홀을 형성하며 모재 표면보다 1 ~ 1.5mm 정도 낮게 쌓는 것이 중요하다.

용접을 하려면 우선 전류를 맞추어야 된다. 이면 비드 전류를 아래보기 자세보다 다소 낮게, 80 ~ 95A 정도(ϕ3.2 용접봉 사용시)로 조절한 다음 용접봉을 홀더의 손잡이와 120° 되게 물린다.

모재 앞에 작업하기 편한 자세로 앉는다. 이 때 몸과 모재와의 각도는 30 ~ 40° 정도 우측으로 틀어 앉아 홀더를 잡는다.

용접봉 끝을 모재의 하단 끝으로 옮긴 후 헬멧을 쓰고 아크를 발생하여 아크를 안정시키며 개선 홈 안쪽으로 봉을 밀어 넣는다.

작업각은 90°, 진행 반대각은 75 ~ 85°를 유지하며[그림 6-17 참조] 키홀이 생길 때까지 좌우로 위빙하지 말고 천천히 약 5mm 정도 상진하다가 키홀(key hole)이 형성되면 바로 루트면과 루트면 사이를 이전 용착부와 약 1/3 정도 겹치면서 키홀이 일정하도록 위빙하며 중심 표시 부분까지 상진한 후 중심부에서 아크를 끊는다.

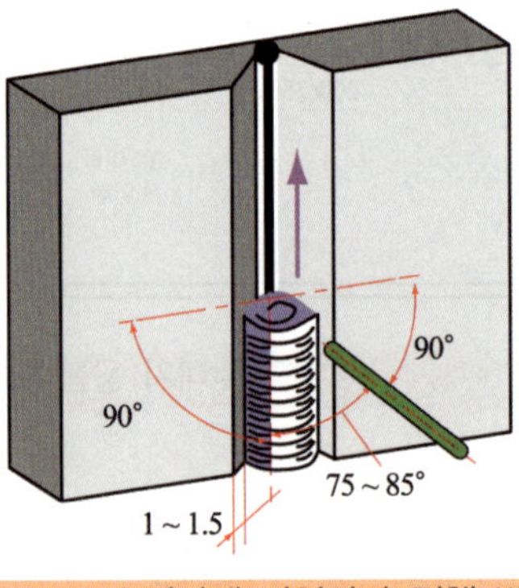

[그림 6 - 17] 수직자세 작업각과 진행 반대각

② 1층(백) 비드 잇기

아크가 끝난 부분을 깨끗이 청소하고 홀더에 새 용접봉을 물려 이음부 주위의 모재 표면에서 아크를 발생하여 아크 길이를 좀 길게 하면서 이음부의 위치를 확인하고 빨리 이음부 상단으로 옮긴다.

용접봉을 홈 안으로 서서히 밀어 넣으며 아크를 안정시킨 후 약 5 ~ 10mm 정도는 좌우로 움직이지 말고 좀 느린 속도로 상진하여 키홀이 형성되면 키홀의 크기를 일정하게 유지하며 위빙 방법에 의해 끝까지 상진한다.

1층 이면 비드는 모재 표면보다 1 ~ 1.5mm 정도 낮게 놓는다.

③ 크레이터 처리 및 청소하기

용접선 끝의 1 ~ 2mm 부분에서 아크를 잠시 끊었다 다시 발생하였다 하면서 2 ~ 3회 크레이터 처리를 한다.

용접이 끝나면 용접부의 슬래그 및 스패터 등을 깨끗이 제거한다.

3) 표면(2층) 비드놓기

① 표면 1/2 비드놓기

표면 비드는 외관이므로 외관의 비드 모양을 보고 양·부를 판단하는 중요한 부분이다. 그리고 언더컷이나 처짐, 오버랩 등이 쉽게 발생될 수 있어 위빙 끝 부분의 약간 멈춤과 일정한 위빙 폭과 피치로 위빙하는 것이 필요하다.

우선 모재를 작업하기 편한 높이로 고정한 후 전류를(ϕ3.2 용접봉의 경우 110 ~ 130A, ϕ4.0을 사용할 경우 120 ~ 150A) 조절한다.

자세를 바로 잡고 용접봉을 1층 비드의 하단 왼쪽 부근으로 옮긴 후 헬멧을 쓰고 아크를 발생하여 아크 빛으로 모재 하단의 모서리 부분으로 옮겨 아크를 안정시킨다.

아크가 안정되면 다음 모서리까지 약간 천천히 움직여 충분하게 용융되었을 때 위빙하며 상진한다. 위빙 폭은 개선면 상부 좌우 모서리에 용접봉 끝의 1/3 ~ 1/2 정도가 오도록 실시한다.

위빙할 때 비드의 양 끝에서 약 0.5 ~ 1초 정도 멈추는 듯하여 언더컷이 생기지 않게 한다. 용접이 끝나면 용접부 끝부분을 깨끗이 청소한다.

② 표면 비드 잇기

용접봉 1개로 용접부 전체를 다 용착시킬 수 없을 때는 용접부 전체 길이의 중심에서 아크를 끊는다. 왜냐하면 중심부에서 좌우로 10mm 정도는 제거되고 그 다음부터 38±2mm 부분은 굴곡 시험편 부분이 되므로 그 부분에서는 아크가 끊어지거나 비드 잇는 부분이 되어서는 안되기 때문이다. 비드를 이을 때 홀더에 새 용접봉을 물린 후 잇는 부근에서 아크를 발생하여 아크를 안정시킨 후 용접부 끝까지 위빙하여 진행한다. 표면 비드 높이는 모재 표면보다 약 2mm 정도 높게 쌓는다.[그림 6-18 참조]

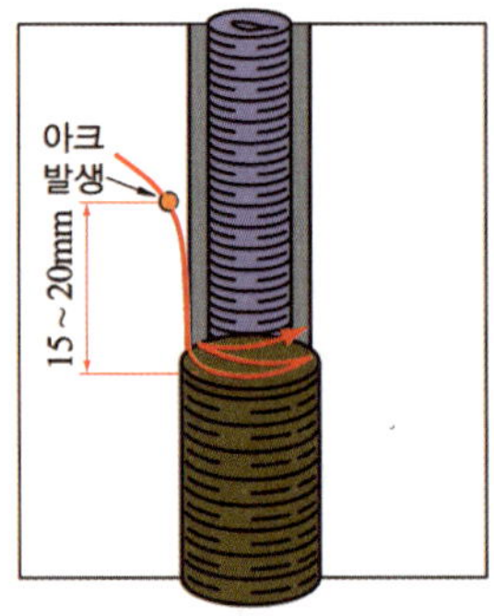

[그림 6 - 18] 수직 비드 잇는 법

③ 크레이터 처리 및 청소하기

용접부 끝 1 ~ 2mm 부분에서 크레이터 처리를 한 후 용접부를 깨끗이 청소한다.

라. t9.0 연강판 수직 V형 맞대기

1) 1층(백) 비드놓기

t9 모재의 이면 비드놓는 법은 t6 모재와 동일하게 실시하면 된다. 다만 판두께가 3mm 정도 더 두껍기 때문에 전류를 약간 높여주거나 루트면을 얇게 해줄 필요가 있으며, t6의 모재는 2층으로 완성했지만 t9 모재는 3층으로 완성하는 것이 일반적이다. 따라서 1층(백) 비드는 모재 두께의 약 1/2 정도 높이로 쌓는 것이 적당하다.

2) 2층 비드놓기

2층 비드는 모재 표면보다 1 ~ 1.5mm 정도 낮게 채워지게 쌓는 것이 중요하다. 이 때 전류는 표면 비드보다 다소 높게 조절하여 쌓으면 1층과 용착도 잘 되지만 1층에 잔류할 수 있는 불순물이나 슬래그 등을 떠오르게 하는데 효과가 있다.[그림 6-19 참조]

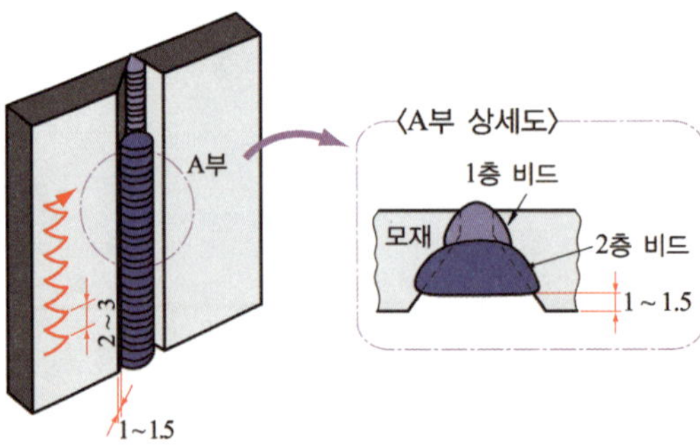

[그림 6 - 19] 수직 비드 2층 비드 높이

2층 비드도 ϕ3.2 용접봉을 사용할 경우 중심부에서 아크를 끊은 후 새 용접봉으로 비드 잇기를 하여 2회로 완성한다(ϕ4.0 용접봉을 사용할 경우 1회로 가능함). 이 때 개선면의 상부 모서리가 녹지 않게 하는 것이 좋다.(용접봉 끝이 모재 표면보다 높으면 모서리가 용융하게 됨)

용접이 끝나면 다음 층의 비드를 놓기 전에 비드를 깨끗이 청소해야 된다.

3) 표면 비드놓기

표면 비드는 t6 모재의 표면 비드놓기와 같은 방법으로 쌓는다. 따라서 개선면 상부의 모서리와 모서리 사이를 용접봉의 1/2 ~ 1/3 정도가 겹치도록 운봉하며, 운봉 끝부분에서 약간씩 멈춤을 실시하여 언더컷 등이 발생하지 않게 하여야 된다. 표면 비드도 ϕ3.2 용접봉을 사용할 경우 2회로 나누어서 완성한다.

표면 비드는 모재 표면보다 약 2mm 정도 높게 쌓고, 크레이터 처리를 한 후 아크를 끊은 후 용접부를 깨끗이 청소한다.

4 위보기 자세 V형 맞대기 피복 아크 용접

가. 용접 준비와 모재 가공

공구나 작업준비, 그리고 [그림 6-16]와 같은 도면을 보고 모재를 준비하여 아래보기 자세와 동일하게 모재 가공을 한다.

나. 모재 가접(tack welding) 및 역변형 주기

위보기 맞대기용접을 위한 가접할 때 특히 주의해야 할 것은 가접 부위가 홈쪽으로 돌출되지 않도록 해야 된다. 가접 부위가 홈쪽으로 돌출되거나 스패터가 부착되어 있으면 이면 비드를 놓기 위해 아크를 안정시키기가 매우 어려우므로 줄작업이나 연삭 등으로 [그림 6-20 (b) 참조]와 같이 평탄하게 해야 된다.

역변형을 주는 방법은 아래보기 자세와 동일하게 하면 된다.

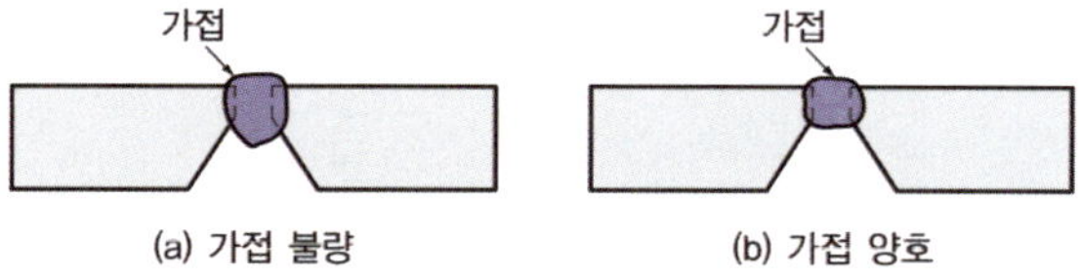

[그림 6-20] 가접 상태 양·부

다. t6.0 연강판 위보기 V형 맞대기 피복 아크 용접하기

1) 모재 고정

가접된 모재의 홈 부분이 아래가 되며 용접선이 전·후(또는 좌우)가 되게 작업하기 편한 높이로 단단하게 고정한다. 보통 머리보다 10cm 정도 높게 하는 것이 좋다. 이 때 루트 간격이 좁은 쪽이 용접 시작 부분이 되게 한다.

2) 1층(백) 비드놓기

① 1층 1/2 비드놓기

전류를 수직자세와 비슷하게 80 ~ 95A(ϕ3.2 용접봉 사용시) 정도로 조절한다. 용접봉은 홀더의 앞부분에 홀더와 일직선이 되게 물린다. 모재 앞에 작업하기 편한 자세로 앉아 용접봉을 시작점 가까이 옮긴 후 헬멧을 쓰고 모재의 시작점 부근에서 아크를 발생하여 아크를 안정시키며 개선 홈 안쪽으로 봉을 밀어 넣는다. 이 때 바로 용접봉을 좌우로 움직이면 달라붙을 염려가 있으므로 위빙없이 천천히 진행하여 아크 안정에 최선을 다한다. 작업각은 90°, 진행각은 용접선에 대하여 75 ~ 85° 정도로 유지하여 진행하며 키홀(key hole)이 형성되면 바로 루트면과 루트면 사이를 이전 용착부와 약 1/3 정도 겹치면서 키홀이 일정하도록 위빙하며 중심 표시 부분까지 진행한 후 중심부에서 아크를 끊는다. 위보기 자세는 비드가 처져서 볼록 비드가 되기 쉬우므로 위빙의 양 끝은 느리게 중심부는 빠르게 움직여서 비드 모양이 평면 또는 약간 볼록형이 되도록 위빙하여야 된다. 아크가 끝난 부분을 깨끗이 청소한 후 다시 지그에 고정한다.

② 비드 잇기

새 용접봉을 홀더에 물리고 이음부의 주위에서 아크를 발생하여 아크 길이를 좀 길게 하면서 이음부의 위치를 확인하고 빨리 이음부 쪽으로 옮긴다. 봉을 좌우로 움직이지 말고 홈 안으로 서서히 밀어 넣으며 아크를 안정시킨다. 아크가 안정되면 이전 비드놓는 법과 동일하게 용접선 끝까지 진행한다. 이때 모재 표면보다 1 ~ 1.5mm 정도 낮게 1층 비드를 놓는다. 모재 끝의 1 ~ 2mm 부분에서 크레이터 처리를 한 후 용접부의 슬래그 및 스패터 등을 깨끗이 제거한다. 혹시 용입이 안되어 슬래그가 찬 경우 가는 송곳이나 좁은 정 같은 것으로 완전 제거하고 높낮이가 큰 경우 전류를 높게 하여 평탄 작업을 한 후에 2층 비드를 놓아야 된다.

3) 2층(표면) 비드놓기

① 2층 1/2 비드놓기

전류를 110 ~ 130A(ϕ3.2를 사용할 경우)로 조절하고 용접봉을 홀더의 앞부분에 홀더와 일직선이 되게 물린다. 시작 부분의 개선면 위의 한쪽 모서리에서 아크를 발생하여 아크를 안정시키며 다음 모서리까지 약간 천천히 움직인다. 아크가 안정되면 개선면 상부 모서리에서 모서리까지 위빙하며 진행한다. 이 때 용접봉 끝의 1/3 ~ 1/4 정도가 개선면 모서리에 위치하도록 한다.[그림 6-21 참조] 위빙할 때 비드의 양 끝에서 약 0.5 ~ 1초 정도 멈추는 듯 하여 언더컷이 생기지 않게 한다. 용접 전체 길이의 중심 부분에서 아크를 끊고 비드 끝부분을 깨끗이 청소한다.

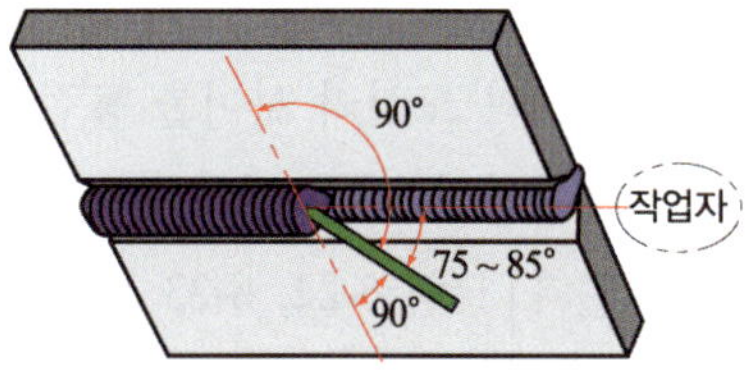

[그림 6 - 21] 2층 비드놓기 운봉각

② 2층 비드 잇기

홀더에 새 용접봉을 물린 후 이음부 주위에서 아크를 발생하여 비드 잇는 방법과 같이 비드를 놓아 용접부 끝까지 위빙하여 진행한 후 끝 부분에서 크레이터 처리를 한다. 표면 비드는 모재 표면보다 약 2mm 정도 높게 쌓는다. 용접이 끝나면 용접부를 깨끗이 청소한다. ϕ4.0 용접봉을 사용할 경우는 비드 잇기를 하지 않아도 된다.

라. t9.0 연강판 위보기 V형 맞대기 피복 아크 용접하기

1) 1층(이면) 비드놓기

t9 모재의 이면 비드놓는 법은 t6 모재와 동일하게 실시하면 된다. 다만 판두께가 3mm 정도 더 두껍기 때문에 전류를 약간 높여주거나 루트면을 얇게 해줄 필요가 있으며, t6의 모재는 2층으로 완성했지만 t9 모재는 3층으로 완성하는 것이 일반적이다. 따라서 1층(이면) 비드는 모재 두께의 약 1/2 정도 높이로 쌓는 것이 적당하다.

2) 2층 비드놓기

2층 비드놓기의 운봉각은 [그림 6-20]과 같이 유지하며 모재 표면보다 1 ~ 1.5mm 정도 낮게 채워지게 쌓는다. 이 때 전류는 표면 비드보다 다소 높게 조절하여 쌓으면 1층과 용착도 잘 되지만 1층에 잔류할 수 있는 불순물이나 슬래그 등을 떠오르게 하는데 효과가 있다.

비드가 쳐지지 않도록 운봉을 잘해야 되며 2층 비드가 모재 표면보다 높아지거나 2층 비드놓기 중 개선면의 모서리가 용융되지 않도록 해야 된다.

2층 비드도 중심부에서 아크를 끊은 후 새 용접봉으로 비드를 잇기하여 2회로 완성한다. (ϕ3.2 용접봉 사용시)

용접이 끝나면 다음 층의 비드를 놓기 전에 비드를 깨끗이 청소해야 된다.

3) 3층(표면) 비드놓기

① 3층 1/2 비드놓기

표면 비드는 t6 모재의 표면 비드놓기와 같은 방법으로 쌓는다. 따라서 개선면 상부의 모서리와 모서리 사이를 용접봉의 1/4 ~ 1/3 정도가 겹치며, 진행각과 작업각이 일정하도록 운봉하며, 운봉 끝 부분에서 약간씩 멈춤을 실시하여 언더컷 등이 발생하지 않게 하여야 된다.[그림 6-22, 6-23 참조] 용접부 중심부에서 아크를 끊고 이음부를 깨끗이 청소한다.

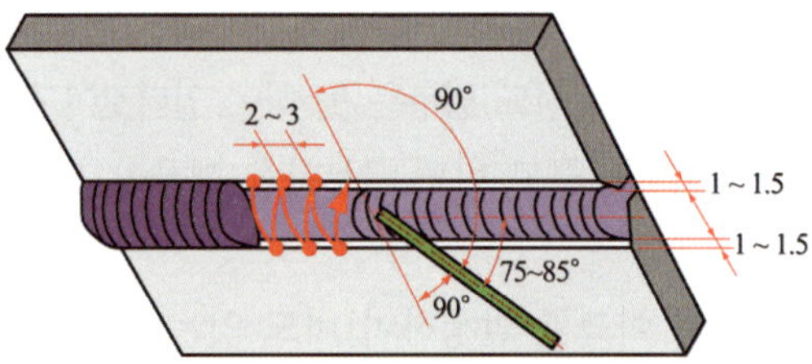

[그림 6 - 22] 표면 비드 운봉각

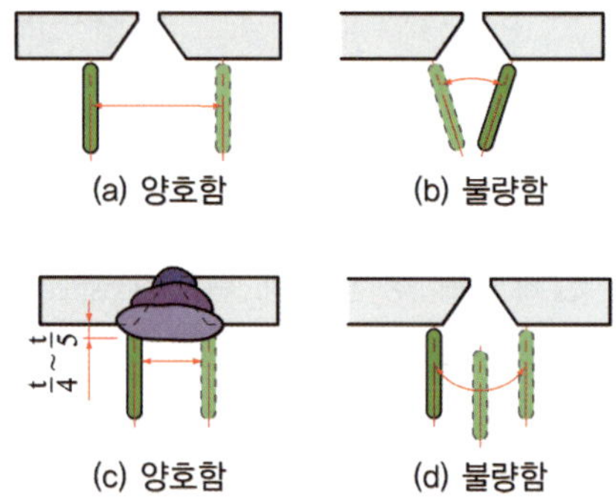

[그림 6 - 23] 표면 비드 운봉법의 양·부

② 3층 비드 잇기

새 용접봉을 갈아 끼우고 비드 이음부 근처에 용접봉 끝을 이동시킨 후 헬멧을 쓰고 아크를 발생하여 이음부로 옮겨 아크를 안정시킨 다음 모재 표면에 밀착하듯 위빙하여 용접선 끝까지 진행한다.

표면 비드는 모재 표면보다 약 2mm 정도 높게 쌓고, 크레이터 처리를 한 후 아크를 끊은 후 용접부를 깨끗이 청소한다.

5 용접부 검사

가. 외관 검사

피복 아크 용접, CO_2 용접, TIG 용접, 그리고 각 자세별, 형상별 용접이 끝나면 외관 검사를 한다. 외관 검사 내용은 맞대기용접과 필릿 용접 모두 표면 비드의 폭, 파형, 높이의 균일 정도와 단락 일정 여부, 균열 유무 등을 검사하며, 이면 비드는 비드 폭, 파형의 균일 정도, 용입의 완전 여부, 비드 이음 부분의 양호 여부를 검사한다.

나. 굴곡 시험

1) 시험편 절단

맞대기용접의 경우 용접부의 연성이나 용착 상태를 검사하기 위해 굴곡(굽힘) 시험을 한다. 굴곡 시험 방법은 외관 검사가 끝난 용접 제품의 용접선의 중심부를 약 10mm 정도 제거하고, 그 좌우측으로 약 38 ~ 40mm 크기로 2개 절단한다. 절단 방법은 가스절단이나, 플라스마 절단, 프레스 절단 등으로 한다.

2) 덧붙이 가공

맞대기 용접부의 덧붙이 비드를 모재 표면까지만 그라인더로 다듬질 작업하여 제거하고 용접부 주위 모서리 부분을 R1.5(t6.0의 경우 R1.0)로 라운딩 가공을 한다. 이 때 시험편은 필요에 따라 덧붙이를 먼저 가공한 후 절단하기도 한다.

3) 굴곡(굽힘)

KS에 규정된 굴곡 시험 지그를 사용하여 굴곡 시험한다. 시험시 자세별로 시험편의 하나는 이면 비드가 아래로 향하게 하며, 다른 하나는 표면이 아래로 가게 하여 형틀의 중앙에 정확히 놓은 후 완전히 U자가 되도록 굴곡한다.[그림 6-24 참조]

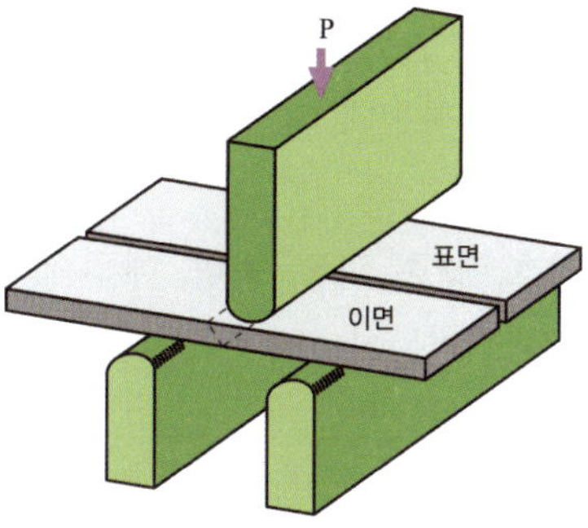

[그림 6 – 24] 굴곡 시험

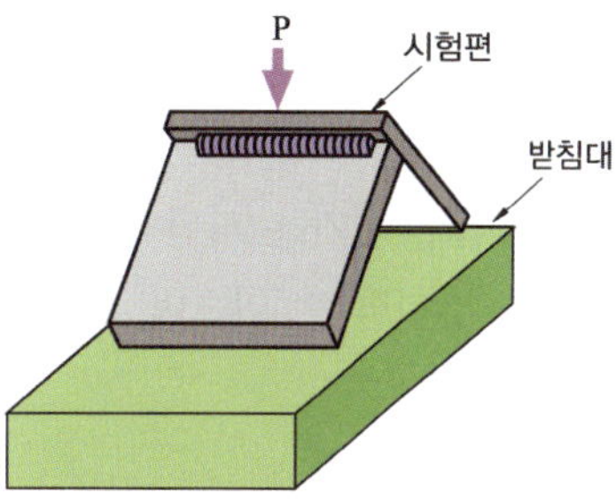

[그림 6 – 25] 파단(면) 시험방법

다. 필릿 용접 파면 검사

굴곡 시험기 위에 평판을 놓고 필릿 용접 작품의 용접부가 위로 향하도록 ⋀자 모양으로 놓은 후 시험기로 ⌐_모양이 되도록 파단한다.[그림 6-25 참조]

파단한 필릿 용접 작품의 용접부 파면을 보고 용입 불량, 용입 깊이, 슬래그 섞임 상태, 융합 부족, 모재의 박리, 기공, 피트 등의 유무를 기준에 의해 평가한다.

라. 방사선 탐상 검사

맞대기 용접부 등은 필요에 따라 X선 또는 γ(감마)선 검사를 할 수 있으며, 검사 기준에 따라 필름을 판독하여 평가한다.

마. 평 가

1) 맞대기 용접부 평가

굴곡된 시험편의 외곽 용접부에 균열이나 기포(기공)의 크기 정도를 평가 기준에 맞추어 평가한다. [그림 6-26 참조]

맞대기용접 굽힘 시험편의 외관에 균열이 3mm 이상이거나 작은 균열의 합이 7mm를 넘으면 안되며, 기공이나 매우 작은 균열의 개수가 10개 이상이 되면 안된다.

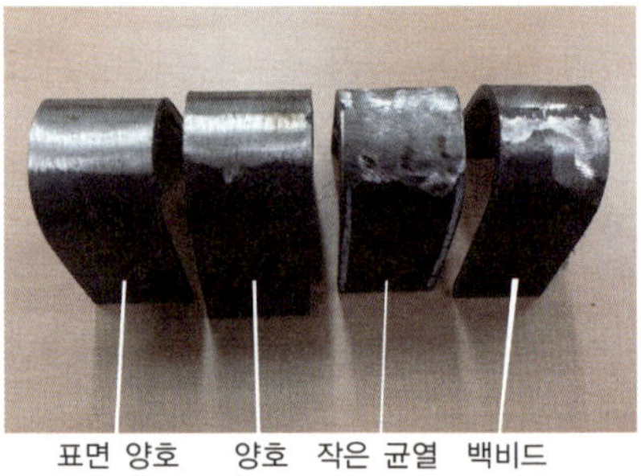

[그림 6 - 26] 굴곡된 시험편 형상

2) 필릿 용접부 평가

필릿 용접부의 파단 시험에서는 용입 불량, 슬래그 섞임, 융합 부족, 모재의 박리, 기공이나 피트 등이 많이 있으면 안되며 전혀 없으면 매우 양호한 용접부라고 판단한다.

필릿 용접시 두 모재가 완전히 분리되는 경우를 박리라고 하는데 이것은 전적으로 전류가 매우 낮아 용입이 안 된 경우가 많다.

필릿 용접부 평가는 파단부 용입 상태에 따라 매우 양호, 양호, 보통, 불량, 매우 불량 등으로 점수를 부여할 수 있으며, 두 모재가 완전 분리된 경우는 기능이 아주 낮은 수준으로 봐야 된다.

제7절 구조물(용기) 제작 피복 아크 용접

1 용접 준비

가. 공구 및 작업준비

도면[그림 7-1 참조]을 보고 작업에 필요한 보호구, 헬멧(핸드 실드), 집게, 가죽 장갑, 앞치마, 팔커버(또는 조끼), 발커버, 와이어 브러시(브러시), 줄, 30cm 자, 석필, 그라인더, 휠 브러시 등을 준비한다. 그 외에 가접대, 보안경 등도 있으면 좋다.

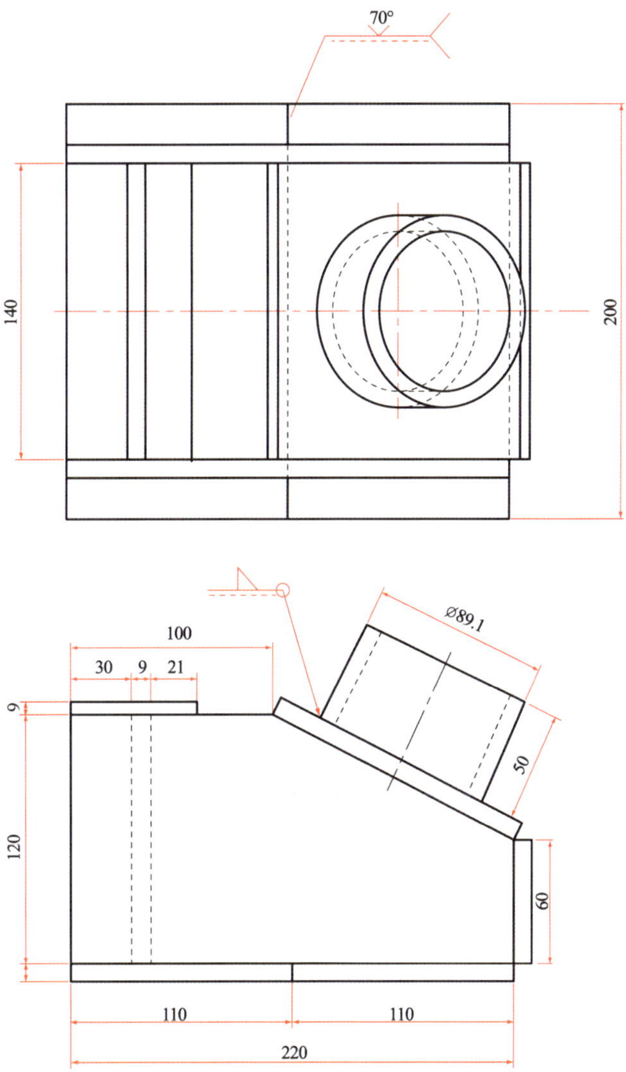

[그림 7-1] 피복 아크 용접 구조물 용접 도면

나. 작업준비

용접에 임하기 전에 보호구를 착용하고 용접기의 이상 유무, 작동 상태를 점검한다. 그리고 도면을 보고 구조물 제작 부품의 수량과 작업 내용을 확인한다.

2 모재 가공

구조물 제작 부품의 맞대기 이음부, 필릿 용접부, 모서리 용접부 등을 평탄하게 가공한다. 구조물 중에 맞대기 용접부가 있는 경우 루트면 가공도 실시한다.

3 구조물 조립(도면 작품)

가. 수평(밑)판 맞대기용접

맞대기 용접판(t9×110×200) 2매를 피복 아크 용접기를 사용하여 ϕ3.2, ϕ4.0 저수소계 용접봉(E7016)을 사용하여 3층으로 아래보기 자세 맞대기 용접한다.

나. 수평판에 수직판 겹칠 부분 금긋기

도면을 보고 도면에 맞게 맞대기용접한 모재의 표면 위에(또는 백 위에) 수직판이 세워질 부분을 금긋기한다.[그림 7-2 참조]

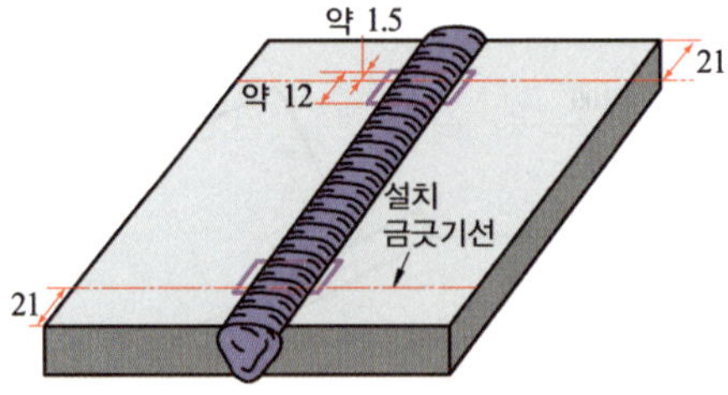

[그림 7-2] 수직판 설치부 금긋기

다. 수직판 조립 부분 덧살 제거

수평판의 금긋기 선을 기준으로 안과 밖, 약 113 ~ 15mm 부분(수직판 모재 두께 9mm+ 전후 여유 가공치 약 2 ~ 3mm)을 핸드 그라인더로 연삭한다.[그림 7-3 참조]

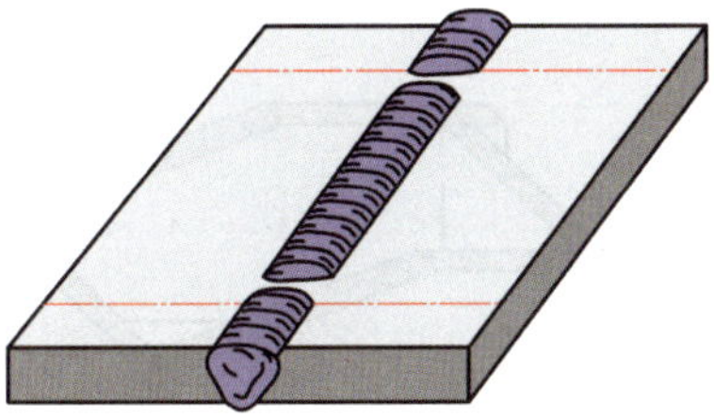

[그림 7-3] 수직판 설치부 덧살 제거

라. 수직판 조립

수직판 부품 4개 중 뒷판과 앞판에 좌측 판이 조립될 부분을 금긋기한다.[그림 7-4 참조]뒤 수직판과 좌측판을 조립하여 가접한 후 앞 수직판과 가접한다. 이 때 수직판과 좌측 판의 교차 부분은 직각이 되게 해야 된다.

앞뒤 수직판에 우측판을 모서리 용접 형태로 조립하여 가접한다. 이 때 가접 부위는 모서리나 용접 끝선이 되지 않게 양 끝에서 약 20mm 안쪽에 가접을 한다.[그림 7-5 참조]

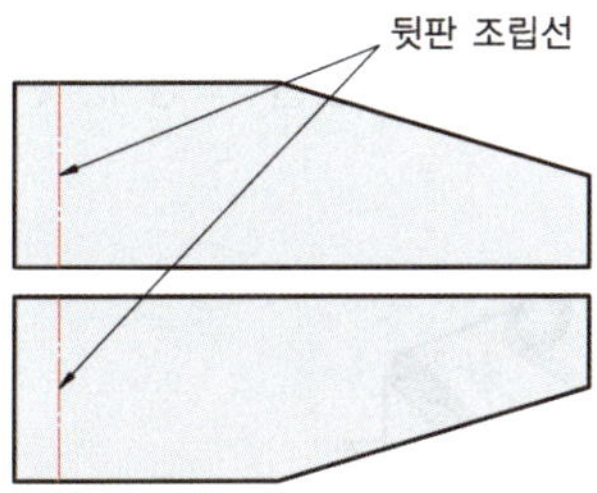

[그림 7-4] 전후 수직판에 우측판 조립 부분 금긋기

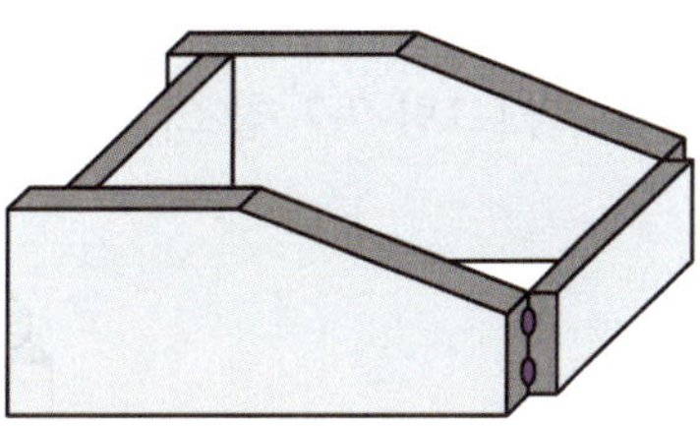

[그림 7-5] 수직판 조립

마. 수평판과 수직판 조립

수평판을 놓고 조립한 수직판을 수평판의 금긋기 선에 맞추어 조립한 후 치수 등을 확인한다.[그림 7-6 참조]

치수에 이상이 없으면 가접한다. 이 때 가접을 수직판의 안쪽에 해서는 안된다.

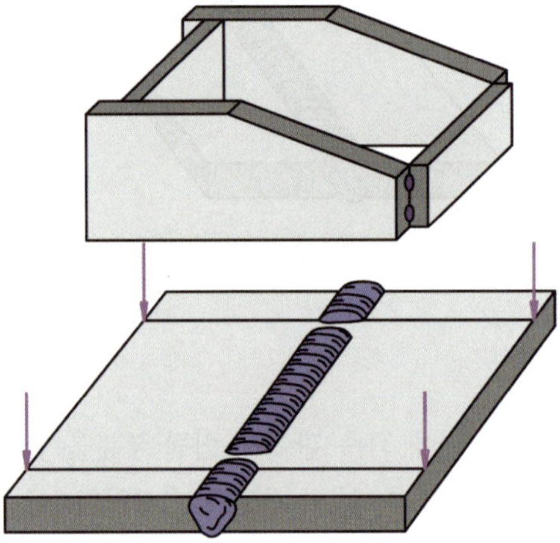

[그림 7-6] 수평판과 수직판 조립

바. 상판 조립

좌측 상판을 도면에 맞추어 조립하여 가접한다. 우측 경사 상판을 도면에 맞추어 조립하고 가접한다.[그림 7-7 참조]

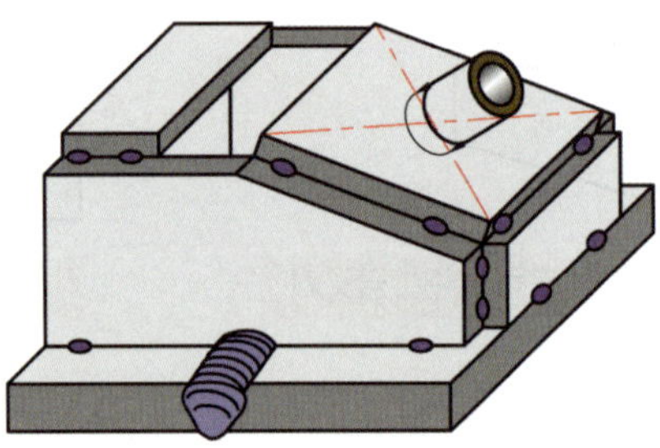

[그림 7-7] 경사 상판과 파이프 조립

사. 경사 상판에 파이프 조립

우측 경사 상판에 대각선을 그어 중심부를 표시한 후 파이프 외경으로 원을 그린다.[그림 7-7 참조] 원 위에 파이프를 놓고 치수를 확인한 후 3~4군데 가접한다.

4 구조물 용접

가. 조립 치수 확인

조립된 구조물의 각부를 도면의 요구대로 조립되었는지, 용접에 문제가 없는지 확인한다.

나. 구조물 용접

수평판이 놓여진 상태대로 용접 자세를 정하여 용접 우선 순위를 정하여 용접한다.

① 먼저 수직 모서리와 좌측판 수직 필릿 부분을 대칭이 되도록 용접한다.[그림 7-8 참조]

② 하단 수평 필릿 부분을 전둘레 용접한다. 용접부가 겹치는 모서리 부분은 비드를 약 5mm 이상 더 돌려 용접한다.[그림 7-9 참조]

③ 수직판과 상판의 모서리 용접부를 대칭이 되게 용접한다.

④ 파이프 조립 부분을 전둘레 수평 필릿 용접한다. 용접시 필릿 부분은 전류를 120 ~ 140A, 모서리 용접 부위는 100 ~ 120A 정도 맞춘다.

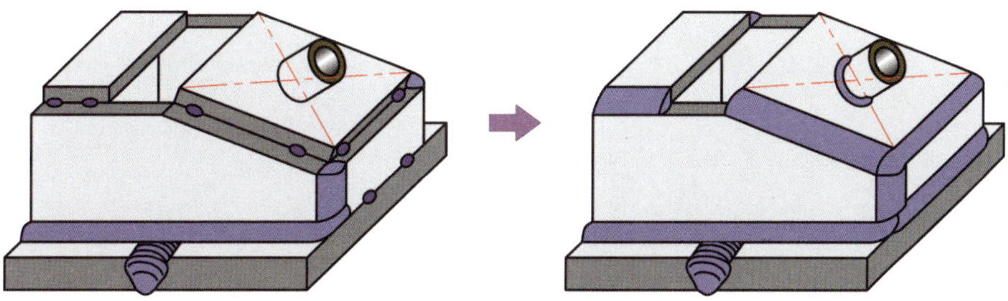

[그림 7-8] 구조물 용접법

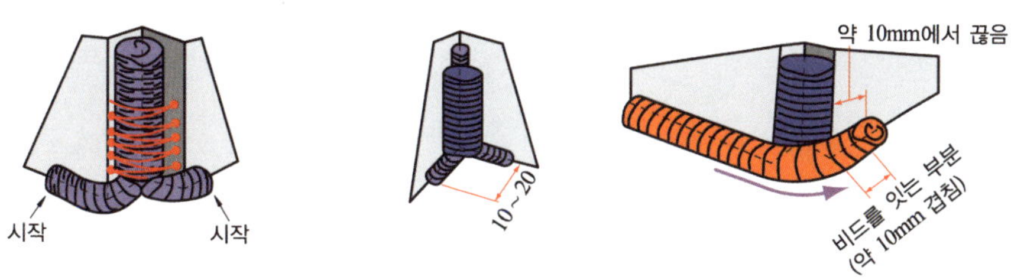

[그림 7-9] 겹침 부분의 용접법

다. 용접 구조물 평가

① 전 용접부의 외관 상태를 보고 비드 파형, 언더컷, 오버랩 유무, 외관의 미려도 등을 점검한다. 외관이 매우 불량하면 평가 제외로 한다.

② 도면과 상이한 부분이 없나, 치수 정도는 맞는가 확인한다.

③ 평가 규정에 따라 외관과 치수 검사, 도면과의 상이점 여부 등을 검사한다. 외관 검사 등이 끝나면 용기에 물을 부어 누수 검사를 하거나, 수압 검사를 실시할 수 있으며, 평가 기준에 의해 평가한다.

제8절 뒷댐판 맞대기 피복 아크 용접

1 각종 협회 규정

가. ABS(미국선급협회) 용접 자격 시험 규정

미국 선급협회(ABS)의 규정에 의해 용접사가 용접을 하려면 [표 8-1]과 같은 자격시험에 합격해야 된다. 판두께 19.05mm 이하를 용접할 경우는 9.0mm 판으로 시험하며, Q1 자격 시험이다. 판두께 무제한 용접의 경우는 최소 19.05mm 이상의 판을 사용하여 시험한다. 자세는 수직과 수평 자세이며, 뒷댐판을 사용한다.

표 8-1 ABS 선급협회 용접사 시험 규정

사용재료	용 접 자 격		
	F. V. H. O	F. V	F. Only
두께 19.05의 판 용접	Q1 : V. O 자세	Q1 : V 자세	Q1 : F 자세
두께 무제한 용접	Q2 : V. H 자세	Q2 : V 자세	Q2 : F 자세
두께 무제한 파이프 용접	Q3 : H. V 고정 자세	좌동	Q3 : 수평 회전 자세
가접 용접사	Q4 : V. O 자세	Q4 : V 자세	

나. AWS(미국용접협회) 자격시험 규정

1) AWS, ASME, ABS 규정 등의 적용

조선, 해양 플랜트, 원자력 발전 등 중요한 산업분야에는 국제적으로 공인된 ASME(미국기계학회) 코드나, AWS 등의 자격 기준에 합격한 용접사만이 중요 부분을 용접할 수 있다. AWS는 미국에서 가장 권위를 인정받고 있는 ASME나 API(미국석유협회) 등의 규정과 서로 유사하기 때문에 더욱 크게 인정받고 있는 규정에서 정하는 자세이다.

2) AWS 규격에 의한 평판(plate) 용접 자세 표시 방법

KS에서는 아래보기 자세를 F(Flat position), 수평 자세를 H(Horizontal position), 수직 자세를 V(Vertical position), 위보기 자세를 O(Overhead position), 전자세를 A(All position)로 표시하며, AWS(미국용접협회) 자격 규정에서는 아래보기 자세 맞대기를 1G, 수평 자세 맞대기를 2G, 수직 자세 맞대기를 3G, 위보기 자세 맞대기를 4G로 표시한다. 여기서 G는 Groove, 즉 홈을 뜻한다.[그림 8-1 참조]

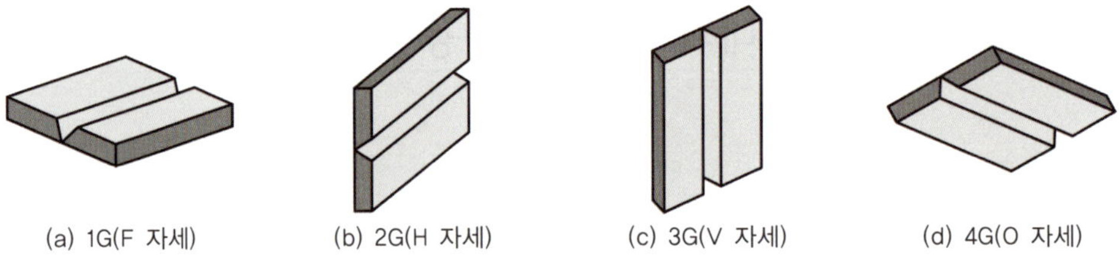

[그림 8-1] 판(plate) 맞대기 용접 자세

평판 필릿 용접의 경우 숫자 뒤에 F(Fillet)를 붙인다. 아래보기 자세(1F), 수평 자세(2F), 수직 자세(3F), 위보기 자세(4F)가 있다.[그림 8-2 참조]

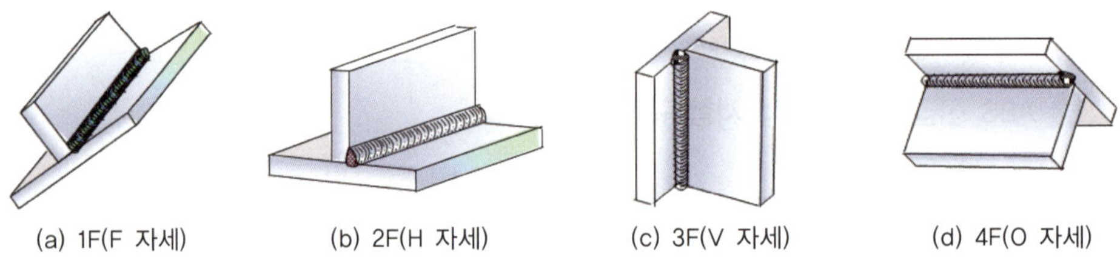

[그림 8-2] 판(plate) T형 필릿 용접 자세

3) 파이프(Pipe) 용접 자세 표시 방법

파이프 맞대기 용접에는 수평축을 회전시키면서 아래보기로 용접하는 아래보기 자세(1G), 수직축을 고정한 후 수평으로 용접하는 수평 자세(2G), 수평축을 고정하고 위보기, 수직, 아래보기 자세로 이어지는 전자세(5G)가 있다.[그림 8-3 참조]

[그림 8-3] 관(pipe) 맞대기 용접 자세

또한 파이프를 45° 경사지게 고정한 후 용접하는 경사 45° 전자세(6G), 6G 자세의 윗 모재 하단에서 12mm 높이에 원판 장애물을 설치하여 용접 난이도를 높인 6GR 자세가 있다.[그림 8-4 참조]

6G, 6GR 자세의 용접의 경우도 1층 이면(back) 비드만 피복 금속 아크 용접이나 TIG 용접을 한 후 2층 이상을 FCAW로 용접하는 방법, 전체를 TIG 용접하는 방법, 전체를 FCAW 용접하는 방법이 적용되고 있다.

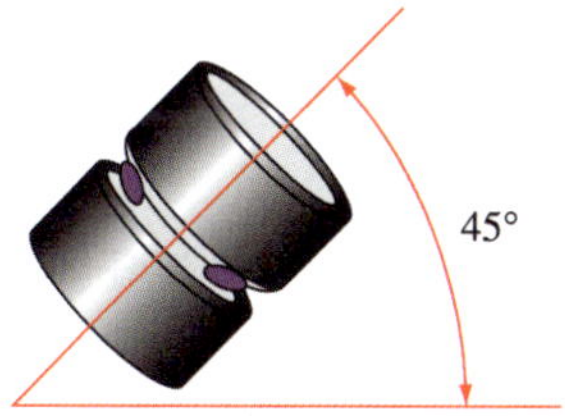

(a) 6G(45°축 고정)

(b) 6GR(45°축 고정+장애물 설치)

[그림 8-4] pipe 45° 경사 맞대기 용접 자세

다. 시험편의 규격과 검사 결과

1) AWS 시험편의 규격

AWS 1G, 2G, 3G, 4G의 평판 용접의 경우 제한 두께와 무제한 두께로 분류한다. 제한 두께 자격시험에 합격하면 판두께 19mm까지 용접할 수 있으며, 무제한 두께의 자격시험에 합격하면 철판 두께에 관계없이 용접할 수 있다.

수동 및 반자동 용접사 자격시험을 분류하면, 무제한 두께의 평판 맞대기 홈 용접, 제한 두께의 평판 맞대기 홈 용접, 필릿 용접, 플러그 용접, 파이프 또는 튜브의 맞대기 용접 등으로 나눌 수 있다.

2) 무제한 두께 필릿 용접 시험편의 판정 기준

[그림 8-5]와 같이 필릿 용접부의 육안 검사시 오버랩, 균열, 언더컷 등 표면 결함이 없어야 하며, 용접부 양 끝 약 25mm를 제거한 150mm 길이의 중심 시험편을 밖으로 제쳐 파단시킨 다음, 용착부 파단면을 검사하여 이음의 루트까지 완전 용입이 되어야 하며, 기포나 슬래그 혼입이 2.3mm 이상이면 불합격, 용착부가 파단되지 않고, 모재가 휘어지는 경우는 합격이다. [그림 8-5 참조]

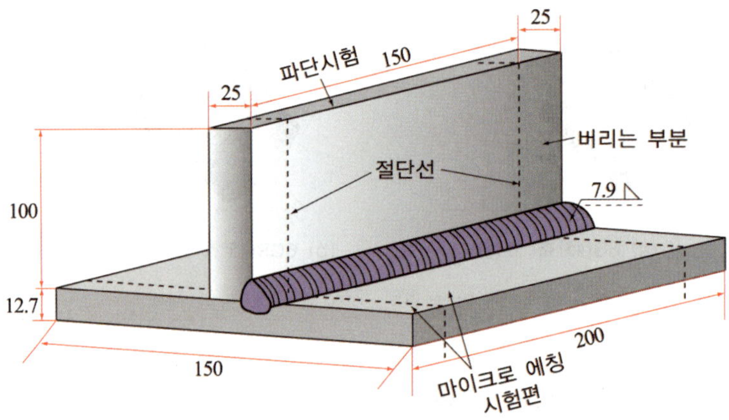

[그림 8-5] 필릿 용접 시험편 규격

3) 45° 경사 장애물 전자세 파이프 용접 시험편 규격

6GR 자세라고도 하며, 파이프 외경은 동일하나 상부 파이프와 하부 파이프의 두께가 다르며, 상부 파이프는 하부 파이프보다 두께가 두껍고 이음면이 평탄하며, 하부 파이프는 상부 파이프보다 두께가 얇으며, 37.5°로 베벨 가공이 되어 있다.[그림 8-6 참조]

파이프 외경은 시험 규격에 따라 다르나, 보통 8인치(외경 200mm)에 상부 파이프는 스케쥴 NO. 120(두께 18.2mm), 하부 파이프는 스케쥴 NO. 80(두께 12.7mm)을 사용한다.

압력 배관용 탄소 강관의 호칭은 관의 호칭지름 및 관의 두께로 나타내는데, 두께는 스케쥴 번호(SCH, Schedule No)로 표시한다.(스케쥴 번호가 커질수록 관의 두께가 두꺼워지므로 고압 배관이라는 것을 알 수 있음)

[스케쥴계(Schedule)]

$$t = \left(\frac{P}{S} \times \frac{D}{175}\right) + 2.54 \qquad \text{SCH No.} = \frac{P}{S} \times 10$$

- t : 관의 두께(mm)
- P : 사용 압력(kg/mm^2)
- S : 허용응력(kg/mm^2)
- D : 관의 바깥지름(mm)

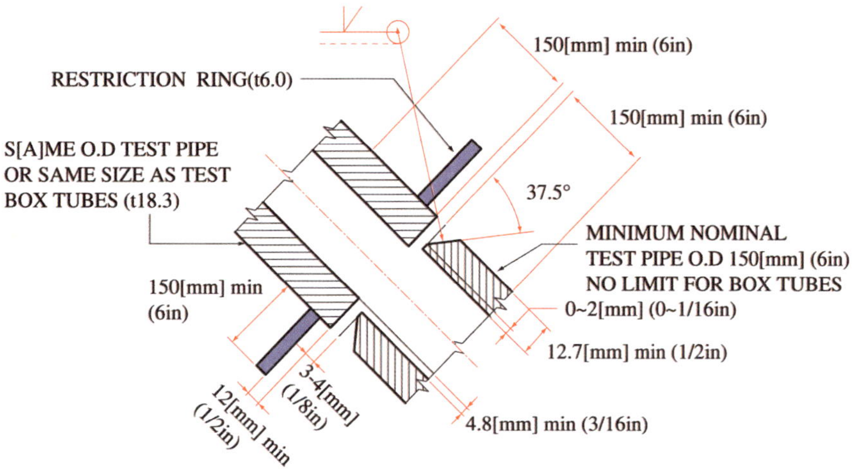

[그림 8-6] 45° 경사 장애물 전자세 파이프 용접 시험편 규격

4) AWS 외관 검사 기준

표 8-2 AWS 외관 검사 기준

NO.	구 분 결함 종류	판 맞대기	필릿	파이프	가접(tack)
1	균열(crack)	허용 안됨	허용 안됨	허용 안됨	허용 안됨
2	표면 기공(porosity)	NDT 규정	NDT 규정	NDT 규정	NDT 규정
3	언더컷(under cut)	$d \leq 0.5$	$d \leq 0.8$	$d \leq 0.5$	$d \leq 0.8$
4	여성 비드 높이 (reinforcement)	수동 $R \leq 3.2$ 자동 $R \leq 6$	-	$R \leq 2.4$	-
5	오버랩(over lap)	$Q \leq 90°$			
6	이면 비드(back bead)	-	-	형성되어야 함	-
7	외관(bead appearance)	비드(bead)가 심하게 거칠지 않아야 함			

2 수평 뒷댐판 V형 맞대기 피복 아크 용접

가. 맞대기 용접 준비

1) 장비, 공구, 재료 준비

WPS나 [그림 8-7]과 같은 도면을 읽고 필요한 공구와 보호구, 도면에서 요구하는 모재와 용접봉을 준비한다.

모재는 연강판 t18.0×100×200 2매, 피복 아크 용접봉은 E7016 ϕ3.2, ϕ4.0을 준비하여 용접봉 건조로에 넣고 300~350℃에서 1~2시간 건조시킨 후 70℃ 정도로 유지한다.

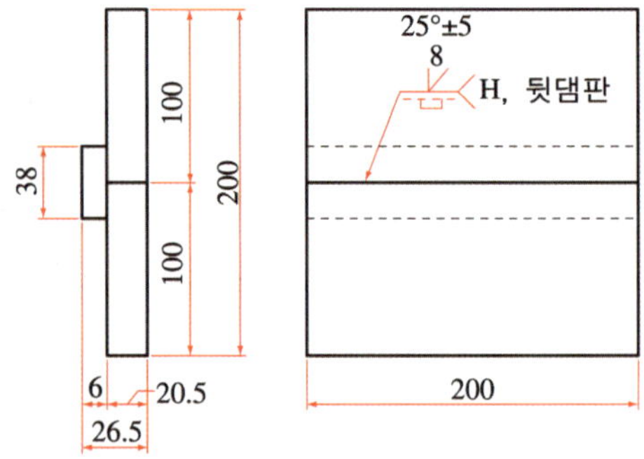

[그림 8-7] 뒷댐판 수평 맞대기 용접도면

뒷댐판은 연강판, 또는 세라믹 백킹재, 가스 백킹재가 있으나, 피복 아크 용접의 경우는 주로 금속 백킹재가 많이 사용된다.

연강판 t6.0×38×260 1개, 변형 방지판(스트롱 백), V형(베벨형)용 엔드탭 2개를 준비한다.

2) 맞대기 용접용 모재 가공

준비된 연강판 1매는 가스절단기나 밀링 머신으로 베벨각 30±5°로 가공하며[그림 8-8 참조], 다른 연강판 하나는 측면을 표면과 직각이 되며 평탄하게 가공한다.

줄이나 그라인더를 사용하여 개선면을 다듬질하고 루트면을 0.5~1mm 정도로 가공하고[그림 8-9 참조], 용접부 주위에 생긴 녹이나 불순물, 그리고 줄가공시 생긴 거스러미를 제거한다.

가공된 두 모재의 루트면이 일정하고 서로 맞대었을 때 틈이 없어야 된다.

[그림 8-8] 가스절단으로 모재 베벨 가공의 예

나. 가용접 및 변형 방지판 부착

1) 금속 백킹재로 가용접

피복 금속 아크 용접봉 E7016 ϕ3.2를 용접 홀더에 물리고, 용접 전류를 110~130A로 조절한다.

베벨형 가공된 모재와 수직으로 가공된 모재의 홈부분이 아래로 향하도록 가접대 위에 맞대어 놓고, 틈새 게이지를 사용하여 루트 간격을 약 7mm(보통 베벨형에서는 6~8mm) 정도 띄어 두 모재가 엇갈리지 않게 놓는다.

금속 백킹재는 루트 간격과 평행이 되고 루트 간격이 백킹재의 중심이 되며, 모재 양 끝으로 30mm 정도 돌출되게 놓은 후 중심부 양쪽을 약 20mm 정도 되게 가용접한다. 이 때 백킹재가 모재와 틈새가 없도록 맞춘 후 모재의 양 끝을 가용접한다.[그림 8-10 참조]

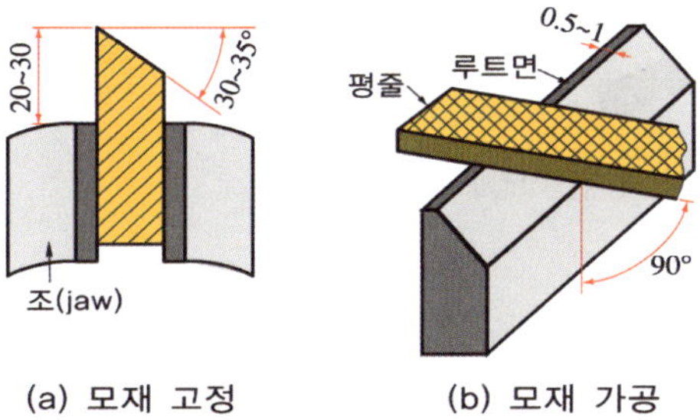

[그림 8-9] 개선면 및 루트면 가공

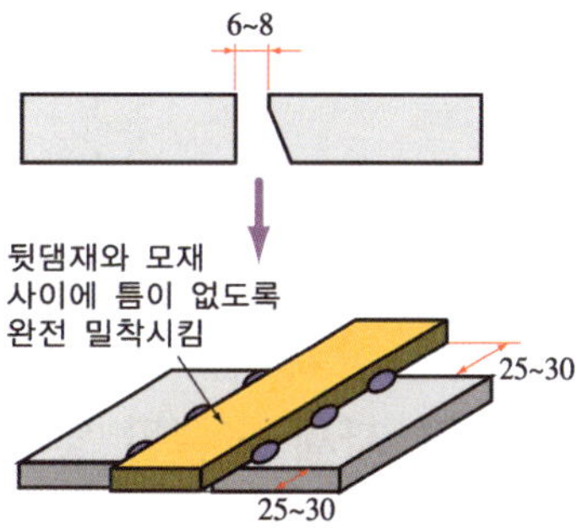

[그림 8-10] 연강판 백킹재로 가접

2) 변형 방지판 부착

변형 방지판 2개를 모재 뒷면 양 끝에 용접한다.[그림 8-11 참조]

[그림 8-11] 변형 방지판 부착의 예

다. 모재 고정

가용접된 모재의 베벨 가공을 한 부재가 아래가 되며, 용접선이 좌우로 수평이 되게 지그에 고정하고 작업하기 편한 높이로 맞춘다.[그림 8-12 참조]

이 때 모재가 무거우므로 떨어지지 않게 단단하게 고정해야 된다.

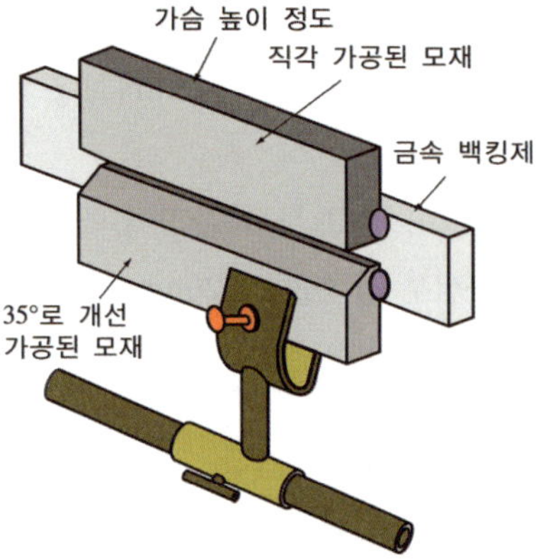

[그림 8-12] 수평 맞대기 모재 고정

라. 수평 자세 뒷댐판 맞대기 용접

1) 1층 비드쌓기

피복 아크 용접봉 E7016 ϕ4.0을 용접 홀더에 물린 후 용접 전류를 140~160A로 조절하고, 용접봉을 좌측 금속 백킹재 돌출부 부근에 옮기고 헬멧을 쓴 후 아크를 발생한다.

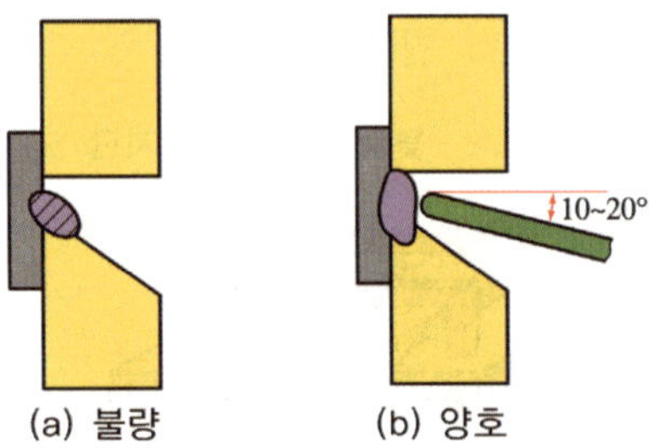

[그림 8-13] 1층 이면 비드 운봉 양 · 부

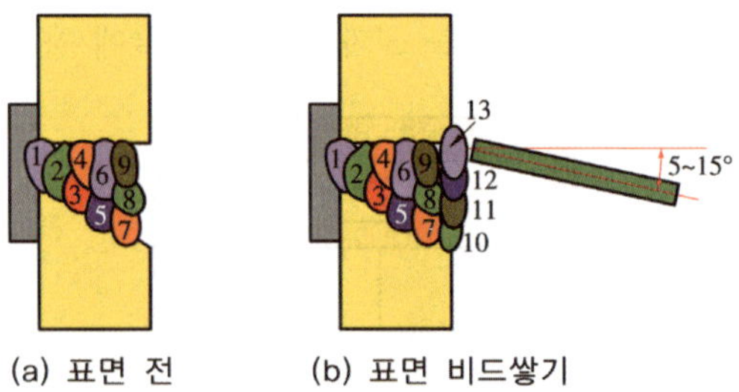

[그림 8-14] 수평 자세 베벨형 맞대기 용착의 예

[그림 8-13, 8-14]와 같이 작업각을 유지하며 루트 간격 사이를 상하 반달형으로 위빙하여 금속 백킹재를 충분히 용융시키면서 일정한 운봉각과 속도로 우진한다.

위빙시 위쪽에서 멈추는 시간을 더 많이 하여 비드 처짐을 최대한 방지하며 진행한다.

하나의 용접봉이 다 소모되면 이음해야 할 부분의 슬래그와 스패터를 제거하고, 이음할 부분을 깨끗이 청소한다. 연삭이 허락되면 크레이터 부분을 핸드 그라인더를 사용하여 경사지게 가공한다.

새 용접봉으로 이전 비드를 10~20mm 겹쳐서 아크를 발생하여 위와 같은 방법으로 한 층의 이면 비드가 완성되면 비드를 겹쳐서 잇기하여 다른 부분보다 돌출된 부분을 연삭기로 다른 부분과 같은 높이가 되도록 가공한다.

2) 2~n층 비드쌓기

용접봉과 용접 전류는 1층 용접과 동일하게 맞춘다. 2층~n층은 1줄 또는 2줄의 비드쌓기로 완성한다.

파이널 직전의 비드는 2패스 또는 3패스로 완성하며, 모재 표면에서 1~1.5mm 정도 낮게 쌓는다.[그림 8-14 (a) 참조]

3) 표면 비드쌓기

용접봉 E7016 ∅4.0을 용접 홀더에 물리고, 용접 전류를 이전 전류보다 10~20A 낮춘다.

표면 비드 1패스는 왼쪽 금속 배킹재 끝에서 시작하여 하단 모재의 개선면 모서리에 용접봉 지름의 1/3 정도가 겹쳐지게 하면서 작업각 70~80°, 진행각을 75~85°를 유지하며 직선 비드를 쌓는다.

표면 비드 2~3패스는 작업각을 90°로 맞추고 1패스와 같은 방법으로 직선 비드를 쌓고, 표면 비드 마지막 패스는 작업각을 75~85°로 유지하며 직선 비드를 쌓는다.[그림 8-14 (b) 참조]

표면 비드의 높이는 모재 표면으로부터 2~3mm 정도 되도록 쌓아야 되며, 비드 파형이 일정하며 언더컷 및 오버랩이 발생하지 않도록 유의하면서 진행한다.

각 비드쌓기 할 때마다 반드시 크레이터 처리를 한다.

마. 변형 방지판, 금속 백킹재 제거

변형 방지판을 가스절단이나 디스크 그라인더로 제거하고, 금속 백킹재를 아크 에어 가우징기로 가우징하여 제거한 후 절단 부위를 핸드 그라인더로 깨끗이 다듬질한다.(부착되어 있어도 관계없는 경우는 생략할 수 있다.)

바. 용접부 청소 및 검사

1) 용접부 청소하기

각 층 또는 각 패스의 용접이 끝나면 용접부의 슬래그나 스패터를 깨끗이 청소한다.

2) 검사하기

비드의 겹침 상태, 파형 폭과 높이 언더컷 오버랩, 비드 처짐 등 외관 검사를 하고[그림 8-15 참조], 외관 검사를 통과하면 필요에 따라 X선 검사나, 측면 굽힘 시험편[그림 8-16 참조]을 제작하여 굽힘 시험한다.

방사선 시험 규정이나 굽힘 시험 규정에 의해 용접 상태를 판단한다.

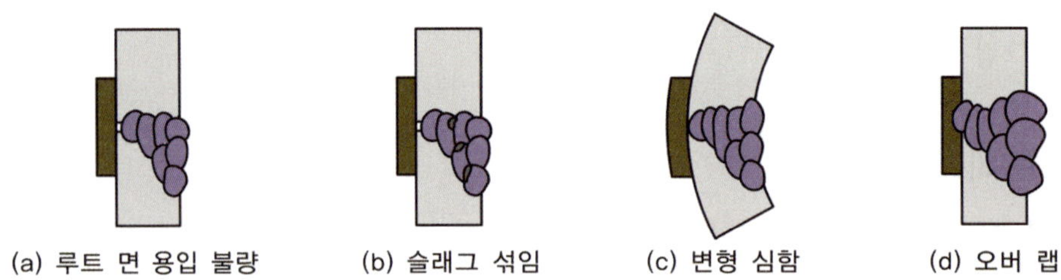

[그림 8-15] 발생하기 쉬운 결함

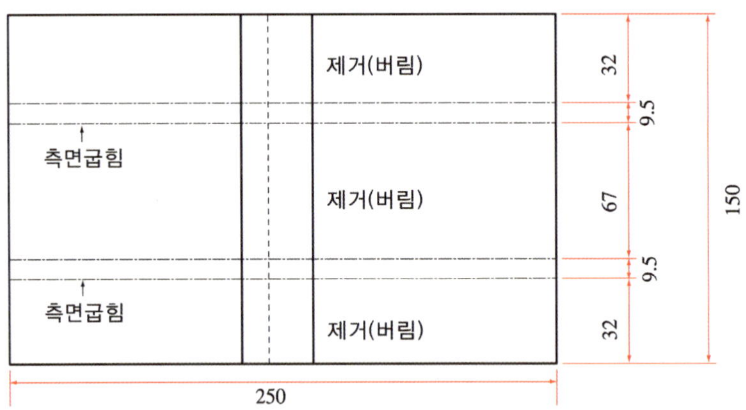

[그림 8-16] 측면 시험편 규격

3 수직 뒷댐판 V형 맞대기 피복 아크 용접

가. 맞대기 용접 준비

1) 장비, 공구, 재료 준비

[그림 8-17]과 같은 도면을 보고 과제 '❷ 가. 맞대기 용접 준비 1) 장비, 공구, 재료 준비'와 같은 방법으로 장비, 공구, 재료, 금속 백킹재를 준비한다.

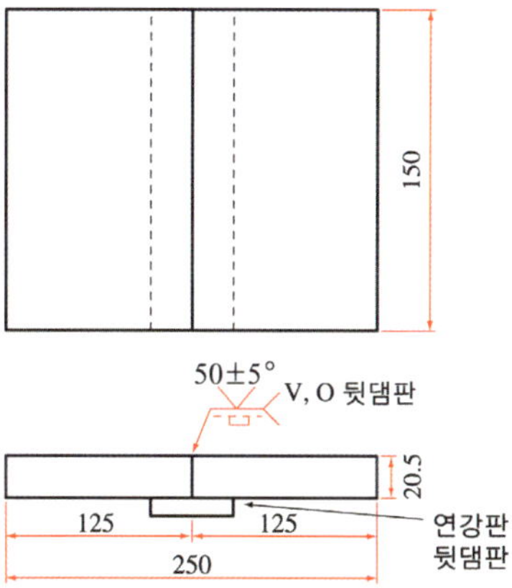

[그림 8-17] 수직, 위보기 뒷댐판 맞대기 용접 도면

2) 맞대기 용접용 모재 가공

연강판 2매를 가스절단기나 밀링 머신으로 베벨각 22.5±2.5°로 가공한 후, 줄이나 그라인더를 사용하여 개선면을 다듬질하고 루트면을 0.5~1mm 정도로 가공한다.[그림 8-9 참조]

용접부 주위에 생긴 녹이나 불순물, 그리고 줄가공시 생긴 거스러미를 제거한다. 가공된 두 모재의 루트면이 일정하고 서로 맞대었을 때 틈이 없어야 된다.

나. 가용접 및 변형 방지판 부착

1) 금속 백킹재로 가용접하기

피복 금속 아크 용접봉 E7016 ϕ3.2를 용접 홀더에 물리고, 용접 전류를 110~130A로 조절한다.

베벨형으로 가공된 두 모재의 홈 부분이 아래로 향하도록 가접대 위에 맞대어 놓고 틈새 게이지를 사용하여 루트 간격을 약 6mm(보통 5~7mm) 정도 띄어 엇갈리지 않게 놓고, 금속 백킹재를 루트 간격과 평행이 되며 루트 간격이 백킹재의 중심이 되며, 모재 양 끝으로 30mm 정도 돌출되게 놓은 후 중심부 양쪽을 약 20mm 정도 되게 가용접한다.

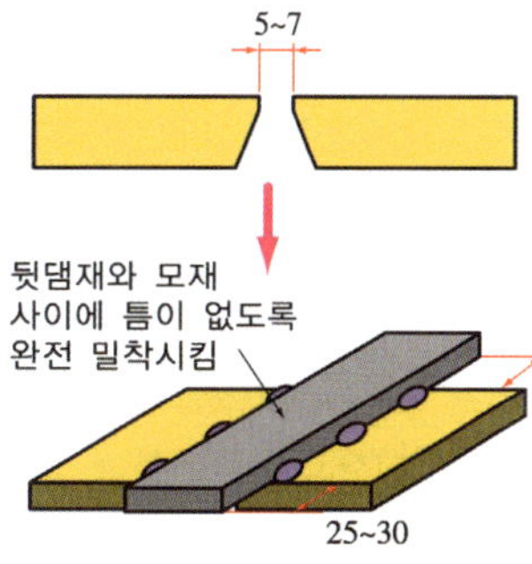

[그림 8-18] 금속 백킹재 부착

다시 한 번 루트 간격을 점검하고 이상이 없으면 백킹재가 모재와 틈새가 없도록 맞춘 후 모재의 양 끝을 가용접한다.[그림 8-18 참조]

가접된 부분을 와이어 브러시나 휠 브러시로 깨끗이 청소한다.

2) 변형 방지판 부착

변형 방지판 2개를 모재 뒷면 양끝에 용접한다.

다. 모재 고정

모재와 용접선이 수직되며 V홈 부분이 앞으로 향하게 지그에 고정하고 작업하기 편한 높이로 맞춘다.[그림 8-19 참조] 이 때 모재가 무거우므로 떨어지지 않게 단단하게 고정해야 된다.

[그림 8-19] 수직 자세 뒷댐판 부착 맞대기 용접 모재 고정의 예

라. 수직 자세 뒷댐판 맞대기 용접

1) 1층 비드쌓기

피복 금속 아크 용접봉 E7016 ϕ4.0을 홀더의 135° 홈에 물리고, 전류를 130~150A로 조절한다. 홀더를 잡고 하단 금속 백킹재 돌출부 끝 부근에 용접봉을 옮긴 후 헬멧을 쓰고 아크를 발생하여 홈 안으로 밀어 넣으며 아크를 안정시킨다.

[그림 8-20]과 같이 작업각은 홈에 대하여 대칭이며, 진행 반대각은 85~95°로 유지하며 루트 간격 사이를 반달형 또는 지그재그형으로 위빙한다. 용착 금속을 금속 백킹재에 눌러 붙이는 느낌으로 촘촘하게 위빙하며 위빙의 양 끝에서는 0.5~1초 정도 머물러준다.

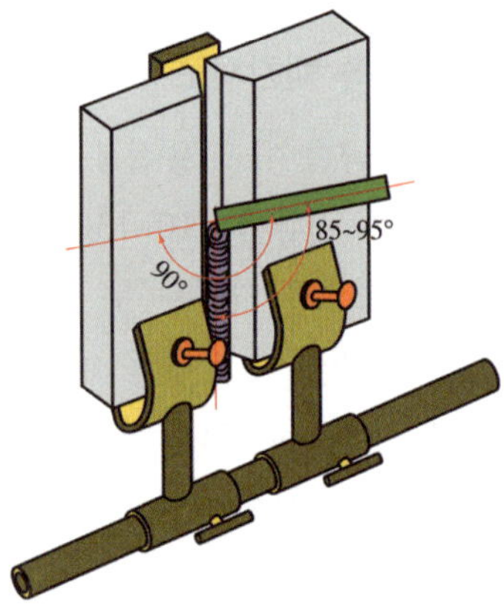

[그림 8-20] 수직 자세 뒷댐판 맞대기 용접 운봉각

용접봉이 다 소모되면 이음할 부분의 슬래그와 스패터를 제거하고 새 용접봉으로 이전 비드를 10~20mm 겹쳐서 아크를 발생하여 위와 같은 방법으로 비드를 쌓는다.

한 층의 비드쌓기가 끝나면 비드를 겹쳐 잇기하여 다른 부분보다 돌출된 부분을 핸드 그라인더로 다른 부분과 같은 높이가 되도록 가공한다.

2) 2~n층 비드쌓기

전류를 1층 비드쌓기보다 10~20A 높게 조절한다. 2층 비드는 1층 비드의 양 끝 사이가 용접봉의 중심이 되도록 반달형 위빙을 하며 상진한다.

3층 비드 역시 2층 비드의 양 끝 사이가 용접봉 중심이 오도록 반달형 위빙을 하며 상진한다.[그림 8-21 참조] 이 때 각 위빙 피치마다 양 끝에서 약간씩 머무름을 하여 언더컷이 생기지 않게 한다.

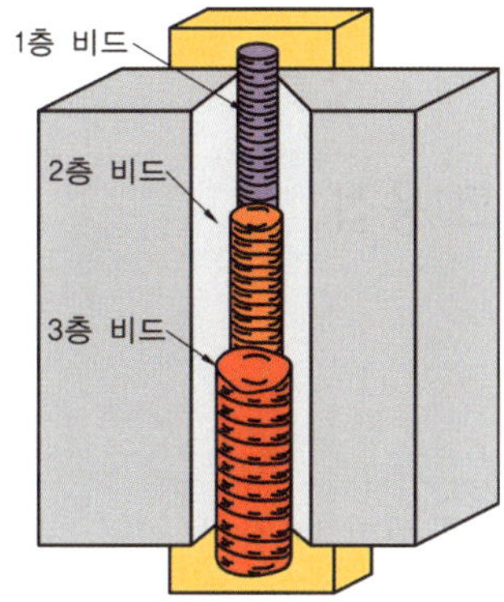

[그림 8-21] 2~3층 비드 쌓는 법

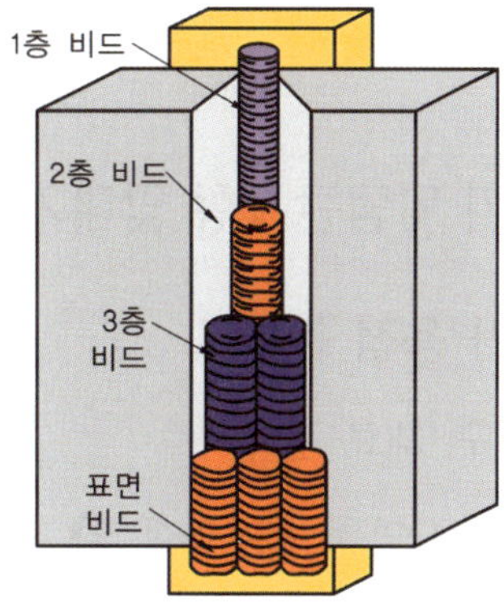

[그림 8-22] 다층 비드 쌓는 법

루트면에서 멀어질수록 비드 폭이 넓어지므로 전체 넓이가 25mm 이상이 되면 한 층을 2패스 또는 3패스 비드로 겹치기 하여 쌓는다. [그림 8-22 참조]

비드와 비드 겹침은 1/3~2/5 정도로 하며, 파이널 비드 직전의 비드는 모재 표면보다 1~1.5mm 정도 낮게 비드를 쌓는다.

3) 표면 비드쌓기

용접봉 E7016 ϕ4.0을 홀더에 물리고, 전류를 2층 이후의 비드보다 10~20A 낮게 조정한 후, 용접선 하단 백킹재 끝 부근에 용접봉을 옮기고 헬멧을 쓴 후 아크를 발생하여 왼쪽 모재의 개선면 상부 모서리와 3층 비드의 약 2/5 정도 사이를 반달형 또는 지그재그형으로 위빙하며 상진한다. [그림 8-16 참조]

표면 2패스 비드는 표면 1패스 비드의 약 1/2~2/5 정도 부분과 3층 비드의 우측 끝 사이를 반달형으로 위빙하며 상진한다. 표면 비드는 비드 폭의 크기에 따라 2 또는 3패스로 완성한다.

각 패스마다 비드 잇고, 끊기와 크레이터 처리, 돌출부 가공, 청소 등을 실시한다. 이 때 비드 처짐이나 언더컷, 오버랩이 생기지 않도록 위빙을 정교하게 실시한다.

마. 변형 방지판, 금속 백킹재 제거

변형 방지판을 가스절단이나 디스크 그라인더로 제거한다. 금속 백킹재를 제거할 경우 아크에어 가우징 또는 밀링으로 제거한다.

바. 용접부 청소 및 검사

과제 '❷ 바. 용접부 청소 및 검사'와 같은 방법으로 청소하고 검사한다.

4 위보기 뒷댐판 V형 맞대기 피복 아크 용접

가. 맞대기 용접 준비

1) 장비, 공구, 재료 준비

[그림 8-11]의 도면을 보고 과제 '❸ 가. 맞대기 용접 준비 1) 장비, 공구, 재료 준비'와 같은 방법으로 공구, 재료를 준비하고, 금속 백킹재(연강판 t6.0×38×260) 1개를 준비한다.

2) 맞대기 용접용 모재 가공

과제 '❸ 가. 맞대기 용접 준비, 2) 맞대기 용접용 모재 가공'과 같은 방법으로 모재를 가공한다.

나. 가용접 및 변형 방지판 부착

1) 연강판 백킹재로 가용접하기

피복 아크 용접봉 E7016 ϕ3.2를 용접 홀더에 물리고, 용접 전류를 110~130A로 조절한다.

베벨형으로 가공된 두 모재의 홈 부분이 아래로 향하며 용접선이 좌우가 되게 놓고 틈새 게이지를 사용하여 루트 간격을 약 6mm(보통 5~7mm) 정도 띄어 엇갈리지 않게 놓은 후 연강판 백킹재를 루트 간격 사이에 용접선 좌우가 동일하게 돌출되도록 맞춘 후 중심부 양쪽을 약간만 가용접한다.

가용접 상태를 점검하여 루트 간격이 맞게 되었는지 확인하고 한쪽 끝의 백킹재 양쪽을 20~30mm 정도 가접한다.

백킹재가 모재와 밀착되도록 한 후 반대편도 동일한 방법으로 가용접한 후 중심부도 튼튼하게 가용접한다.[그림 8-18 참조]

가용접 중에 약간의 변형이 생기게 되는데 역변형량 정도이므로 무시하면 된다.

2) 변형 방지판 부착

변형 방지판 2개를 모재 뒷면 양 끝에 용접한다.

다. 모재 고정

모재가 수평이며 용접선이 전후가 되고 홈 부분이 아래로 향하게 지그에 고정하고 작업자 머리보다 100~150mm 정도 높게, 작업하기 편한 높이로 고정한다.[그림 8-23 참조] 이 때 모재가 무거우므로 떨어지지 않게 단단하게 고정해야 된다.

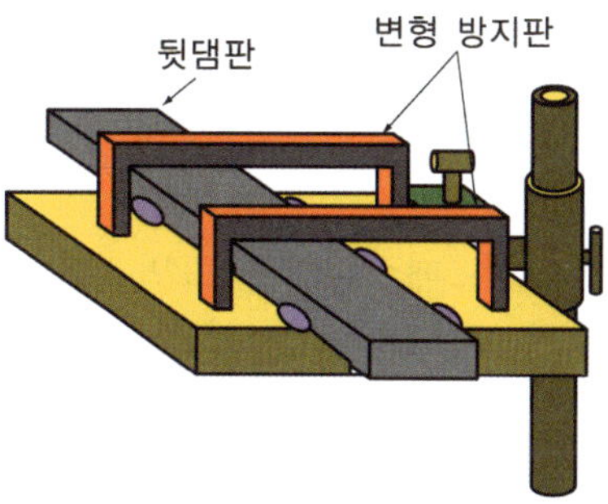

[그림 8 - 23] 위보기 맞대기 모재 고정

라. 위보기 자세 뒷댐판 맞대기 용접

1) 1층 비드쌓기

피복 아크 용접봉 E7016 ϕ4.0을 홀더의 135°(또는 180°) 홈에 물린 후 전류를 130~150A로 조절하고, 용접 홀더를 잡고 위보기 상태의 뒤편 백킹재 돌출부 끝 부근에 용접봉을 옮긴 후 헬멧을 쓰고 아크를 발생하여 홈안으로 당기며 아크를 안정시킨다. 이 때 작업각은 홈에 대하여 대칭이며, 진행각은 75~85°로 유지하고 루트 간격 사이를 반달형 또는 지그재그형을 하며 앞으로 당긴다.

하나의 용접봉이 다 소모되면 슬래그와 스패터를 제거하고 이음할 부분을 그라인더 등으로 경사지게 가공한 후 새 용접봉으로 이전 비드를 10~20mm 겹쳐서 아크를 발생하여 위와 같은 방법으로 이면 비드를 채운다.

한 층의 비드쌓기가 끝나면 비드를 겹쳐서 잇기하여 다른 부분보다 돌출된 부분을 핸드 그라인더로 다른 부분과 같은 높이가 되도록 가공한다.

2) 2~n층 비드쌓기

전류를 1층 비드쌓기와 같이 조절한 후, 2층 이상 비드는 이전 층 비드의 양 끝 사이가 용접봉의 중심이 오도록 반달형 위빙을 하며 상진한다.

위보기 자세의 경우 특히 비드 중앙이 처지기 쉬우므로 비드의 중심은 빠르게 양 끝은 약간씩 머무름을 하여 언더컷이 생기지 않게 한다.

루트면에서 멀어져 비드 폭이 25mm 이상 넓어질 경우는 한 층을 2패스 또는 3패스 정도의 비드로 겹치기 비드를 쌓는다.

각 패스마다 비드 겹침을 1/2~2/5 정도로 하며, 표면 비드 이전 층의 비드는 모재 표면보다 0.5~1mm 정도 낮게 쌓는다.

3) 표면 비드쌓기

용접봉 E7016 ϕ4.0을 홀더에 물리고, 전류를 2층 이후의 비드보다 10~20A 낮게 조정한 후 용접선 끝(뒤쪽) 백킹재 부근에 용접봉을 옮기고 헬멧을 쓴 후 아크를 발생하여 왼쪽 모재의 개선면 끝 모서리와 3층 비드의 약 2/5 정도 사이를 반달형 또는 지그재그형으로 위빙하며 진행한다.

표면 2패스 비드는 표면 1패스 비드의 약 1/2~2/5 정도 부분과 이전 층 비드의 우측 끝 사이를 반달형으로 위빙하며 앞으로 당긴다.

표면 3패스 비드는 오른쪽 모재의 개선면 상부 모서리와 표면 2패스 비드의 우측 1/2~2/5 부분을 겹쳐서 반달형 위빙을 하며 앞으로 당긴다. 이 때 비드 처짐이나 언더컷, 오버랩이 생기지 않도록 위빙을 정교하게 실시한다.

각 패스마다 비드 끊기와 잇기, 크레이터 처리, 돌출부 가공, 청소 등을 실시한다.

마. 변형 방지판, 금속 백킹재 제거

변형 방지판과 금속 백킹재를 가스절단이나 디스크 그라인더, 가우징 등의 방법으로 제거한다.

바. 용접부 청소 및 검사, 정리 정돈

용접이 끝나면 용접기의 전원, 벽의 전원을 차단한 다음, 용접부의 슬래그와 스패터를 제거하고 와이어 브러시나 휠 브러시로 깨끗이 청소한다.

용접부 청소가 끝나면 용접부의 외관을 검사한다.(과제 '❷ 바. 용접부 청소 및 검사 2) 검사하기'와 같이 검사한다.) 또한 필요하면 X선 탐상 시험이나, 초음파 탐상 시험, 굽힘 시험 등을 실시하고 평가 기준에 따라 평가한다.

작업이 완료되면 용접기, 사용했던 공구와 보호구를 손질하여 정리 정돈하고, 작업장 주위를 깨끗이 청소한다.

제9절 강관(파이프) V형 맞대기 피복 아크 용접

1 강관 아래보기 V형 맞대기 피복 아크 용접

가. 용접 준비와 모재 가공

용접기의 이상 유무 점검, 공구, 수평 회전 지그 및 보호구 준비, 그리고 압력배관용 탄소 강관(150A, 외경 165.2×70×t7.1(t11.0), 개선각 35°)을 2개, 피복 아크 용접봉(E7016, ϕ3.2) 등 재료를 준비한다.

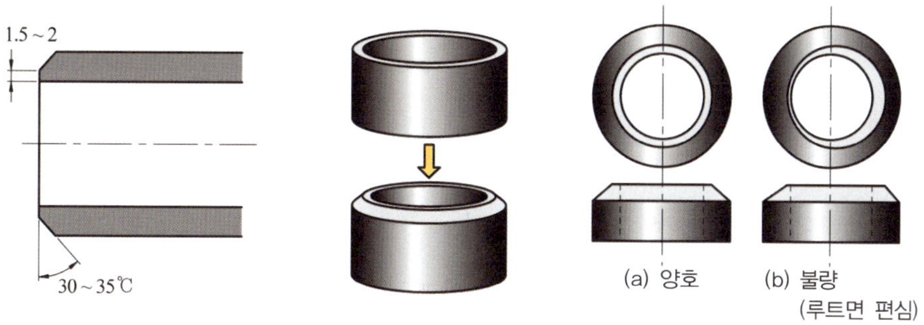

[그림 9-1] 강관 개선면 및 루트면 가공

준비된 강관을 [그림 9-1]과 같이 루트면을 1.5 ~ 2mm 이내로 균일하게 가공을 한다. 루트면 가공시 루트면의 두께가 불균일하면 키홀의 형성이 불균일해지므로 이면 비드의 형상, 높낮이도 불균일하게 된다.

나. 강관 가접(tack welding)

1) 전류 조절

피복 아크 용접봉 ϕ3.2로 1층(백) 비드를 놓을 경우 85 ~ 95A로 조절한다.

2) 가 접

가공된 강관의 원둘레를 4등분하여 석필이나 마카펜으로 표시한 후 가접대(별도 가접대가 없는 경우 앵글 사용)위에 놓고 루트 간격을 3mm 정도 벌린 후 표시점에 약 5 ~ 10mm 정도 가접을 한다. 가접 순서는 서로 대칭이 되도록 정한다.[그림 9-2 참조]

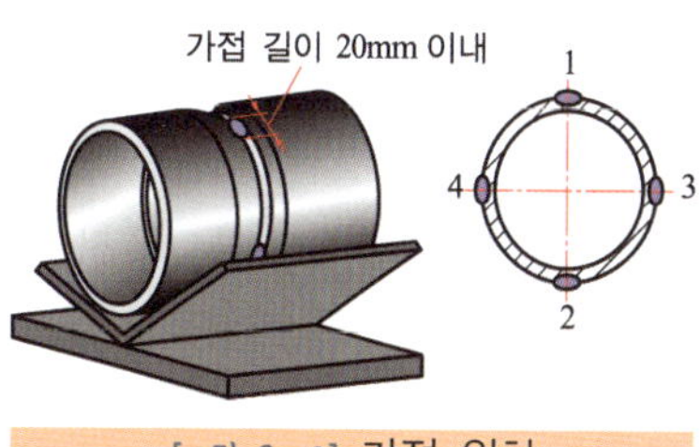

[그림 9-2] 가접 위치

3) 가접부 가공

가접부는 본용접시 완전 용착이 되어야 하므로 가접부를 깨끗이 청소한 후 가접부 양측을 경사지게 가공한다.[그림 9-3, 9-4 참조]

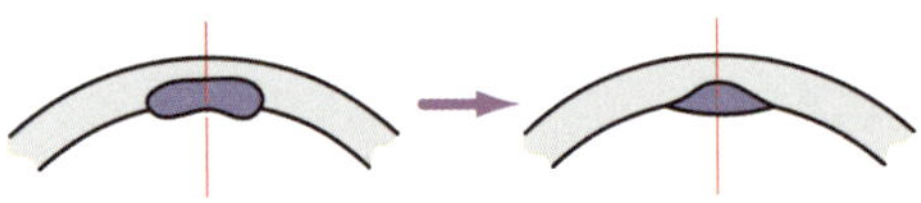

[그림 9-3] 가접부 경사지게 가공

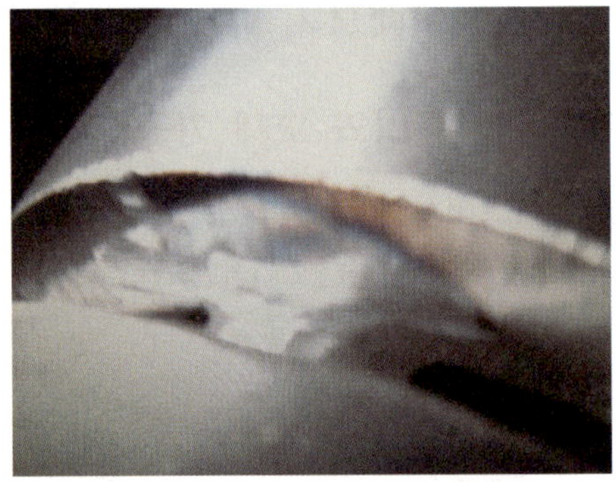

[그림 9-4] 강관 가접부의 가공상태의 예

다. 가접된 강관을 회전 지그에 설치

가접된 강관을 수평 회전 지그에 올려 배꼽 아래 정도 높이로 조절한다. 수동 또는 동력에 의해 강관이 회전이 되도록 하고 용접 속도에 맞게 회전 속도를 조절한 후 가접부가 50분 위치쯤 되게 강관 위치를 조정한다.

라. 1층(이면) 비드놓기

1) 자세 잡기

용접선이 좌우가 되도록 자세를 잡고 수직선에 대하여 진행 방향으로 5 ~ 15° 기울인 상태가 되도록 자세를 잡는다.

2) 회전 지그 위에서 이면 비드놓기

52 ~ 53분 부분의 가접부에 용접봉 끝을 위치한 후 헬멧을 쓰고 아크를 발생하여 아크를 안정시킨 후 키홀(key hole)이 형성되면 바로 루트면과 루트면 사이를 이전 용착부와 약 1/3 정도 겹치면서 키홀이 일정하도록 위빙하며 진행한다.[그림 9-5 참조]

비드 높이는 강관 표면보다 0.5 ~ 1.5mm 정도 낮게 쌓는다.(두께 7.1mm의 경우 2층으로 완성) 이 때 회전 지그는 용접 속도만큼 회전하도록 하여 항상 용접봉의 위치는 일정하도록 한다. 많은 연습이 필요하다.

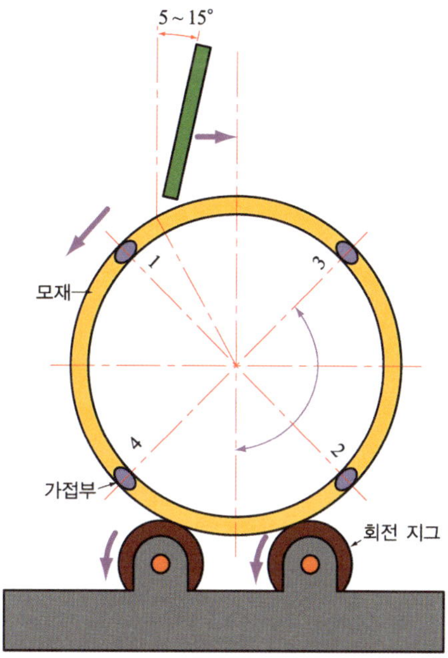

[그림 9 - 5] 용접 시작 위치

어떤 원인으로 아크가 중단되어 비드 잇기를 할 경우 비드 끝 부분의 슬래그를 제거하고, 4인치 핸드 그라인더로 경사지게 가공한다. 그리고 이전 비드 뒤 20 ~ 30mm 부분이 아크 발생 시점이 되도록 맞춘 후 위의 방법으로 용접을 한다.

이면 비드 전체를 위와 같은 방법으로 완성하면 2층 비드를 놓기 전에 겹쳐져서 비드가 높아진 곳을 다른 비드와 같은 높이로 깨끗하고 평탄하게 가공한다.

3) 고정 상태에서 이면 비드놓기

큰 바늘로 52 ~ 53분 부근의 가접부에 용접봉 끝을 위치한 후 헬멧을 쓰고 아크를 발생하여 아크를 안정시킨 후 키홀(key hole)이 형성되면 바로 루트면과 루트면 사이를 이전 용착부와 약 1/3 정도 겹치면서 키홀이 일정하도록 위빙하며 5분 부분까지 이면 비드를 놓는다.

비드 높이는 강관 표면보다 0.5 ~ 1.5mm 정도 낮게 쌓는다.(두께 7.1mm의 경우 2층으로 완성할 경우)

아크가 중단되어 비드 잇기가 필요하면 비드 끝 부분의 슬래그를 제거하고 4인치 핸드 그라인더로 경사지게 가공한 후 이전 비드 뒤 20 ~ 30mm 부분이 아크 발생 시점(52 ~ 53분)이 되도록 맞춘 후 위의 방법을 반복하며 용접한다. 이 때 마지막 이면 비드를 놓기 전에 맨 처음 아크를 발생한 가접부를 완전히 갈아낸 후 비드 잇기를 완성한다.(맨 처음 부분이나 잇는 부분은 용착 불량이나 기공, 슬래그 섞임이 많기 때문임)

이면 비드 전체를 위와 같은 방법으로 완성하면 2층 비드를 놓기 전에 겹쳐져서 비드가 높아진 곳을 다른 비드와 같은 높이로 깨끗하고 평탄하게 가공한다.

마. 2층(표면) 비드놓기

1) 회전 지그 위에서 2층(표면) 비드놓기

전류를 120 ~ 150A(ϕ4.0을 사용할 경우)로 조절하고 용접봉 ϕ4.0을 홀더에 물린다.

시작 부분의 강관 개선면 위의 한쪽 모서리에서 아크를 발생하여 아크를 안정시키며 다음 모서리까지 약간 천천히 움직인다. 아크가 안정되면 개선면 상부 모서리에서 모서리까지 위빙하며 비드가 모재 표면보다 1.5 ~ 2mm 정도 높게 쌓이도록 진행한다. 이 때 용접봉 끝의 1/3 ~ 1/4 정도가 개선면 모서리에 위치하도록 하며, 회전 지그는 용접 속도에 맞게 회전되도록 하여 용접 위치는 항상 일정하게 되도록 한다.

잇는 부분은 이면 비드놓기와 같이 이전 비드 끝의 20 ~ 30mm 부분이 아크 발생 시점이 되도록 하여 표면 비드를 놓은 후 겹쳐져서 비드가 높아진 부분은 다른 비드와 같은 높이가 되도록 가공한다.

2) 고정 상태에서 2층 비드놓기

자세, 비드 잇기, 겹쳐진 부분 가공 등은 회전 지그 위의 방법과 같으나 용접 방법은 52 ~ 53분 부근에서 5분 정도 위치까지 작업각과 진행각을 맞추어 비드 높이가 강관 표면보다 1.5 ~ 2mm 정도 되도록 쌓으며 진행한다.

비드 잇기나 잇는 부분의 시점의 위치는 회전 지그 위에서 비드놓는 방법과 같이하면 된다. 비드 잇는 부분 중 겹쳐져서 비드가 높아진 부분은 다른 비드와 같은 높이가 되도록 가공한다.

바. 용접부 검사 및 반복 실습

용접이 완성되면 용접부를 깨끗이 청소한 후 외관, 비드의 파형, 겹침 상태, 용접 결함 유무, 이면 비드의 용착 상태 등을 검사한 후 잘못된 점을 시정하려고 노력하며 반복 실습한다.

2 강관 수평자세 V형 맞대기 피복 아크 용접

가. 용접 준비와 모재 가공

아래보기 자세와 같이 한다.

나. 강관 가접(tack welding)

아래보기 자세와 같이 적용한다. 스트롱 백을 사용하여 가접할 경우 변형이 한층 적어질 수 있다.

다. 가접된 강관 고정

강관을 용접할 때 강관이 회전 가능한 경우와 강관이 고정된 상태에서 전둘레를 용접하는 경우로 구분할 수 있다.

강관이 회전 가능한 경우 가접된 강관의 용접선이 수평이 되도록 강관을 수직으로 세워 큰 바늘로 37~38분 부근이 가접 부위가 오며 작업하기 적합한 높이로 회전 원판에 고정한다.

라. 1층(백) 비드놓기

1) 1층 비드놓기

작업대 앞에 편하게 앉아 용접봉 끝을 37~38분 부근에 가까이 접근시킨 후 헬멧을 쓰고 아크를 발생한다.

수직선에 대하여 작업각을 80~90°, 진행각은 원주의 수평 접선에 대하여 75~85°가 되게 유지하며 상하 루트면 사이를 위빙하여 키홀을 형성하며 22~23분 부근까지 우진한다. [그림 9-6 참조]

강관이 고정된 경우는 [그림 9-7]과 같이 작업자가 우측 방향으로 돌며 위와 같은 방법으로 이면 비드, 표면 비드 등을 놓는다.

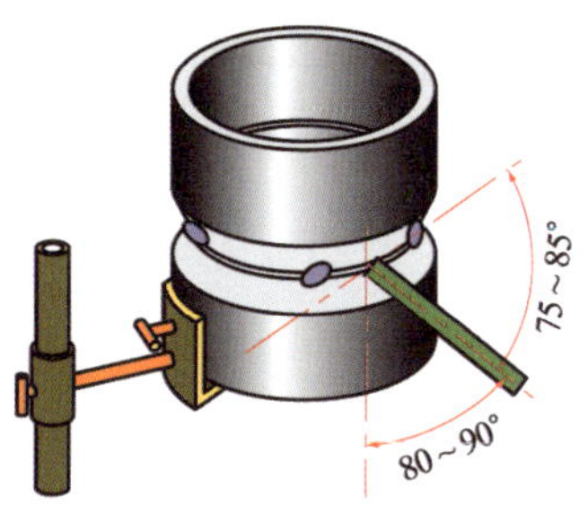

[그림 9-6] 용접봉 각도

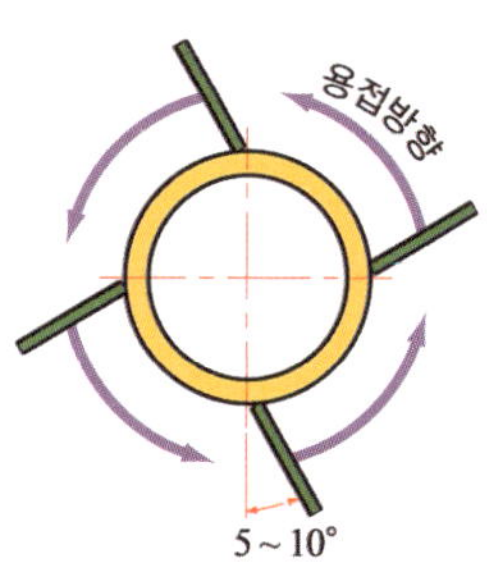

[그림 9-7] 용접 진행 방향

2) 1층 비드 잇기

비드 잇는 부분을 [그림 9-8]과 같이 가공한 후 이전 비드 끝에서 뒤로 20 ~ 30mm 지점이 용접 시작점이 되도록 강관을 회전시킨 후 위의 작업 방법을 반복하여 이면 비드를 완성한다.

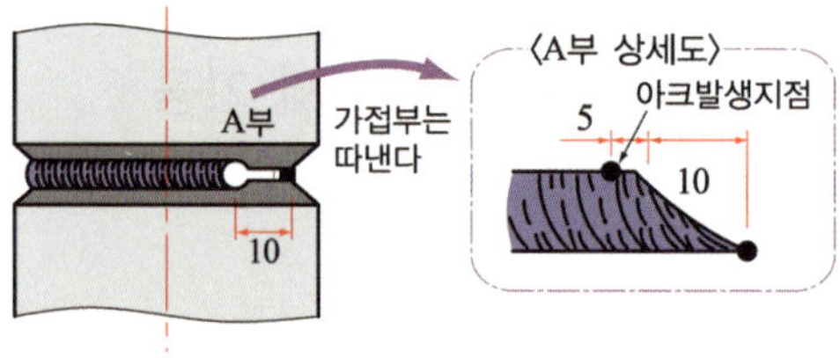

[그림 9-8] 비드 잇기 전 비드 끝 가공

3) 비드 겹쳐 이은 부분의 돌출부 가공

1층 비드가 완성되면 용접부를 깨끗이 청소하고 2층 비드를 놓기 전에 비드 잇기 중에 이전 비드를 겹쳐서 부분을 다른 부분과 같이 평탄하게 가공한다.

마. 2층(표면) 비드놓기

평판 V형 맞대기의 표면 비드를 놓는 방법과 같이 용접 시점(약 37 ~ 38분 부분)을 용접봉 끝이 하단 강관 모서리를 1/4 정도 겹쳐지게 유지하며 원둘레 전체를 좁은 비드를 놓는다.[그림 9-9 (a) 참조]

2층 1패스 비드가 끝나면 깨끗이 청소한 후 1패스 비드의 상단에 용접봉 하단이 오도록 하여 좁은 비드를 놓는다.[그림 9-9 (b) 참조]

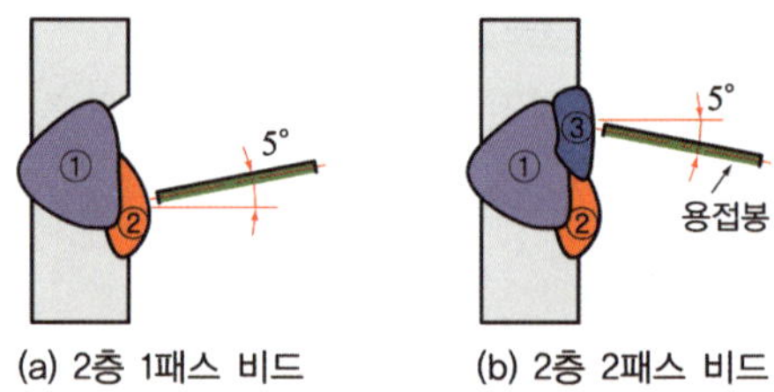

[그림 9-9] 2층 비드 놓는 법

바. 용접부 검사 및 반복 실습

용접이 완성되면 용접부를 깨끗이 청소한 후 외관, 비드의 파형, 겹침 상태, 용접 결함 유무, 이면 비드의 용착 상태 등을 검사한 후 잘못된 점을 시정하려고 노력하며 반복 실습한다.[그림 9-10 참조]

[그림 9-10] 완성된 외관의 결함

3 강관 전자세 비드놓기 피복 아크 용접

가. 작업준비

강관 전자세 비드놓기는 강관이 수평으로 고정된 상태에서 용접이 완전 끝날 때까지는 움직이지 않고 용접을 완성하는 것이 원칙이다. 이 때 아래 부분은 위보기, 양 옆부분은 수직자세, 윗부분은 아래보기 자세가 되는 용접 자세이다.

길이 약 150mm 정도 되는 강관을 준비하여 원둘레에 강관 끝단과 평행원이 되도록 석필이나 마카펜으로 약 10mm 폭으로 선명하게 2줄의 금긋기를 한다.(팽행원 연습에 중요)

나. 모재 고정

금긋기한 강관을 지그에 용접선이 수직이 되도록 고정한 후 작업자의 머리보다 약 10cm 높게 고정한다. [그림 9-11 참조]

[그림 9-11] 위보기 자세 모재 높이

다. 전류 조정

용접 전류를 90 ~ 110A(E7016, ϕ3.2)로 조절한다.

라. 전자세 비드놓기

1) 위보기 자세 비드놓기

용접 시점은 강관 하단 32 ~ 33분(또는 27 ~ 28분) 부근에 옮긴 후 헬멧을 쓰고 아크를 발생한 후 작업각은 90°, 진행각은 강관 중심선에 대하여 진행 방향으로 5 ~ 10° 기울인 상태가 되게 유지하고 진행 방향에 대하여 직각 방향으로 약 10mm 폭으로 부채꼴형(또는 백스텝형)으로 위빙하며 20분(40분) 방향으로 진행한다.[그림 9-12 참조]

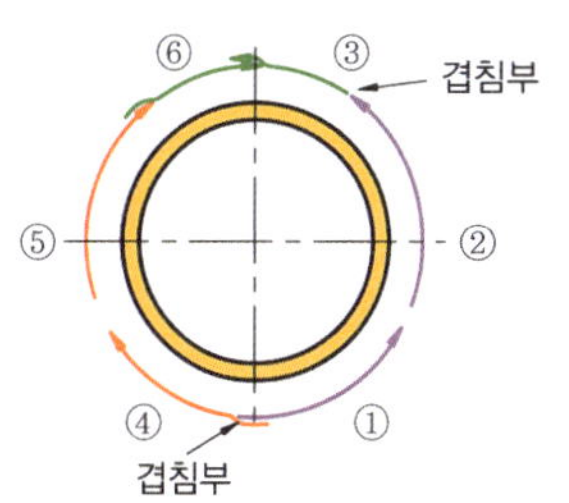

[그림 9-12] 용접자세 및 순서

이 때 용착 금속이 용락되거나 스패터가 많이 발생하므로 아크 길이를 최대한 짧게 유지하며, 한곳에서 머물지 않도록 일정한 속도로 진행하며, 특히 양 끝부분은 약 0.5 ~ 1초 정도 머물고 중심은 빠르게 움직여 비드의 중심이 볼록하지 않도록 한다.

2) 수직자세 비드놓기

위보기 자세에서 큰 바늘로 20분(40분) 부분부터는 수직자세가 되지만 일부러 아크를 끊지말고 자연스럽게 수직자세가 되도록 부드럽게 몸과 용접봉 각도를 회전하여 10분(또는 50분)까지 상진한다.

작업각은 90°, 진행 반대각은 중심선에 대하여 하단으로 5 ~ 10° 기울인 각도를 유지한다.

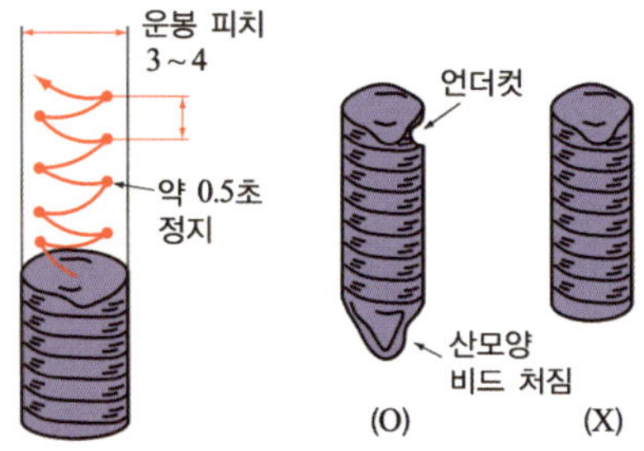

[그림 9 - 13] 수직자세 운봉 및 비드 외관

모든 위빙 비드는 양 끝에서 0.5 ~ 1초 정도 멈추는 듯하고 중심부는 빨리 움직여서 비드 중심이 볼록하지 않으며 언더컷이 발생하지 않도록 해야 된다.[그림 9-13 참조]

3) 반대편 비드놓기

반대편도 위보기 자세와 수직자세 부분을 작업 방법 '1) ~ 2)'와 같은 방법으로 비드놓기를 한다.

위보기 자세 비드놓기 시작부분은 높은 압력이 걸리는 경우는 비드놓기 시작 전에 납작하고 경사지게 가공을 한 후 이전 비드를 10 ~ 20mm 이상 겹쳐서 용접한 후 겹쳐져서 높아진 부분은 평탄하게 가공해야 된다.

4) 아래보기 자세 비드놓기

수직자세에서 더 이상 비드놓기가 어려운 자세가 되면 아크를 끊고 아래보기 자세 비드놓기가 가능한 높이로 낮춘 후 비드 잇기 방법과 같이 용접봉의 각도를 유지하며 아래보기 자세 비드를 놓는다.[그림 9-14 참조]

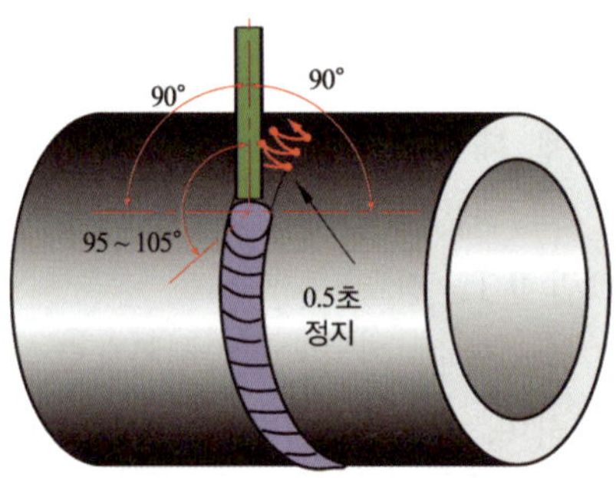

[그림 9 - 14] 아래보기 운봉각도

5) 비드 잇기

각 자세에서 어떤 원인으로 아크가 끊어졌거나 용접봉 소모가 다 되어 아크를 끊은 경우 비드 잇기를 한다.

비드 잇는 방법은 두 가지로 생각할 수 있다. 용접부가 큰 장력이 걸리는 경우는 비드 끝단에서 이전 비드를 약 10 ~ 20mm 이상 겹쳐서 비드를 놓은 후 높아진 부분을 연삭하는 방법을 적용하는 것이 좋다.

큰 장력을 요하지 않는 경우는 이전 비드 끝의 20 ~ 30mm 부분에서 아크를 발생하여 아크 불빛을 보고 빨리 이전 비드의 크레이터 부분의 원형 안으로 이동한 후 크레이터 부분을 1회 왕복 정도로 느리게 운봉하여 용착을 확실하게 시킨 후 정상 속도로 위빙하여 진행하는 방법이 있다.

6) 용접부 검사 및 반복 실습

용접이 완성되면 용접 상태를 검사하고 잘못된 점을 시정하려고 노력하며 숙련될 때까지 반복 실습한다.[그림 9-15 참조]

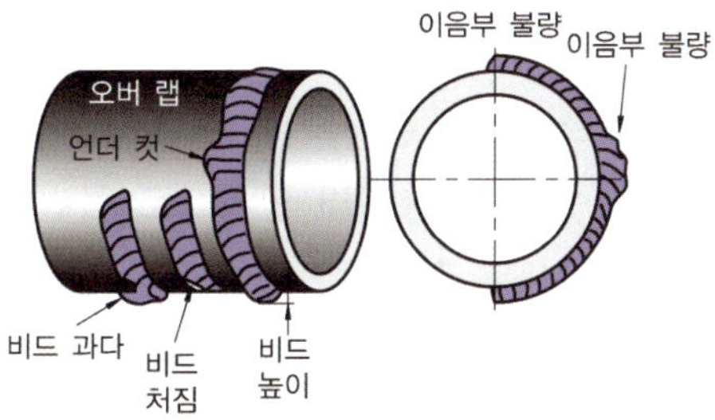

[그림 9 - 15] 비드 외관 검사

4 강관 전자세(5G) V형 맞대기 피복 아크 용접

가. 용접 준비와 모재 가공

아래보기 자세와 같은 방법으로 준비와 모재 가공을 한다.

나. 강관 가접(tack welding)

아래보기 자세와 같은 방법으로 가접하거나 스트롱 백을 사용하여 가접한다.

다. 가접된 강관 고정

전자세 비드놓기와 같은 방법으로 가접된 강관을 고정한다.[그림 9-16 참조]

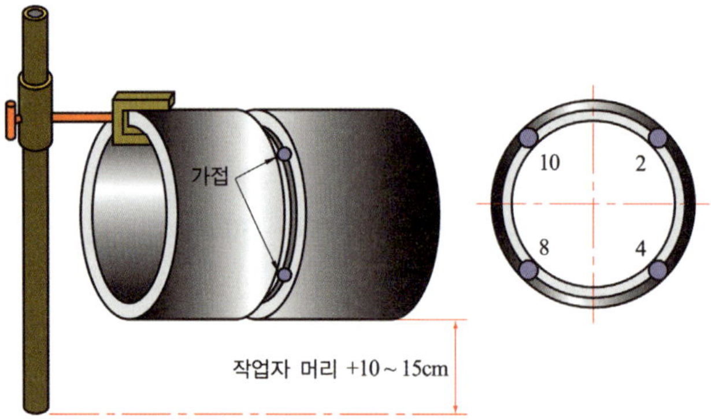

[그림 9-16] 전자세 강관 고정

라. 1층(백) 비드놓기

1) 자세 잡기

보호구, 특히 머리나 목부분에 스패터나 용락되는 쇳물이 들어가지 않도록 보후구를 잘 착용하고, 용접봉은 홀더와 일직선이 되도록 홀더 앞쪽으로 물린다.

위보기 자세가 될 수 있도록 자세를 취한다.

2) 위보기 자세 이면 비드놓기

용접봉을 강관 하단 32 ~ 33분(또는 27 ~ 28분) 부근에 옮긴 후 헬멧을 쓰고 아크를 발생한 후 키홀(key hole)이 형성되면 바로 루트면과 루트면 사이를 이전 용착부와 약 1/3 정도 겹치면서 키홀이 일정하도록 위빙하며 진행한다.

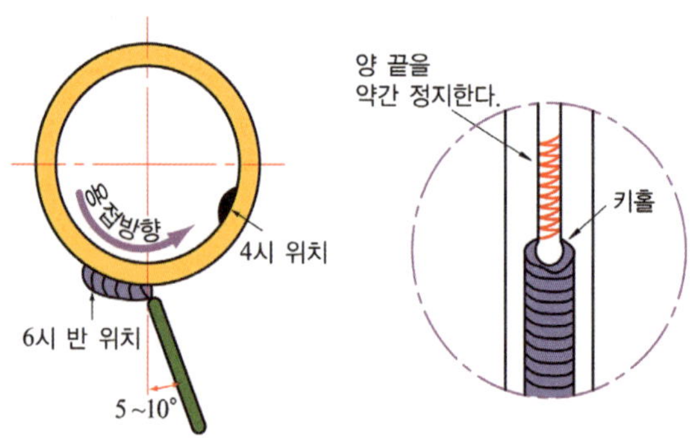

[그림 9-17] 위보기 자세 비드놓기

[그림 9-17 참조] 이 때 작업각은 90°, 진행각은 강관 중심선에 대하여 진행 방향으로 5 ~ 10° 기울인 상태가 되게 유지하고 진행 방향에 대하여 직각 방향으로 약 10mm 폭으로 부채꼴형(또는 백스텝형)으로 위빙하며 20분(40분) 방향으로 진행한다.

비드 높이는 강관 표면보다 0.5 ~ 1.5mm 정도 낮게 쌓는다.(두께 7.1mm의 경우 2층으로 완성) 이 때 용착 금속이 용락되거나 스패터가 많이 발생하므로 아크 길이를 최대한 짧게 유지하고, 한곳에서 머물지 않도록 일정한 속도로 진행하며, 특히 양 끝부분은 약 0.5 ~ 1초 정도 머물고 중심은 빠르게 움직여 비드의 중심이 볼록하지 않도록 한다.

3) 수직자세 이면 비드놓기

위보기 자세에서 20분(40분) 부분부터는 수직자세가 되지만 일부러 아크를 끊지 말고 자연스럽게 수직자세가 되도록 부드럽게 몸과 용접봉 각도를 회전하여 10분(또는 50분)까지 상진한다.

작업각은 90°, 진행 반대각은 중심선에 대하여 하단으로 5 ~ 10° 기울인 각도를 유지하며, 비드 양 끝에서 0.5 ~ 1초 정도 멈추는 듯하고 중심부는 빨리 움직여서 비드 중심이 볼록하지 않으며 언더컷이 발생하지 않도록 해야 된다.

4) 반대편 위보기 및 수직자세 이면 비드놓기

상부의 아래보기 자세 이면 비드를 놓기 전에 반대편의 위보기 자세와 수직자세 부분을 위와 같은 방법으로 이면 비드놓기를 한다.

위보기 자세 이면 비드놓기 시작부분은 높은 압력이 걸리는 경우는 비드놓기 시작 전에 납작하고 경사지게 가공을 한 후 이전 비드를 10 ~ 20mm 이상 겹쳐서 용접한 후 겹쳐져서 높아진 부분은 평탄하게 가공해야 된다.

5) 아래보기 자세 이면 비드놓기

아래보기 자세는 위보기 자세로 높이가 맞추어져 있기 때문에 아래보기 자세가 가능하도록 강관의 높이를 낮추어야 된다.

수직자세 이면 비드가 끝난 비드의 끝에서 약 10 ~ 20mm 겹쳐서 위빙 비드로 55분(5분) 부근까지 [그림 9-14]와 같이 각도를 유지하며 아래보기 자세 비드를 놓는다.

반대편도 동일한 방법으로 이면 비드를 놓는다.

6) 이면 비드 잇기

각 자세에서 어떤 원인으로 아크가 끊어졌거나 용접봉 소모가 다 되어 아크를 끊은 경우 비드 잇기를 한다.

이면 비드 잇는 방법은 두 가지로 생각할 수 있다. 용접부가 큰 장력이 걸리는 경우는 비드 끝단에서 이전 비드를 약 10 ~ 20mm 이상 겹쳐서 비드를 놓은 후 높아진 부분을 연삭하는 방법을 적용하는 것이 좋다.

큰 장력을 요하지 않는 경우는 이전 비드 끝의 20 ~ 30mm 부분에서 아크를 발생하여 아크 불빛을 보고 빨리 이전 비드의 크레이터 부분의 원형 안으로 이동한 후 크레이터 부분을 1회 왕복 정도로 느리게 운봉하여 용착을 확실하게 시킨 후 정상 속도로 위빙하여 진행하는 방법이 있다.

마. 2층(표면) 비드놓기

표면 비드놓기는 강관 전자세 비드놓기와 거의 같이 하면 된다. 다만 V홈 안에 이미 비드가 쌓여져 있으며, 비드 상태가 강관 표면처럼 매끈하지 않고 높낮이나 파형, 비드폭 등이 고르지 않기 때문에 이전 비드의 상태를 파악하면서 강관 개선면 모서리와 모서리 사이를 용접봉의 중심이 모서리 부분이 되도록 위빙하여 위보기 자세, 수직자세 아래보기 자세로 연결시킨다.[그림 9-18 참조] 표면 비드의 높이는 모재 표면보다 2 ~ 3mm(모재 두께의 20% 이내)가 적당하다.[그림 9-19 참조]

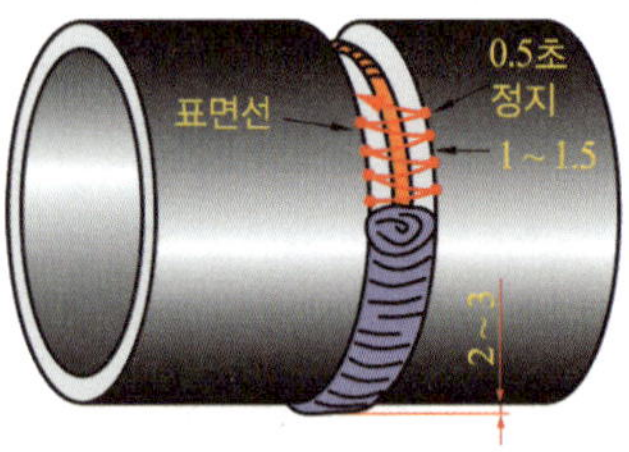

[그림 9 - 18] 표면비드 놓기

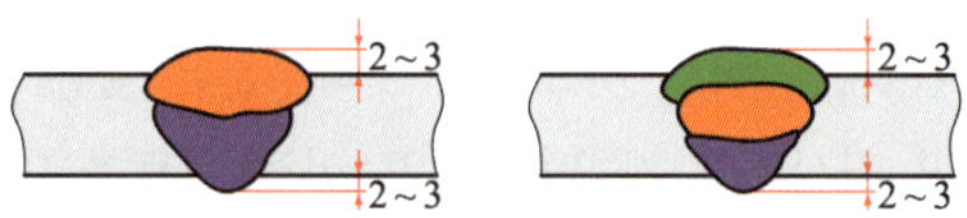

[그림 9 - 19] 표면 비드의 높이

바. 용접부 검사 및 반복 실습

용접이 완성되면 용접 상태를 검사하고 잘못된 점을 시정하려고 노력하며 숙련될 때까지 반복 실습한다.[그림 9-20 참조]

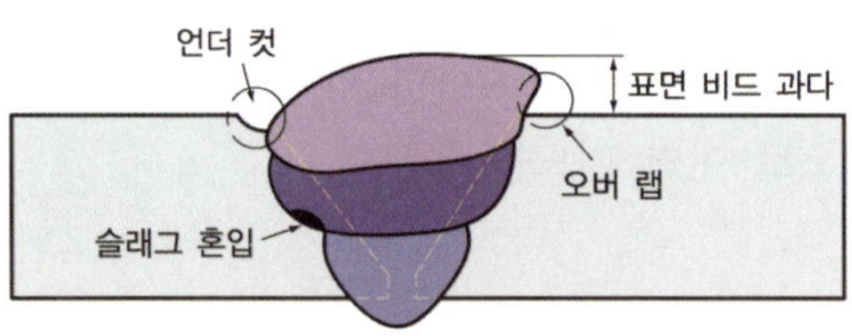

[그림 9 - 20] 강관 V형 맞대기 외관 검사

사. 정리 정돈

각 작업이 끝나면 사용했던 기계나 공구, 보호구 등을 깨끗이 손질하여 다음에 바로 사용이 가능하도록 관리하고, 주위를 깨끗이 청소한다.

5 강관 45° 경사 전자세 맞대기 피복 아크 용접

가. 강관 45° 경사 전자세 맞대기 작업 준비

과제 '❶ 가. 용접 준비와 모재 가공'과 같은 방법으로 모재(강관), 용접봉을 준비하여 가공한다.

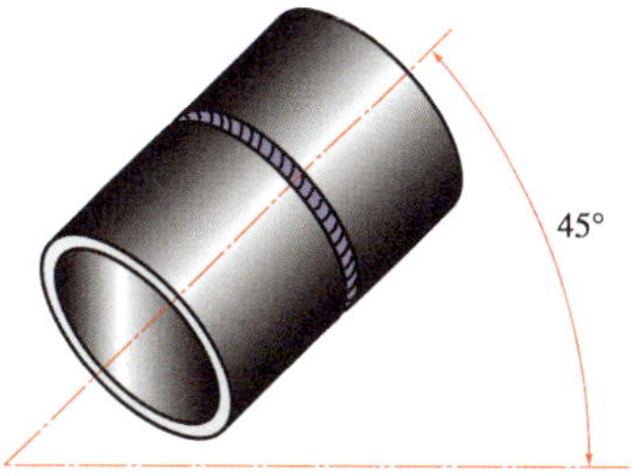

[그림 9-21] 강관 45° 경사 맞대기 용접(6G)

나. 강관 가용접

과제 '❶ 나. 강관 가접'과 같은 방법으로 가접한다. 가접시 ϕ3.2 피복 금속 아크 용접봉 심선이나 가스 용접봉을 [그림 9-22]와 같이 V자로 굽혀 루트 간격 사이로 밀어 넣고 가접하는 방법도 있으며 스트롱 백을 사용하여 가접하면 변형도 줄일 수 있다.

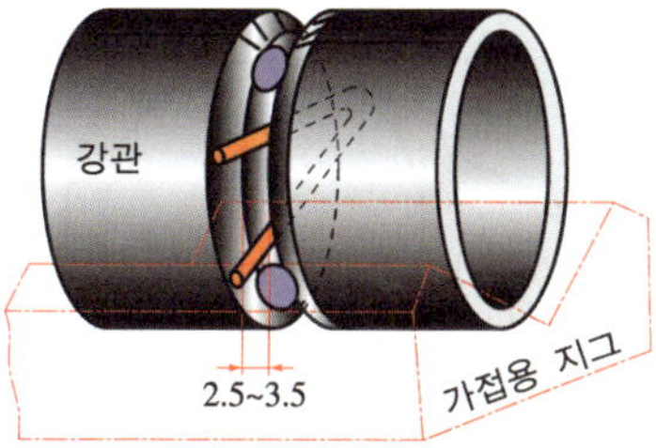

[그림 9-22] 강관 V형 맞대기 이음 가접 방법

다. 모재 고정

가접된 강관을 수평선에 대하여 45°로 경사지게 머리보다 10~15cm 높게 고정시킨다.[그림 9-23 참조] 이때 가접부의 위치는 시계의 2, 4, 8, 10시 부분이 되게 하며, 고정된 모재가 떨어지지 않도록 단단하게 고정한다.

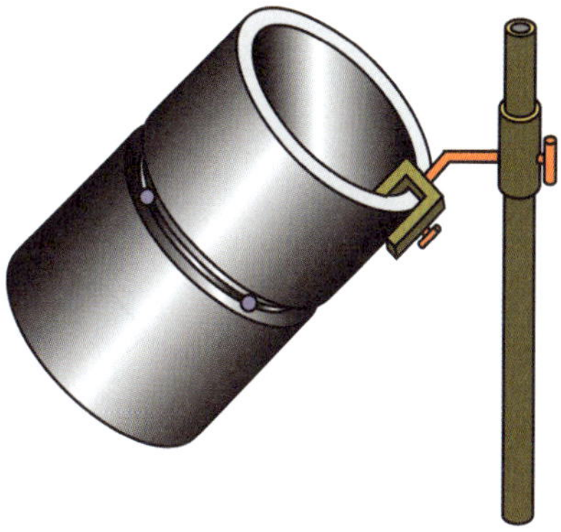

[그림 9-23] 강관 45° 경사 전자세 맞대기 용접시 모재 고정

라. 전자세 V형 맞대기 용접

1) 1층(이면) 비드쌓기

피복 금속 아크 용접봉 E7016 ϕ3.2를 홀더의 180(135)° 홈에 물리고 전류를 85~105A로 조절한다.

지면에 우측 무릎을 대고 좌측 무릎을 ㄱ자로 굽힌 자세에서 피복 금속 아크 용접봉을 6시 반(또는 5시 반) 쪽으로 옮긴 후 헬멧을 쓰고 피복 금속 아크 용접봉을 살짝 접촉시켜 아크를 발생한 다음 아크를 안정시킨다.

루트면이 용융되어 키홀이 형성될 때까지는 위빙을 하지 않고 조심스럽게 홈 깊숙이 피복 아크 용접봉을 밀어 넣어야 되며, 키홀이 형성되면 운봉각을 [그림 9-24]와 같이 유지하며 루트면 좌우 홈이 면쪽 1~2mm까지 경사 위빙하며 진행한다.[그림 9-25 참조]

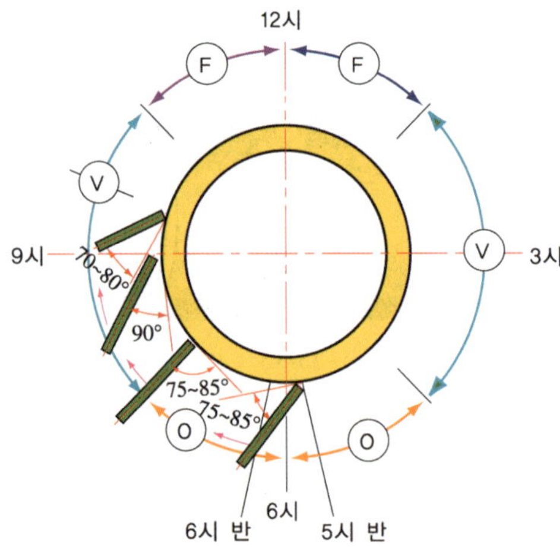

[그림 9-24] 강관 45° 경사 전자세 맞대기 위치별 용접봉각

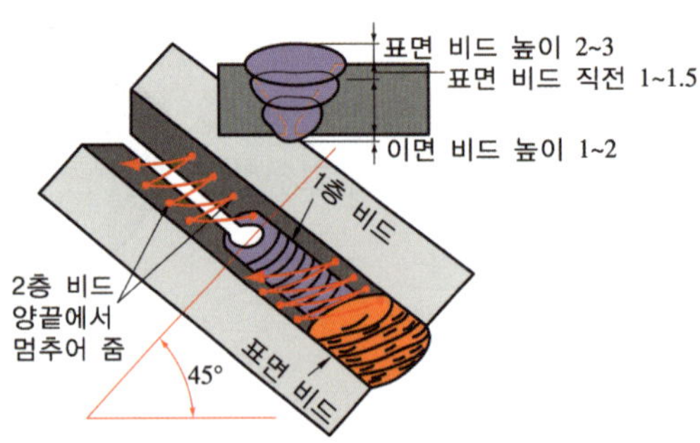

[그림 9-25] 경사 전자세 각층 비드의 운봉법과 비드의 높이

6시 반에서 2시 사이, 5시 반에서 10시 사이는 위보기 자세와 수직 자세, 2시에서 12시 사이, 10시에서 12시 사이는 아래보기 자세를 구분없이 자연스럽게 연결하여 비드를 쌓는다.

사용하던 용접봉이 다 소모되었거나 어떤 사유든 아크가 끊어진 경우 이음부를 정이나 디스크(핸드) 그라인더로 경사지게 가공한다.[그림 9-26 참조]

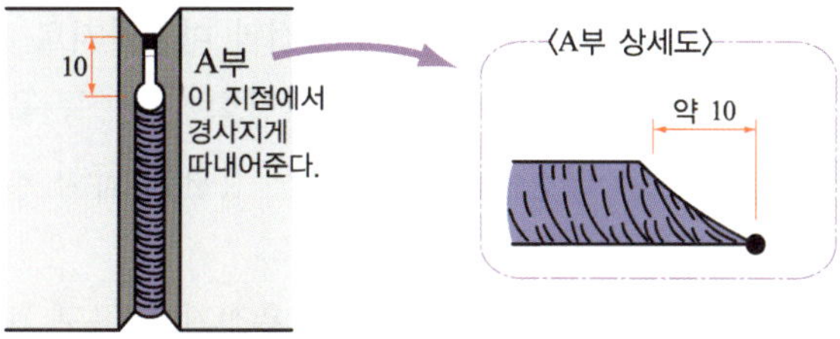

[그림 9-26] 이면 비드 이음부를 경사지게 가공

이면 비드 용접 중 키홀이 너무 커지면 운봉법을 조절하고 휘핑법을 취하며 필요하면 아크를 끊고 전류를 조절한다.

용접이 끝나면 용접부를 깨끗이 청소한다.

2) 2~n층 비드쌓기

모재를 1층 비드쌓기와 같이 고정하고, 피복 금속 아크 용접봉 E7016 ϕ4.0을 홀더에 물리고 전류를 120~160A로 조절한 후 1층 비드쌓기와 같은 위치에서 위보기 자세, 수직 자세, 아래보기 자세 비드쌓기를 한다.

운봉각은 1층 비드쌓기와 같으나 표면 비드 직전의 비드 높이는 모재 표면보다 0.5~1mm 정도 낮게 되도록 용접한다. 운봉시 수직 자세 부분에서는 경사 위빙을 한다.[그림 9-26 참조]

각층 비드쌓기가 끝나면 슬래그, 스패터를 깨끗이 제거하고 와이어 브러시로 깨끗이 청소한다.

3) 표면 비드쌓기

표면 비드쌓기 직전의 비드쌓기와 같은 조건으로 용접하나 운봉폭을 모서리와 모서리까지로 하며, 비드 덧살 높이는 모재 표면보다 2~3mm 정도 높이로 용접한다. 이 때 비드 처짐과 언더컷 발생에 주의한다.

마. 용접부 청소 및 검사, 정리 정돈

용접부 위의 슬래그와 스패터를 슬래그 해머로 깨끗이 제거하고, 와이어 브러시로 깨끗이 청소한 후 표면 비드의 미려도, 이면 비드의 용입 상태, 비드의 처짐, 파형, 폭, 언더컷, 오버랩 등의 외관검사를 한다.

모든 강관 맞대기 용접부의 검사도 평판 맞대기 용접과 마찬가지로 필요하면 방사선 탐상이나 초음파 탐상시험 등의 비파괴 검사, 기계적 시험(굽힘 시험 등)을 한다.

굽힘 시험을 할 경우 굽힘 시험 규정에 따라 용접된 강관을 굽힘 시험편 규격으로 절단(각 자세별 2개) 및 가공하여 굽힘 시험을 한다.

용접이 끝나면 용접기 전원을 차단하고, 사용했던 용접기와 공구, 보호구를 깨끗이 손질하여 보관한 후 주위를 깨끗이 청소한다.

PART 04

이산화탄산가스 (CO_2) 용접

용접 실습

용접 실습

04 이산화탄산가스(CO_2) 용접

제1절 CO_2 용접기 설치 및 조작하기

1 CO_2 용접기의 개요

가. GMAW와 CO_2 용접

GMAW란 CO_2/MAG(MIG) 용접기를 사용하여 CO_2 가스나 Ar 가스, 또는 CO_2 가스와 Ar 혼합 가스 분위기에서 각종 금속재료에 와이어를 공급하며 아크열을 발생하여 용융 접합하는 아크용접을 총칭하며, CO_2 가스만 사용하는 경우를 CO_2 용접, 혼합가스를 사용하는 경우를 MAG(metal active gas) 용접, 불활성가스(아르곤 등)만 사용하는 경우를 MIG(metal inert gas) 용접이라고 구분한다.

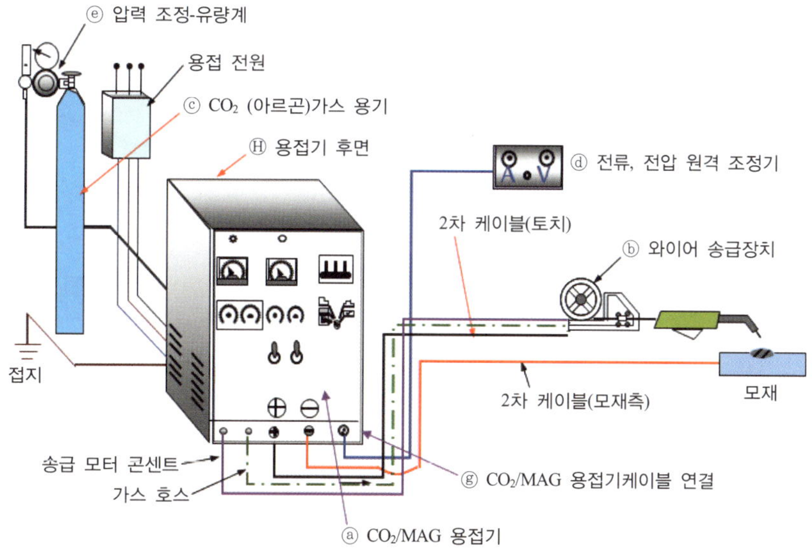

[그림 I-1] CO_2 용접기의 각부 명칭

원리는 송급 장치의 릴에서 송급 롤러에 의해 송급되는 와이어가 콘택트 팁을 통과할 때 용접 전류가 와이어와 모재에 전도되어 아크가 발생되어 용융 접합되며, 이 때 아크 및 용융 금속을 대기로부터 보호하기 위해 토치 선단의 노즐을 통하여 보호 가스(CO_2, Ar, CO_2+Ar)를 분출시킨다.

나. CO_2 용접기의 전원 특성

CO_2 용접기는 일반적으로 용접기 본체와 와이어 송급 장치, 와이어 송급 제어 장치, 가스 제어 장치 등이 있으며, 전원 특성은 일반적으로 상승 특성과 정전압 특성이 적용되며, 전원은 교류 전원이 입력되어 용접기에서 정류되어 직류 역극성으로 출력되며, 보통 3상으로 연결되어 있다.[그림 1-1 참조]

다. 용접 장치

1) 와이어 송급 장치

와이어 송급 장치는 사용 목적에 따라 푸시(push)식, 풀(full)식, 푸시-풀식, 더블 푸시 풀식 등이 있으며, 정속도 송급 방식이 사용되고 있다.[그림 1-2 참조]

정속도 송급 방식이란 와이어 송급 속도를 한번 조정하면 일정한 속도로 송급되는 방식을 말한다.

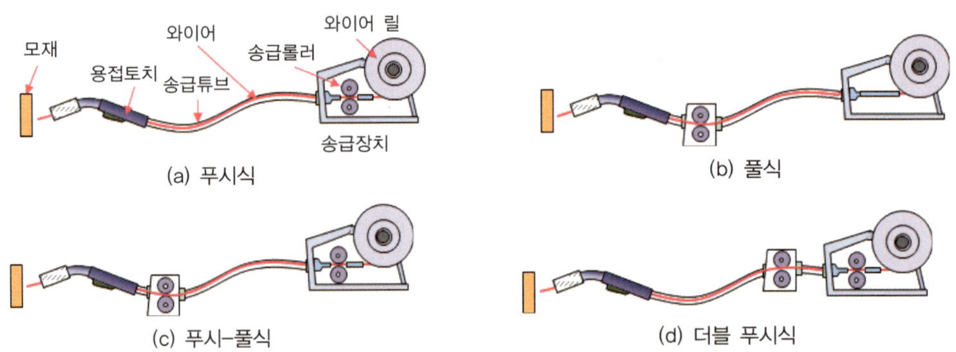

[그림 1-2] 와이어 송급 방식

표 1-1 CO_2(MIG) 용접기 전원 설비 용량

항 목 \ 용 량(A)	200	350	500	600
설비 용량(kVA)	6.3	16	26.5	38
정격 사용율	40	60	60	100
출력전류조정범위(A)	50 ~ 200	50 ~ 350	50 ~ 500	50 ~ 600
출력전압조정범위(V)	15 ~ 25	16 ~ 36	16 ~ 42	16 ~ 55
입력측 케이블(mm)	5.5 이상	14 이상	22 이상	27 이상
출력측 케이블(mm^2)	22 이상	38 이상	60 이상	80 이상
접지선(mm^2)	14 이상			22 이상

2) 제어 장치

제어 장치에는 와이어 송급 제어 장치, 보호 가스 제어 장치, 냉각수 공급 제어 장치(수냉식의 경우) 등이 있으며, 하나의 제어 상자에 넣어 한곳에서 조작할 수 있게 되어 있다.

3) 용접 토치

용접 토치에는 냉각 방식에 따라 수냉식과 공냉식이 있으며, 작동 방식에 따라 수동식, 반자동식, 전자동식이 있다. 현장에서는 일반적으로 반자동식이 많이 사용되며, 토치 끝에는 접촉 팁, 또는 콘택트 튜브(contact tube)라고 하는 용접 팁과 노즐이 채결되어 있다.

라. 와이어 종류에 의한 분류

1) 솔리드 와이어 방식

솔리드 와이어를 용가재로 사용하는 방법으로 단락 이행에 의해 박판 용접에 주로 사용되며, 후판 용접에는 그다지 이용되지 않는다. 이 방법에 보호 가스를 적당히 사용하면 스패터도 감소되고, 이산화탄산가스에 아르곤 가스를 30% 정도 혼합하면 그 효과를 인정할 수 있으며, 75 ~ 85% 혼합할 경우 가장 좋은 상태가 된다.

2) 플럭스 코드 와이어 방식

박판의 강대(鋼帶)를 절곡해서 그 속에 탈산제, 합금 원소 등 용제를 말아 넣은 것으로 그 형식에 따라 아코스 와이어, Y관상 와이어, S관상 와이어, NCG 와이어 방식이 있다.

[그림 1-3] 플럭스 코드 와이어의 구조

2 CO_2 용접기 설치

가. 작업준비

1) 용접기와 관련 장치, 부품, 재료 준비

설명서, 용접기 셋, 와이어 송급장치, 토치 셋, 전원 케이블, 가스설비, 압력-유량계 등을 준비한다. [그림 1-4 참조]

솔리드 와이어 ϕ1.2(YGW-12)를 준비한다.

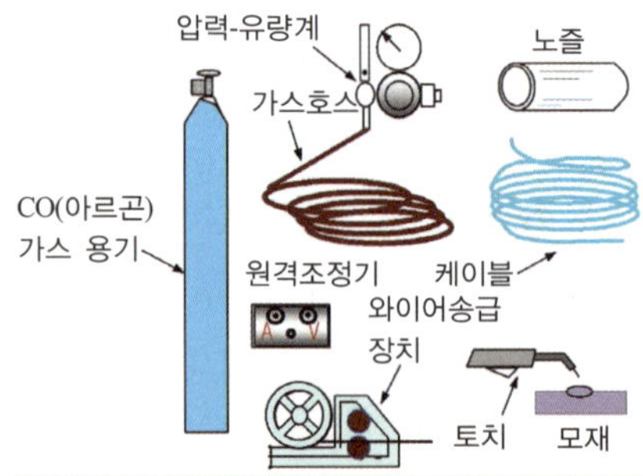

[그림 1-4] CO_2 용접장치 및 부속품

2) 설치할 공구 및 용접 공구 준비

몽키스패너, 드라이버, 니퍼, 전압, 전류계, 절연 테이프, 스패터 부착 방지액, 헬멧, 앞치마, 용접 장갑, 조끼, 발커버 등을 준비한다.

나. 2차 및 1차 케이블 결선

1) 2차 케이블 연결

케이블 결선 전에 메인 전원 스위치를 차단한('수리 중' 명패 부착 등 안전조치 필수) 다음 용접기 전면에 송급 장치와 토치 케이블, 원격 조정기 등 2차측 케이블을 연결한다.[그림 1-5 참조]

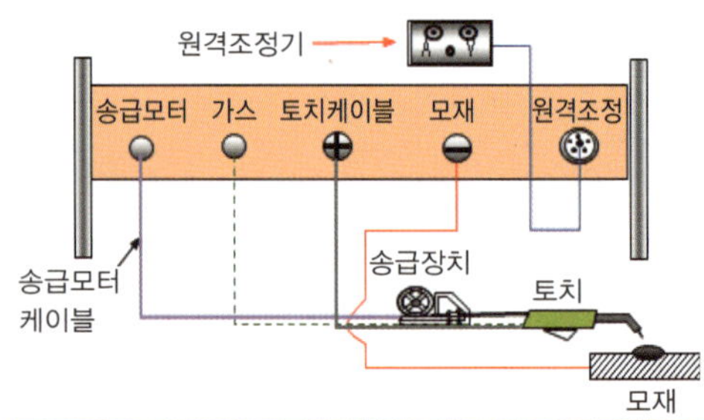

[그림 1-5] 2차측 케이블 접속

2) 1차 케이블 연결

용접기 뒷면에 1차측 케이블을 연결한 다음 메인 스위치에 한쪽 끝을 연결한다.[그림 1-6 참조] 이 때 3상이므로 RST를 잘 구분하여 냉각 팬이 반대로 회전하지 않도록 한다. 만약 냉각 팬이 역회전할 경우 2개의 선만 서로 바꾸어 채결한다.

접지선(녹색선)을 용접기 케이스 채결 볼트에 연결한다. 1, 2차 케이블 연결부 등의 노출 부분을 절연 테이프로 완전 결연한다.

전원을 넣은 후(메인 스위치/벽 스위치/용접기 스위치 순으로 넣는다) 이상 유무를 확인한다.

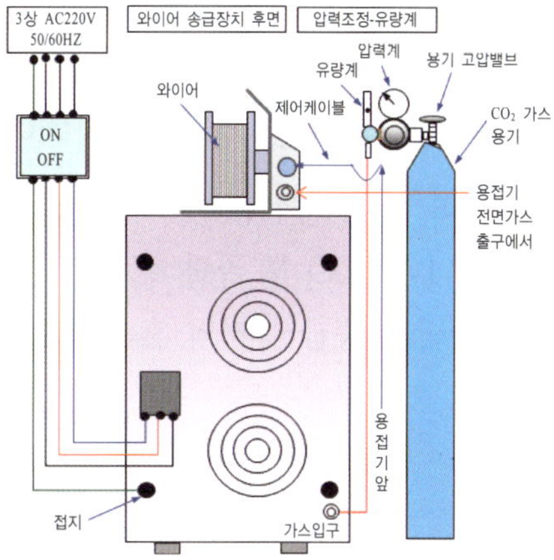

[그림 1-6] 1차측 케이블 접속

다. 와이어 송급장치 및 용접 토치 조립

와이어 송급장치를 용접 작업장 부근에 놓은 후 토치 부품을 토치 몸체에 가스 디퓨즈, 노즐 인슐레이터, 오리피스, 콘택트 팁, 노즐 순으로 조립한다.[그림 1-7 참조]

토치 세트를 와이어 송급장치 전면에 채결한다. 토치 제어 케이블을 용접기 제어 케이블 접속구와 와이어 송급장치 접속부에 연결한다.

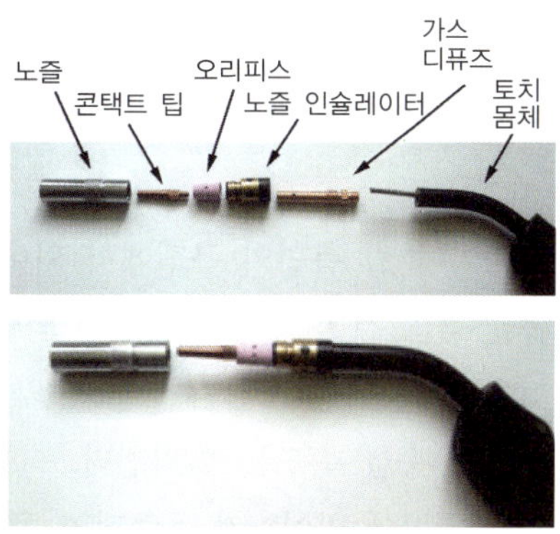

[그림 1-7] CO_2 용접 토치 조립

라. 압력-유량계 조립

CO_2 용기에 압력-유량계[그림 1-8 참조]를 설치한 후 유량계 호스를 압력-유량계의 가스 출구 니플에 채결하여 용접기 후면의 가스 입구에 연결한다.

용접기 전면의 가스 출구 입구와 와이어 송급장치의 후면 가스 입구 사이에 가스 호스를 연결 한 후 가스 용기의 밸브와 유량계를 열어 비눗물로 가스 누설 여부를 점검한다.

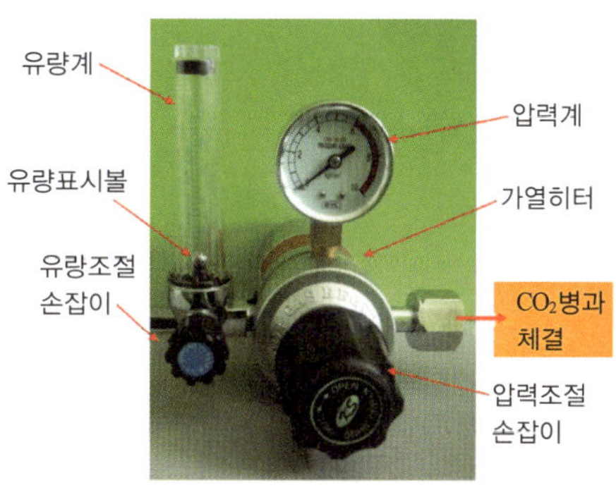

[그림 1-8] CO_2 가스 압력-유량계

필요에 따라 혼합가스를 사용한다. 혼합가스는 시판되는 혼합가스를 사용하거나 가스 혼합기를 사용한다. 가열 히터의 코드를 100V 전원에 연결한다.(MIG 용접엔 히터가 없음)

마. 와이어 송급 장치에 와이어 릴 설치

와이어 릴 측면의 규격표시 라벨지가 밖으로 나오게 와이어 릴을 송급 장치의 릴 축에 끼운[그림 1-9 참조] 후 송급 장치의 가압 유닛과 토치 끝의 콘택트 팁을 풀어서 빼내고 와이어 직경에 맞는 송급 롤러의 홈을 확인하고 직경이 다를 경우 교환한다.

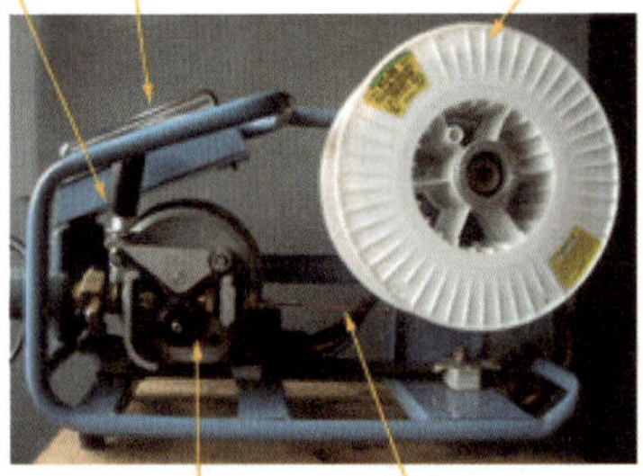

[그림 1-9] CO_2 와이어 송급 장치

와이어 릴 측면의 구멍에서 와이어를 풀어 구부러진 부분을 니퍼로 절단 후 송급 장치의 송급 롤러 사이에 끼워 토치의 와이어 입구에 와이어를 끼운 후 유닛을 체결하고 원격 조정기에 있는 인칭 스위치를 눌러 와이어를 송급시킨다. 이 때 전류계를 오른쪽으로 돌릴수록 와이어 송급 속도는 빨라진다.

토치 끝에 와이어가 돌출되면 콘택트 팁과 노즐을 끼운 후 돌출 길이를 10~15mm 길이로 맞춘다. 돌출 길이가 짧으면 가스 보호는 좋으나 노즐에 스패터 부착이 많고 비드 외관이 나빠지며 작업성이 떨어지며, 돌출 길이가 길어지면 와이어 예열이 많아지므로 용착속도와 효율은 증가하나 가스 보호 효과가 나빠진다.

와이어 돌출 길이를 저전류 영역(200A 미만)에서는 10~15mm로, 고전류 영역(200A 이상)에서는 15~25mm로 조절한다.

바. 용접기의 각종 스위치 조작

1) 가스 압력 및 유량 조절

가스 용기 밸브를 열고 용접기의 "용접 / 가스점검" 스위치를 "가스 점검"에 놓고 용접부의 형상과 두께에 따른 적정 가스 유량을 조절한 후 다시 "용접" 쪽으로 스위치를 전환한다.[그림 1-10 참조] 기종마다 스위치 모양이 다를 수 있음)

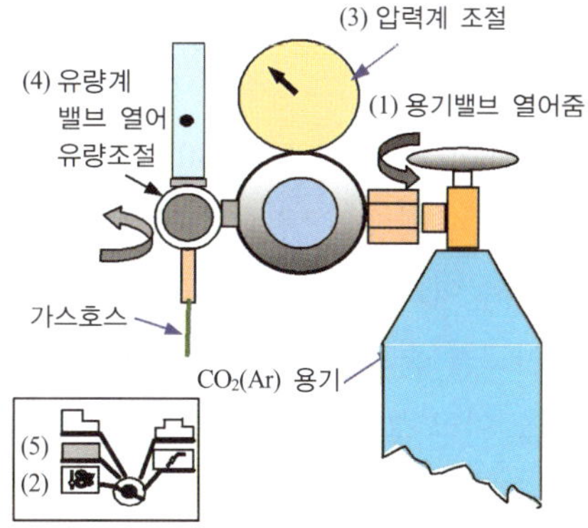

[그림 1-10] 유량조절 순서

2) 전류, 전압 조절

용접기 패널에서 크레이터 전류와 전압을, 원격 조정기에서는 용접 전류와 전압을 조절한다.

① 박판의 아크전압 : V1 = 0.04 × 전류 + 15.5 ± 1.5

② 후판의 아크전압 : V2 = 0.04 × 전류 + 20 ± 2.0

3) 용접기 패널의 스위치 조작

① 와이어 지름 선택 : "ϕ0.9", "ϕ1.2" 선택 스위치 부분에서 와이어 지름에 따라 스위치를 해당 부분으로 조절한다.

② **"일원", "개별"** 선택 : "일원" 선택시는 전압 조절 노브는 미세조정 역할을 하며, "개별" 선택의 경우는 전류와 전압을 별개로 조정한다.[그림 1-11 참조]

③ **크레이터 유무 선택 :** 용접부 형상에 따라 조작 스위치에서 크레이터 "무, 1회(유)" 스위치를 선택한다.[그림 1-11 참조]

- 무 : 토치 스위치를 "ON" 상태에서만 용접 전류가 흐르며 아크가 발생됨
- 1회(유) : 토치 "ON"시 초기전류가, "OFF"시 용접 전류, 다시 "ON"시 크레이터 전류가 흐르며, 다시 "OFF" 하면 꺼짐

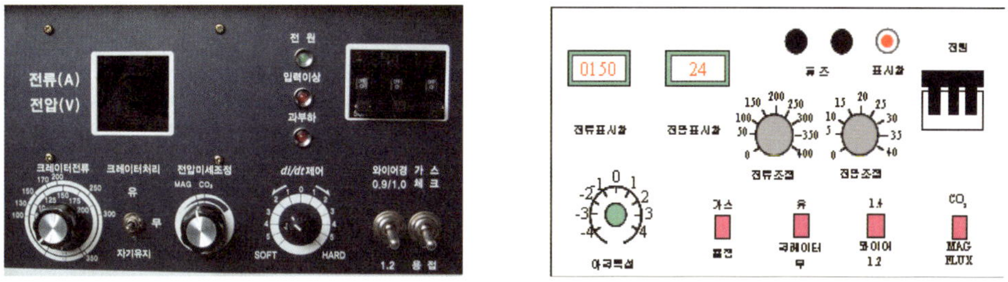

(a) (b)

[그림 1-11] 패널 스위치의 형상 기호

사. 아크 발생

연강판(MIG용접의 경우 Al판)을 작업대 위에 고정한 다음 와이어 돌출 길이를 10~15mm로 맞춘다. 돌출된 길이가 너무 길 경우 니퍼를 사용하여 절단한 후 토치를 잡고 작업각은 90°, 진행각 70~80°로 맞춘 후 헬멧을 쓰고 아크를 발생한다.

용접기 패널의 '전류/전압' 변경, '일원/개별' 변경, 모재에 '크레이터 모드' 등을 변경시켜 보면서 아크를 발생시켜 그 차이점을 이해한다.

아크를 중지시킬 때는 토치의 스위치를 놓아 아크를 끊는다. 이 때 약 3~5초 정도는 토치 끝을 아크 발생 중지점에서 들지 않는다.

아. 정리 정돈

가스 용기의 밸브를 잠그고 용접기 패널의 "용접 / 점검" 스위치를 "점검"에 놓아 호스 내의 잔여 가스를 제거한 후 '용접기의 전원/벽의 전원 / 메인 전원' 순으로 차단한다.

사용했던 용접기와 공구를 정리 정돈하고, 작업장 주위를 정리 정돈한다.

자. CO_2 용접기 보수 및 정비 방법

1) 아크가 불량하거나 발생되지 않는 경우

고장 원인	보수 및 정비 방법
용접기에 전기가 들어오지 않는다.	메인 및 용접기의 전원 스위치를 접속한다.
FUSE가 단락되었다.	FUSE를 교환한다.
토치 또는 모재측 케이블 불량 또는 단선되었다.	접지선을 모재에 연결한다. 전선 단락의 경우 전선을 연결한다.
이상 표시등에 불이 켜졌다.	기기의 이상 유무를 점검한다.
제어 케이블이 단선되었다.	케이블을 점검하고 교환한다.
전자 접촉기, 릴레이 작동 불량으로 와이어 송급이 안된다.	릴레이를 접점, 청소하고 안되면 교환한다.
PCB가 접촉 불량하다.	PCB를 교체한다.

2) 용접 전류나 아크 전압 조정이 안되는 경우

고장원인	보수 및 정비 방법
전류, 전압 조정 VR(노브)가 불량하다.	전류, 전압 조정 노브를 교체한다.
PCB가 접촉 불량하다.	PCB를 교체한다.
전원 케이블이 단선되어 있다.	전원 케이블을 점검하고 정비한다.

3) 용접 가스가 계속 유출되는 경우

고장원인	보수 및 정비 방법
가스점검(시험. 가스조정) 스위치가 선택되어 있다.	점검을 용접으로 전환한다.
가스 전자 밸브에 이상이 있다.	가스 전자 밸브를 교환한다.
PCB 기판에 이상이 있다.	용접기 전원이나 PCB를 점검하고, 교환한다.

4) 가스가 나오지 않거나 불량한 경우

고장원인	보수 및 정비 방법
압력 용기에 가스가 없거나 유량 밸브가 닫혀있다.	가스 용기를 교환 또는 용기 밸브(유량계)를 연다.
FUSE가 단락, 또는 전원 스위치가 OFF되어 있다.	전원과 FUSE를 점검하고 단락시 교환한다.
전자밸브가 작동되지 않는다.	전자밸브 점검, 교환한다.
가스 호스가 터지거나 막혀 있다.	가스 호스 점검, 교환한다.
유량계 작동이 불량하거나 고장났다.	유량계 수리, 교환한다.
PCB의 접촉이 불량하다.	PCB를 교체한다.
가스 압력이 너무 높거나 낮다.	압력을 조절한다.
CO_2 조정기의 가열기(heater)가 결빙되어 있다.	가열기 전원 점검, 수리, 교환한다.

5) 토치 스위치를 ON해도 와이어가 송급 안되거나 통전되지 않는 경우

고장원인	보수 및 정비 방법
토치 스위치 고장 또는 접촉 불량하다.	스위치 점검, 청소, 교환한다.
와이어가 팁 끝에 단락되어 있다.	팁 끝을 줄로 갈아서 단락부 제거 또는 팁 교환
PCB 기판이 불량하다.	PCB 점검, 교환한다.
팁, 노즐의 체결 불량 등으로 전기 접촉 불량하다.	팁을 확실히 조임, 또는 교환한다.
스패터 및 불순물이 팁 구멍을 막혔다.	팁 구멍을 팁크리너와 줄로 청소한다.

6) 크레이터 제어 스위치가 작동되지 않는 경우

고장원인	보수 및 정비 방법
프린트 기판 불량 또는 고장났다.	프린트 기판 점검, 교환한다.

7) 인칭 스위치를 눌러도 와이어 송급이 안되는 경우

고장원인	보수 및 정비 방법
제어 케이블 단선, PCB가 불량하다.	제어 케이블 및 PCB 점검, 결선, 또는 교환한다.
전류가 너무 낮게 조절되어 있다.	전류를 높인다.
송급 모터 및 휴즈가 고장났다.	송급 모터 점검, 수리, 교환한다.

제2절 비드놓기 CO_2 용접(솔리드 와이어 사용)

1 연강판 아래보기 자세 비드놓기 CO_2 용접

가. 비드놓기 작업준비

도면을 보고 용접 공구 및 보호구, 재료를 준비한다.[그림 2-1 참조]

연강판의 표면을 깨끗이 한 후 석필(또는 백색 마카펜)로 비드를 놓을 안내선을 긋는다.

와이어는 모재 재질과 동일하거나 이음부 특성에 맞는 와이어를 준비한다.

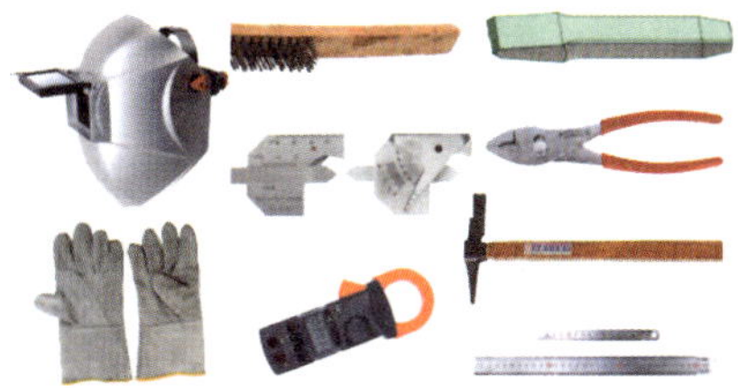

[그림 2-1] 용접 공구 및 보호구

나. CO_2 용접기 및 부속 장치를 점검 및 조작

전원 케이블 및 가스 장치, 송급 장치, 와이어 상태를 점검한다.

가스 가열기 전원 코드를 콘센트에 접속한다.

와이어 지름 전환 스위치를 와이어 지름에 맞게, '일원/개별' 전환 스위치를 '개별 또는 일원'에 놓는다.

1차 전원 및 용접기 전원을 접속(ON)한다.

다. 가스 압력 및 유량 조절 [그림 2-2 참조]

가스 용기의 밸브를 1 ~ 2바퀴 정도 열고, 용접기 패널의 '점검/용접' 전환 스위치를 '점검' 으로 조정한다.(용접기 종류에 따라 (유량조절, 가스 체크)에 놓는다.)

압력계 조절 손잡이를 돌려 압력을 2 ~ 3kgf/cm^{2}로 조절하고, 유량 조절 밸브를 열어 유량을 12 ~ 25/min으로 조절한 후[표 2-1 참조] 다시 '점검/용접' 전환 스위치를 '용접'에 놓는다.

풍속이 2m/sec 이상은 가리개 등의 방풍 장치를 한다.(용접부 보호, 기포의 발생 방지)

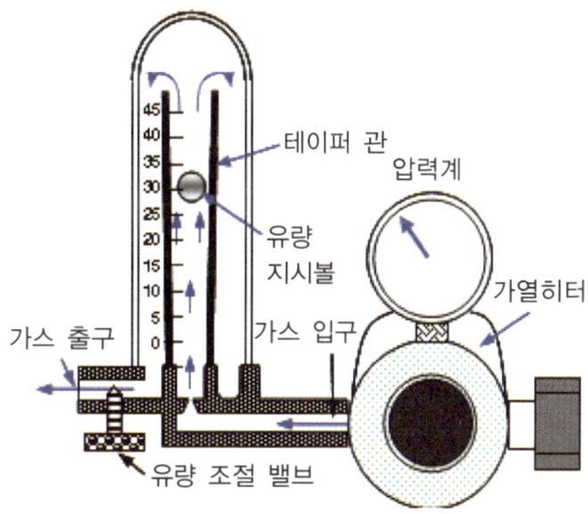

[그림 2-2] 유량계의 구조

표 2-1 유량에 따른 외관과 X선 상태

노즐높이	유량(l/min)	외 관	X선(내부)
20mm	25	양 호	양 호
	20	양 호	양 호
	15	양 호	양 호
	10	약간 기공	약간 기공
	5	다량 기공	다수 기공

라. 용접 및 크레이터 전류 조절

크레이터 제어 스위치를 '**유(1회)**'에 놓는다.

원격 조정기의 전류 조절 노브를 조작하여 140 ~ 180[A] (판두께와 용접부 형상 등의 조건에 따라 적당한 값)로 조절한다.[그림 2-3 참조]

용접기 본체의 크레이터 전류 조절 노브를 조작하여 100 ~ 140[A]로 조절한다.

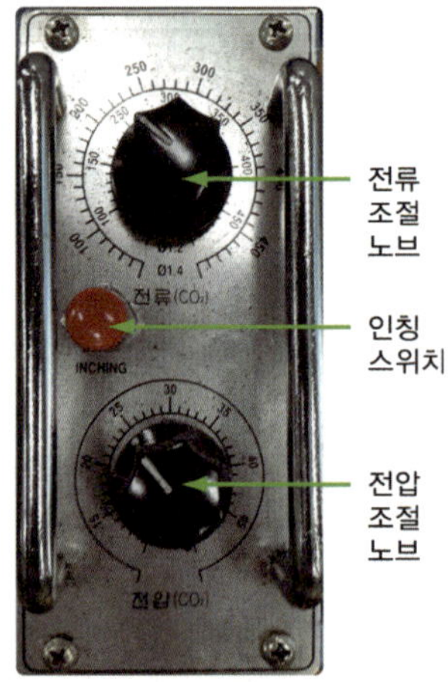

[그림 2-3] 전류, 전압 원격 조정기

마. 아크 전압과 크레이터 전압 조절

아크 전압을 21 ~ 23[V], 크레이터 전압을 19 ~ 21[V]로 조절한다.

전압이 높으면 비드가 넓어지고 평평해지며 너무 높으면 기포가 발생하며, 전압이 너무 낮으면 와이어가 녹지 않고 모재를 밀어내는 현상이 생긴다.[그림 2-4 참조]

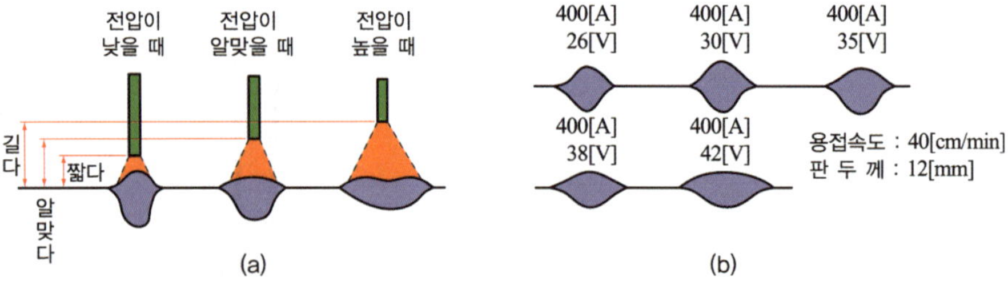

[그림 2-4] 전압에 따른 비드 형상

바. 아래보기 자세 비드놓기 CO_2 용접

1) 모재 고정

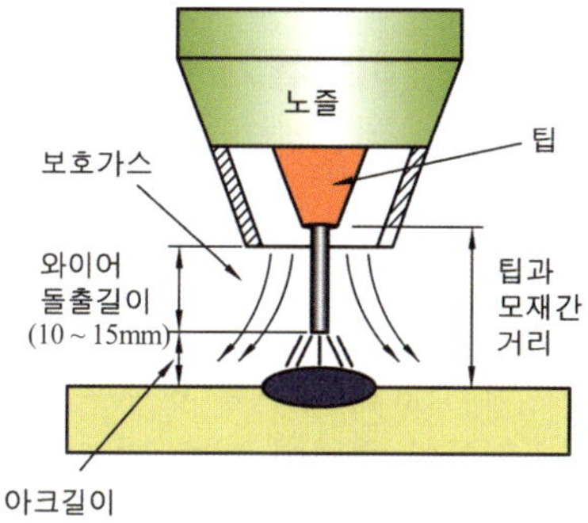

[그림 2-5] 와이어 돌출 길이

작업대 위에 모재의 용접선이 좌우가 되 게 아래보기 자세로 놓고 용접 토치를 시작점에 맞추고 헬멧을 쓴 후 토치 스위치를 눌러 아크를 발생한 후, 와이어 돌출 길이를 10 ~ 15mm가 되게 유지하면서[그림 2-5 참조], 작업각 90°, 진행각을 75 ~ 85°로 유지하여 아크를 발생한다.

2) 아래보기 비드놓기

토치 스위치를 놓아 용접 전류로 직선 비드(또는 넓은 비드)를 놓는다.(크레이터 스위치를 '유(또는 ⌐ : 1회)'로 놓은 경우)

토치를 전진법 또는 후진법으로 움직이며 직선 비드와 넓은 비드를 놓는다. 넓은 비드 위빙시 비드 양 끝단에서 잠시 머물러 평탄한 비드가 되게 하며, 언더컷이 없고 높이, 폭 등이 일정한 비드가 형성되도록 용융 풀을 잘 관찰하며 비드를 놓는다.[그림 2-6 참조]

아크를 끊을 경우 토치 스위치를 재차 당겨서 크레이터 전류로 크레이터부의 용락을 방지하며 용착 금속을 채워준다.

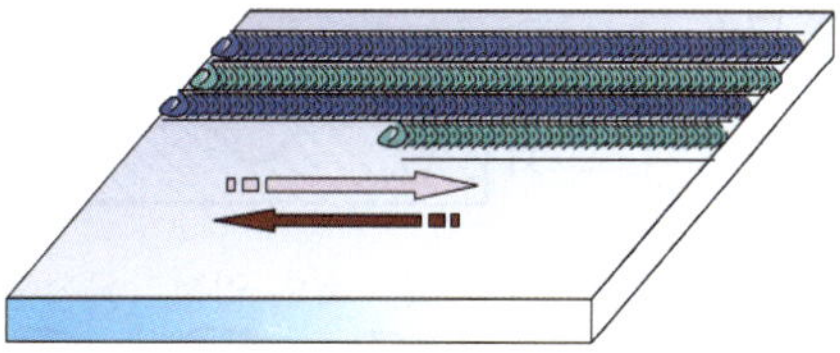

[그림 2-6] 아래보기 비드놓기

사. 용접부 청소 및 검사, 반복 실습

비드놓기가 완료되면 비드가 겹치는 부분의 불량을 막기 위해 용접부를 깨끗이 청소하고, 비드의 미려도, 폭과 높이, 물결 모양 등 외관 상태를 검사하여 잘못된 점을 고치려고 노력하며 반복 실습을 한다.

아. 정리 정돈 및 주위 청소

용기의 밸브를 잠그고 용접기의 '점검/용접' 전환 스위치를 '점검'으로 조절하여 사용하던 토치 호스 내의 잔여 가스를 제거한다. 그리고 사용하던 공구와 토치 케이블 등의 정리와 실습장 주위를 정리한다.

2 연강판 수평자세 비드놓기 CO_2 용접

가. 비드놓기 작업준비 및 용접기 조작

용접기 조작, 가스 유량 조절 등 아래보기 비드놓기 CO_2 용접과 같은 방법으로 준비한다.

수평자세 비드를 놓을 부분이 직선이 되도록 연습하기 위해 연강판에 석필 등으로 금긋기한 후 모재가 수직이며, 용접선이 수평이 되게 지그에 고정한다.[그림 2-7 참조]

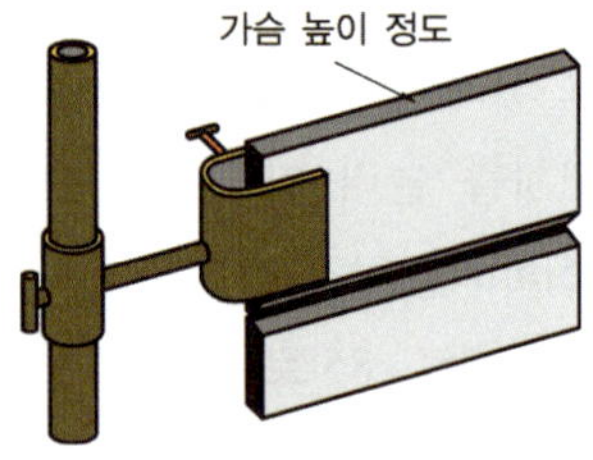

[그림 2-7] 수평자세 모재 고정

나. 가스 유량 조절 및 용접 및 크레이터 전류 조절

아래보기 비드놓기 CO_2 용접과 같이 한다.

다. 아크 전압과 크레이터 전압, 와이어 돌출 길이 조절

아래보기 비드놓기 CO_2 용접과 같이 한다.[그림 2-8, 2-9 참조]

와이어 돌출길이	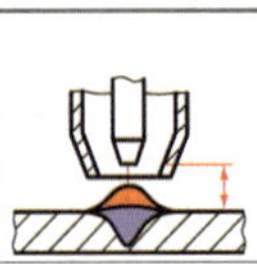	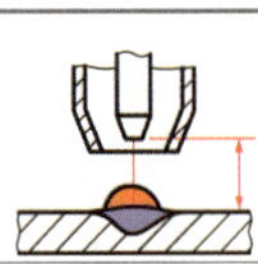	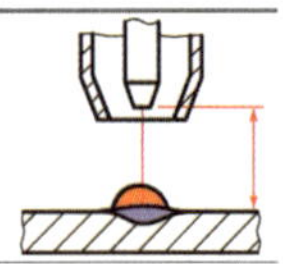
용착효율	높음	보통	낮음
스패터	적음	보통	많음
용접속도	느림	보통	빠름
용입깊이	깊음	보통	얕음
아크전압	낮음	보통	높음

[그림 2-8] 와이어 돌출 길이와 제 현상

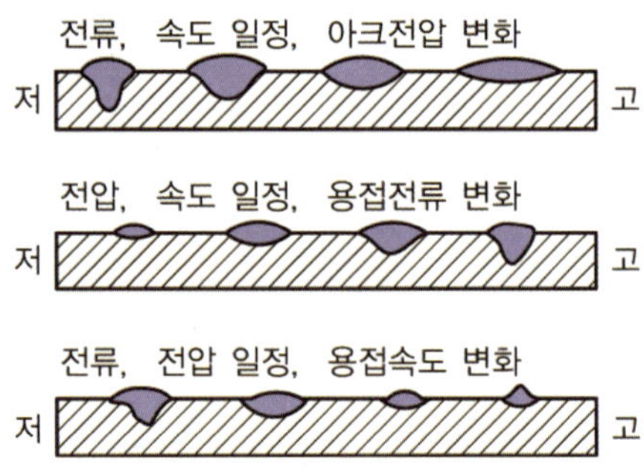

[그림 2-9] 전류, 전압, 속도와 용입과 관계

라. 수평자세 비드놓기 CO_2 용접

1) 모재 고정

작업대의 지그에 모재가 수직이며, 용접선이 좌우가 되게 수평자세로 단단히 고정한 후 모재의 상단이 가슴 높이 정도가 되게 고정한다.

2) 수평자세 비드놓기

용접 토치를 우측(또는 좌측) 시작점에 맞추고 헬멧을 쓴 후 토치 스위치를 눌러 아크를 발생한 후, 와이어 돌출 길이를 10 ~ 15mm가 되게, 작업각 75 ~ 85°, 진행각을 80 ~ 85°로 유지하여 토치를 전진법(또는 후진법)으로 움직이며 겹치기 좁은 비드를 놓는다. 비드는 언더컷이 없고 높이, 폭 등이 일정한 비드가 형성되도록 용융풀을 잘 관찰하며 비드를 놓는다.

넓은 비드를 놓을 경우 운봉은 톱니형, 타원형법 등을 사용한다. 이 때 비드가 밑으로 처지지 않도록 주의한다.[그림 2-10 참조]

2차 비드는 이전 패스와 평행이 되며 약 1/3 ~ 1/2 정도 겹치게 하고 비드간의 골은 1mm 이하가 되게 비드를 놓는다.[그림 2-11 참조]

아크를 끊을 경우 크레이터 전류로 크레이터부의 용락을 방지하며 크레이터를 채워준다.

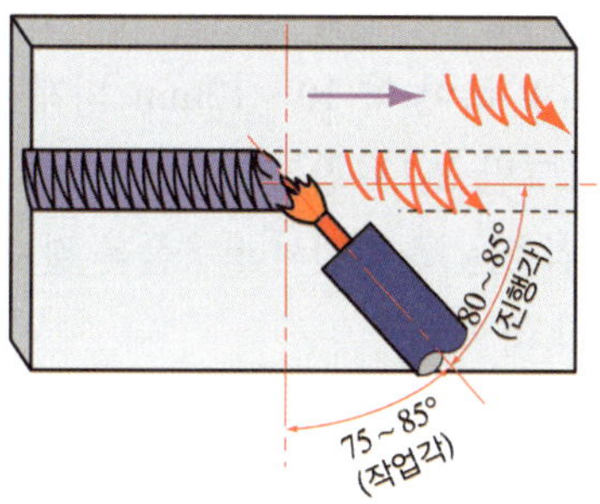

[그림 2 - 10] 수평자세 토치 유지각

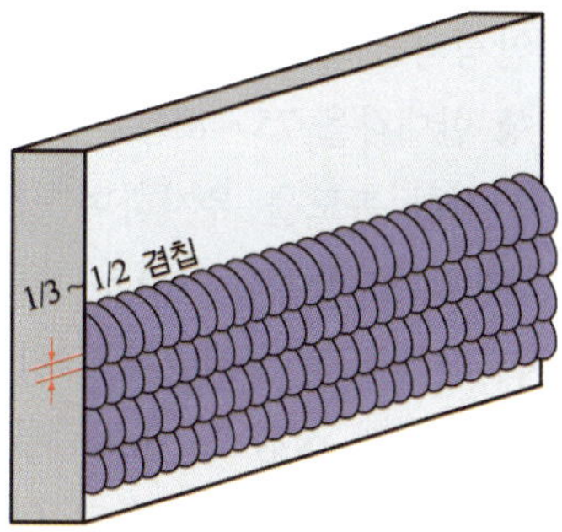

[그림 2 - 11] 수평 비드 겹치기 법

3 연강판 수직자세 비드놓기 CO_2 용접

가. 비드놓기 작업준비 및 용접기 조작

작업준비, 용접기 조작, 가스 유량 조절 등 아래보기 비드놓기 CO_2 용접과 같은 방법으로 준비한다.

나. 가스 유량 조절 및 용접 및 크레이터 전류 조절

아래보기 비드놓기 CO_2 용접과 같이 한다.

다. 아크 전압과 크레이터 전압, 와이어 돌출 길이 조절

아래보기 비드놓기 CO_2 용접과 같이 한다.

라. 수직 상진자세 비드놓기 CO_2 용접

1) 모재 고정

작업대의 지그에 모재가 수직이며, 용접선이 수직이 되게 단단히 고정한 후 모재의 상단이 가슴 높이 정도가 되게 고정한다.[그림 2-12 참조]

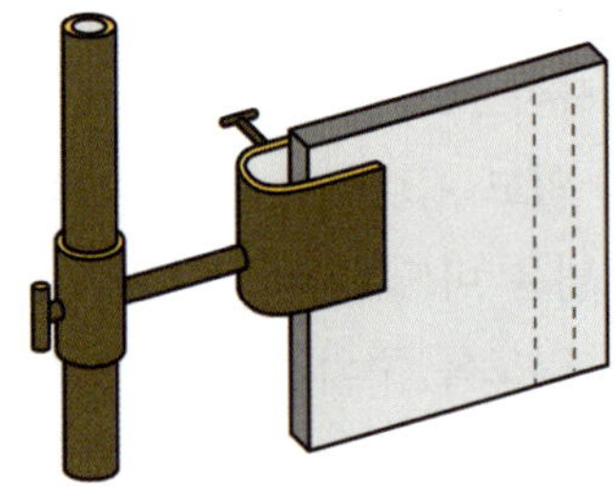

[그림 2-12] 수직자세 모재 고정

2) 수직 상진자세 비드놓기

모재 앞에 편하게 앉아 반우향우하여 용접 토치를 금긋기한 하단 시작점에 맞추고 헬멧을 쓴 후 토치 스위치를 눌러 아크를 발생한 후 아크를 안정시킨다.

아크가 안정되면 스위치를 놓아 용접 전류로 와이어 돌출 길이를 10 ~ 15mm가 되게, 작업각 90°, 진행 반대각을 75 ~ 85°로 유지하며, 위빙 폭이 약 10 ~ 12mm 되게 부채꼴 또는 백스텝법으로 일정한 속도를 유지하며 상진한다.[그림 2-13 참조]

위빙시 운봉의 양 끝에서 약 0.5 ~ 1초 정도 멈추는 듯 하면서 용융풀을 잘 관찰하며 언더컷이나 비드 처짐이 없도록 상진한다.[그림 2-14 참조]

모재의 윗 모서리 직전 2 ~ 3mm 부분에서 스위치를 눌러 크레이터 전류로 크레이터를 채운 후 스위치를 놓아 아크를 끊고 약 3 ~ 5초 정도 멈춘 후 토치를 들어 올려 종료한다.

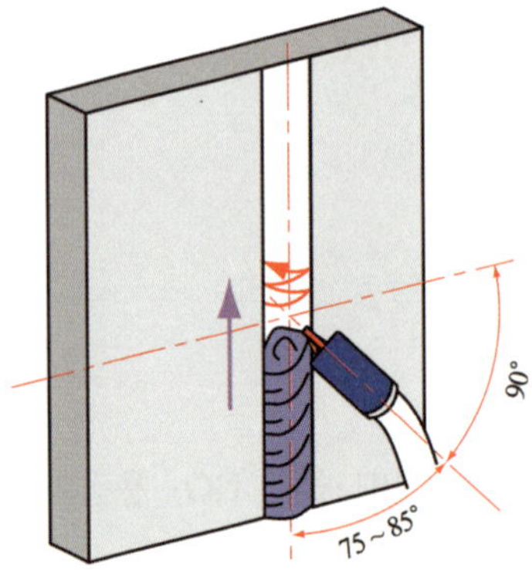

[그림 2-13] 수직 상진자세 토치 각

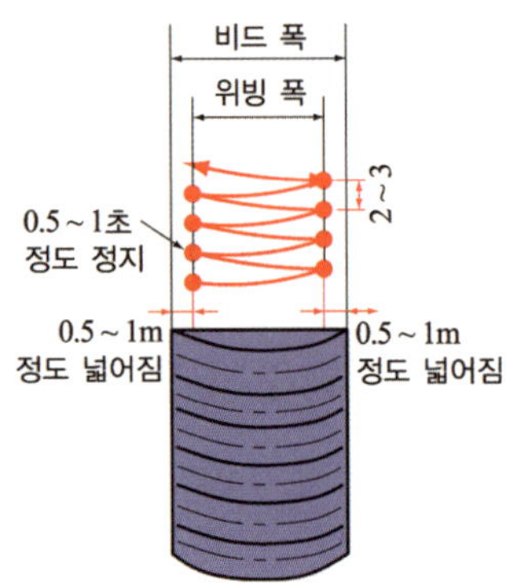

[그림 2-14] 수직 상진 자세 운봉법

마. 수직 하진자세 비드놓기 CO_2 용접

모재 앞에 편하게 앉아 반우향우하여 용접 토치를 금긋기한 상단 시작점에 맞추고 헬멧을 쓴 후 토치 스위치를 눌러 아크를 발생한 후 아크를 안정시킨다.

아크가 안정되면 스위치를 놓아 용접전류로 와이어 돌출 길이를 10 ~ 15mm가 되며, 작업각 90°, 진행각을 65 ~ 75°로 유지하며, 위빙 폭을 상진자세보다 약간 좁게 하며 용융 금속이 아크보다 앞서지 않을 정도로 약간 빠르게 하진한다.

하단 2 ~ 3mm 부분에서 토치 스위치를 눌러 크레이터 전류로 크레이터를 채운 후 스위치를 놓아 아크를 끊고 약 3 ~ 5초 정도 멈춘 후 토치를 들어 올려 종료한다.

바. 용접부 검사 및 반복 실습

용접이 완료되면 와이어 브러시로 용접부를 깨끗이 청소한 후 직선 상태, 비드 폭, 파형과 피치 등의 균일도, 기공, 언더컷, 오버랩, 비드 처짐 등을 검사한 후 이러한 결함이 발생하지 않도록 하며 반복 실습한다.

제3절 T형 필릿 CO_2 용접(솔리드 와이어 사용)

1 연강판 아래보기 자세 T형 필릿 CO_2 용접

가. 필릿 용접 작업준비

도면을 보고 용접 공구 및 보호구를 준비한다. 용접할 연강판 모재 2개(40×150×t9.0, 70×150×t9.0)를 준비하여 표면을 깨끗이 닦고 측면을 평탄하게 가공한 후 하나의 폭 70 모재의 수직판(폭 40)이 세워질 위치에 금긋기한다.[그림 3-1 참조]

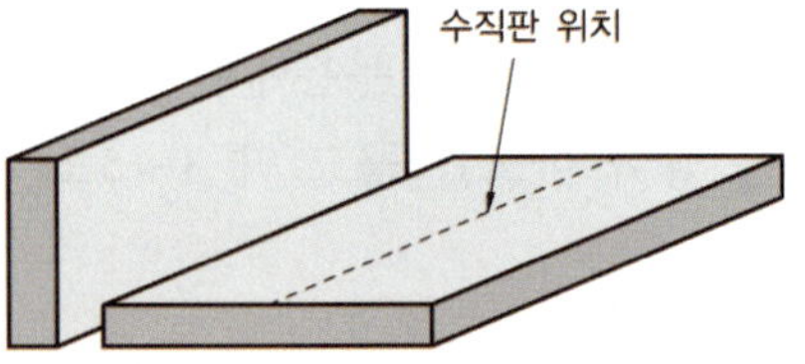

[그림 3-1] 필릿 용접 겹침부 안내선

나. 용접기 조작 및 유량 조절

용접기 조작은 아래보기 자세와 같은 방법으로 조작한다. 유량은 12 ~ 15ℓ /min로 조절한다.

다. 가접 및 역변형주기

1) 가접하기

폭 70mm의 모재의 금긋기 선이 좌우가 되게 수평으로 놓고, 수평판 위의 겹침부 선에 폭 40mm의 판을 틈새가 없게 수직으로 밀착시키고 마그네틱 베이스(자석)로 고정한 후 용접선 양 끝부분을 용접 길이 10mm 이내로 가접한다.[그림 3-2 참조] 가접부는 원칙적으로 양 끝이나 중요 부분에는 가접을 해서는 안 되나 연습 모재의 경우 연습 효율을 높이기 위해 양 끝에 가접을 한다.

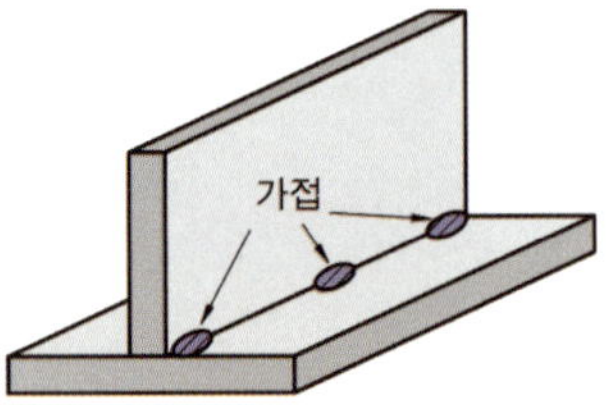

[그림 3-2] 필릿 용접 전 가접

2) 역변형 주기

가접부 반대쪽으로 1 ~ 2° 정도 역변형을 준다. 가접부 반대쪽으로 역변형을 줄 경우 [그림 3-3 (a)]와 같이 가접부 쪽으로 많이 기울어진 상태로 가접된 경우 가접부 반대쪽을 먼저 용접한다 해도 수직이 될 수 없으며, 또한 용접 전에 수직이 되도록 각도를 조절할 수 없다.[그림 3-3 참조]

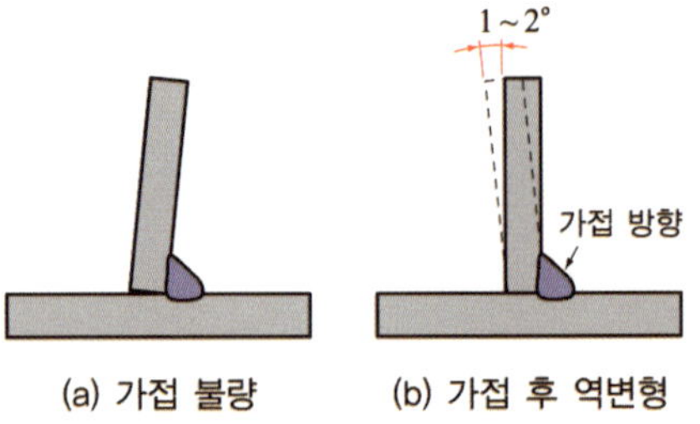

[그림 3-3] 역변형 방법

라. 아래보기 자세 T형 필릿 CO_2 용접

가접한 쪽 용접선이 좌우가 되며 아래보기 자세가 되도록 작업대 위에 고정한 후 높이를 맞춘다.

용접 토치의 작업각 45°, 진행 반대각을 75 ~ 85°로 유지하며 자세를 취하고[그림 3-4 참조], 용접 토치를 좌측 끝부분에 대고(후진법인 경우) 헬멧을 쓴 후 스위치를 눌러 아크를 발생한다.

와이어 돌출 길이를 15 ~ 20mm로 유지하며 언더컷, 오버랩 등의 결함이 없고 목 길이가 일정한 비드가 형성되도록 위빙하며, 용융지를 잘 관찰하면서 우진한다.

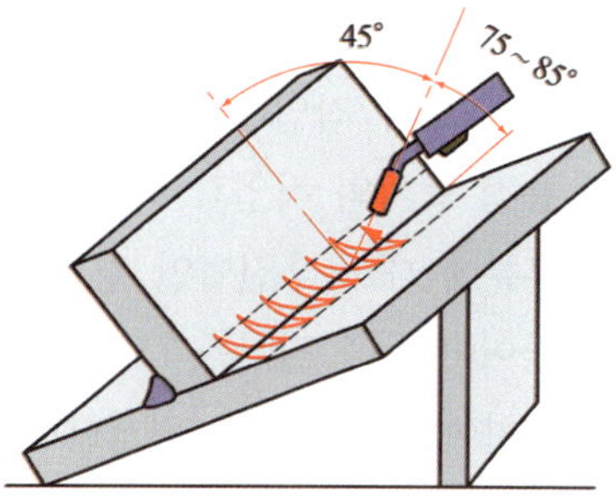

[그림 3 - 4] 아래보기 필릿용접 토치각

비드 끝부분(크레이터 부분)에서 토치 스위치를 눌러 크레이터 전류로 크레이터 처리를 한다.

마. 용접부 검사 및 반복 실습

용접부를 깨끗이 청소한 후 용접부의 결함 여부를 점검하고[그림 3-5 참조], 숙련이 될 때까지 반복 실습한다. 반대편을 위와 같은 방법으로 필릿용접한다.

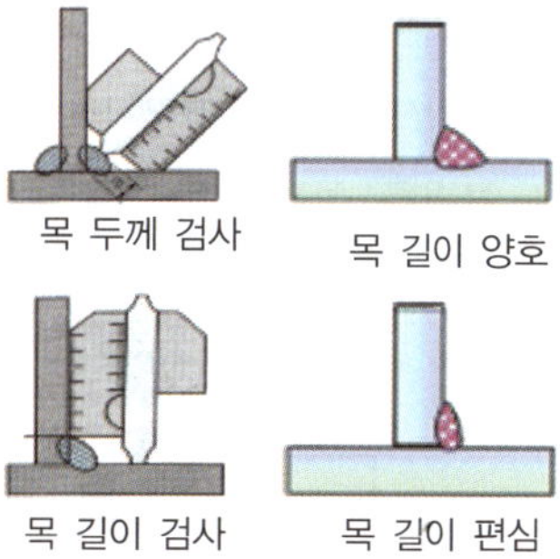

[그림 3 - 5] 필릿 용접부 검사

2 연강판 수평자세 T형 필릿 CO_2 용접

가. 필릿 용접 작업준비

아래보기 자세와 같은 방법으로 준비한다.

나. 용접기 조작 및 유량 조절

아래보기 자세와 같은 방법으로 유량을 조절한다. 유량이 5ℓ/min 이하가 되거나, 25ℓ/min 이상이 되면 용접부에 기공이 생길 우려가 있으므로 적정 유량을 조절해야 된다.

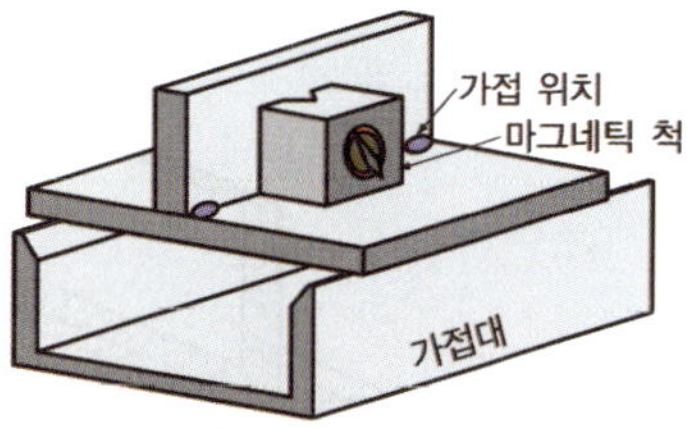

[그림 3 - 6] T형 필릿용접 가접법

다. 가접 및 역변형주기

아래보기 자세와 같은 방법으로 가접 및 역변형을 준다.

라. 수평자세 T형 필릿 CO_2 용접

T형으로 가접된 수평판을 작업대에 수평이 되며 가접한 쪽 용접선이 좌우가 되게 수평자세가 되도록 작업대 위에 놓는다.

용접 토치의 작업각 45°, 진행각을 75 ~ 85°로 유지하고 자세를 취하고 용접 토치를 좌측 끝부분에 대고(후진법인 경우) 헬멧을 쓴 후 스위치를 눌러 아크를 발생한다.

와이어 돌출 길이를 15 ~ 20mm로 유지하며 작은 위빙을 하여 각장(다리길이)을 맞추면서 우진하여 비드놓기를 완성한다.[그림 3-7 (a) 참조]

만약 2층으로 완성할 경우는 1패스(1층)는 루트면 경계선을 따라 좁은 비드를 놓은 후 2층은 2패스로 완성한다. 1패스는 1층 비드의 하단과 모재의 경계선에 대고 작업각을 수직선에 대하여 30°로 유지하여 1층 비드를 2/3 정도 겹쳐지게 좁은 비드를 놓는다.[그림 3-7 (c) 참조]

2층 2패스는 2층 1패스의 상단과 1층 비드 경계선에 대고 작업각을 70° 정도 유지하여 좁은 비드를 놓아 등각장이 되며 약간 볼록 비드가 되도록 완성한다.[그림 3-7 (d) 참조]

각 비드마다 비드 끝부분(크레이터 부분)에서 토치 스위치를 눌러 크레이터 전류로 크레이터 처리를 한다.

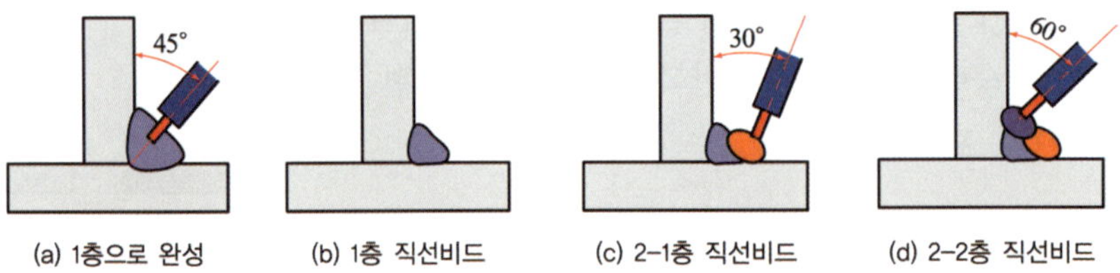

[그림 3-7] 수평 T형 필릿 용접법

마. 용접부 검사 및 반복 실습

용접부를 깨끗이 청소한 후 용접부의 결함 여부를 점검하고, 숙련이 될 때까지 반복 실습한다. 반대편을 위와 같은 방법으로 필릿용접한다.[그림 3-8, 3-9 참조]

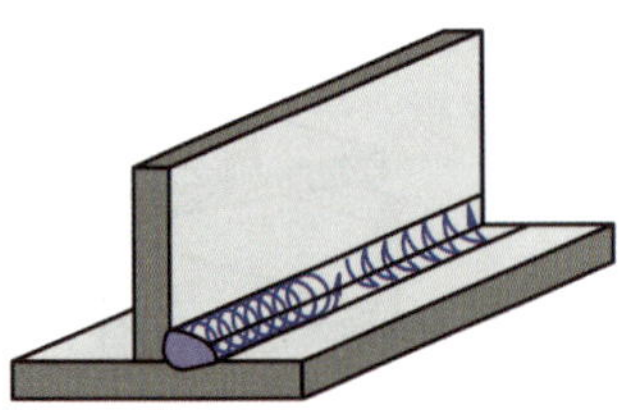

[그림 3-8] 수평 필릿 토치의 운봉법(후진법)

[그림 3-9] 수평 필릿 용접부 형상

3 연강판 수직자세 T형 필릿 CO_2 용접

가. 필릿 용접 작업준비

아래보기 자세와 같은 방법으로 준비한다.

나. 용접기 조작 및 유량 조절

아래보기 자세와 같은 방법으로 유량을 조절한다.

다. 가접 및 역변형주기

아래보기 자세와 같은 방법으로 가접 및 역변형을 준다.

라. 수직 상진자세 T형 필릿 CO_2 용접

가접된 모재가 수직이 되며 용접선이 수직이 되게 지그에 고정하고 상단이 가슴 높이 정도 되게 작업하기 편한 높이로 맞춘다.

용접 토치의 와이어 끝을 루트면의 하단 끝에 옮긴 후 헬멧을 쓰고 스위치를 눌러 아크를 발생한다. 작업각 45°, 진행각을 75~85°가 되고[그림 3-10 참조], 와이어 돌출 길이를 15~20mm로 유지하며 부채꼴 또는 백스텝법, 밤형, 삼각형법 등의 위빙법으로 위빙하여 각장(다리길이)을 맞추면서 상진하여 비드놓기를 완성한다.[그림 3-11, 3-12 참조]

비드 끝부분(크레이터 부분)에서 토치 스위치를 눌러 크레이터 전류로 크레이터 처리를 한다.

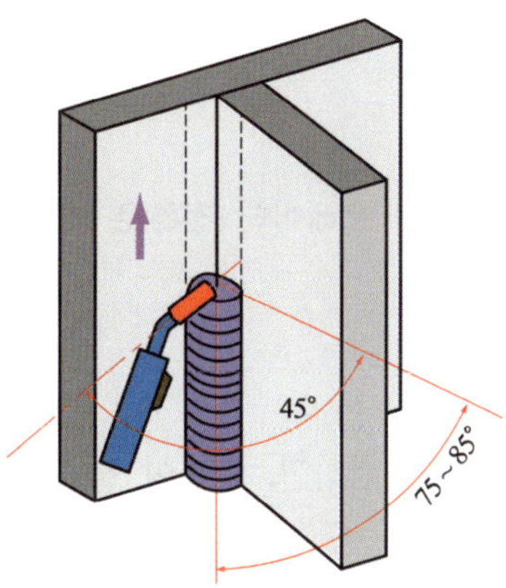

[그림 3-10] 수직자세 토치각

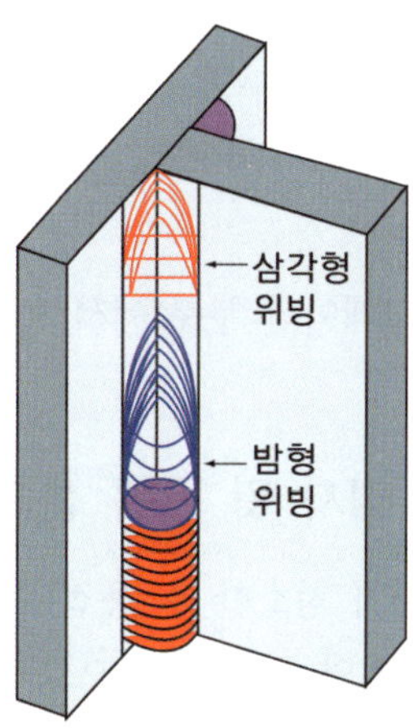

[그림 3-11] 수직상진 필릿 위빙법

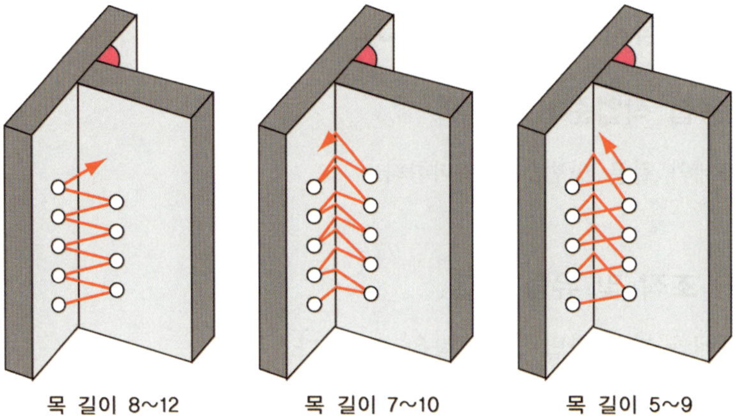

[그림 3-12] 목 길이에 따른 위빙법의 예

마. 수직 하진자세 T형 필릿 CO_2 용접

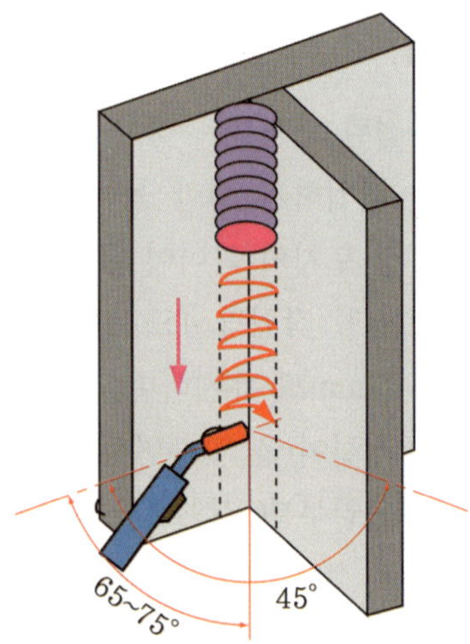

[그림 3-13] 수직하진 필릿 토치각

모재를 수직 상진자세와 같이 단단히 고정한다. 용접 토치의 와이어 끝을 루트면의 상단 끝에 옮긴 후 헬멧을 쓰고 스위치를 눌러 아크를 발생하여 작업각 45°, 진행각을 65 ~ 75°로 경사각을 크게 하며, 와이어 돌출 길이를 15 ~ 20 mm로 유지한 후 스위치를 놓아 용접 전류로 하진한다.[그림 3-13 참조]

위빙 폭을 상진보다 약간 좁게 용융 금속이 와이어 끝보다 쳐지지 않을 정도에서 약간 빠르게 하진하여야 되며, 만약 용융 금속이 와이어 끝보다 앞선 경우는 바로 아크를 중단하고 끝부분을 청소를 한 후 이전 비드를 20mm 정도 겹쳐서 위와 같은 방법으로 위빙하며 하진한다.

비드 끝부분(크레이터 부분)에서 토치 스위치를 눌러 크레이터 전류로 크레이터 처리한다.

바. 용접부 검사 및 반복 실습

용접부를 깨끗이 청소한 후 용접부의 결함 여부를 점검하고, 숙련이 될 때까지 반복 실습한다. 반대편을 위와 같은 방법으로 필릿용접한다.

제4절 모서리 CO_2 용접(솔리드 와이어 사용)

1 연강판 아래보기 자세 모서리 CO_2 용접

가. 모서리 용접 작업준비

도면을 보고 필요한 공구와 보호구를 준비하고, 필요한 재료를 준비한다. 모재를 모서리 용접할 수 있도록 줄 가공하고, 표면의 녹, 스케일, 페인트 등을 샌드페이퍼나 와이어 브러시로 깨끗이 제거한다. 와이어(YGW12-ϕ1.2)를 준비한다.

나. 용접기 조작 및 유량 조절

1) 용접기 조작

용접기의 결선, 절연 상태 등을 점검하고, 메인 전원과 용접기의 전원을 접속한다. 용접기 패널의 와이어 지름 전환 스위치 'ϕ0.9/1.2'를 'ϕ1.2'에 놓고, '일원/개별' 전환 스위치를 '개별'에 놓는다. 크레이터 유무를 '유'에 놓는다.

2) 가스 유량 조절

용접기 패널의 '점검/용접' 전환 스위치를 '점검'으로 맞추고, CO_2 가스 용기의 밸브를 열고 유량-압력조정기의 유량 조절 밸브를 열어 유량을 15 ~ 20[ℓ/min]으로 맞춘다.

'점검 / 용접' 전환 스위치를 '용접(다른 용접기의 경우 ⌐⌐(1회))'에 맞춘다.

다. 용접 및 크레이터 전류와 전압 조절

아래보기 자세의 모서리 용접 전류를 140 ~ 180[A]로, 전압을 21 ~ 23V로 조절한다. 전류, 전압은 판두께에 따라 적합한 용입 깊이가 되도록 전류와 전압으로 조절한다.

크레이터 전류는 120 ~ 150[A] 낮게, 전압을 용접 전압보다 1 ~ 2[V] 낮게 맞춘다.

라. 가접 및 역변형 주기

모서리 용접할 모재 2개를 가접대 위에 모서리 용접부가 되도록 맞추고 용접선 양 끝부분을 비드 길이 20mm 이내로 가접한다.[그림 4-1 참조]

용접부 반대쪽으로 1 ~ 2° 역변형을 준다.[그림 4-2 참조]

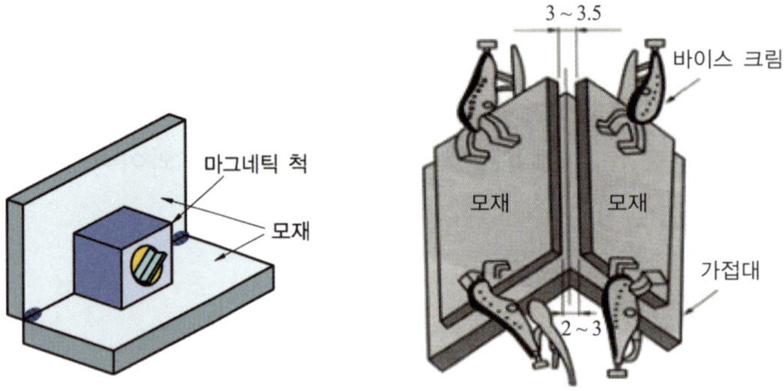

[그림 4-1] 모서리 용접 가접 방법

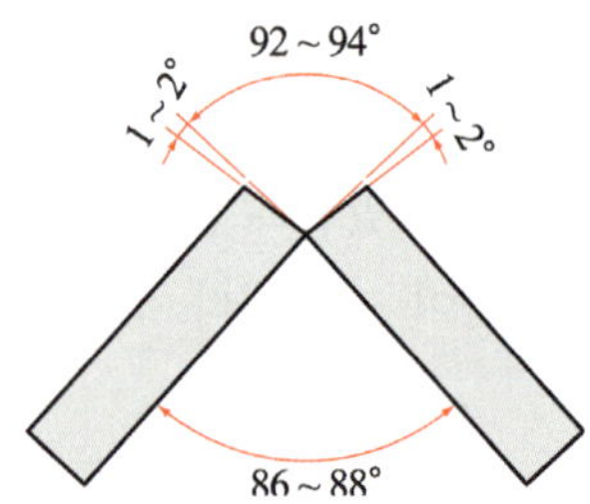

[그림 4-2] 모서리 용접 역변형

마. 아래보기 자세 모서리 CO_2 용접

1) 모서리 1층 용접

가접한 용접선이 위로 향하게 아래보기 자세가 되도록 작업대 위에 고정한다. 용접 토치의 작업각 45°, 진행 반대각을 75 ~ 85°로 유지하고 자세를 취한다.[그림 4-3 참조]

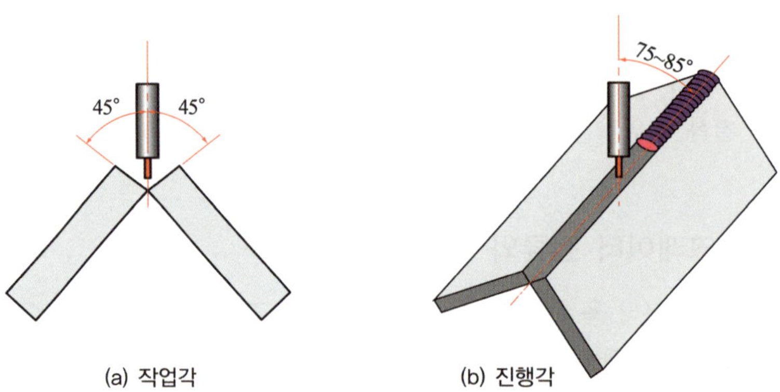

[그림 4-3] 아래보기 모서리 토치각

용접 토치를 우측(또는 좌측) 끝부분에 대고(전진법인 경우) 스위치를 눌러 아크를 발생한 후 와이어 돌출 길이를 10 ~ 15mm로 유지하며 전진 위빙법으로 진행한다. 비드 높이는 모서리 끝 선에서 1 ~ 1.5mm 낮게 쌓이게 한다.

비드 끝부분(크레이터 부분)에서 토치 스위치를 당겨 크레이터 전류로 크레이터 처리를 한 후 작업을 끝내고 용접부를 깨끗이 청소한다.

2) 모서리 2층(표면) 용접

판두께에 따라 덧붙이 증가가 필요하면 2층 용접을 한다. 이 때는 1층 비드 때보다 전류를 10 ~ 30[A] 정도 높게 조절하여 1층 비드의 양 끝부분까지 충분히 운봉하여 언더컷이 발생하지 않도록 한다. 판두께가 두꺼울 경우 3층으로 완성할 수 있다.[그림 4-4 참조]

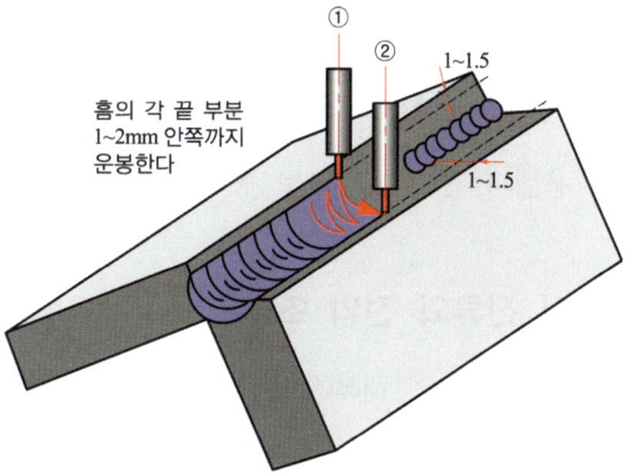

[그림 4-4] 2 ~ 3층 모서리 용접

바. 용접부 검사 및 반복 실습

모서리 용접부의 상태를 검사하고 비드의 파형이나 용입 상태, 언더컷이나 오버랩의 유무 등 각종 불량 원인을 검사하고 잘못된 점을 시정하려고 노력하며 반복 작업을 한다.[그림 4-5 참조]

[그림 4-5] 모서리 용접부 상태의 양·부

2 연강판 수평자세 모서리 CO_2 용접

가. 모서리 용접 작업준비

아래보기 자세 모서리 용접과 같은 방법으로 준비한다.

나. 용접기 조작 및 유량 조절

아래보기 자세 모서리 용접과 같은 방법으로 용접기 조작과 유량을 조절한다.

다. 용접 및 크레이터 전류와 전압 조절

용접 및 크레이터 전류와 전압을 아래보기와 같은 조건으로 맞춘다.

라. 가접 및 역변형 주기

모서리 용접 전 가접이나 역변형 주는 방법도 아래보기 자세와 같이 하면 된다.

마. 수평자세 모서리 CO_2 용접

가접한 모재의 용접선이 수평 자세가 되게 작업대 지그에 고정하고 작업하기 편한 높이(보통 가슴 높이)로 맞춘 후 작업대 앞에 앉아 토치를 잡고 용접 자세를 취한다.

모재의 우측(또는 좌측) 끝에 와이어를 가볍게 접촉시키고 스위치를 눌러 아크를 발생하여 아크를 안정시키면서 용접 토치의 진행(진행 반대) 방향각을 75 ~ 85°, 작업각은 수직 모재에 대하여 약 45°로 유지한다.[그림 4-6 참조]

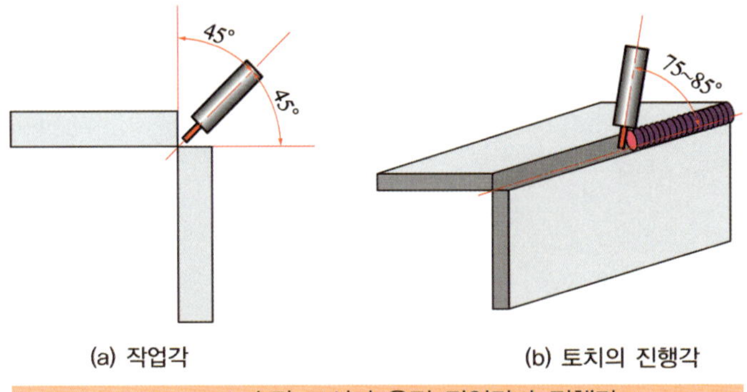

[그림 4-6] 수평 모서리 용접 작업각과 진행각

아크가 안정되면 스위치를 놓아 용접전류로 루트부를 용융시켜 이면 비드를 형성하면서 모서리 부분이 살짝 용융될 정도로 표면 비드를 채운다. 이 때 수평판의 상부 모서리가 많이 녹지 않게 한다. 만약 모재 두께가 두꺼울 경우 2층 이상으로 완성한다.

용접이 끝나면 슬래그를 깨끗이 제거하고 와이어 브러시로 깨끗이 청소한다.

바. 용접부 검사 및 반복 실습

모서리 용접부의 상태를 검사하고 잘못된 점을 시정하려고 노력하며 반복 작업을 한다.

PART 4

3 연강판 수직자세 모서리 CO_2 용접

가. 모서리 용접 작업준비

아래보기 자세 모서리 용접과 같은 방법으로 준비한다.

나. 용접기 조작 및 유량 조절

아래보기 자세 모서리 용접과 같은 방법으로 용접기 조작과 유량을 조절한다.

다. 용접 및 크레이터 전류와 전압 조절

용접 및 크레이터 전류와 전압을 아래보기와 같은 조건으로 맞춘다.

라. 가접 및 역변형 주기

모서리 용접 전 가접이나 역변형 주는 방법도 아래보기 자세와 같이 하면 된다.

마. 수직자세 모서리 CO_2 용접

1) 수직 상진자세 모서리 용접

가접된 모재가 수직이며, 용접선이 수직이 되게 작업대의 지그에 고정하고 가슴 높이로 맞춘다. 수직 상진 자세에 맞게 전류· 전압을 조절한다.

작업대 앞에 앉아 토치를 잡고 모재의 용접선 하단 끝에 와이어 끝을 가볍게 접촉시키고 토치 스위치를 눌러 아크를 발생한 후 아크를 안정시키면서 용접 토치의 진행 반대 방향각을 75 ~ 85°로, 작업각은 양 모재의 ∨자에 대하여 45°로 유지하며 위빙하며 상진한다. [그림 4-7 참조]

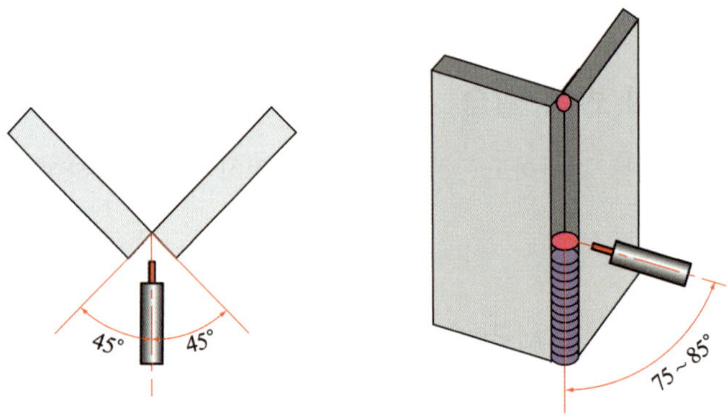

(a) 작업각 (b) 진행각

[그림 4-7] 수직 상진자세 모서리 토치각

루트부를 용융시켜 이면 비드를 형성하면서 모서리 부분이 살짝 용융될 정도로 표면 비드를 채운다. 모재 두께에 따라 2층 이상으로 완성한다.

용접이 끝나면 슬래그를 깨끗이 제거하고 와이어 브러시로 깨끗이 청소한다.

2) 수직 하진자세 모서리 용접

토치를 잡고 모재의 용접선 상단 끝에 와이어 끝을 가볍게 접촉시키고 스위치를 눌러 아크를 발생시켜 아크를 안정시키면서 용접 토치의 진행각을 65 ~ 75°로, 작업각은 양 모재의 ∨자에 대하여 45°로 유지한다.[그림 4-8 참조]

용융지가 와이어 끝보다 더 빨리 내려오지 않을 정도의 속도로 용접부를 채우며 하진하며, 용접이 끝나면 슬래그를 깨끗이 제거하고 와이어 브러시로 깨끗이 청소한다.

모재 두께에 따라 2층 이상으로 완성한다.

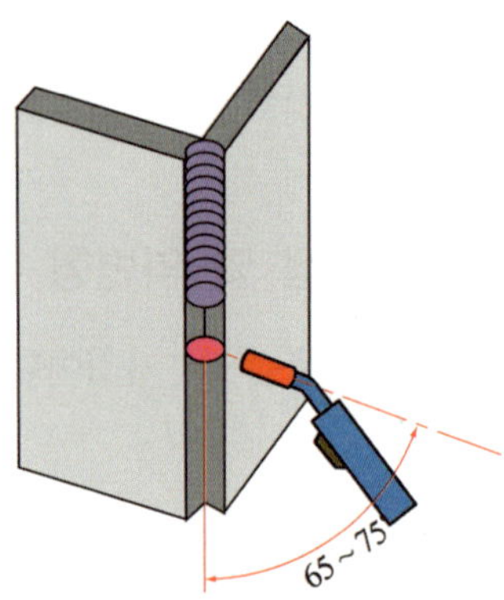

[그림 4-8] 수직 하진 토치각

제5절 V형 맞대기 CO_2 용접(솔리드 와이어 사용)

1 아래보기 자세 V형 맞대기 CO_2 용접

가. 용접 준비

용접 작업에 임하기 전에 필요한 공구를 준비한다. 준비 사항은 피복 아크 용접과 같이 하면 된다.

보호구를 착용하고 용접기의 이상 유무, 작동 상태를 점검한다. 그리고 도면을 보고 모재와 작업 내용을 확인한다.

나. 모재 가공

모재 가공 및 가접 역변형 주기도 피복 아크 용접과 같이 하면 된다. 개선 가공법에는 가스 절단법, 밀링 가공법, 베벨머신 사용 등 여러 가지가 있으나 가스절단법이 많이 이용되고 있다.[그림 5-1 참조] 가스절단된 모재는 용접부 주위의 흑피를 깨끗이 브러싱하고 루트면을 약 1.5mm 되게, 2개의 모재의 루트면 두께가 동일하게 가공한다.[그림 5-2 참조]

[그림 5-1] 베벨형 자동 가스절단

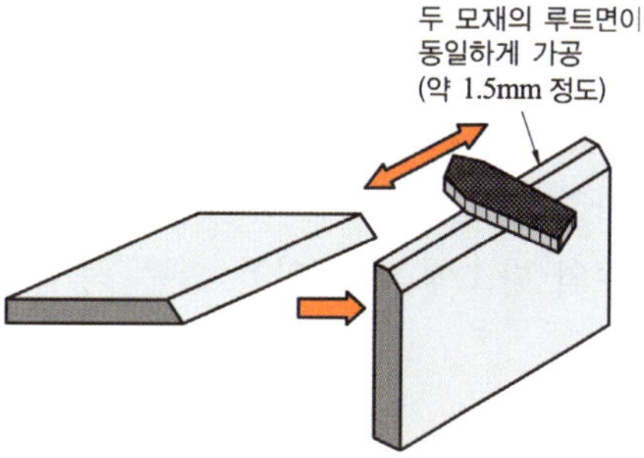

[그림 5-2] 모재의 루트면 가공

다. 모재 가접 및 역변형 주기

1) 용접기 조작

용접기의 전원 스위치를 넣고, 와이어 지름 전환 스위치 '0.9/1.2'를 와이어 지름에 맞추고, 크레이터 '유/무' 스위치를 '무 또는 유'에 놓는다.

'용접/점검(가스 체크)' 스위치를 점검에 놓고 가스 유량을 15(12 ~ 18)ℓ/min으로 맞춘 후 전류, 전압을 조절한다.[표 5-1 참조]

표 5-1 아래보기 자세 V형 맞대기 용접 조건(t6.0)

층 수	용접 전류	아크 전압(V)	와이어 돌출 길이	가스 유량
1층(백) 비드	120 ~ 150A	20 ~ 22V	12 ~ 17mm	12 ~ 18ℓ/min
2층(표면) 비드	140 ~ 170A	21 ~ 23V	10 ~ 15mm	12 ~ 18ℓ/min

2) 가접 및 역변형 주기

① 가 접

가접대 위에 모재의 개선면이 아래로(도면의 제시에 따라 개선면이 위로 향하게 놓고 가접할 수도 있음) 향하게 수평으로 놓고 한쪽은 2.0 ~ 2.5mm, 한쪽은 2.5 ~ 3.0mm 정도로 맞추고 두 모재가 엇갈림이 없이 수평이 되게 놓는다.(루트 간격은 작업자마다 다를 수 있음) 토치를 잡고 토치의 와이어 끝을 한쪽 모서리에 겨누고 아크를 발생하여 빠른 속도로 양쪽 모서리를 왕복하면서 가접을 튼튼히 한다. [그림 5-3 참조]

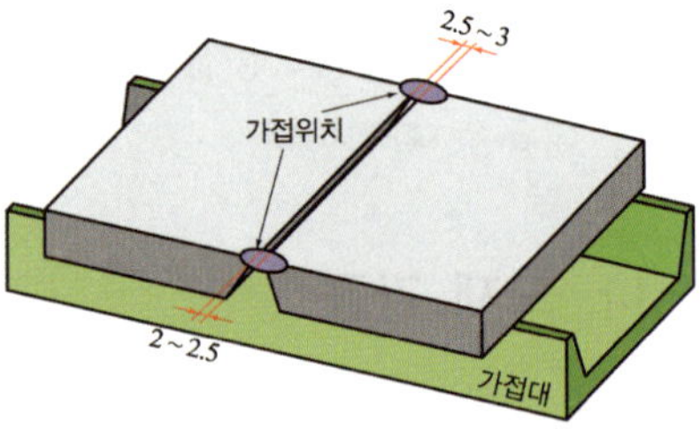

[그림 5-3] V형 맞대기용접 전 가접

이 때 가접 부위가 개선 홈쪽으로 돌출되지 않고 평탄한 모양이 되어야 한다. 가접이 끝나면 가접부의 슬래그나 스패터, 이물질 등을 깨끗이 제거한다.

② 역변형 주기

가접된 모재를 용접 방향 반대편으로 약 2 ~ 3° 정도 굽힌다. 이 때 판두께와 용접 패스 수의 다소에 따라 얇은 판은 적게, 두꺼운 판은 크게 한다.

3) 모재 고정

모재의 개선 홈이 위로 향하며 용접선이 좌우가 되도록 작업대(또는 지그)에 고정한다. 이 때 가접 홈이 좁은 쪽이 왼쪽이 되며, 토치를 겨누어 편한 자세가 되어야 하며 모재가 작업자의 중심보다 약간 좌측에 있는 것이 좋다.

라. t6.0 연강판 V형 맞대기

1) 1층(이면, back) 비드놓기

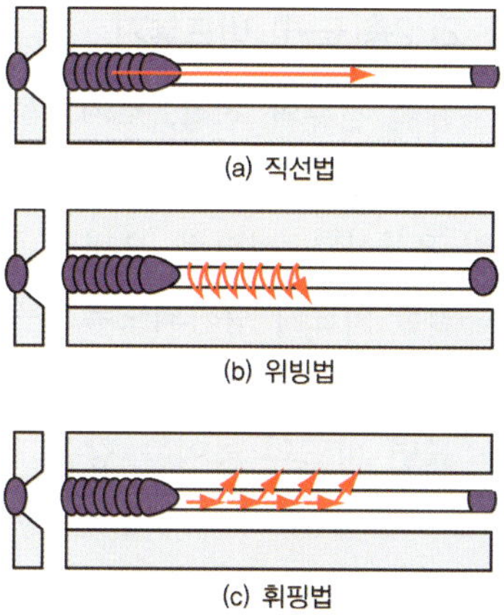

[그림 5-4] 이면 비드 운봉 요령

1층(이면) 비드놓는 방법은 여러 가지가 있으나 위빙법이 가장 많이 쓰인다.[그림 5-4 참조]

용접 전류와 전압 등 용접 조건을 [표 5-1]과 같이 맞춘다.

용접 토치를 우측(또는 좌측) 끝부분에 대고 용접 토치의 작업각은 90°, 진행반대각 75 ~ 85°로 유지하고 자세를 취한 후 헬멧을 쓰고 스위치를 눌러 아크를 발생한다.[그림 5-5 참조]

와이어 돌출 길이를 10 ~ 15mm로 유지하며 전진법(또는 후진법)으로 운봉한다. 운봉 요령은 루트 간격보다 1 ~ 2mm 넓게 톱니형이나 부채꼴형으로 운봉하며, 운봉 양 끝에서 약 0.5 ~ 1초 머물러 준다.

키홀을 잘 관찰하여 일정한 크기의 키홀이 형성되도록 하며, 와이어 끝이 이전 비드를 1 ~ 2mm 정도 겹치게 운봉한다.(와이어가 키홀에 빠질 우려가 있음)[그림 5-6 참조]

이면 비드의 높이(모재 두께 6mm의 경우)는 모재 표면보다 1.5 ~ 2.0mm 정도 되게 한다.

1층 비드를 깨끗이 청소한 후 결함의 유무, 비드 상태 등을 점검하고, 2층 비드놓기를 할 수 있도록 작업대 위에 설치한다.

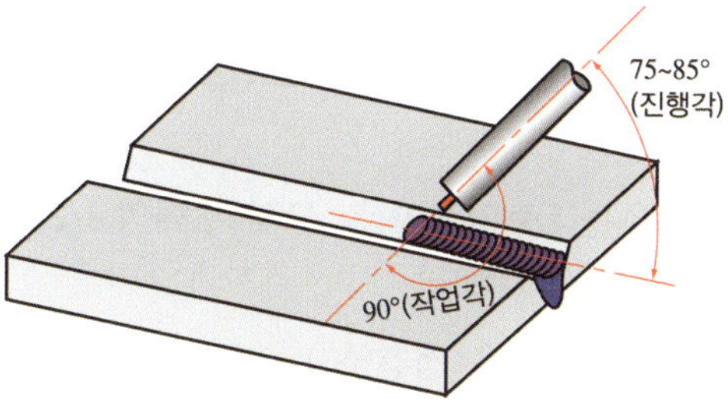

[그림 5-5] 아래보기 맞대기 토치각

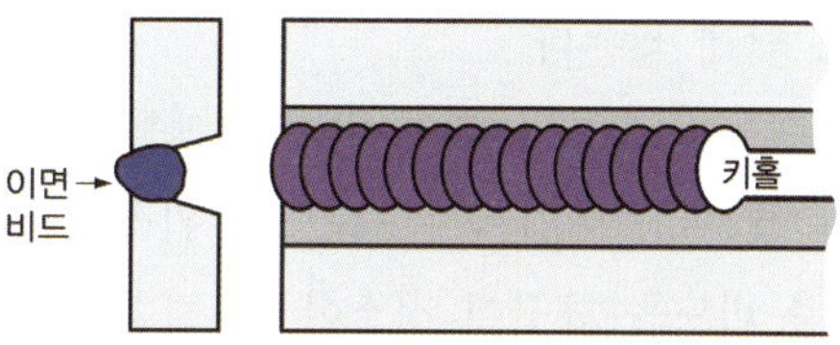

[그림 5-6] 이면 비드와 키홀의 유지

2) 2층(표면) 비드놓기

용접 전류와 전압, 토치의 각도를 1층 비드놓기와 동일하게 유지하며 모재의 양 모서리까지 운봉한다. 언더컷, 오버랩 등의 결함이 없고 균일한 비드가 형성되도록 용융지를 잘 관찰하면서 진행한다.

표면 비드의 높이는 강관 표면보다 1.5 ~ 2mm 정도가 되게 진행한다.(비드 높이는 모재 두께의 20% 이하로 한다.) 용접부 끝 가까이에서 토치 스위치를 눌러 크레이터 전류로 크레이터를 채워준다.[그림 5-7 참조]

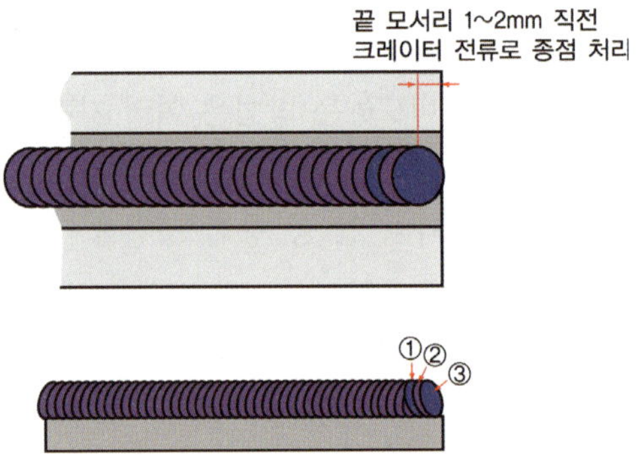

[그림 5 - 7] 크레이터 처리법

마. t9.0 연강판 V형 맞대기

1) 1층(백, back) 비드놓기

t9.0 모재는 1회에 쌓는 비드 높이에 따라 달라진다. 비드를 두껍게 쌓을 경우는 2층으로 완성하며, 얇게 쌓을 경우는 3층으로 완성한다.

용접 전류와 전압 등 용접 조건을 [표 5-1]과 같이 맞춘 후 t6.0 모재의 용접시와 같은 방법으로 실시하며, 2층으로 할 경우는 비드놓기를 천천히 움직여서 모재 표면보다 1.5 ~ 2mm 정도 낮게 쌓는다.

비드놓기 속도가 빨라 비드 두께를 얄게 쌓을 경우는 1층의 높이는 모재 두께의 1/2 정도 되게 쌓는다. 여기서는 3층으로 완성하는 방법으로 설명을 한다.

1층 비드를 깨끗이 청소한 후 결함의 유무, 비드 상태 등을 점검하고, 2층 비드놓기를 할 수 있도록 작업대 위에 설치한다.

2) 2층 비드놓기

1층 비드놓기보다 전류를 10 ~ 20A, 전압을 1 ~ 2V 정도 높게 조절한 후 토치의 각도를 1층 비드놓기와 동일하게 유지하며 모재 표면보다 1 ~ 1.5mm 낮게 쌓는다.

2층 비드놓기시 모재의 모서리가 녹지 않도록 아크 길이를 짧게 하고 모서리 안쪽에서 와이어를 위빙하여야 된다.

2층 비드놓기가 끝나면 용접부를 깨끗이 청소한 후 비드놓기를 할 수 있도록 작업대 위에 놓는다.

3) 3층(표면) 비드놓기

용접 조건을 2층 비드놓기와 같이 하거나 약간 낮춘 후 모재의 양 모서리 사이를 언더컷, 오버랩 등의 결함이 없고 균일한 비드가 형성되도록 용융지를 잘 관찰하면서 진행한다.

표면 비드의 높이는 강관 표면보다 1.5 ~ 2mm 정도가 되게 진행한다.(비드 높이는 모재 두께의 20% 이하로 한다.)

용접부 끝 가까이에서 토치 스위치를 눌러 크레이터 전류로 크레이터를 채워준다.

바. 용접부 검사 및 반복 실습

용접이 끝나면 용접부를 깨끗이 청소한 후 용접부 외관을 검사하고 결함 유무를 검사한 후 잘못된 점을 시정하려고 노력하며 숙련이 될 때까지 반복 실습한다.[그림 5-7, 5-8, 5-9 참조]

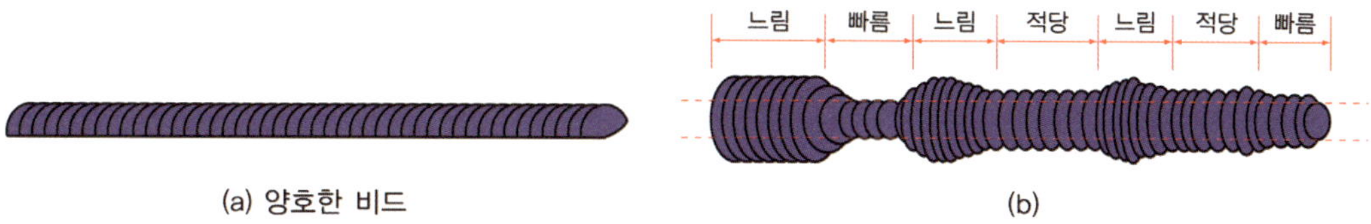

[그림 5 - 8] 비드 운봉상태의 양·부

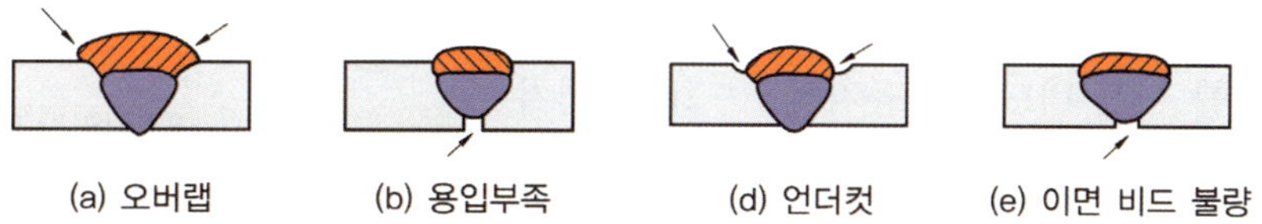

[그림 5 - 9] 용접부 결함의 종류

2 수평자세 V형 맞대기 CO_2 용접

가. 용접 준비 및 모재 가공

아래보기 자세와 같은 방법으로 실시한다.

나. 모재 가접 및 역변형 주기

1) 용접기 조작

아래보기 자세와 같은 방법으로 조작한다.

2) 가점 및 역변형 주기

아래보기 자세와 같은 방법으로 실시한다.

3) 모재 고정

모재가 수직이 되며, 용접선이 수평이 되게 작업자의 가슴 높이로 단단하게 고정한다.[그림 5-10 참조] 이 때 가접 홈이 좁은 쪽이 왼쪽이 되며, 토치를 겨누어 편한 자세가 되어야 하며 모재가 작업자의 중심보다 약간 좌측에 있는 것이 좋다.

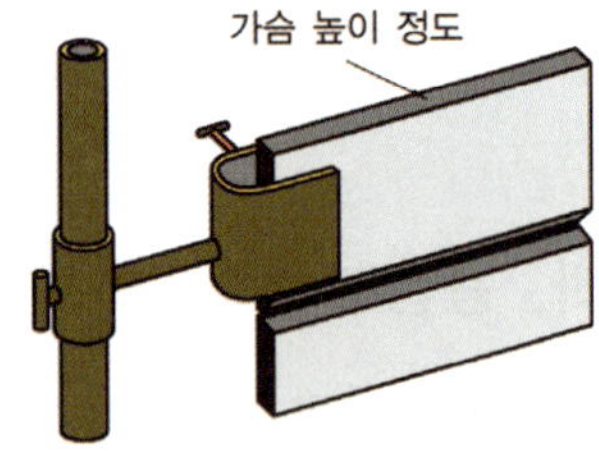

[그림 5-10] 수평 맞대기 모재 고정

다. t6.0 연강판 V형 맞대기

1) 1층(백, back) 비드놓기

용접 토치의 작업각을 80 ~ 85°, 진행각은 75 ~ 85°로 유지하고 좌측 가접부에 토치를 겨눈 후 헬멧을 쓰고 아크를 발생한다.[그림 5-11 참조]

와이어 돌출 길이를 약 15mm 정도 유지하며 상하 루트면 사이를 이전 비드의 용융지와 1 ~ 2mm 겹치면서 운봉한다. 키홀을 일정하게 유지하면서 모재 표면보다 1 ~ 1.5mm 낮게 쌓는다.

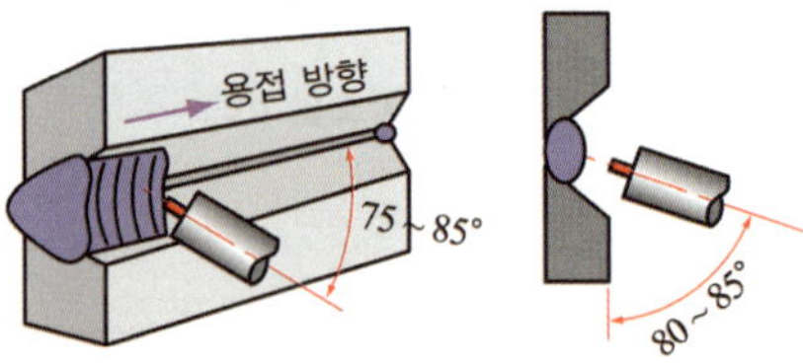

[그림 5-11] 1층 작업각과 진행각

2) 2층(표면) 비드놓기

① 2층 1패스 비드놓기

1층 비드를 깨끗이 청소한 후 전류, 전압을 [표 5-1]과 같이 조절하여 하단 모재의 개선면과 1층 비드와의 경계선에 와이어를 대고 좁은 비드로 2층 1패스를 놓는다. 이 때 비드의 높이는 약 2mm 정도 높게 놓으면 된다.

② 2층(표면) 2패스 비드놓기

1패스와 같은 조건으로 2층 1패스 비드 상부와 상부 모재의 모서리 사이에 토치를 겨누어 2층 2패스를 놓아 표면 비드를 완성한다. 표면 비드의 높이는 모재 표면보다 2mm 정도 높은 것이 적당하다. 용접이 끝나면 깨끗이 청소한다.

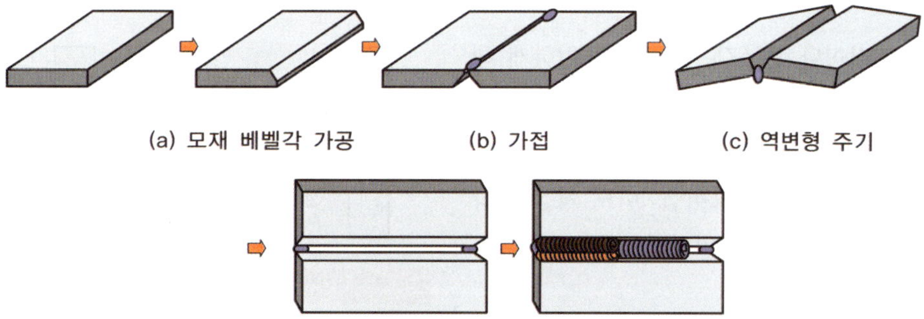

(a) 모재 베벨각 가공 (b) 가접 (c) 역변형 주기

(d) 모재 고정 (e) 1층 및 표면 비드

(f) 표면 비드 실물

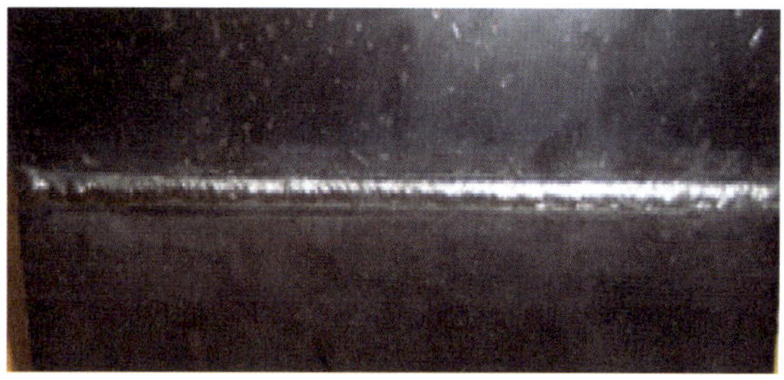

(g) 이면 비드 실물

t6.0 V형 맞대기용접 순서의 예

라. t9.0 연강판 V형 맞대기

1) 1층(이면) 비드놓기

1층 비드놓기는 t6과 같은 방법으로 하면 된다.

2) 2층 비드놓기

2층 비드는 t6 모재와 같은 방법으로 하되 비드 높이가 모재 표면보다 1 ~ 1.5mm 낮게 쌓이도록 하면 된다.[그림 5-12 참조] 만약 1층의 높이가 높게 쌓여서 3층으로 완성하면 표면의 높이가 너무 높아질 경우는 2층 3패스로 완성해도 된다.

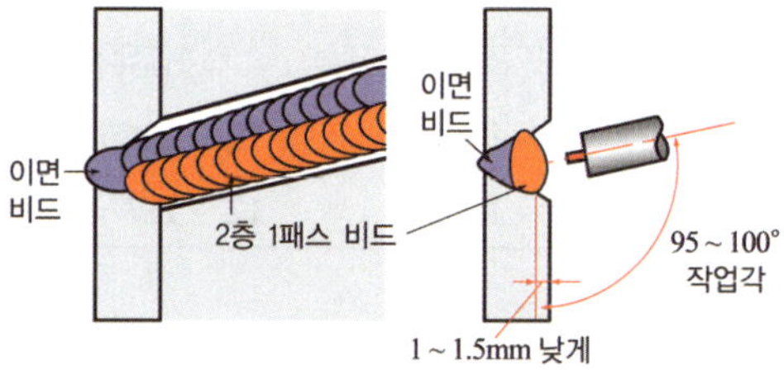

(a) 수평 2층 1패스 작업각

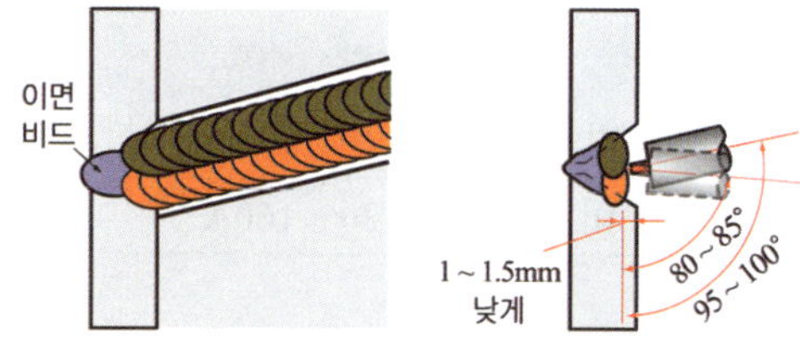

(b) 수평 2층 2패스 작업각

[그림 5 - 12] 수평자세 2층 비드 작업각

3) 3층(표면) 비드놓기

용접 조건이나 운봉각은 2층과 동일하게 해도 되며, 좁은 비드로 3줄 겹치기 비드를 놓아 모재 표면보다 2mm 정도 높게 쌓이도록 놓는다. 이 때 언더컷이나 오버랩, 비드 처짐 현상이 없으며 비드 겹침이 일정하도록 놓는다.[그림 5-13 참조]

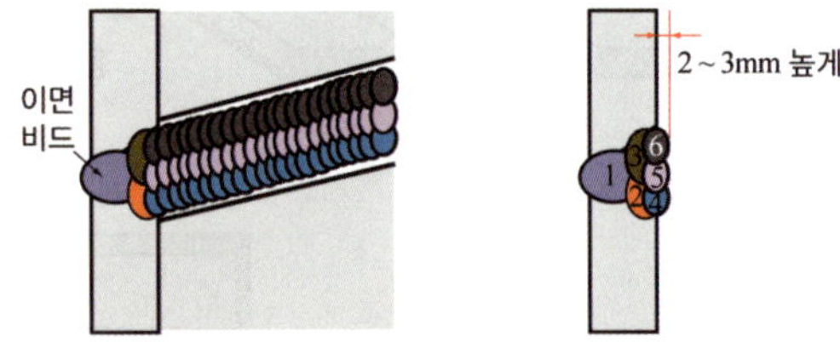

[그림 5-13] 수평 3층 비드 완성

4) 검사 및 반복 실습

각 비드놓기 때마다 용접 작업이 끝나면 용접부의 스패터, 슬래그, 그을음 등을 깨끗이 청소하고 잘못된 점이 무엇인지 파악한 다음 잘못된 점을 고치려고 노력하며 반복 실습한다.

5) 정리 정돈

모든 작업이 끝나면 사용했던 용접기와 공구를 정리 정돈하고, 주위를 깨끗이 청소한다.

3 수직자세 V형 맞대기 CO_2 용접

가. 용접 준비 및 모재 가공, 가접, 역변형

용접 준비나 모재 가공, 가접법, 역변형법, 용접기 조작은 수평자세와 동일하게 하면 된다.

나. 용접 조건 설정

용접 조건은 [표 5-2]와 같이 설정한다.

표 5-2 수직자세 V형 맞대기용접 조건

층 수	용접 전류	아크 전압(V)	와이어 돌출 길이	가스 유량
1층(백) 비드	110 ~ 140A	20 ~ 22V	12 ~ 17mm	12 ~ 18ℓ/min
2 ~ 3층 비드	130 ~ 160A	21 ~ 23V	10 ~ 15mm	12 ~ 18ℓ/min

다. 모재 고정

모재의 용접부가 작업자 앞이 되며 수직이 된 상태에서 용접선이 수직이 되게 작업자의 가슴 높이로 단단하게 고정한다. 이 때 가접 홈이 좁은 쪽이 아래쪽이 되며, 토치를 겨누어 편한 자세가 되어야 하며 모재가 작업자의 중심보다 약간 우측에 있는 것이 좋다.

라. t6.0 연강판 V형 맞대기 수직 상진 CO_2 용접

1) 1층(백) 비드놓기

용접 토치의 작업각을 90°, 진행 반대각은 75 ~ 85°로 유지하고[그림 5-14 참조], 하단 가접부에 토치를 겨눈 후 헬멧을 쓰고 아크를 발생한다.

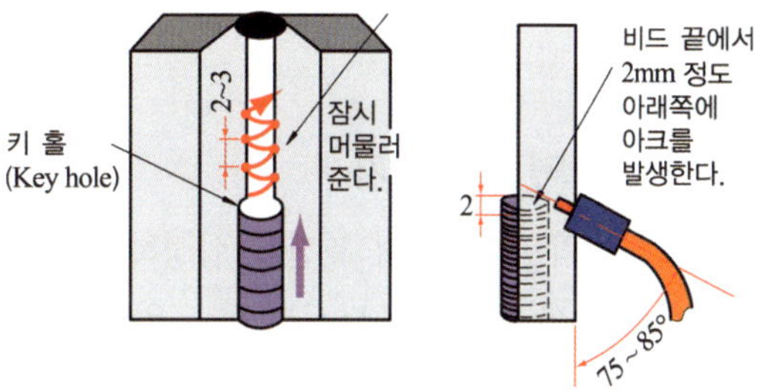

[그림 5 - 14] 수직 1층 작업각과 진행각

와이어 돌출 길이를 약 15mm 정도 유지하며 좌우 루트면 사이를 이전 비드의 용융지와 1 ~ 2mm 겹치면서 부채꼴형으로 운봉하여 루트 간격보다 1 ~ 2mm 넓게, 운봉 양 끝에서 약간씩(보통 0.5 ~ 1초) 머물러 주며 상진한다. 이 때 운봉 중 와이어 끝이 루트 간격 사이로 빠지지 않도록 주의한다.

비드의 높이를 모재 표면보다 1 ~ 1.5mm 정도 낮게 하며, 비드 양 끝에서 0.5 ~ 1초 정도 머물러준다.

2) 2층(표면) 비드놓기

[표 5-5]와 같이 용접 조건을 설정하여 작업각 90°, 진행 반대각 75 ~ 85°를 유지하며 좌우 판의 모서리에서 모서리까지 위빙하며, 모재 표면보다 약 2mm 정도 높게 쌓는다. 이 때 비드의 양 끝에 언더컷이나 비드 처짐이 없도록 해야 된다.

슬래그와 스패터를 제거하고 깨끗이 청소한 후 비드의 외관, 결함 여부를 점검한 후 잘못된 점을 시정하려고 노력하며 반복 실습한다.

마. t9.0 연강판 V형 맞대기 수직 상진 CO_2 용접

1) 1층(백) 비드놓기

1층 이면 비드놓기는 t6.0과 같은 방법으로 놓으면 된다. 이 때 와이어 끝은 이전 비드의 용융지를 1 ~ 1.5mm 정도 겹쳐 운봉하여 와이어가 홈 사이로 빠지지 않도록 해야 된다.

비드 높이는 모재 두께의 1/2 정도 쌓이는 정도가 적당하나, 1층 비드 높이가 높아 3층으로 완성하기 어려울 경우는 1층 비드 높이가 모재 표면보다 1.5mm 정도 깊게 쌓이도록 운봉해야 된다.

2) 2층 비드놓기

[표 5-2]와 같이 용접 조건을 설정하여 작업각 90°, 진행각 75 ~ 85°를 유지하며 모재 표면보다 1 ~ 1.5mm 낮게 쌓이도록 운봉한다.[그림 5-15 참조] 이 때 위빙의 양 끝은 약간 멈추는 듯하며 중심부는 빠르게 진행한다.

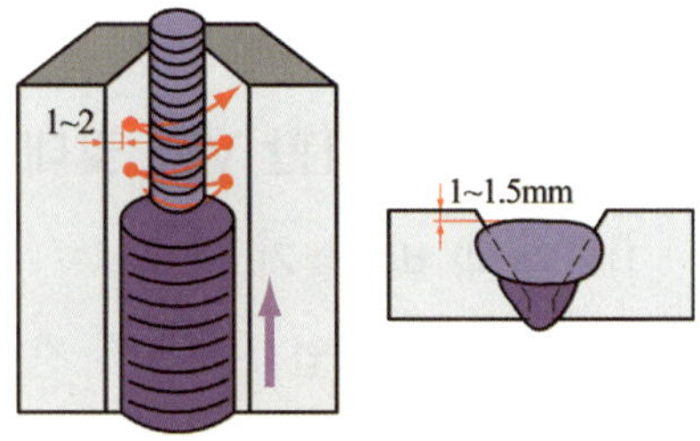

[그림 5 - 15] 수직 2층 비드놓기

3) 3층(표면) 비드놓기

[표 5-2]와 같이 용접 조건을 설정하여 2층 비드놓기와 같은 방법으로 운봉하되, 좌우 모재의 개선면 모서리에서 모서리까지 운봉하여 용입 불량이나 언더컷, 오버랩, 비드 처짐 등이 없도록 운봉한다. 표면 비드의 높이는 모재 표면보다 2mm 정도 높게 쌓이도록 하면 적당하다.[그림 5-16, 5-17 참조]

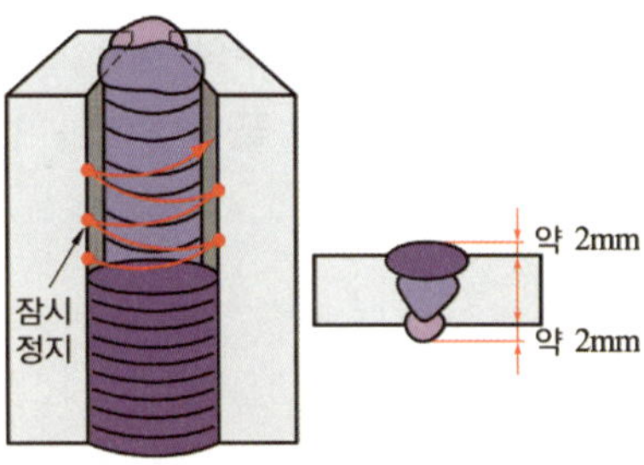

[그림 5 - 16] 수직 3층(표면) 비드놓기

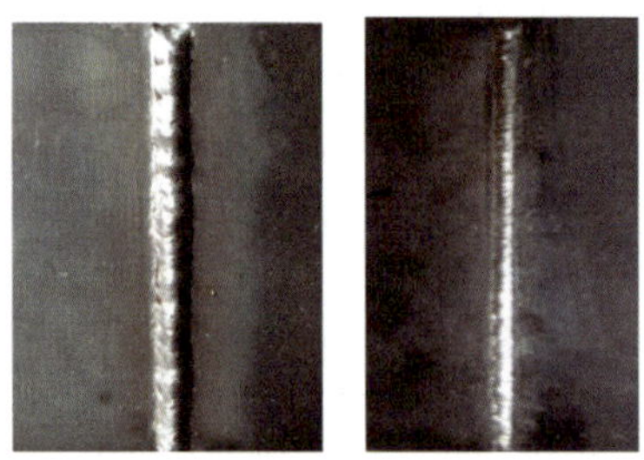

(a) 표면 비드 (b) 이면 비드

[그림 5 - 17] 수직자세 V형 맞대기

4) 검사 및 반복 실습

각 비드놓기 때마다 용접 작업이 끝나면 용접부의 스패터, 슬래그, 그을음 등을 깨끗이 청소하고 잘못된 점이 무엇인지 파악한 다음 잘못된 점을 고치려고 노력하며 반복 실습한다.

5) 정리 정돈

모든 작업이 끝나면 사용했던 용접기와 공구를 정리 정돈하고, 주위를 깨끗이 청소한다.

제6절 V형 맞대기 FCAW(CO_2) 용접(플럭스 코드 와이어, 세라믹 뒷댐판 사용)

1 플럭스 코드(복합) 와이어

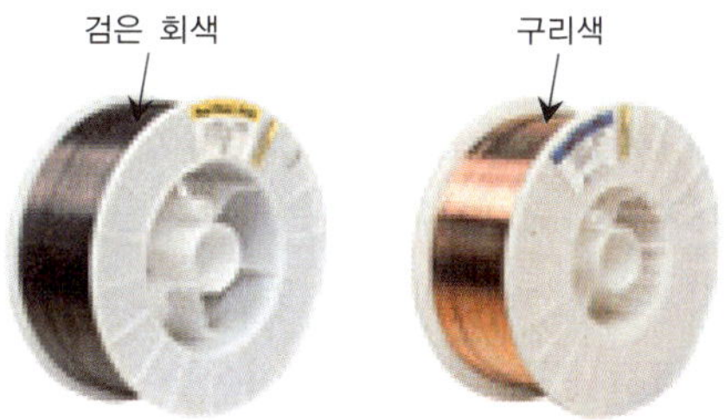

[그림 6 - 1] 용접 와이어의 종류

플럭스 코드 와이어는 복합 와이어라고도 하며, 단일 인접형(NCG법)과 이중 굽힘형(아코스 아크법, Y관상 와이어, S관상 와이어)가 있다.

솔리드 와이어는 와이어 전체가 강선이므로 용융 시 전체가 용융 금속이 되지만, 플럭스 코드 와이어는 얇은 강판에 용제(flux)를 넣으면서 정교하게 말아놓은 것으로 생산시 진공 밀봉하여 출하되고 있으며, 개봉을 하면 흡습하기 쉬우며, 건조가 어려우므로, 2 ~ 3일 이내에 사용하는 것이 좋다.

플럭스 코드 와이어는 용제가 와이어 전 중량의 약 20 ~ 25% 정도 차지하므로 와이어 전체가 용융 금속이 되지 않는다.[그림 6-1 참조] 와이어 굵기는 ϕ0.8 ~ 3.2가 있으며 ϕ0.8 ~ 1.6은 세경 와이어, ϕ2.4 ~ 3.2는 태경 와이어라고 하는데 요즘은 태경 와이어 사용이 줄어들고 있다.

표 6-1 와이어 종류에 따른 특성 비교

솔리드(실체) 와이어	와이어 종류	플럭스 코드(복합) 와이어
외관 동(구리) 도금	형상	내부는 플럭스, 외피는 강재
0.8, 0.9, 1.0, 1.2, 1.4, 1.6	치수(mm)	1.2, 1.4, 1.6, 2.0
CO_2, CO_2+Ar = MAG	실드가스 종류	CO_2
약간 많음. MAG는 적음	스패터 정도	적음
단락형 : 적음, 대전류 : 깊음	용입깊이 정도	중간
적음	슬래그 발생량	많음
100(ϕ1.6, 400A의 경우)	용접속도(g/min)	120(ϕ1.6, 400A의 경우)
90 ~ 95	용착 효율(%)	75 ~ 80
보통	비드 외관	미려함

2 뒷댐판 재료

용접부는 모재와 용접봉이 용융되어 두 모재간 빈 공간을 매꾸어준 곳으로 고온으로 상승된 곳이며 공기와 접촉하게 되면 조직 불량이 발생할 우려가 있다.

따라서 용접 후 연삭을 할 수 있다면 관계없으나 연삭을 할 수 없는 곳이거나 연삭을 하지 않아도 될 곳이라면 연삭하는 데 시간과 인건비를 소모할 필요가 없으나 고온에서 공기와의 접촉을 막을 필요는 있으며, 이 때 사용되는 것이 뒷댐판이다.

뒷댐판의 종류는 구리, 글라스 테이프, 세라믹 제품이 있으며 요즘은 세라믹제가 가장 많이 사용된다. 세라믹재는 용도에 따라 아래보기, 수직, 위보기용과 수평용이 있다.[그림 6-2 참조]

특히 플럭스 코드 와이어를 사용하여 백(back) 비드 용접을 할 때 뒷면에 뒷댐재(backing up)를 부착하고 한쪽 면에서 용접하면 양호한 이면 비드를 얻을 수 있으며, 용접 시간이 단축되고 대기로부터의 오염이나 산화를 방지할 수 있다.

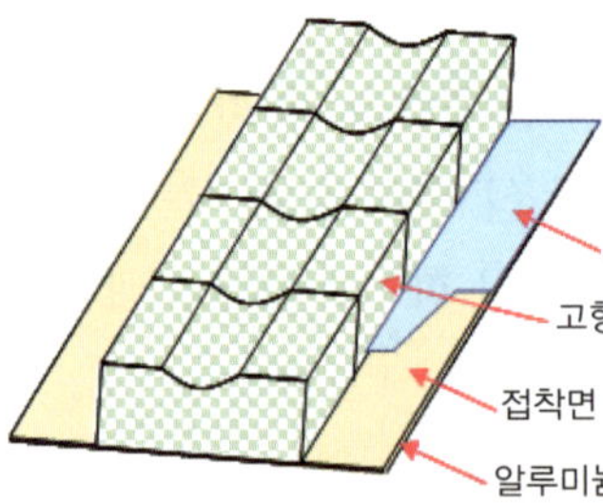

[그림 6-2] F, V, O 자세용 세라믹 뒷댐판

3 플럭스 코드 와이어 사용, V형 맞대기 용접

가. 아래보기 자세 V형 맞대기 용접(t9.0)

1) 용접 준비

도면에 제시된 연강판 모재 t9.0×125×150(도면에 따라 달라질 수 있음), 플럭스 코드 와이어, 세라믹 백킹재(자세에 맞는 형상) 길이 150~175 1개를 준비한다.

기타 준비 사항은 전기 용접(피복 아크 용접)이나 CO_2 용접과 같이 한다.

2) 모재 가공

'제5절 ❶ 나.'와 같은 방법으로 모재의 한쪽을 개선각 30~35°가 되게 가공한 후 루트면을 0.5~1mm 정도 되게, 루트면 두께가 동일하고, 2개의 루트면을 맞대었을 때 틈이 없도록 가공한다.

3) 모재 가접

와이어는 도면에서 요구하는 와이어의 재질과, 와이어 지름이 맞는 것을 송급장치에 끼우고, '제5절 ❶ 다. 1)'과 같은 방법으로 용접기를 조작한다.

개선면이 위로(필요에 따라 아래로 향할 수도 있음) 향하게 놓고 루트 간격을 4~5mm로 맞춘 후 모재의 양끝을 약 10mm 이내의 비드가 되도록 가접한다. 이 때 가접된 뒷면의 세라믹 백킹재 부착 부분이 돌출되지 않도록 해야 되며, 돌출된 경우 평평하게 가공한다.

4) 세라믹 백킹재 부착

자세에 맞는 세라믹 백킹재를 용접 길이에 맞게 절단하여 접착 테이프를 펼쳐서 홈 부분이 아래로 가게 평판 위에 놓고 테이프가 바닥에 밀착되도록 손으로 다듬질한다.

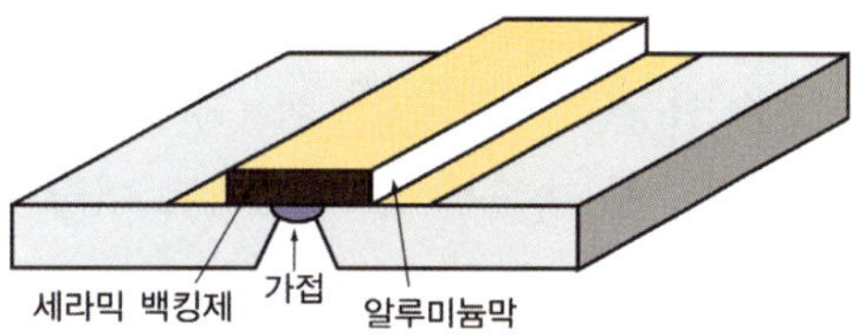

[그림 6-3] 세라믹 부착의 예

세라믹 백킹재의 적색선이 좌우가 되게 위로 향하게 놓고 가접된 모재의 루트 간격의 중심에 적색선이 홈이 오도록 맞춘 후 접착 은박지 위의 종이를 살짝 뜯으면서 밀착시킨 후 다시 한 번 위치가 정확한가 확인한 후 단단하게 밀착시킨다.[그림 6-3 참조]

5) 모재 고정

세라믹 백킹재가 부착된 부분이 아래로 향하며 용접선이 좌우가 되게 작업대 위에 놓는다.

6) 1층(이면, back) 비드 놓기

전류를 120~160A, 전압을 20~22V로 조절한 후 모재보다 약간 오른쪽에 앉아 자세를 편하게 한 후 토치를 잡고 용접선의 왼쪽 끝에서 오른쪽 끝까지 아크 발생 없이 천천히 움직여보며 운봉에 지장이 없는지 여부를 가상 운봉하여본다.

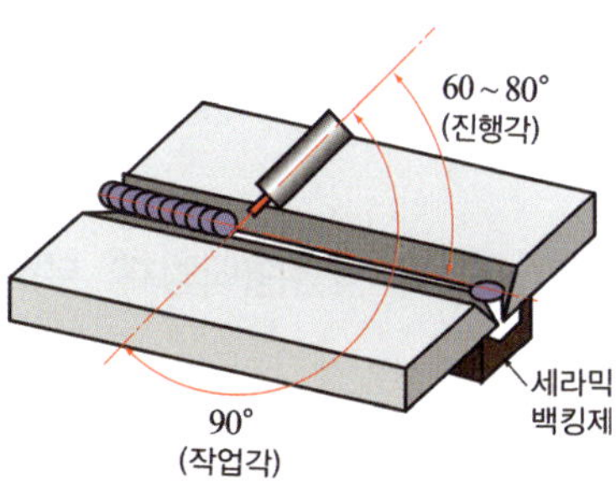

[그림 6-4] 아래보기 자세 V형 맞대기 FCAW 용접(세라믹 백킹재 부착)

와이어를 왼쪽 홈 끝에 위치한 후 헬멧을 쓰고 아크를 발생하여 아크를 안정시키며 작업각은 90°, 진행각은 60~80°가 되도록 하며, 두 모재의 루트 간격 사이를 위빙하며 진행한다.[그림 6-4 참조]

이 때 와이어 끝이 이전 비드를 최소 1mm 이상 겹쳐서 위빙하여야 되며, 와이어 끝이 홈으로 빠질 경우 바로 아크가 끊어지므로 주의해야 된다.

운봉시 비드 폭의 양끝에서 약간씩 멈춤을 하며, 운봉을 천천히 하여 세라믹 백킹재의 홈에 채우는 기분으로 운봉을 해야 된다.

3층으로 완성할 경우 1층 비드의 높이는 모재 두께의 약 1/2 정도 채워지게 쌓는다.

플럭스 코어드 와이어를 사용하는 경우는 솔리드 와이어를 사용할 때보다 운봉 속도를 느리게 피복 아크 용접보다는 빠르게 운봉하는 것과 슬래그 청소를 해야 된다는 점이 차이점이다. 이면 비드놓기를 완료하면 슬래그와 스패터를 깨끗이 청소한 후 결함 여부를 점검한다.

7) 2층 비드, 표면 비드놓기

2층 이상은 '제5절 ❶ 마. 1) ~ 3)'과 같은 방법으로 실시하되, 솔리드 와이어를 사용할 때보다 운봉 속도를 느리게 피복 아크 용접보다는 빠르게 운봉한다.

표면 비드가 완성되면 슬래그와 스패터를 깨끗이 제거하고 와이어 브러시로 깨끗이 청소한다.

8) 검사하기

주어진 검사 기준에 의해 외관 검사를 하고 외관에 합격되면 X선 탐상 검사 등 필요한 시험을 한다.

나. 수평 자세 V형 맞대기 용접

1) 용접 준비, 모재 가공, 모재 가접

'제5절 ❸ 가. 1) ~ 3)'과 같은 방법으로 용접 준비, 모재 가공, 모재 가접을 한다.

2) 세라믹 뒷댐판(백킹재) 부착

수평(2G)용 세라믹 뒷댐판을 절단하여 접착 테이프를 펼쳐서 홈 부분이 아래로 가게 평판 위에 놓고 테이프가 바닥에 밀착되도록 손으로 다듬질한다.

세라믹 백킹재를 루트 간격 사이에 대하여 적색선이 홈의 2/3 윗부분에 위치하도록 맞춘 후 접착 은박지 위의 종이를 살짝 뜯으면서 밀착시킨 후 다시 한 번 위치가 정확한가 확인한 후 단단하게 밀착시킨다.

3) 모재 고정

모재가 수직이고, 세라믹 백킹재가 뒤로 가며, 모재의 용접선이 좌우가 되게, 작업하기 편한 높이(기슴 정도)로 맞춘 후 단단하게 고정한다.

4) 1층 비드놓기

전류를 120~160A, 전압을 20~22V로 조절한 후 모재보다 약간 오른쪽에 앉아 자세를 편하게 한 후 토치를 잡고 용접선의 왼쪽 끝에서 오른쪽 끝까지 아크 발생 없이 천천히 움직여보아 운봉에 지장이 없는지 여부를 가상 운봉하여본다.

와이어를 왼쪽 홈 끝에 위치한 후 헬멧을 쓰고 아크를 발생하여 아크를 안정시키며 작업각은 하단 모재에 대한 수직선에 대하여 80~90°, 진행각은 60~75°가 되도록 하며, 두 모재의 루트 간격 사이를 위빙하며 진행한다. 이 때 와이어 끝이 이전 비드를 최소 1mm 이상 겹쳐서 위빙하여야 되며, 와이어 끝이 홈으로 빠질 경우 바로 아크가 끊어지므로 주의해야 된다.

이면 비드놓기를 완료하면 슬래그와 스패터를 깨끗이 청소한 후 결함 여부를 점검한다.

5) 2층 비드놓기

'제5절 ❷ 라. 2) ~ 3)'과 같은 방법으로 2층, 3층 비드를 놓는다.

2층 1패스 비드는 하단 모재와 1층 비드 아래 부분과의 경계선에 위치하여 좁은 비드로 모재 표면보다 1~1.5mm 낮게 쌓는다.

2층 2패스 비드는 2층 1패스 비드 상단과 상단 모재 사이를 좁은 비드로 모재 표면보다 1~1.5mm 낮게 쌓는다.

2층 1패스와 2패스 사이의 골은 0.5mm(규정에 요구하는 크기) 이상 되지 않게 비드를 겹쳐 쌓는다.

6) 3층 표면 비드놓기

비드를 얇게 할 경우는 3층으로 완성하며, 두껍게 쌓을 경우 2층으로 완성할 수 있다. 2층으로 완성할 경우는 1층 비드의 높이가 모재 표면보다 1~1.5mm 정도 낮게 쌓아야 된다.

3층 비드는 2층 전류보다 10~20A 낮춘 후에 실시하여 언더컷이 발생하지 않도록 하는 것이 좋다.

3층 1패스 비드는 하단 모재의 모서리에 와이어 끝 하단이 오도록 위치하여 좁은 비드로 모재 표면보다 1~1.5mm 낮게 쌓는다.

3층 2패스 비드는 3층 1패스 비드 상단과 상단 모재 사이를 좁은 비드로 모재 표면보다 1~1.5mm 낮게 쌓는다.

3층 3패스는 상단 모재의 모서리에 와이어 끝이 오도록 하여 좁은 비드로 완성한다.

3줄의 비드가 적당하게 겹쳐서 두 모재의 개선 모서리와 모서리 사이를 채우며 모재 표면보다 2~3mm 높게, 비드 겹침부의 골이 0.5mm(규정에 따라 다를 수 있음) 이내가 되도록 쌓는다. 표면 비드가 완성되면 슬래그와 스패터를 깨끗이 제거하고 와이어 브러시로 깨끗이 청소한다.

7) 검사하기

주어진 검사 기준에 의해 외관과 비파괴 검사를 한다.

다. 수직 자세 V형 맞대기 용접

1) 용접 준비, 모재 가공, 모재 가접, 세라믹 백킹재 부착

'❸ 가. 1) 2) 3) 4)'과 같은 방법으로 용접 준비, 모재 가공, 모재 가접, 세라믹 백킹재를 부착한다.

2) 모재 고정

모재가 수직이고, 세라믹 백킹재가 뒤로 가며, 모재의 용접선이 수직이 되게, 작업하기 편한 높이로 맞춘 후 단단하게 고정한다.

3) 1층(이면, back) 비드놓기

전류를 110~150A, 전압을 20~22V로 조절한 후 모재보다 약간 왼쪽에 앉아 45°로 우회전하여 자세를 편하게 한 후 토치를 잡고 용접선의 하단 끝에서 상단 끝까지 아크 발생 없이 천천히 움직여보아 운봉에 지장이 없는지 여부를 가상 운봉하여 본다.

와이어를 하단 홈 끝에 위치한 후 헬멧을 쓰고 아크를 발생하여 아크를 안정시키며 작업각은 90°, 진행각은 60~80°(진행 반대각 100~120°)가 되도록 하며, 두 모재의 루트 간격 사이를 위빙하며 상진한다. 이 때 와이어 끝이 이전 비드를 최소 1mm 이상 겹쳐서 위빙하여야 되며, 와이어 끝이 홈으로 빠질 경우 바로 아크가 끊어지므로 주의해야 된다.

운봉시 비드 폭의 양끝에서 약간씩 멈춤을 하며, 운봉을 천천히 하여 세라믹 백킹재의 홈에 채우는 기분으로 운봉을 해야 된다.

3층으로 완성할 경우 1층 비드의 높이는 모재 두께의 약 1/2 정도 채워지게 쌓는다.

플럭스 코어드 와이어를 사용하는 경우는 솔리드 와이어를 사용할 때보다 운봉 속도를 느리게 피복 아크 용접보다는 빠르게 운봉하는 것과 슬래그 청소를 해야 된다는 점이 차이점이다.

이면 비드놓기를 완료하면 슬래그와 스패터를 깨끗이 청소한 후 결함 여부를 점검한다.

7) 2층 비드놓기

2층 전류는 1층 전류와 같거나 약간 높게 조절한다.

하단 끝에서 아크를 발생하여 반달 위빙을 하며 모재 표면보다 1~1.5mm 정도 낮게 쌓는다.

8) 3층 표면 비드놓기

비드를 얇게 할 경우는 3층으로 완성하며, 두껍게 쌓을 경우 2층으로 완성할 수 있다. 2층으로 완성할 경우는 1층 비드의 높이가 모재 표면보다 1~1.5mm 정도 낮게 쌓아야 된다.

3층 비드는 2층 전류보다 10~20A 낮춘 후에 실시하여 언더컷이 발생하지 않도록 하는 것이 좋다.

와이어 끝이 두 모재의 개선면 상부 모서리와 모서리 사이를 반달형 위빙을 하며 일정한 속도로 위빙한다.

표면 비드의 높이는 2~3mm 정도가 되도록 쌓는다. 표면 비드가 완성되면 슬래그와 스패터를 깨끗이 제거하고 와이어 브러시로 깨끗이 청소한다.

8) 검사하기

주어진 검사 기준에 의해 검사한다.

4 FCAW 2G(수평) 맞대기용접(세라믹 뒷댐판, 플럭스 코드 와이어 사용)

가. 2G(수평) FCAW 용접 준비

다른 준비는 솔리드 와이어를 사용하는 방법과 동일하다. 연강판 t25×150×200 2매(1개는 개선각 25° 가공), 엔드탭(동일 두께×40×50) 2개를 준비하고, 플럭스 코드 와이어[(AWS A5.29, E81T1-K2LT, ∅1.2(적용 코드나 주문자의 요구에 따라 달라질 수 있음)를 준비하여 송급 장치에 설치한다.

엔드탭은 모재의 홈과 간격이 동일하게 만드는 것이 가장 좋다.

나. 가접(엔드탭을 사용한 가접)

한쪽 베벨 가공된 모재와 직각 가공된 모재 2개를 평판 위에 엇갈리지 않게 놓고 틈새 게이지를 사용하여 루트 간격을 6 ~ 8mm로 일정하게 벌려 놓은 후 양 끝에 홈의 형상과 동일한 엔드탭을 홈의 양 끝에 튼튼하게 가접한다. 뒷면 가접시 세라믹 뒷댐판이 들리지 않도록 세라믹 뒷댐판이 부착될 곳은 피하여 가접하며 엔드탭 측면도 가접하는 것이 좋다.[그림 6-5 참조]

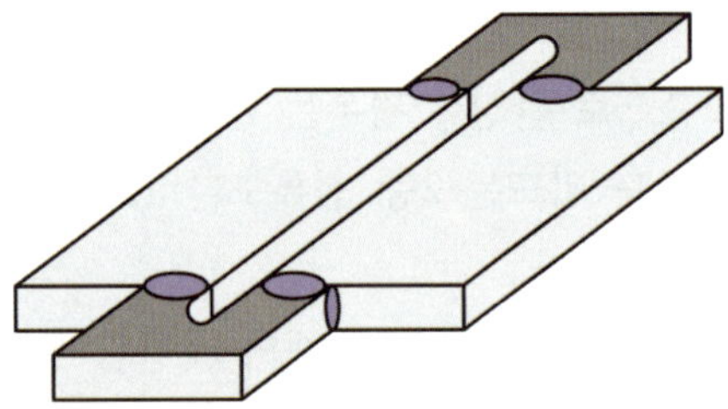

[그림 6-5] 앤드탭 가접

가접이 완료되면 가접부와 용접할 홈 주위 20 ~ 30mm 부분을 휠 브러시로 깨끗이 청소한다.

다. 세라믹 뒷댐판 부착

가접된 모재를 바이스에 개선홈 부분이 아래로 향하게 수평으로 고정시킨다. 그리고 엔드탭을 포함한 길이만큼 2G용 세라믹 뒷댐판을 절단하여 접착 테이프를 펼쳐서 홈 부분이 아래로 가게 평판 위에 놓고 테이프가 바닥에 밀착되도록 손으로 다듬질한다.

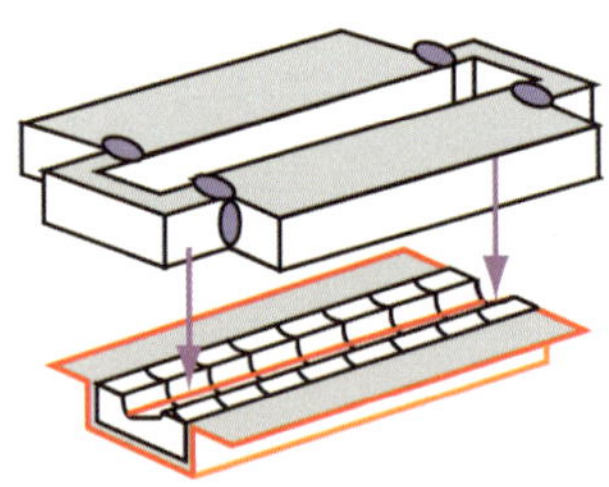

[그림 6-6] 세라믹 백킹재 부착의 예

세라믹 판을 루트 간격 부분에 적색선이 홈의 2/3 윗부분에 위치하도록 맞춘 후 접착 은박지 위의 종이를 살짝 뜯으면서 밀착시킨 후 다시 한번 위치가 정확한가 확인한 후 단단하게 밀착시킨다.[그림 6-6 참조]

라. FCAW 2G(수평) 맞대기용접

1) 1층(백) 비드놓기

세라믹 백판이 부착된 모재의 용접선이 작업하기 편한 높이(가슴 정도)로 맞춘 후 단단하게 고정한다.

전류를 200 ~ 220A, 전압을 22 ~ 24V로 조절한 후 모재보다 약간 오른쪽에 앉아 자세를 편하게 한 후 토치를 잡고 용접선의 왼쪽 끝에서 오른쪽 끝까지 아크 발생 없이 천천히 움직여보고 운봉에 지장이 없는지 여부를 가상 운봉하여 본다.

와이어를 왼쪽 앤드탭 홈 끝에 위치한 후 헬멧을 쓰고 아크를 발생하여 아크를 안정시키며 작업각은 하단 모재에 대한 수직선에 대하여 80 ~ 90°, 진행각은 60 ~ 70°가 되도록 하며, 두 모재의 루트 간격 사이를 위빙하며 진행한다.[그림 6-7 참조]

플럭스 코드 와이어를 사용하는 경우는 솔리드 와이어를 사용할 때보다 운봉 속도를 느리게 피복 아크 용접보다는 빠르게 운봉하는 것과 슬래그 청소를 해야 된다는 점이 차이점이다.

이면 비드놓기를 완료하면 슬래그와 스패터를 깨끗이 청소한 후 결함 여부를 점검한다.

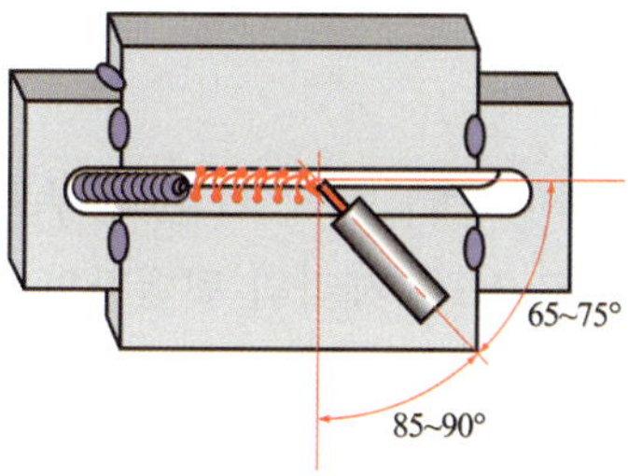

[그림 6-7] 2G자세 토치 유지각

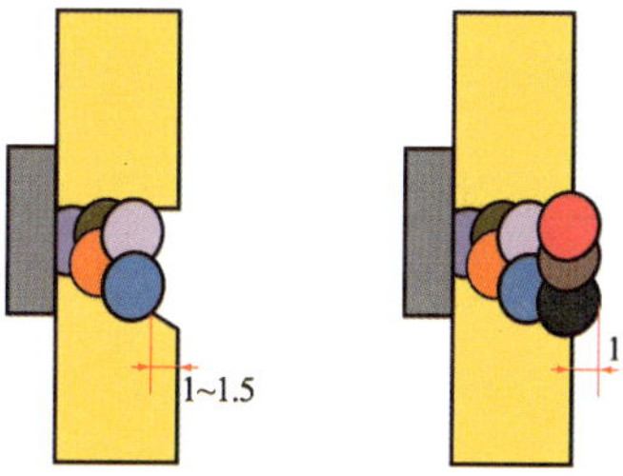

[그림 6-8] 2 ~ n층 및 표면 비드놓기 형상

2) 2층 ~ n층 비드놓기

2층 이상 전류는 1층 전류보다 20 ~ 30A, 전압도 1 ~ 2V 높게 조절한다. 2층 비드는 직선 또는 가벼운 반달 위빙을 하며 1줄로 완성한다.

3층 이상은 겹치기 좁은 비드놓기를 하여 2 ~ 3줄로 완성한다. 각 층마다 슬래그와 스패터를 깨끗이 제거한 후 다음 층의 용접을 실시해야 된다.[그림 6-8 참조]

3) 표면 비드놓기

표면 비드놓기 전의 비드 높이는 모재 표면보다 1 ~ 1.5mm 정도 낮은 정도가 적당하다.

표면 1패스 비드는 아래 모재의 상부 모서리에 와이어의 중심이 오도록 맞춘 후 작업각 85 ~ 90°, 진행각 75 ~ 85°를 유지하여 좁은 비드를 놓는다.

표면 2 ~ n패스 비드는 겹치기 좁은 비드놓기를 하여 비드와 비드 사이의 골이 0.5mm 이내가 되며 각 비드가 평행이 되게, 모재 표면보다 1.5 ~ 3mm 이내가 되도록 쌓는다. 특히 표면 비드의 마지막 비드는 모재를 좀 식히거나 전류를 10 ~ 20A 낮춘 후에 실시하여 언더컷이 발생하지 않도록 하는 것이 좋다.

4) 용접부 검사 및 반복 실습

용접부를 깨끗이 청소한 후 비드 파형, 겹침 상태, 언더컷, 오버랩, 용입 불량, 용착 불량 등 육안 검사를 하고 합격하면 X선 촬영을 하여 용접부 내부 결함 유무를 검사한다.

검사에서 결함은 제1종 결함(기공 및 이와 유사한 둥근 결함)과 제2종 결함(슬래그 섞임 및 이와 유사한 결함), 제3종 결함(터짐 및 이와 유사한 결함)으로 분류하고 있다.

5 FCAW 3G(수직) 맞대기용접(세라믹 뒷댐판, 플럭스 코드 와이어 사용)

가. 3G(수직) FCAW 용접 준비

3G 맞대기는 연강판 2장을 각각 22° 정도 베벨 가공을 하며, 엔드탭도 3G 홈과 루트 간격이 같도록 홈을 만든 다음 2G와 같은 방법으로 가접을 하고 3G용 세라믹 뒷댐판의 은박지를 펼쳐서 중심부의 적색선이 루트 간격의 중심이 되도록 맞추어 부착한다.

가접이 완료되면 가접부와 용접할 홈 주위 20 ~ 30mm 부분을 휠 브러시로 깨끗이 청소한다.

나. FCAW 3G(수직) 맞대기용접

1) 1층(이면) 비드놓기

세라믹 뒷댐판이 부착된 모재와 용접선이 수직이 되도록 지그에 단단하게 고정한 후 모재 길이에 따라 처음의 진행각으로 상부까지 동일한 각으로 진행할 수 있는 높이로 맞춘다. 보통 모재 상부가 배꼽 하단 정도가 된다.

전류를 200 ~ 220A, 전압을 22 ~ 24V로 맞춘 후 자리에 앉아 토치를 잡고 와이어를 하단 앤드텝 홈 끝에서 상단 엔드탭 용접홈까지 아크 발생없이 가상 운봉을 실시하여 운봉 중 장애되는 부분이 없는지 확인한다.

가상 운봉에서 이상이 없으면 다시 토치의 와이어 끝을 하단 엔드탭 용접 홈에 위치한 후 헬멧을 쓰고 아크를 발생하여 아크를 안정시키며 작업각 90°, 진행 반대각 100 ~ 120°가 되게 유지하여 두 모재의 루트 간격 사이를 위빙하며 진행한다. [그림 6-9 참조] 이 때 처음 유지한 진행각이 끝부분까지 동일한 각도가 되어야 된다.

플럭스 코드 와이어를 사용하는 경우는 솔리드 와이어를 사용할 때보다 운봉 속도를 느리게 피복 아크 용접보다는 빠르게 운봉하는 것과 슬래그 청소를 해야 된다는 점이 솔리드 와이어를 사용하는 용접과 차이점이다.

이면 비드놓기를 완료하면 슬래그와 스패터를 깨끗이 청소한 후 결함 여부를 점검한다.

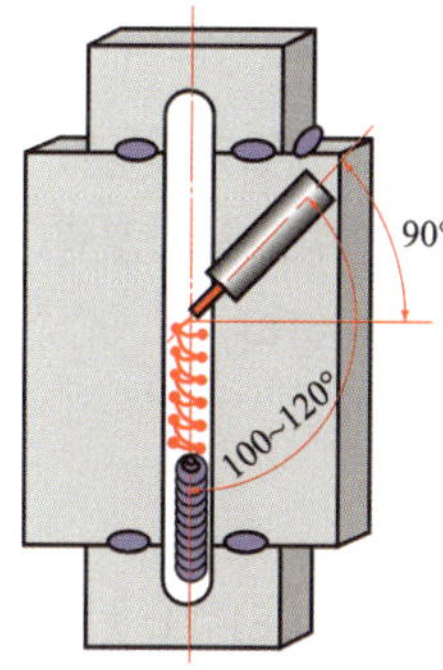

[그림 6-9] 1층(백) 비드놓기 작업각과 진행반대각

2) 2층 ~ n층 비드놓기

2층 이상 전류는 1층 전류보다 20 ~ 30A, 전압도 1 ~ 2V 높게 조절한다. 2층 이상 비드는 위빙 비드놓기를 하며, 각 층마다 깨끗이 청소를 한 후에 다음 층의 비드를 놓아야 된다.[그림 6-10 참조]

표면 비드놓기 직전의 비드 높이는 모재 표면보다 1 ~ 1.5mm 낮게 쌓는다.

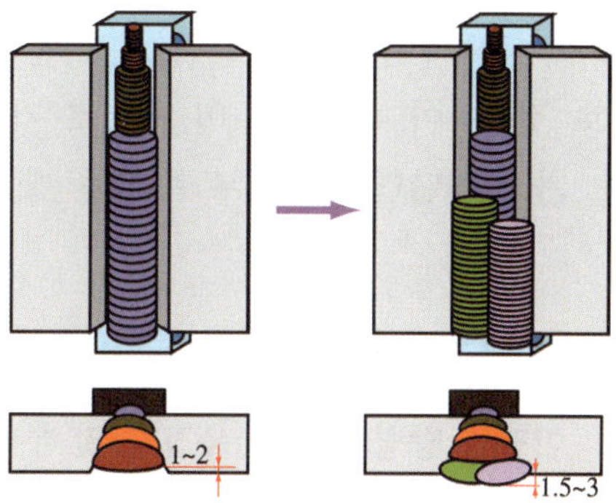

[그림 6-10] 금속 백킹재 부착 수직 V형 맞대기 용접

3) 표면 비드놓기

표면 비드놓기 전에 모재를 약간 식히거나 전류를 10 ~ 20A 정도 낮춘 후에 두 모재의 모서리와 모서리 사이를 운봉하며 토치 진행각이 처음부터 끝까지 동일하도록 상진한다. 표면 비드의 높이는 모재 표면보다 1.5 ~ 3mm 이내가 되도록 쌓는다.[그림 6-11, 6-12 참조] 표면 비드는 비드폭이 18mm(최고 20mm) 이상이 될 경우는 2줄의 겹침 비드를 쌓아야 된다.(WPS 요구기준에 따라 다를 수 있음)

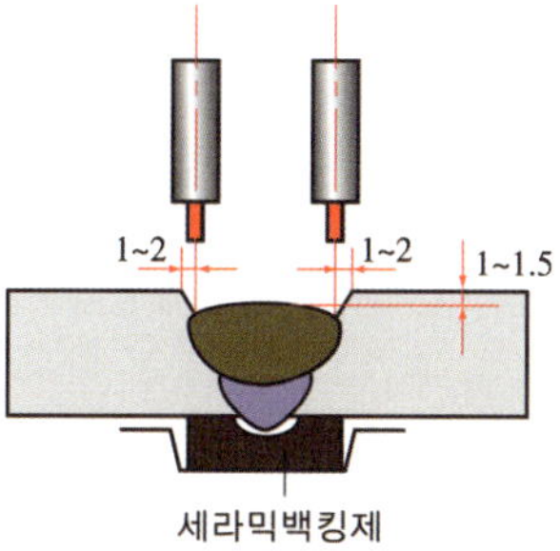

[그림 6-11] 표면 비드 토치 운봉

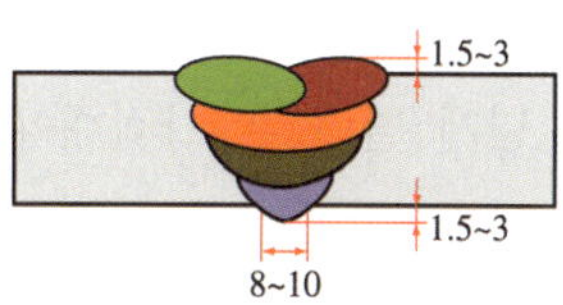

[그림 6-12] 표면 비드의 높이

4) 용접부 검사 및 반복 실습

검사 방법은 2G와 같다. 용접부를 깨끗이 청소한 후 비드 파형, 겹침상태, 언더컷, 오버랩, 용입 불량, 용착 불량 등 육안 검사를 하고 합격하면 X선 촬영을 하여 용접부 내부 결함 유무를 검사한다.

6 위보기 자세(4G) V형 맞대기 FCAW 용접(4G)(금속 백킹재 사용)

가. V형 맞대기 용접 준비

도면에 제시된 모재[(연강판, t25×75(100)×200(250)) 2매, 연강판 백킹재[(t6.0×50×280(330)) 1개, 필요하면 앤드탭 2개를 준비한다. 가스 절단이나 베벨머신을 사용하여 베벨각 20°±5°로 절단하여 루트면을 01.5mm로 가공한다.

가스 절단면과 용접부 주위를 깨끗이 연마한다.

나. CO_2 용접기 및 부속 장치 조작

이전의 방법과 같이 용접기 및 부속 장치를 조작하고, [표 6-2]와 같이 용접 조건을 설정한다.

표 6-2 위보기 맞대기 용접조건

층수	용접전류 A	아크 전압V	와이어 돌출길이 mm	가스 유량 l/min
1층	160~200	22~24	15~25	15~25
2~n층	180~240	23~26		
표면	160~200	22~24		

다. 금속 백킹재를 사용하여 가용접

베벨 가공된 두 모재의 홈 부분이 작업대 평판쪽으로 향하며, 엇갈리지 않게 놓고 틈새 게이지를 사용하여 루트 간격을 4~6mm로 맞춘다. 이 때 시작부분보다 종점 부분을 100mm 당 0.5~0.7mm 넓게 벌린 후 가접해야 된다.

준비된 금속 백킹재를 루트 간격이 중심이 되며, 용접선과 평행이 되고 용접선 양끝에서 25~30mm 돌출되도록 놓고, 백킹재가 모재와 밀착되도록 고정한 후 백킹재 중심부의 양측에 가접한다.[그림 6-13 참조]

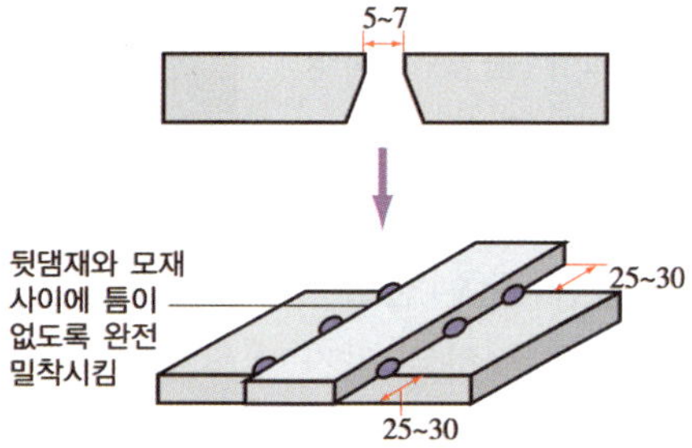

[그림 6-13] 금속 백킹재로 가접하기의 예

가접부와 가접부 간격은 약 50~70mm 정도가 되도록 백킹재 양측과 모재 사이를 가접한다. 가접부 길이는 약 20~30mm 정도로 한다.

가접이 완료되면 가접상태를 확인하고 이상이 없으면 용접부 주위를 브러시로 깨끗이 청소하고, 변형 방지가 필요하면 스트롱 백(변형 방지판)을 부착한다.[그림 6-14 참조]

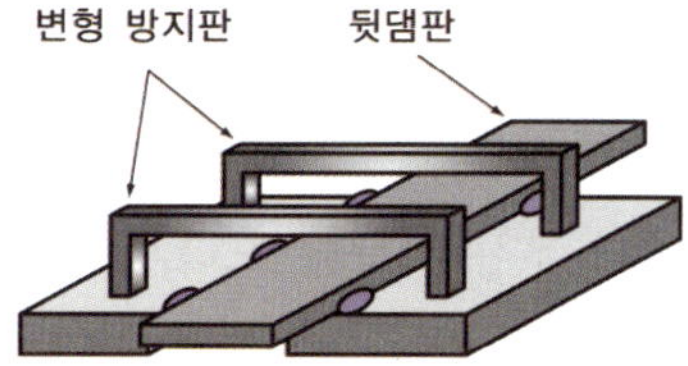

[그림 6-14] 변형 방지를 위한 스트롱 백 부착

라. 모재 고정

V형 홈 부분이 아래로 향하며 모재가 작업자의 머리보다 약 100mm 정도 높게, 용접선이 전후가 되도록 단단하게 고정한다.[그림 6-15 참조] 이 때 홈이 좁은 부분이 시점(뒤쪽)이 되게 고정해야 된다.

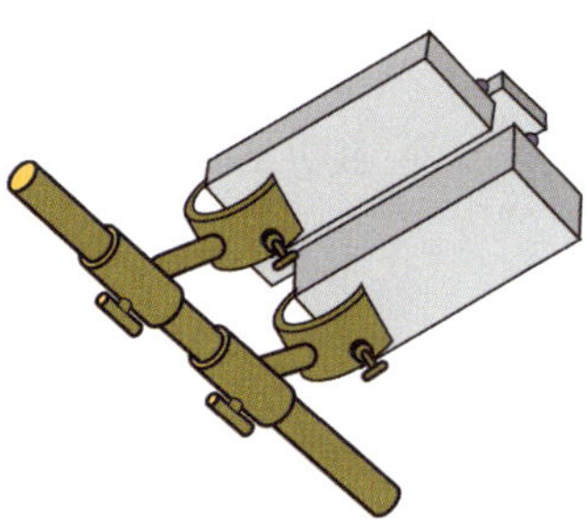

[그림 6-15] 위보기 맞대기 고정

마. 1층(이면, back) 비드쌓기

[그림 6-16] 금속백킹재 부착 위보기(4G) 자세 1층 비드쌓기 자세의 예

모재보다 약간 왼쪽에 앉아 약 45° 우회전하여 편하게 앉아 토치를 잡고 용접선 전체를 아크 발생 없이 천천히 움직여보아 운봉에 지장이 없는지 여부를 가상 운봉하여본다.

헬멧을 쓰고 차광렌즈가 부착된 덮개를 올려놓은 상태에서 와이어를 용접선 뒤쪽 돌출된 백킹재 중심 정도에 대고 헬멧을 상하로 약간 충격을 주어 차광렌즈 덮개를 내린 뒤 아크를 발생하여 아크를 안정시키며, 작업각은 좌우 모재에 대에 대하여 90°, 진행각은 90~110°가 되도록 하며, 두 모재의 루트 간격 사이를 위빙하며 앞으로 진행한다.[그림 6-16 참조]

이 때 두 모재의 루트면 부분에서 약 1초 정도 멈춤을 하여 용입 불량이 생기지 않도록 해야 된다.

위보기 용접 중 용적이 많이 낙하하므로 화상을 입지 않도록 보호구 착용을 확실하게 해야 된다.

솔리드 와이어를 사용할 때보다 운봉 속도를 느리게, 피복 금속 아크 용접보다는 약간 빠르게 운봉한다.

이면 비드쌓기를 완료하면 슬래그와 스패터를 깨끗이 청소한 후 결함 여부를 점검한다.

바. 2층~n층 비드쌓기

[표 6-2]와 같이 전류와 전압을 조절한다.

표면 비드 이전 비드는 층간 온도(WPS에서 요구하는 온도)를 유지하며 작업각 90°, 진행반대각 75~85°를 유지하며 위빙으로 상진한다. 이 때 위빙폭의 양끝에서 약 1초 가까이 멈춤을 하여 언더컷을 방지해야 된다.

표면 비드 이전의 비드 높이는 모재 표면보다 1~2mm 정도 낮게 쌓아야 된다.

사. 표면 비드쌓기

표면 비드쌓기 전에 모재 온도를 측정하여 도면이나 WPS에서 제시된 층간 온도가 될 때까지 모재를 냉각시켜야 되며, 전류를 10~30A 낮춘 후에 실시하여 비드 처짐이나 언더컷이 발생하지 않도록 하며, 2줄 겹치기 비드로 쌓는다.[그림 6-17 참조]

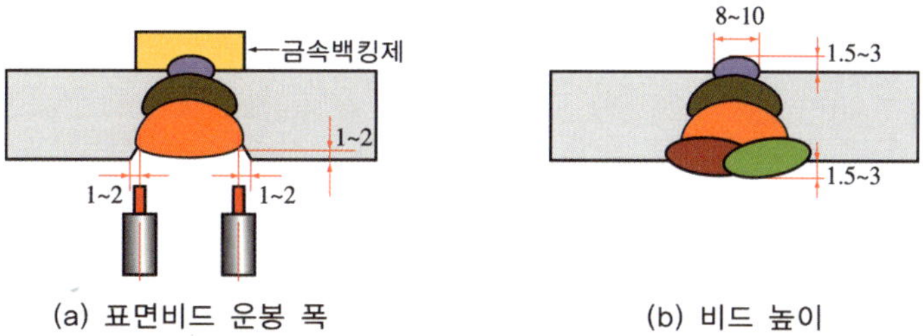

[그림 6 - 17] 운봉법과 표면 이면 비드 높이

표면 비드 1패스는 모재의 시점 한쪽 개선 모서리에서 개선폭의 4/5까지 쌓으며, 표면 비드 2패스는 다음쪽 개선 모서리에서 표면 1패스 폭의 중심 직전까지 위빙하여 쌓는다.

한줄의 비드의 폭은 18mm(WPS 요구조건에 따라 다를 수 있음) 이하로 쌓으며, 비드의 겹침부가 개선폭의 중심 정도가 되도록 쌓아야 되며, 모재 표면보다 1.5~3mm 이내가 되도록 쌓는다. 이 때 언더컷이나 오버랩(여성 높이 3mm 이내), 비드 처짐이 생기지 않도록 한다.

아. 용접부 청소 및 검사

각 층의 용접이 끝날 때마다 용접부를 깨끗이 청소한 후 외관 검사 규정에 의해 외관 검사를 한 후 이상이 없으면 필요에 따라 방사선 탐상이나 초음파 탐상 등을 실시한다.

제7절 강관 맞대기 용접

1 강관 수평 V형 맞대기 FCAW 용접

가. 강관 V형 맞대기 용접 준비

1) 모재 준비

도면에 제시된 압력배관용 탄소강관(∅165.2×11.0-100, 150A, SCH 80) 2개를 준비하여 선반이나 파이프 가스절단기로 25~30° 경사지게 개선 가공한 후[그림 7-1 참조] 디스크 그라인더나 줄을 사용하여 개선면을 다듬질하고, 루트면을 1.5~2.0mm 정도 되게 가공한다.

[그림 7-1] 선반에 의한 강관 개선 가공

개선 가공된 두 모재의 루트면이 일정하고 서로 맞대었을 때 틈이 없게 가공한 후 강관 표면의 녹이나 스케일, 페인트 등을 샌드 페이퍼나 와이어 브러시로 깨끗이 제거하며, 오일은 아세톤으로 세척한다.

2) 플럭스 코드 와이어 준비

플럭스 코드 와이어[(AWS A5.29, E81T1-K2LT, ∅1.2(적용 코드나 주문자의 요구에 따라 달라질 수 있음)를 준비한다. 플럭스 코드 와이어는 흡습을 방지하기 위해 진공 포장되어 있으며, 개봉 후에는 통상 1주일 이내에 다 사용하여야 된다.

3) 필요한 공구와 보호구 준비

강관 용접에 적합한 가접용 지그, 고정구, 틈새 게이지, 용접 게이지 등을 준비하고, 용접작업에 필요한 보호구(앞치마, 팔커버, 발커버, 용접 장갑, 방진 마스크, 귀마개 등)를 준비하여 착용한다.

나. CO_2 용접기 점검 및 조작

1) 용접기 점검 및 조작

CO_2 용접기를 점검하고 메인 전원과 용접기의 전원을 접속(ON)한 후, 준비된 와이어를 송급 장치에 장착하여 토치에 끼운다.

용접기 전면 패널의 와이어 지름 전환 스위치 ‘ϕ1.2/1.4‘를 ’ϕ1.4’에, ‘일원/개별’ 전환 스위치를 ‘개별’에, 크레이터 ‘유/무’ 전환 스위치를 ‘유’에 놓는다.

2) 가스 유량 조절

CO_2 용접기 패널의 ‘점검/용접’ 전환 스위치를 ‘점검’에 놓고, CO_2 가스 용기 밸브를 열고 압력을 2~3kgf/㎠로 조절한 다음 유량계 조절 손잡이를 열어 유량을 15~20ℓ /min으로 조절한 후 용접기 패널의 스위치 중 ‘점검/용접’ 전환 스위치를 ‘용접’에 놓는다.

혼합 가스를 사용할 경우 재질에 맞는 혼합비(보통 CO_2 : Ar = 20 : 80)를 선택한다.

3) 용접 및 크레이터 전류와 전압 조절

[표 7-1]과 같이 용접 조건에 따라 적당한 용접 전류와 전압을 조절한다. 크레이터 전류는 용접 전류의 약 70%, 전압은 1~2V 낮게 조절한다.

크레이터 전류는 용접기 패널에서 크레이터 ‘유/무’ 전환 스위치를 ‘유’로 전환되었을 때 작동한다.

다. 강관 가용접

가공된 강관(pipe)을 강관 가접대(앵글 등을 사용해도 됨) 위에 가공부분을 맞대어 놓고 틈새 게이지로 루트 간격을 3mm 정도 띄우고 원주 주위에 3~4군데 가용접한다.[그림 7-2 참조] 이 때 2개의 강관이 엇갈리지 않아야 되며, 루트 간격이 전체적으로 동일한 간격이 되어야 한다.

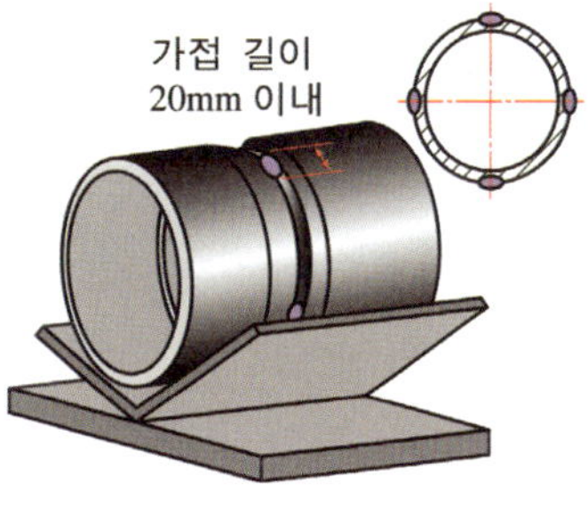

[그림 7-2] 강관 가접법의 예

따라서 첫 번째 가접한 부분을 기준으로 대각선 방향쪽에 루트 간격과 엇갈림 여부를 점검하고 조정한 후 가용접한다. 가접시 가접 전에 맞춘 틈새보다 수축으로 인해 좁아지게 되므로 틈새 게이지로 동일한 틈새를 맞춘 후 가용접 길이를 20mm 이내로 가용접해야 된다.

가용접부의 슬래그나 스패터를 제거하고 용접부 주위 20mm 정도를 와이어 브러시나 휠 브러시로 깨끗이 청소한 후 가용접한 양 끝을 디스크 그라인더로 경사지게 가공한다.(이면 비드 잇기를 할 때 가용접부와 완전 용착되며, 동일한 이면 비드가 형성되게 하기 위함) [그림 7-3 참조]

변형 방지를 필요로 하면 스트롱 백을 부착한다.

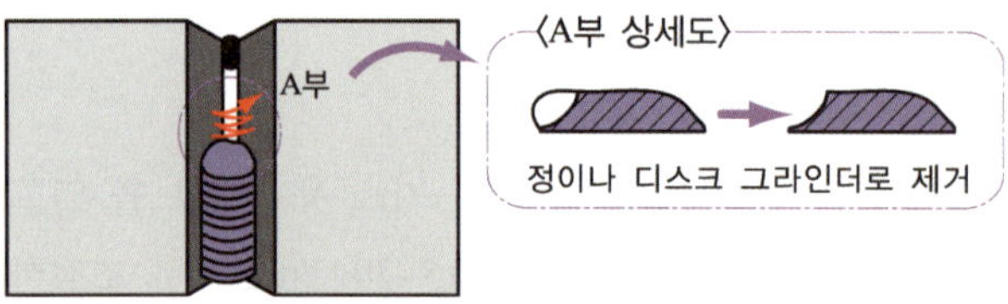

[그림 7-3] 가용접 부분의 가공의 예

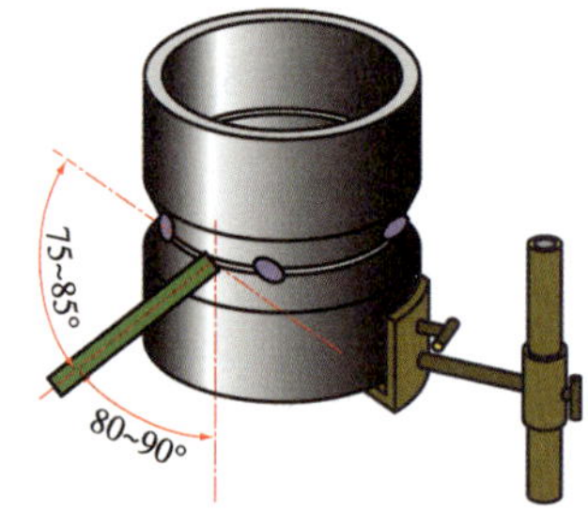

[그림 7-4] 수평 자세 강관 고정의 예

라. 강관 고정

가용접된 강관을 가접부가 용접 시작부가 되며 용접선이 수평이 되게 지그에 고정하고 작업하기 편한 높이로 맞춘다.[그림 7-4 참조] 회전 지그를 사용하면 고정 지그를 사용하는 경우보다 작업 능률이 한층 높아질 수 있다.

마. 강관 수평 V형 맞대기 FCAW 용접

1) 1층(이면) 비드쌓기(후진법)

작업대 앞에 편하게 앉아 토치를 잡고 용접 시점과 종점까지 가상 위빙하면서 문제점이 없는지 점검하고 수정한다.

용접 시작점(가접부)을 강관 수직 중심선 하단의 좌측 30° 부근에 잡고 작은 대파형으로 루트 간격보다 1~2mm 넓게 운봉한다. [그림 7-5 참조]

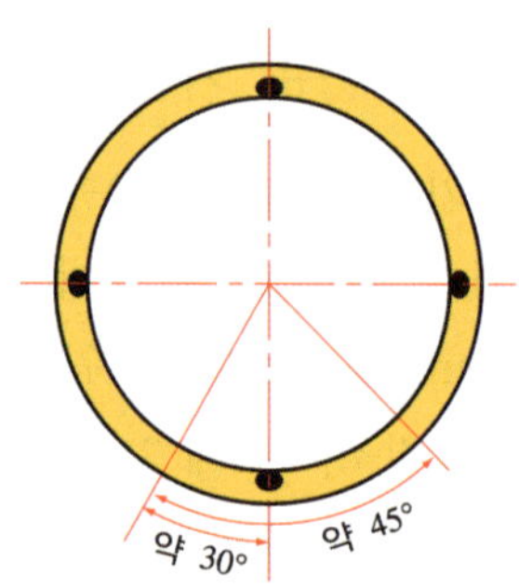

[그림 7-5] 수평 맞대기 1회 용접 범위

작업각은 하단 강관과의 수직선에 대해 85~90°, 진행각은 강관 접선에 대하여 75~85°로 유지하고[그림 7-4 참조], 용융지 끝의 1~2mm를 겹쳐 루트 간격 사이에서 토치를 움직이며 키홀을 일정하게 유지하여 이면 비드를 형성한다.

피복 아크 용접과 달리 CO_2 용접은 와이어가 자동으로 송급되므로 용융지를 겹치지 않고 와이어가 홈 쪽으로 빠지면 전기가 흐르지 않아 아크가 끊어진다.

용접 중 아크가 끊어져 비드 잇기를 할 경우 정이나 디스크 그라인더로 크레이터부를 경사지게 가공한 후 이전 비드를 약 10mm 정도 겹쳐 비드를 쌓는다.[그림 7-3 참조], 일부 규정에서는 그라인더 가공을 허용하지 않을 수 있음)

강관을 이전 용접 끝부분이 강관 중심선의 좌측 30° 부근이 되도록 오른쪽 방향으로 돌려 놓는다.(작업자가 움직일 수 있을 경우 작업자가 이동한다.)

위와 같은 방법으로 1층 비드를 완성한다.

2) 2~n층 비드쌓기

용접 전류를 1층 용접보다 10~20A 높게 조절한다.

2층 1패스 비드는 후진법으로 하단 강관 개선 모서리보다 1mm 정도 위에 겨냥하여 작업각 95~105°, 진행각 75~85°를 유지한다.[그림 7-6 참조]

각층의 용착 금속의 량이 적을 경우 층수가 많아질 수 있으며, 표면 비드 직전의 비드는 표면보다 1~1.5mm 낮게 쌓아야 된다.

2층 2패스는 상부 강관의 개선 모서리보다 1mm 정도 아래를 겨냥하여 1패스 비드와 약 1/3 정도 겹치면서 작업각 70~80°, 진행각 75~85°를 유지하며 직선으로 후진하며 비드를 쌓는다.[그림 7-7 참조]

2층 이상의 비드쌓기도 2층 비드쌓기와 같은 방법으로 실시한다.

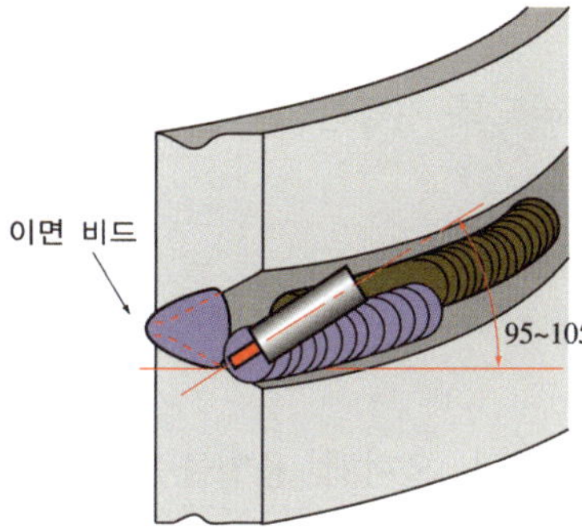

[그림 7-6] 수평 2층 1패스 작업각

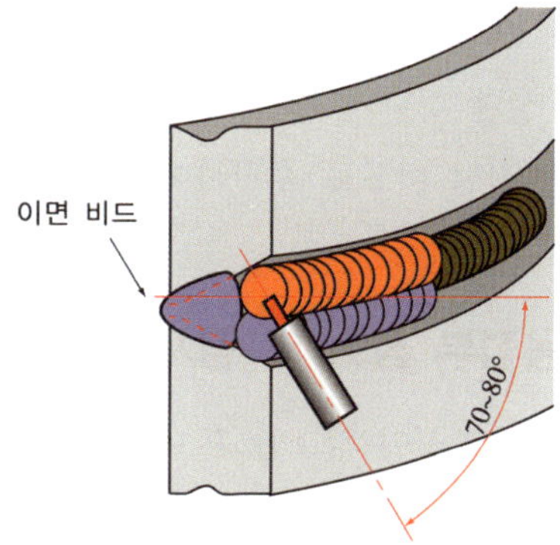

[그림 7-7] 수평 2층 2패스 작업각

3) 3층(표면) 비드쌓기

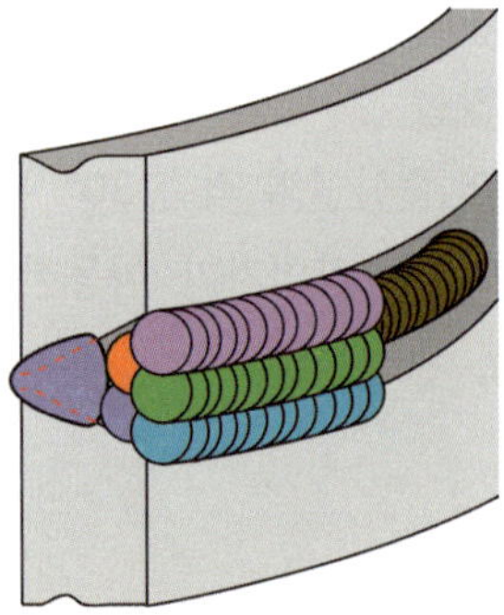

[그림 7-8] 수평 3층 표면 비드 완성

표면 비드의 높이는 모재 표면에서 약 2~3mm 정도 높게 쌓는다.[그림 7-8 참조]

전류를 2층 비드쌓기 전류보다 10~20A 정도 낮게, 전압은 그대로 또는 1V 정도 낮게 조절한다.

표면 비드 1패스는 하단 강관의 시점 개선 모서리에 와이어 끝을 겨냥하여 작업각 90°, 진행각 75~85°를 유지하며 직선 비드로 후진하여 완성한다.

표면 비드 2패스는 표면 비드 1패스 상단을 약 1/3 정도 겹치면서 작업각과 진행각을 75~85°를 유지하며 직선 비드로 후진하여 완성한다.

표면 비드 3패스는 비드 상부에 언더컷이 생길 우려가 있으므로, 모재를 약간 식히거나 전류를 10~20A

낮춘 후 상단 강관의 개선 모서리에 와이어 하단이 걸리도록 겨냥한 후 진행각을 75~85°를 유지하며 직선 비드로 후진하여 완성한다.

바. 용접부 청소 및 검사, 정리 정돈

용접부를 깨끗이 청소한 후 비드 파형, 겹침 상태, 언더컷, 오버랩, 용입불량, 용착불량 등 외관(육안) 검사를 하고, 필요하면 X선 촬영을 하여 용접부 내부 결함 유무를 검사한다. X선 검사에서 결함은 규정에서 요구하는 등급 이하이면 합격으로 한다.

2 강관 전자세 V형 맞대기 FCAW 용접

가. 강관 V형 맞대기 용접 준비

1) 모재 준비 및 가공

과제 '❶ 가. 강관 V형 맞대기 용접 준비'와 같은 방법으로 모재(압력배관용 탄소강관), 플럭스 코드 와이어, 공구 등을 준비한다.

2) 변형 방지판 준비

스트롱 백(변형 방지판)을 4개 준비한다. 스트롱 백은 변형을 방지하기 위한 변형 방지대로서 이음의 형상에 따라 여러 가지 형태로 제작할 수 있으며, 이것은 강관 맞대기 이음에 사용하기 위한 것이며, 관 내부에 관 크기에 따라 3~4개 부착하고 용접한 후 제거하고 있다.

나. CO_2 용접기 점검 및 조작

과제 '❶ 나. CO_2 용접기 점검 및 조작' 과 같은 방법으로 용접기를 점검 및 조작한다.

다. 강관 가용접 및 변형 방지판 부착

과제 '❶ 다. 강관 가용접'과 같은 방법으로 강관을 가용접한 후 가용접부를 경사지게 가공한다. 변형 방지판을 사용하여 가용접할 경우는 가공된 강관을 가접대 위에 두 강관이 엇갈리지 않으며 루트 간격을 2.5~3.5mm 정도 띄어 놓고 강관 내부 아래쪽에 스트롱 백의 홈 부분이 백 비드 부분이 되도록 맞춘 후 양쪽 강관에 가용접하여 붙인다.

첫 번째 변형 방지판 부착 반대편의 루트 간격을 다시 한 번 점검 및 조정한 후 이 부분이 아래로 가도록 놓고 첫 번째 방법과 같은 방법으로 가용접한다. 변형 방지판은 강관의 크기와 필요에 따라 3~4개 부착한다.[그림 7-9 참조]

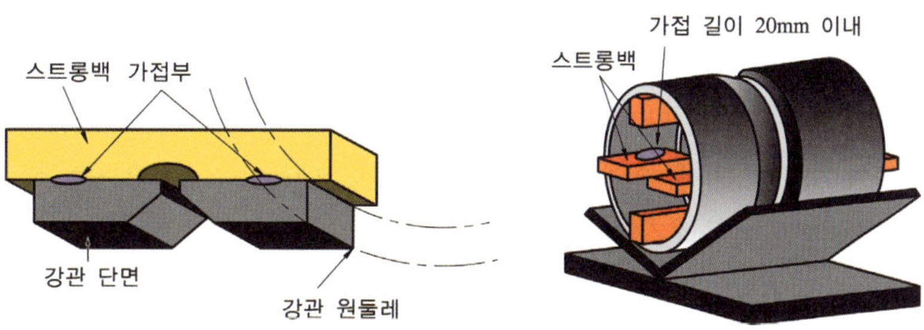

[그림 7-9] 스트롱 백을 사용한 강관 V형 맞대기 가접의 예

변형 방지판으로 가용접이 끝나면 가용접부의 슬래그나 스패터를 제거하고 용접부 주위 20mm 정도를 와이어 브러시나 휠 브러시로 깨끗이 청소한다.

라. 강관 고정

가용접된 강관의 용접선이 수직이 되며 강관이 수평이 되도록 지그에 고정하고 작업하기 편한 높이로 맞춘다. [그림 7-10 참조]

이 때 가용접부가 용접 시작점이 되도록 고정한다.

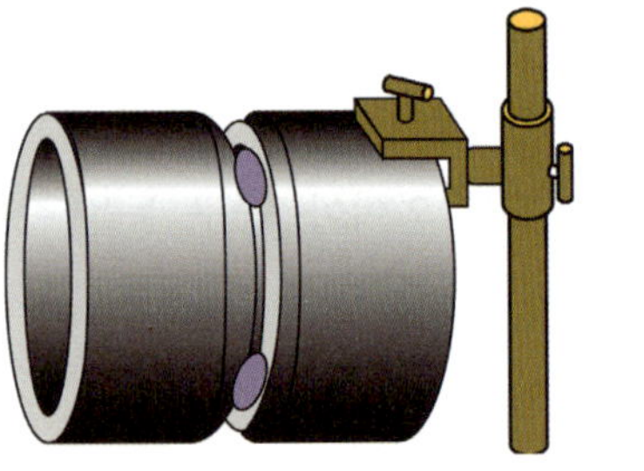

[그림 7-10] 강관 전자세 맞대기 모재 고정

마. 강관 전자세 V형 맞대기 FCAW 용접

1) 1층(이면) 비드쌓기

[표 7-1]과 같이 용접 조건에 따라 CO_2 용접기 패널의 각종 스위치를 조작하여 용접 전류, 전압, 와이어 돌출길이, 가스 유량 등을 조절한다.

표 7-1 강관 맞대기 용접 조건

층수	용접전류 A	아크 전압 V	와이어 돌출길이 mm	가스유량 l/min
1층	140~180	20~22	15~20	15~20
2층	180~220	22~24		
표면	160~200	21~23		

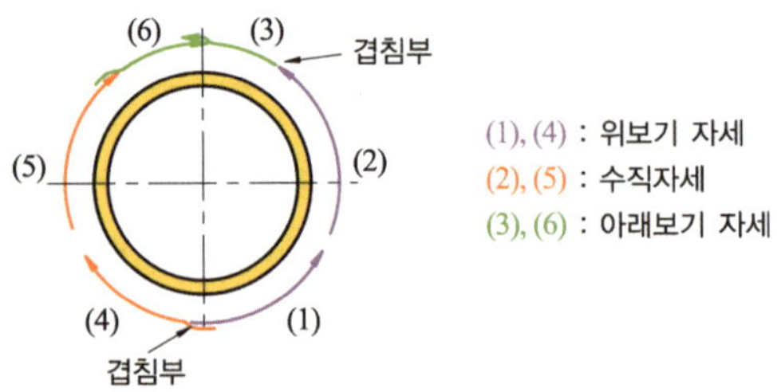

[그림 7-11] 전자세 맞대기 용접 순서

[그림 7-11]과 같이 각 위치별 자세를 정한다. 강관의 수직 중심선 하단에서 좌측 30°(또는 우측 30°) 부분에 와이어 끝을 대고 작업각 90°, 원호의 접선에 대해 진행(반대)각을 75~85°로 유지한 후 아크를 발생한다.

대파형으로 루트 간격보다 1~2mm 넓게, 와이어 끝이 용융지 끝의 1~2mm를 겹쳐 운봉하며 수직자세 방향으로 진행한다. 이 때 와이어가 루트 간격 사이로 빠지지 않도록 주의한다.

위보기 자세에서 수직 자세, 아래보기 자세로 이동할 때는 토치의 각도를 적절하게 조절하며 연속하여 상단까지 비드쌓기를 한다.

만약 아크가 끊어져서 비드잇기를 할 경우 크레이터부를 디스크 그라인더로 경사지게 가공한 후[그림 7-3 참조] 이전 비드를 약 10~20mm 정도 겹쳐 이음부를 형성한다. 일부 규정에서는 그라인더 가공을 허용하지 않을 수 있음)

반대편도 위와 같은 방법으로 1층 이면 비드를 쌓는다.

2) 2~n층 비드쌓기

판두께와 쌓는 비드의 살 두께에 따라 용접 층수가 달라질 수 있다. 그리고 너무 살두께를 두껍게 쌓을 경우 슬래그 섞임의 우려가 크므로 주의해야 된다.

전류를 1층 용접보다 10~20A 높게, 전압은 그대로 또는 1V 정도 낮게 조절한 후 1층 용접 때와 같이 강관의 수직 중심선 하단에서 좌측 30°(또는 우측 30°) 부분에 와이어 끝을 대고 아크를 발생하여 개선부 모서리에서 모서리까지 반달형 또는 대파형으로 운봉하며 비드 양 끝 가장자리에서 잠시 머물러주면서 수직 방향으로 진행한다.

아크가 끊어지지 않도록 주의하며 언더컷이나 오버랩이 생기지 않도록 용융지를 면밀히 관찰하며 위보기 자세에서 수직자세, 아래보기 자세로 진행한다.

표면 비드 이전의 비드는 모재 표면보다 1~1.5mm 정도 낮게 쌓는다.[그림 7-12 참조]

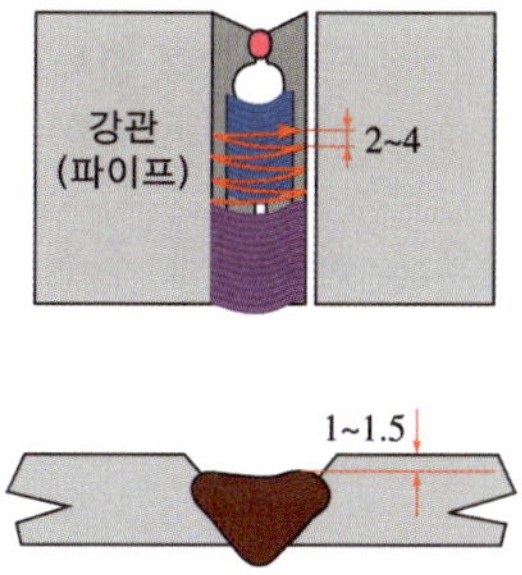

[그림 7-12] 표면 비드 이전 비드의 적정 높이

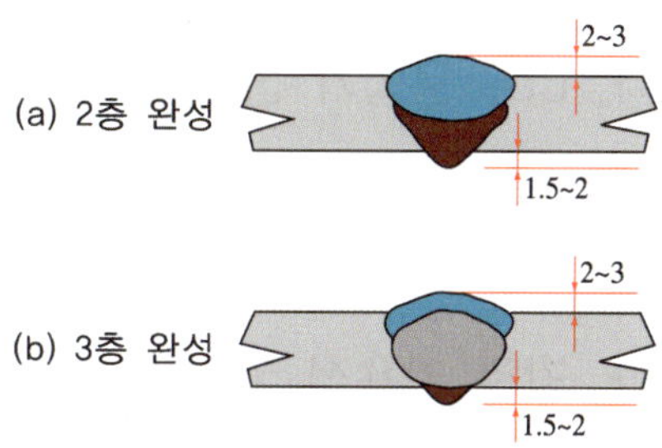

[그림 7-13] 표면 비드 높이

3) 표면 비드쌓기

표면 비드 전류는 이전 비드 전류보다 10~20A 낮게 조절한 후 층간 온도를 확인하고(모재 온도가 너무 높을 경우 좀 식혀줌) 이전 비드쌓기와 같은 방법으로 위보기 자세 부분에서 아크를 발생하여 개선면 상단 모서리에서 모서리까지 위빙하여 모재 표면보다 2~3mm 높게 쌓는다.[그림 7-13 (b) 참조]

바. 용접부 청소 및 검사, 정리 정돈

과제 '❶ 바. 용접부 청소 및 검사, 정리 정돈'과 같은 방법으로 용접부 청소, 검사, 정리 정돈을 한다.

3 강관 45° 경사 전자세 V형 맞대기 FCAW 용접(6G)

가. 강관 45° 경사 V형 맞대기 용접 준비

1) 모재 준비 및 가공

[그림 7-14]의 도면을 보고 과제 '❶ 가. 강관 V형 맞대기 용접 준비'와 같은 방법으로 모재(압력배관용 탄소강관), 플럭스 코드 와이어, 공구 등을 준비한다.

2) 변형 방지판 준비

스트롱 백(변형 방지판)을 3~4개 준비한다. [그림 7-9 참조] 스트롱 백은 변형을 방지하기 위한 변형 방지대로서 이음의 형상에 따라 여러 가지 형태로 제작할 수 있으며, 이것은 강관 맞대기 이음에 사용하기 위한 것이며, 관 내부에 관 크기에 따라 3~4개 부착하고 용접한 후 제거하고 있다.

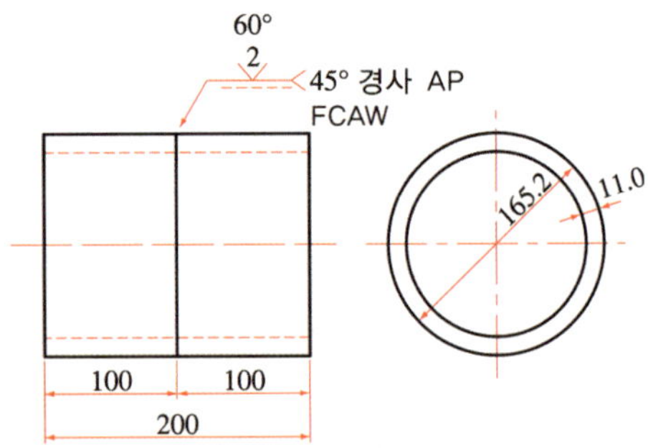

[그림 7-14] 45° 경사 전자세 V형 맞대기 FCAW 용접

나. CO_2 용접기 점검 및 조작

과제 '❶ 나, CO_2 용접기 점검 및 조작'과 같은 방법으로 용접기를 점검 및 조작한다.

다. 강관 가용접 및 변형 방지판 부착

과제 '❶ 다. 강관 가용접'과 같은 방법으로 강관을 가용접한 후 가용접부를 경사지게 가공한다.

변형 방지판을 사용하여 가용접할 경우는 가공된 강관을 가접대 위에 두 강관이 엇갈리지 않으며 루트 간격을 2.5~3.5mm 정도 띄어 놓고 강관 내부 아래쪽에 스트롱 백의 홈 부분이 백 비드 부분이 되도록 맞춘 후 양쪽 강관에 가용접하여 붙인다.

첫 번째 변형 방지판 부착 반대편의 루트 간격을 다시 한 번 점검 및 조정한 후 이 부분이 아래로 가도록 놓고 첫 번째 방법과 같은 방법으로 가용접한다. 변형 방지판은 강관의 크기와 필요에 따라 3~4개 부착한다.[그림 7-9 참조]

변형 방지판으로 가용접이 끝나면 가용접부의 슬래그나 스패터를 제거하고 용접부 주위 20mm 정도를 와이어 브러시나 휠 브러시로 깨끗이 청소한다.

라. 강관 고정

가용접된 강관이 45° 경사지게, 용접선이 반대 방향과 45° 경사지게 지그에 고정하고 작업하기 편한 높이로 맞춘다.[그림 7-15 (a), (b) 참조] 강관에 직접 가접한 경우는 [그림 7-15 (a)]와 같이 가용접부가 용접 시작점이 되도록 고정한다.

고정된 모재가 강관 하단의 위보기 자세에서 상단 아래보기 자세까지 연속 용접이 가능한 높이가 되도록 맞춘다.

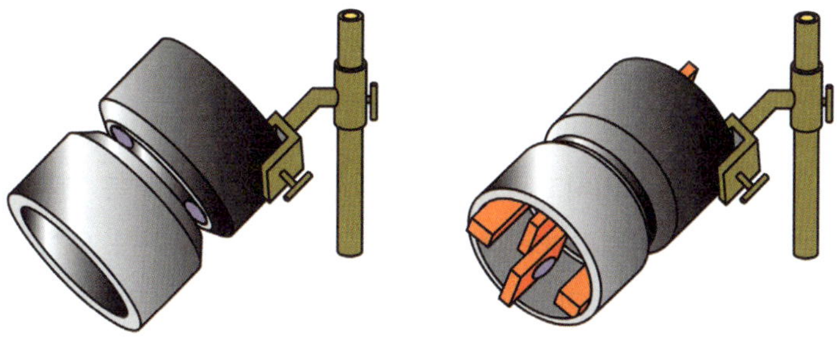

(a) 강관에 직접 가접한 모재 고정　　(b) 스트롱 백으로 가접한 모재 고정

[그림 7-15] 강관 45° 경사 전자세 모재 고정의 예

마. 강관 45° 경사 전자세 V형 맞대기 FCAW 용접

1) 1층(이면) 비드쌓기

작업대 앞에서 자세를 편하게 잡고 토치의 와이어 끝을 용접 시작점(강관의 6시 30분 또는 5시 30분) 부근으로 옮겨 헬멧을 쓰고 아크를 발생한다.

토치의 작업각은 90°, 진행각을 접선에 대해 75~85°로 유지하며 루트 간격 사이를 수평면과 평행이 되게, 와이어 끝이 용융지 끝의 1~2mm를 겹쳐 운봉하여 와이어가 루트 간격 사이로 빠지지 않도록 하며 키홀을 일정하게 유지하며, 작은 위빙을 하며 진행한다.[그림 7-16 참조]

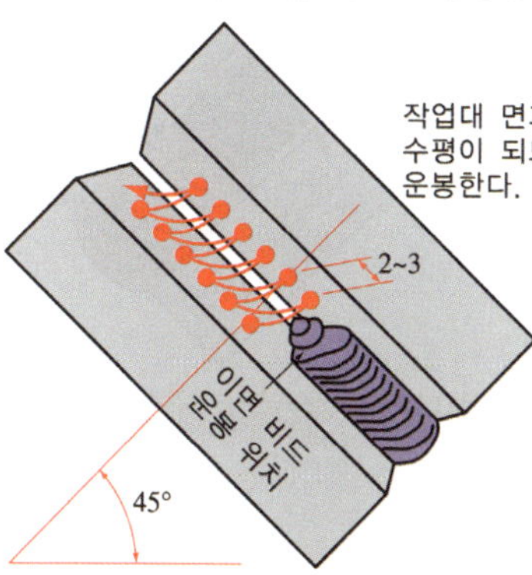

[그림 7-16] 강관 45° 경사 이면 비드쌓기의 예

수평면과 거의 평행이 아닌 용접선에 대하여 직각방향으로 위빙을 할 경우 비드 처짐이 심하므로 주의해야 된다. 운봉은 위보기 자세에서 수직 자세로, 아래보기 자세로 이동할 때는 토치의 각도를 적절하게 조절하며 연속하여 비드쌓기를 한다.

한쪽이 끝나면 반대쪽도 위와 같은 방법으로 이면 비드를 쌓는다. 각 층, 각 패스 비드쌓기가 끝나면 반드시 깨끗이 청소를 한 후 다음 비드쌓기를 해야 된다.

2) 2층 비드쌓기

강관의 두께가 두꺼우면 다층쌓기를 하여야 되며, 제시된 모재는 두께가 11mm이므로 3층으로 완성하는 것으로 한다. 2층 비드쌓기는 1층 비드쌓기와 동일하게 하나 용접 전류는 10~30A, 전압은 1~2V 높게 조절하고 1층 비드와 충분히 융합되도록 한다.

운봉은 지그재그식으로 하되 수평면과 평행이 되도록 운봉하고 위쪽 모재에서 좀더 머물러 주면서 용접한다.(비드의 처짐을 방지하기 위함) 2층 비드는 강관 표면보다 1~1.5mm 정도 낮게 쌓는다.

3) 3층(표면) 비드쌓기

① 1줄로 표면 비드를 완성하는 경우

하단 위보기 자세 부분에 와이어 끝을 대고 아크를 발생하여 양쪽 개선면 상단 모서리와 모서리 사이를 수평면과 평행하는 반달형 또는 지그재그형 위빙을 하며 위보기 자세에서 수직, 아래보기 자세로 작업각과 진행각을 일정하게 유지하며 연속 진행한다.[그림 7-17 참조]

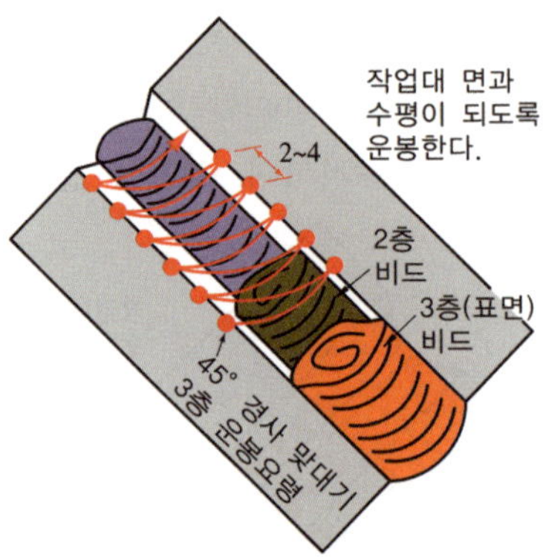

[그림 7-17] 강관 45° 경사 표면비드쌓기 운봉의 예

한쪽이 끝나면 용접부를 깨끗이 청소한 후 반대편도 같은 방법으로 진행하며, 완성된 표면의 비드 높이는 모재 표면에서 2~3mm, 폭은 모서리에서 모서리 사이보다 2~3mm 크게, 이면 비드의 높이는 1.5~2mm가 되게 한다.

② 2줄로 표면 비드를 완성하는 경우

①과 방법과 같은 방법으로 하되 비드 폭을 좁게 하면서 첫줄의 비드는 하단 강관의 개선 모서리에서 2층 비드의 2/3 부분 정도까지 위빙하여 1줄의 비드를 쌓는다.

표면 비드 2번째 비드도 표면 비드를 1줄로 쌓는 방법과 같이 하되 비드 폭을 좁게 하면서 상단 강관 모서리에서 첫줄의 비드를 2/5~1/2 정도 겹치도록 쌓는다.

비드의 처짐이 생기지 않으며, 비드 겹침부의 골이 0.5mm(규정에 따라 1mm) 이하가 되도록 쌓는다.

바. 용접부 청소 및 검사, 정리 정돈

용접부의 슬래그와 스패터, 그을음을 깨끗이 청소한다. 이 때 모재 표면에 망치 자국 등이 생기지 않도록 주의한다. 청소가 끝나면 용접부 검사 규정에 의해서 외관 검사를 하고, 외관 검사에 합격된 제품에 X선 탐상 시험을 하며, 필요하면 굽힘 시험편을 제작하여 표면 및 이면 굽힘 시험을 한다. 굽힘 시험에서 균열이 3mm 이상, 또는 작은 균열이 7mm 이상, 기공 등이 10개 이상이면 불합격품으로 처리한다.(시험 규정에 따라 달라질 수 있음)

모든 작업이 끝나면 사용했던 장비와 공구를 깨끗이 하여 정리 정돈하고, 주위를 깨끗이 청소한다.

4 강관 45° 경사 장애물 전자세 V형 맞대기 FCAW 용접(6GR)

가. 강관 V형 맞대기 FCAW 용접 준비

1) 강관, 스트롱 백, 원형 장애물 준비

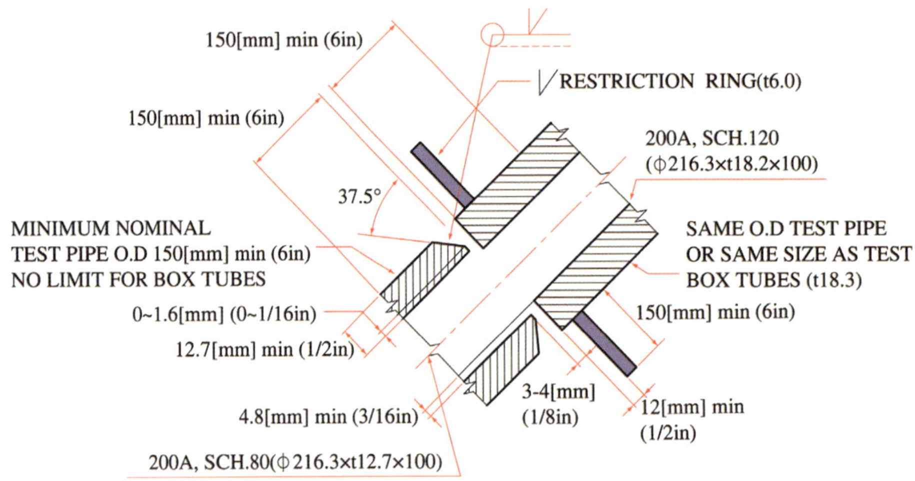

[그림 7-18] 경사형 맞대기 FCAW 용접 도면

[그림 7-18]과 같은 도면을 보고 도면에 제시된 압력배관용 탄소강관 ϕ216.3×t18.2-150 1개(200A, 120 스케쥴), ϕ216.3×t12.7-150 1개(200A, 80 스케쥴) 각 1개를 준비한다.

두 개의 강관 길이보다 30~40mm 더 큰 스트롱 백(변형 방지판)을 3~4개 준비한다. [그림 7-9 참조]

원형 장애물(t6.0×ϕ616, 중심에 ϕ230 원형 펀칭된 판)을 준비한다. 이 장애물은 계속 사용을 위해 [그림 7-19]와 같이 중심 원 둘레 3~4군데를 볼트 너트로 조였다 풀었다 하여 강관에 고정할 수 있는 형상을 만들면 재활용이 가능할 수 있어 연습시 매우 좋다.

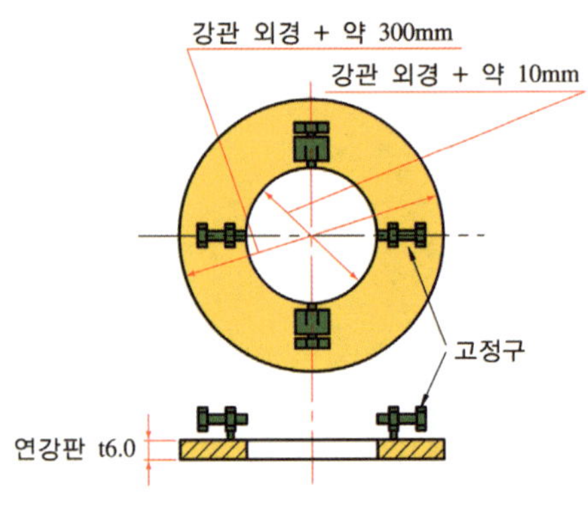

[그림 7-19] 6GR 장애물의 형상의 예

2) 모재 가공

ϕ216.3×t18.2-100 1개(200A, 120 스케쥴) 강관은 측면을 평탄하며 전체적으로 평면이 되게 가공하고, ϕ216.3 × t12.7-100 1개(200A, 80 스케쥴) 강관은 선반이나 파이프 가스절단기로 37.5°로 경사지게 개선 가공한다.

개선 가공된 강관의 끝면을 디스크 그라인더나 줄을 사용하여 루트면을 1.5~2.0mm 정도 되게, 모재의 루트면을 서로 맞대었을 때 틈이 없게 가공하며, 강관의 이음부 주위 20~30mm 부분을 휠 브러시로 깨끗이 청소한다.

3) 플럭스 코드(복합) 와이어 준비

와이어는 시험 규정에 따라 요구하는 와이어를 준비한다. 여기서는 플럭스 코드 와이어 (AWS A5.29, E71T-1(YFW 22) - ϕ1.4, E71TB-G ϕ1.6을 준비한다. 1층 이면 비드용 Coreshield 8, E71TB - G ϕ1.6[그림 7-20 참조]의 진공 포장지를 제거하고 라벨지가 보이는 쪽을 앞으로 하여 송급 장치의 릴 지지축에 끼운다.(1층 이면 비드용 Coreshield 8, E71TB-G ϕ1.6 와이어가 없는 경우는 E71T-1(YFW 22) - ϕ1.4를 끼운다)

표 7-2 강관 맞대기 용접 조건

층수	용접전류 A	아크 전압 V	와이어 돌출길이 mm	가스유량 l/min
1층	160~200	21~23	15~20	20~25
2층	180~220	22~24		
표면	160~200	21~23	10~15	15~20

[그림 7-20] 이면(back) 비드쌓기용 셀프실드(코어실드) 와이어의 예

4) 보호가스 준비

CO_2 가스 용기를 준비하여(중앙 집중식의 경우는 예외) 가스 용기에 압력-유량계를 부착한다. 가스 용기 사용의 경우 용기가 넘어지지 않도록 고정한다.

나. CO_2 용접기 점검 및 조작

과제 '❶ 나. CO_2 용접기 점검 및 조작'과 같은 방법으로 용접기를 점검 및 조작한다.

[표 7-2]와 같이 층별 전류, 전압을 조절한다.

용접 전류는 모재의 재질, 두께, 루트 간격, 홈 각도, 용접 속도, 와이어 돌출 길이 등에 따라 달라진다.

크레이터 전류는 용접 전류의 약 70%, 전압은 1~2V 낮게 조절한다.

다. 강관 가용접 및 변형 방지판 부착

과제 '❸ 다. 강관 가용접 및 변형 방지판 부착'과 같은 방법으로 강관을 가용접한 후 가용접부를 경사지게 가공한다.

라. 강관에 장애물 설치

도면과 같이 측면을 평탄하게 가공된 SCH.120 강관(t18.2) 측면에서 12mm 부분의 원둘레에 금긋기나 4~5군데 마킹을 한 후 강관을 바이스나 지그에 12mm로 금긋기한 부분이 돌출되도록 하여 수평으로 고정한다.

장애물을 금긋기한 부분에 맞추고 각 부분의 볼트를 조금씩 조이면서 원형이 강관 원둘레와 동심원이 되도록 고정한다.[그림 7-21 참조]

마. 강관 고정

가용접과 장애물이 설치된 강관이 45° 경사지게, 용접선이 반대 방향과 45° 경사지게 지그에 고정하고 작업하기 편한 높이로 맞춘다.[그림 7-22 참조] 이 때 장애물이 설치된 강관이 상부가 되게 설비하며, 고정된 모재가 강관 하단의 위보기 자세에서 상단 아래보기 자세까지 연속 용접이 가능한 높이가 되도록 높이를 맞춘다.

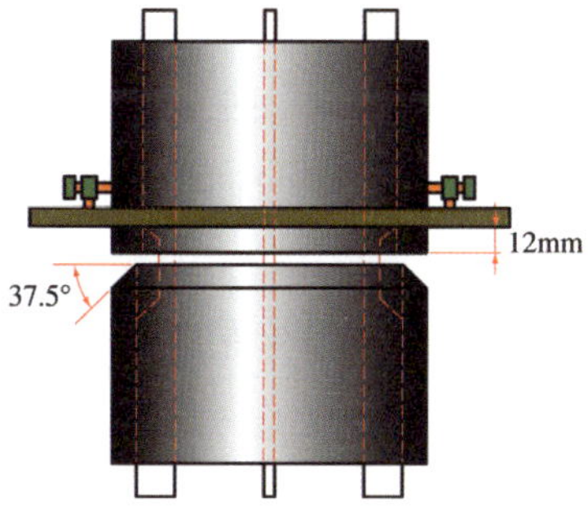

[그림 7-21] 강관에 장애물 설치하기

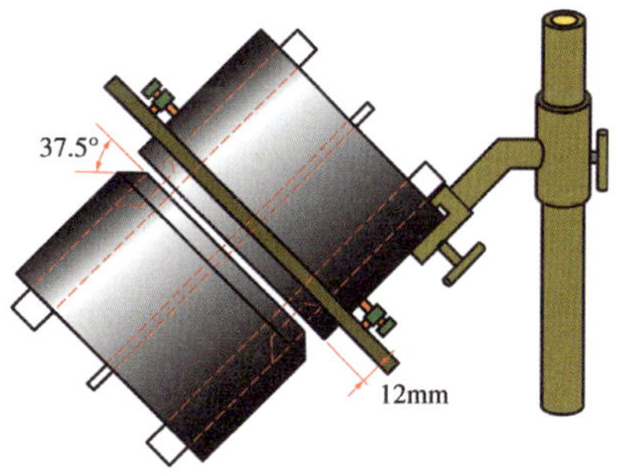

[그림 7-22] 강관 45° 고정

바. 강관 45° 경사 전자세 V형 맞대기 FCAW 용접

1) 1층(이면) 비드쌓기

이면 비드용 노즐(롱 노즐)을 끼운 후 작업대 앞에서 자세를 편하게 잡고 토치의 와이어 끝을 용접 시작점(강관의 6시 30분 또는 5시 30분) 부근으로 옮겨 가상으로 위빙하며 상단 아래보기 자세까지 진행해보면서 작업 중에 부자연스러운 부분이나 작업에 어려움이 있으면 시정한다.

작업대 앞에서 자세를 편하게 잡고 토치의 와이어 끝을 용접 시작점(강관의 6시 30분(또는 5시 30분) 부근으로 옮긴 후 헬멧을 쓰고 아크를 발생한다.

토치의 작업각은 상단 직각 가공면과 하단 베벨 가공면과의 1/3 각도(약 20°), 진행각을 접선에 대해 75~85°로 유지하며 루트 간격 사이를 이전 비드를 겹치면서 수평면과 평행이 되게 작은 위빙을 하며 진행한다.[그림 7-23 참조]

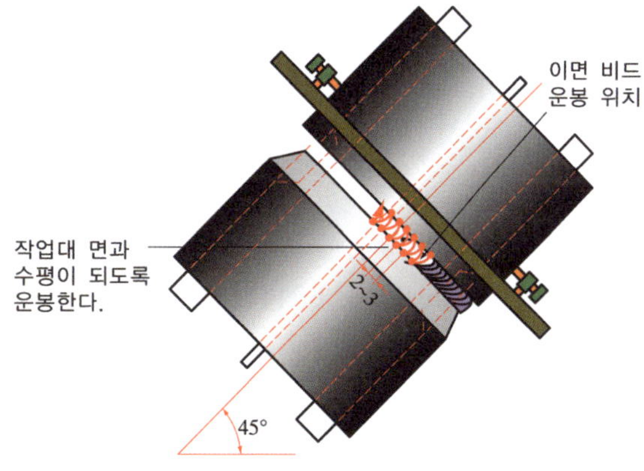

[그림 7-23] 강관 45° 경사 이면 비드쌓기의 예

위빙 방법은 와이어 끝을 직각 가공된 내경쪽 홈 끝까지 넣어 약 2~3초 정도 멈추는 듯 했다가 하단 베벨 가공 모재 쪽으로 약간 빼내었다 하면서 일정한 간격으로 위빙을 하며 상진한다. [그림 7-24 (b) 참조] 이 때 수평면과 거의 평행이 아닌 용접선에 대하여 직각방향으로 위빙을 할 경우 비드 처짐이 심하므로 주의해야 된다.[그림 7-24 (a), (b) 참조]

운봉시 와이어 끝이 용융지 끝의 1~2mm를 겹쳐 운봉하여 와이어가 루트 간격 사이로 빠지지 않도록 하며 키홀을 일정하게 유지한다. [그림 7-24 참조]

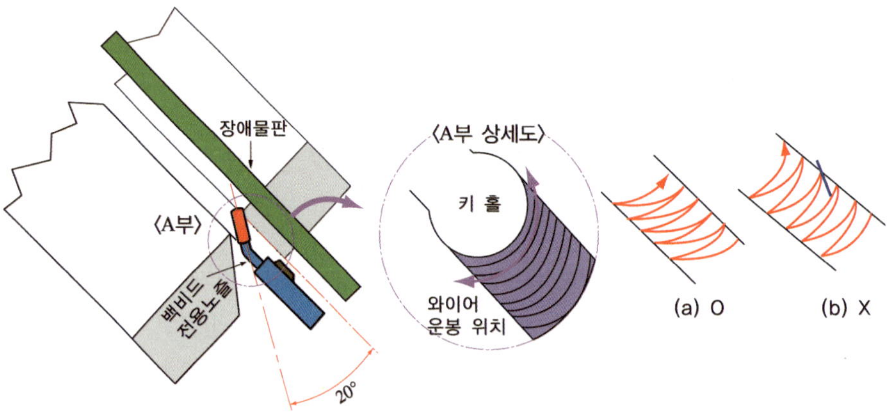

[그림 7 - 24] 토치의 작업각과 키홀 유지법의 예

위보기 자세에서 수직 자세로, 아래보기 자세로 이동할 때는 토치의 각도를 적절하게 조절하며 연속하여 비드쌓기를 하여 아크를 끊지 않고 11시 30분(또는 12시 30분) 부분까지 연속 진행해야 된다.

반대쪽도 위와 같은 방법으로 이면 비드를 쌓는다. 각 층, 각 패스 비드쌓기 중 아크가 끊어져 이음이 필요한 경우 이음부를 연삭 및 청소를 한 후 다음 비드쌓기를 해야 된다.(시험 규정에 따라 이음부 연삭이 불가능한 경우도 있으므로 불가능시 비드 잇는 방법을 익혀야 됨)

2) 2~n층 비드쌓기

와이어를 송급 장치에 E71T-1, YFW 22 ϕ1.4로 바꾸어 끼우고, 일반용 노즐로 바꾼 후 송급 장치에서 이면 비드쌓기용 Coreshield 8, E71TB-G ϕ1.6 와이어를 빼내고 E71T-1,YFW 22 ϕ1.4 와이어를 설치하여 토치에 와이어를 끼운다.(1층 비드쌓기시 이면 비드쌓기용 Coreshield 8, E71TB-G ϕ1.6 와이어가 준비 안 된 경우는 이 작업은 할 필요가 없음)

강관의 두께가 두꺼우면 다층쌓기를 하여야 되며, 제시된 모재는 두께가 상부는 18.2mm, 하단 강관은 12.7mm이므로 비드를 두껍게 쌓으면 3층으로 완성가능하며, 얇게 쌓을 경우 4~5층으로 완성해야 된다. 여기서는 3층으로 완성하는 것으로 한다.

2층 비드쌓기는 1층 비드쌓기와 동일하게 하나 용접 전류는 10~30A, 전압은 1~2V 높게 조절하고 1층 비드와 충분히 융합되도록 하며, 운봉은 지그재그식으로 하되 수평면과 평행이 되도록 운봉하고 위쪽 모재에서 좀더 머물러주면서 용접한다.(비드의 처짐을 방지하기 위함)

2층 비드는 운봉 중에 강관 표면보다 1~1.5mm 정도 낮게 보일 정도로 쌓는다.

3) 3층(표면) 비드쌓기

① 표면 비드를 1줄로 하는 경우

표면 비드는 WPS나 요구 규정에 따라 2줄 겹치기 비드로 완성하거나, 1줄로 완성하기도 한다. 그러나 1줄로 할 경우 비드 처짐이 많아질 수 있으므로 2줄로 하는 것이 보통이다.

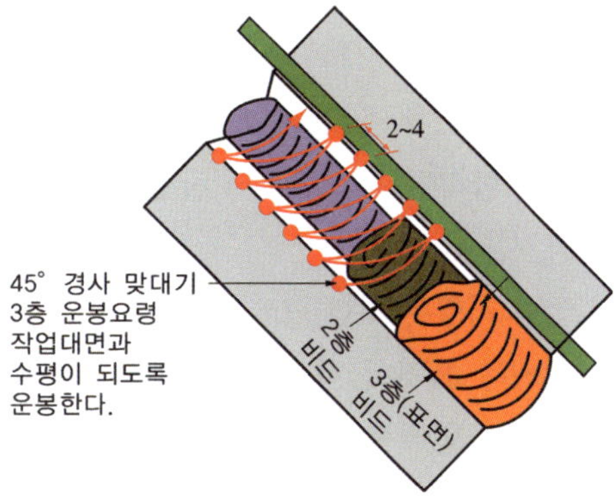

[그림 7-25] 강관 45° 경사 2~3층 운봉

와이어 끝을 하단 위보기 자세 부분에 대고 아크를 발생하여 양쪽 개선면 상단 모서리와 모서리 사이를 수평면과 평행하는 반달형 또는 지그재그형 위빙을 하며 위보기 자세에서 수직, 아래보기 자세로 작업각과 진행각을 일정하게 유지하며 연속 진행한다.[그림 7-25 참조]

한쪽이 끝나면 용접부를 깨끗이 청소한 후 반대편도 위와 같은 방법으로 진행한다.

완성된 표면의 비드 높이는 모재 표면에서 2~3mm, 폭은 모서리에서 모서리 사이보다 2~3mm 크게, 이면 비드의 높이는 1.5~2mm가 되게 한다.

② 표면 비드를 2줄로 하는 경우

표면 비드를 1줄로 하는 방법과 같은 방법으로 하되 비드 폭을 좁게 하면서 첫 줄의 비드는 하단 강관의 개선 모서리에서 표면 비드의 2/3 부분 정도까지 위빙하여 1줄의 비드를 쌓는다.

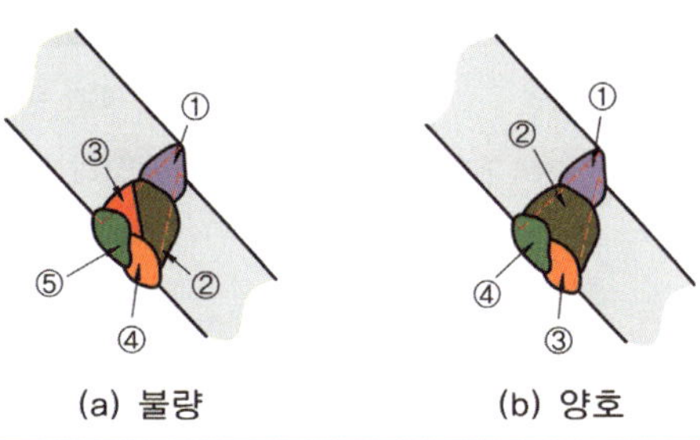

[그림 7-26] 6GR 맞대기 비드쌓기의 양 · 부

표면 비드 2번째 비드도 표면 비드를 1줄로 쌓는 방법과 같이 하되 비드 폭을 좁게 하면서 상단 강관 모서리에서 첫줄의 비드를 1/2 정도 겹치도록 쌓는다.[그림 7-26 (b) 참조] 비드의 처짐이 생기지 않으며, 비드 겹침부의 골이 0.5mm(규정에 따라 1mm) 이하가 되도록 쌓는다. 비드쌓기 층의 겹침은 [그림 7-26 (b)]와 같이 쌓아야 되며, (b)의 경우 ②와 같이 쌓은 윗부분(③)이 깊은 홈이 되어 슬래그 제거를 할 수 없게 된다.

사. 용접부 청소 및 검사, 정리 정돈

용접부의 슬래그와 스패터, 그을음을 깨끗이 청소한다. 이 때 모재 표면에 망치 자국 등이 생기지 않도록 주의한다. 청소가 끝나면 용접부 검사 규정에 의해서 외관 검사를 하고, 외관 검사에 합격된 제품에 X선 탐상 시험을 하며, 필요하면 굽힘 시험편을 제작하여 표면 및 이면 굽힘 시험을 한다.

굽힘 시험은 시험 규정에 따라 실시하며, 여기서는 강관 전둘레에서 4개의 시험편을 제작하여 2개는 표면 굽힘 시험을, 2개는 이면 굽힘 시험을 한다.

굽힘 시험에서 균열이 3mm 이상, 또는 작은 균열이 7mm 이상, 기공 등이 10개 이상이면 불합격품으로 처리한다.(시험 규정에 따라 달라질 수 있음)

(a) 6GR 완성 용접한 외관 모양

(b) 6GR 용접한 이면 비드의 모양

[그림 7-27] 6GR 용접한 외관과 내면의 모양

5 강관 45° 경사 장애물 전자세 V형 맞대기 1층 SMAW 후 FCAW 용접(6GR)

가. 강관 V형 맞대기 용접 준비

작업 과제 '❹ 가. 강관 V형 맞대기 FCAW 용접 준비'와 같은 방법으로 준비한다.

피복 아크 용접봉 E7016 ϕ3.2(코드 적용에 따라 달라질 수 있음)를 준비하여 편심 여부, 피복제의 균열, 파손 여부 등을 점검한 후 준비된 용접봉을 용접봉 건조로에 넣고 300~350℃로 1~2시간 건조시킨 후 보온통에 넣고 70℃ 정도로 유지시켜 둔다.[그림 7-28 참조]

[그림 7-28] 피복아크 용접봉 보온통

나. CO_2 용접기 점검 및 조작

과제 '❹ 나. CO_2 용접기 점검 및 조작'과 같은 방법으로 용접기를 점검 및 조작한다.

다. 강관 가용접 및 변형 방지판 부착

과제 '❹ 다. 강관 가용접 및 변형 방지판 부착'과 같은 방법으로 강관을 가용접한 후 가용접부를 경사지게 가공한다.

라. 강관에 장애물 설치

과제 '❹ 라. 강관에 장애물 설치'와 같은 방법으로 장애물을 설치한다.

마. 강관 고정

과제 '❹ 마. 강관 고정'과 같은 방법으로 가접된 강관을 고정한다.[그림 7-29 참조]

[그림 7-29] 강관 45° 경사 장애물 전자세 V형 맞대기 모재 고정

바. 강관 45° 경사 전자세 V형 맞대기 FCAW 용접

1) 피복 아크 용접봉으로 1층(이면) 비드쌓기

건조된 피복 아크 용접봉 E7018 ϕ3.2(코드 적용에 따라 달라질 수 있음)를 용접봉 홀더에 물리고, 교류 아크 용접기를 조작하여 전류를 90~100A로 조절한다.

작업대 앞에 편하게 자세를 취하고 용접봉 끝을 용접 시작점(강관의 6시 30분(또는 5시 30분) 부근으로 옮겨 가상으로 위빙하며 상단 아래보기 자세까지 진행하면서(교류 아크 용접기 전원을 'OFF'한 상태) 작업 중에 부자연스러운 부분이나 작업에 어려움이 있으면 시정한다.

교류 아크 용접기 전원을 'ON'한 후 작업대 앞에서 자세를 편하게 취하며 용접봉 끝을 용접 시작점(강관의 6시 30분 또는 5시 30분) 부근으로 옮긴 후 헬멧을 쓰고 아크를 발생한다.

표 7-3 강관 맞대기 용접 조건

층수	용접전류 A	아크 전압 V	와이어 돌출길이 mm	가스유량 l/min
2층	180~220	22~24		20~25
표면	160~200	21~23	10~15	15~20

작업각은 상단 직각 가공면에 대하여 약 35°, 진행각은 접선에 대해 75~85°로 유지하며 루트 간격 사이를 이전 비드를 겹치면서 수평면과 평행이 되게 작은 위빙을 하며 진행한다.[그림 7-29 참조]

위빙 방법은 용접봉 끝을 직각 가공된 내경쪽 홈 끝까지 넣어 약 2~3초 정도 멈추는 듯 했다가 하단 베벨 가공 모재 쪽으로 약 1초 빼내었다 하면서 일정한 간격으로 수평 위빙을 하며 상진한다.[그림 7-30 참조]

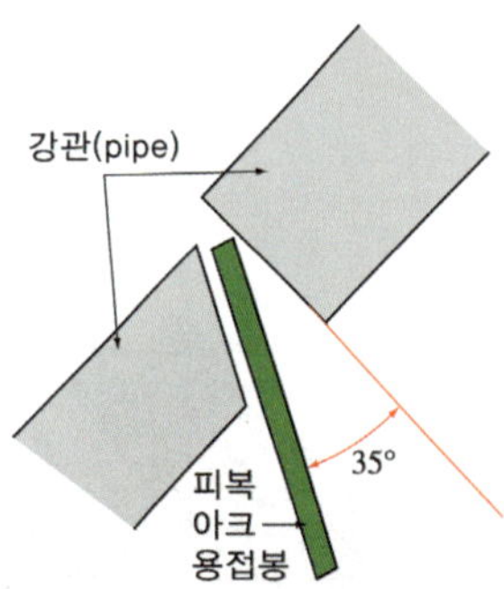

[그림 7-29] 이면 비드쌓기 운봉각

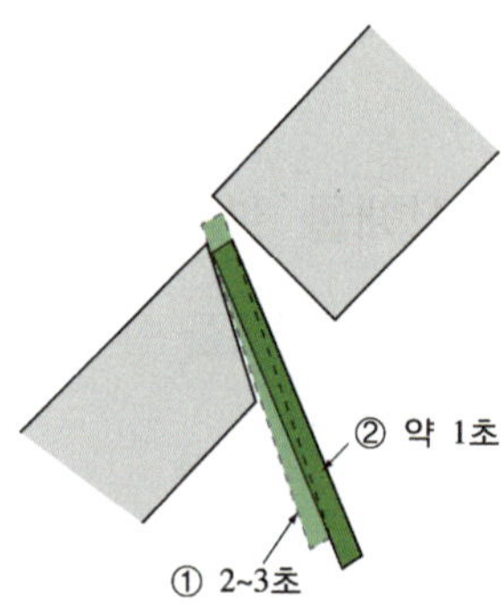

[그림 7-30] 이면 비드쌓기 용접봉 삽입 방법

수평면과 거의 평행이 아닌 용접선에 대하여 직각방향으로 위빙을 할 경우 비드 처짐이 심하므로 주의해야 되며, 용접봉 끝이 용융지 끝의 1~2mm를 겹쳐 운봉하여 키홀을 일정하게 유지한다.[그림 7-31 참조]

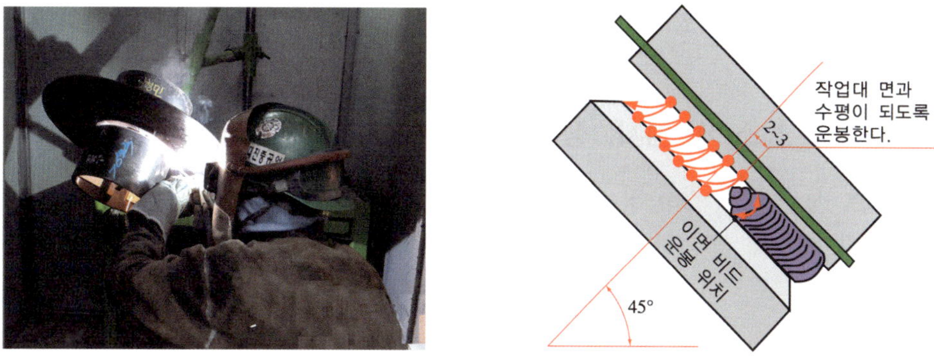

[그림 7-31] 피복 아크 용접봉으로 6GR 이면(back) 비드쌓기

위보기 자세에서 수직 자세로, 아래보기 자세로 이동할 때는 용접봉 각도를 적절하게 조절하며 비드쌓기를 한다.

2) 1층(이면) 비드잇기

용접봉 소모가 다 되거나, 아크가 끊어진 경우 비드잇기를 한다. 이 때 비드 잇기할 비드의 끝 부분에서 20~40mm 주위의 슬래그를 제거하고 와이어 브러시로 깨끗이 청소한 후 아크가 끊어진 부분의 1층 이면비드 끝을 그라인더로 경사지게 가공한다.

ϕ3.2 용접봉을 홀더에 물리고 비드 끝에서 10~20mm 안쪽에 용접봉을 끝을 이동한 후 헬멧을 쓰고 아크를 발생하여 작업순서 '1)'과 같은 방법으로 진행한다.

피복 아크 용접봉은 길이가 한정되어 있어 여러 번 비드잇기를 해야 되며, 매번마다 비드잇기 전의 잇는 부분 가공이나 용접 방법은 유사하다. 다만 잇는 위치에 따라 용접 자세가 달라질 수 있으므로 작업각과 운봉각 유지에 유의해야 된다.

이면 비드쌓기는 위보기 자세, 수직 자세 아래보기 자세 순으로 진행한다.

반대쪽도 위의 작업순서 '1)~2)'와 같은 방법으로 이면 비드를 쌓는다.

1층 이면 비드쌓기가 끝나면, 용접부 전체를 슬래그와 스패터를 깨끗이 제거하고 와이어 브러시로 깨끗이 청소한 후 비드의 겹침으로 생긴 볼록한 부분은 핸드 그라인더로 다른 부분과 동일한 높이가 되도록 가공한다.

3) 플럭스 코드 와이어로 2층 이상 용접하기

2층 이상은 CO_2 용접기와 플럭스 코드 와이어를 사용하여 작업과제 '❹ 강관 45° 경사 장애물 전자세 V형 맞대기 FCAW 용접(6GR)'의 작업순서 '바. 2) 2~n층 비드쌓기, 3) 3층(표면) 비드쌓기'와 같은 방법으로 진행한다.

사. 용접부 청소 및 검사, 정리 정돈

과제 '❹, 사. 용접부 청소 및 검사, 정리 정돈'과 같은 방법으로 용접부 청소와 검사, 정리 정돈을 한다.

PART 05

불활성가스 텅스텐아크 (TIG) 용접

용접 실습

용접 실습

05 불활성가스 텅스텐아크(TIG) 용접

제1절 TIG 용접기 설치 및 조작하기

1 TIG 용접

가. TIG 용접의 원리

TIG(Tungsten Inert gas) 용접은 텅스텐 전극과 모재 사이에서 발생된 아크열로 모재와 용접봉을 녹이면서 용접하는 방법으로 GTAW라고도 불리어지며, 전극이 녹거나 소모되지 않으므로, 비용극식 또는 비소모식 용접법의 하나이며, 주로 3mm 이하의 박판에 이용된다.

원리는 모재와 텅스텐 전극 사이에 용접 전원과 고주파 발생 장치가 접속되어 있으며, 모재 표면과 텅스텐 전극 선단과의 사이에서 아크를 발생시켜 모재를 용융시키고 여기에 용접봉을 공급하여 접합하는 방법이다.[그림 1-1 참조]

[그림 1-1] TIG 용접의 원리

나. 극성 효과와 청정 작용

불활성 가스 텅스텐 아크(TIG) 용접은 교류나 직류 전원의 어느 것이나 사용하는데, 극성의 선택 기준은 모재와 용가재의 재질에 따라 맞게 사용해야 된다.[표 1-1 참조]

1) **직류 정극성**(DCSP : DC straight polarity)

용접기의 양(+)극에 모재를, 음(-)극에 토치를 연결하는 방식이며, 고속도의 전자가 전극으로부터 모재쪽으로 흐르므로 전극은 과열되지 않으며, 모재는 전자의 충격을 받아 높은 열이 발생되므로 용입이 깊고 폭이 좁은 비드가 형성된다.

2) 직류 역극성(DCRP : DC Reverse Polarity)

용접기의 양(+)극에 토치를, 음(-)극에 모재를 연결하는 방식으로, 전자가 전극을 충돌 작용을 하므로 전극은 과열되어 전극이 용융될 수 있으므로 정극성의 경우보다 전극의 지름이 큰 것을 사용하는 것이 좋다.

역극성의 특성은 전자가 튀어나오는 범위가 넓어 열의 집중이 정극성에 비하여 불량하므로 용입이 얕고 비드 폭이 넓으며, 정극성 경우보다 4배의 큰 전극이 필요하다. 또한 텅스텐 전극 소모가 많아진다. Ar 가스 사용시 청정 작용(cleaning action)이 있어 경합금 용접에 적합하다.

3) 고주파 교류(ACHF)

고주파 교류란 아크 발생과 용접 중에 고주파를 중첩시켜 아크를 안정시킨 교류로서, 직류 정극성과 역극성의 중간 정도의 특성과 용입이 얻어지며, 아르곤 가스를 사용하면 알루미늄이나 마그네슘 및 그 합금 등의 청정 작용이 있어 많이 사용된다.

표 1-1 극성의 종류와 특성

특 성	직류 정극성(DCSP)	직류 역극성(DCRP)	고주파 교류(ACHF)
전자 및 이온의 흐름 용입 현상	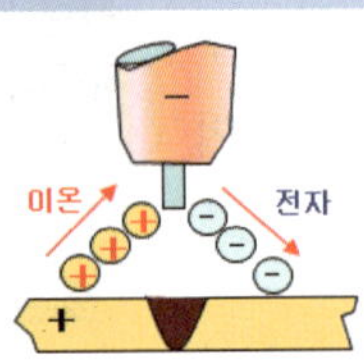	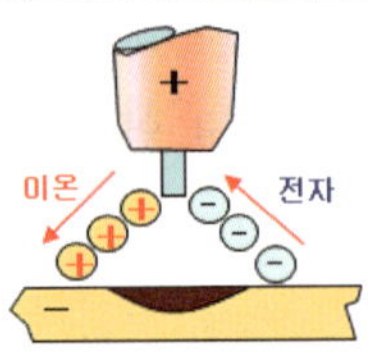	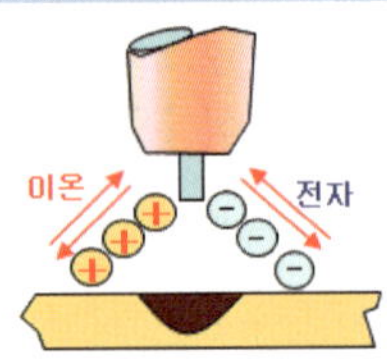
발생 열	모재에 2/3, 전극에 1/3	모재에 1/3, 전극에 2/3	모재와 전극에 각각 1/2
용 입	깊고 좁다.	얇고 넓다.	직류의 중간
전극 용량	우수(3.2mm, 400A)	불량(5.4mm, 120A)	양호(3.2mm, 225A)
청정 작용	없다.	있다.	있다. (1/2 사이클 마다 반복)
용 도	강, 스테인리스강, 후판 용접	박판, Al, Mg 합금 용접	Al, Mg 등 경금속 용접

다. 보호 가스

1) 아르곤

헬륨보다 무거워 보호 능력은 우수하나, 아크 전압은 낮기 때문에 경합금 후판 용접에서는 적합하지 않다. 아르곤 가스는 1기압 하에서 약 6500ℓ의 양을 140기압으로 압축시켜 용기에 충전되어 있으며, 감압 밸브를 이용하여 사용되고 있다.

용접시 사용되는 유량은 약 5 ~ 20ℓ/min 정도이며, 가스 속도는 2 ~ 3m/sec로 하고 있다.

2) 헬 륨

아르곤보다 가벼우므로 아르곤 가스와 같은 보호 효과를 갖으려면 아르곤보다 2배 정도의 유량을 분출해야 된다. 그러나 아크 전압이 아르곤보다 높아 용접 입열이 크므로 경합금 후판 용접에 적합하다. [표 1-2]는 아르곤과 헬륨의 특성을 비교한 것이다.

표 1-2 아르곤과 헬륨의 특성 비교

항목 \ 종류	아르곤 가스	헬륨 가스
아크 전압	낮다	높다
아크 발생	쉽다	어렵다
아크 길이	길다	짧다(민감)
아크 안정성	좋다	나쁘다
가스 소모량	적다	많다(1.5~3배)
열영향	넓다	좁다
용입	얕다	길다
청정작용	있다	없다
모재 두께	박판	후판
용접 자세	아래보기	위보기, 수직
가격	싸다	비싸다
용도	알루미늄, 탄소강 등	동 및 동합금
이종금속접합	좋다	나쁘다

3) 혼합 가스

아르곤과 헬륨의 혼합 비율은 25 : 75가 많이 쓰이며, 알루미늄과 동합금 용접에서 용입이 깊고 기공이 적게 발생한다. 스테인리스강의 용접에서는 아르곤에 산소를 1 ~ 5% 혼합하면 깊은 용입과 양호한 외관을 얻을 수 있다.

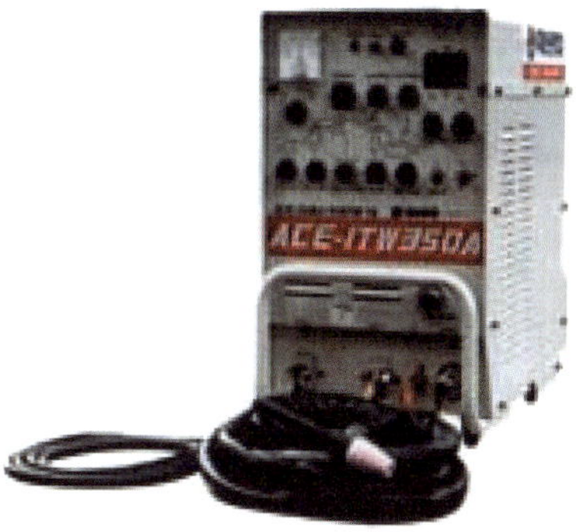

[그림 1 - 2] TIG 용접기의 형상

2 TIG 용접기 설치 작업

가. 케이블 및 부속품 준비

용접기 규격에 맞는 용접 토치, 1차 및 2차 케이블(길이 약 3m), 접지선, 냉각수 호스(수냉식의 경우), 아르곤 가스 용기, 유량계, 수냉 탱크(수냉식의 경우), 가스 호스, 텅스텐 전극봉, 토치 부품 등을 준비한다.

나. 필요한 공구 준비

용접기 설치 작업에 필요한 단자 압착기, 스패너, 니퍼, 렌치, 전선 칼, 단자 체결 볼트너트, 절연 테이프 등을 준비한다. 사용 설명서(manual)를 준비한다.

다. 케이블 연결

1) 2차 케이블 연결

배전반의 메인 스위치를 차단하고 "수리 중"이라는 명패를 부착한다.

2차 케이블의 한쪽 끝에 단자 압착기를 이용하여 압착 단자를 체결시켜 2차 단자의 양극(+)측에 볼트 너트로 단단하게 고정하고, 반대측에 접지 클램프를 연결하여 용접 작업대에 접촉이 확실하게 고정한다. [그림 1-3 참조] 노출부를 절연 테이프로 감아 준다.

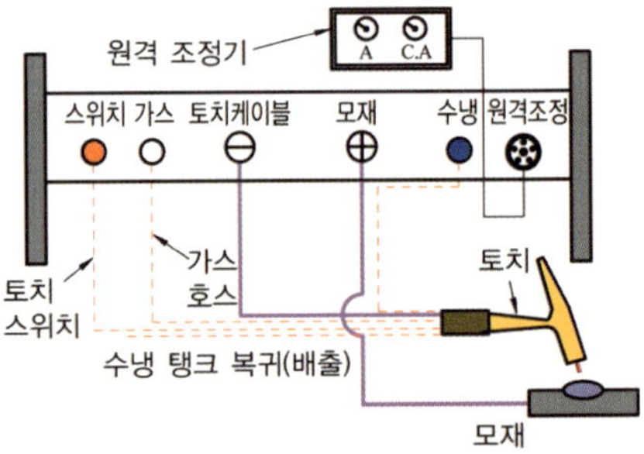

[그림 1-3] TIG 용접기 2차측 연결

2) 1차 케이블 연결

용접기가 3상인 경우 용접기 용량에 맞는 1차 케이블의 한쪽(3상)을 용접기 1차 입력 단자에 고정하고 반대측 끝을 주전원 스위치(브레이크 스위치 용접기 1대당 1개)에 2개를 연결한다. 그리고 다른 한 선을 연결하여 용접기의 냉각팬의 회전 방향을 확인한 후 역회전하면 2개의 선을 바꾸어 체결한 후 절연 테이프로 노출부를 절연시킨다.

접지선의 한쪽 끝을 용접기 케이스의 접지단자나 케이스 체결 나사를 풀어 연결하고, 다른 쪽은 지면에 접지시키거나, 접지 공사가 되어 있는 경우는 한쪽 끝을 배전반의 접지선(보통 녹색선)에 연결한다.

라. 토치 조립

텅스텐 전극을 사용하는 극성에 맞게 가공한다. 직류 정극성은 끝을 뾰쪽하게 가공하며[그림 1-4, 1-5 참조], 직류 역극성에는 둥글게 가공한다.

용접 토치를 용접기 출력측 양극(+)에 연결한다. 용접기의 가스 호스 출구에 토치의 가스 호스를 연결한다. 수냉식의 경우는 수냉 토치를 사용해야 된다.

토치 몸체 앞에 콜릿 몸체와 세라믹 노즐을 그 뒤에 콜릿척, 텅스텐 전극봉, 토치 캡을 차례로 조립한다.[그림 1-6 참조]

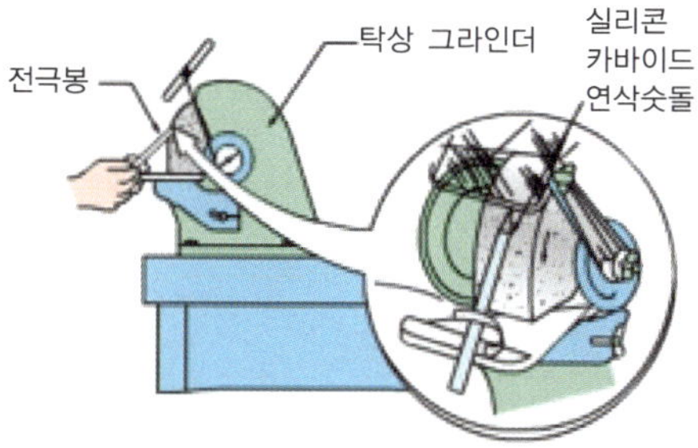

[그림 1-4] 텅스텐 전극봉 연마법

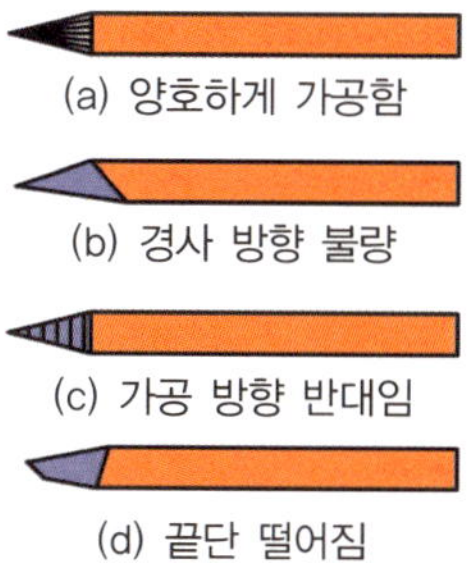

[그림 1-5] 텅스텐 전극봉 가공

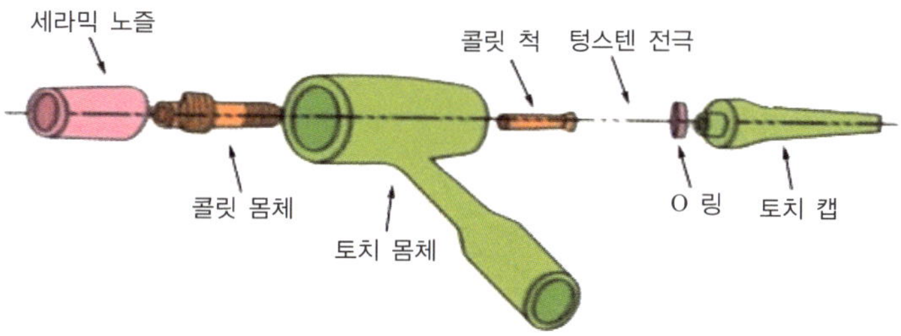

[그림 1-6] TIG 토치의 조립

캡을 단단히 조이기 전에 노즐 끝에서 전극의 돌출 길이를 용접부 형상에 따라 적당한 길이로 돌출시킨 후 캡을 단단히 조인다.[그림 1-7 참조]

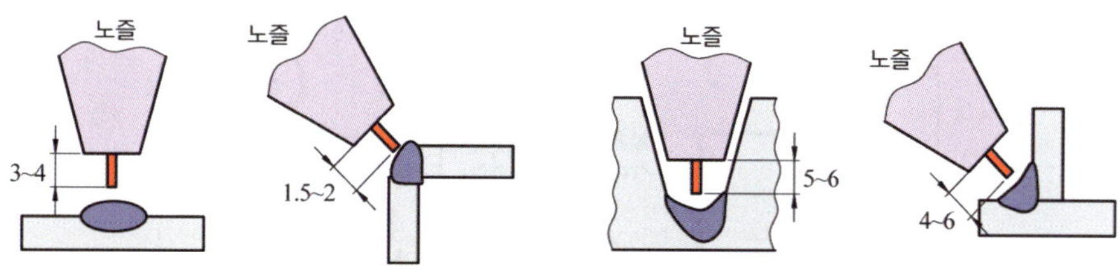

[그림 1-7] 텅스텐 전극 돌출 길이 조절

마. 아르곤(Ar) 가스 용기에 압력 조정-유량계 연결

아르곤 가스의 용기를 벽에 넘어지지 않도록 체인으로 고정한 후, 아르곤 가스 용기의 고압 밸브를 순간적으로 열어 출구의 먼지 등을 제거한다.

용기의 고압 밸브측에 아르곤 압력-유량계를 수직으로 체결한다. 이 때 체결부에 누설이 없도록 체결해야 한다.(가스 집중실이 있을 경우는 연결부에 접속한다.)

가스 호스를 유량계의 가스 출구 니플과 용접기의 입구 니플에 연결한 후 용접기와 토치의 호스 연결부가 가스 누설이 없는지 점검한다.

3 TIG 용접기 조작 및 아크 발생

가. 용접기 점검 및 전원 연결

용접 시작 전에 TIG 용접기의 각 연결부의 체결 상태를 점검하고, 전원을 'ON'한다. 용접기의 '직류/교류(DC/AC)' 전환 스위치를 용접 재료에 따라 선택한다. 알루미늄의 경우는 고주파 교류를, 강이나 스테인리스강은 DCSP(직류 정극성)으로 조절한다.[그림 1-8 참조]

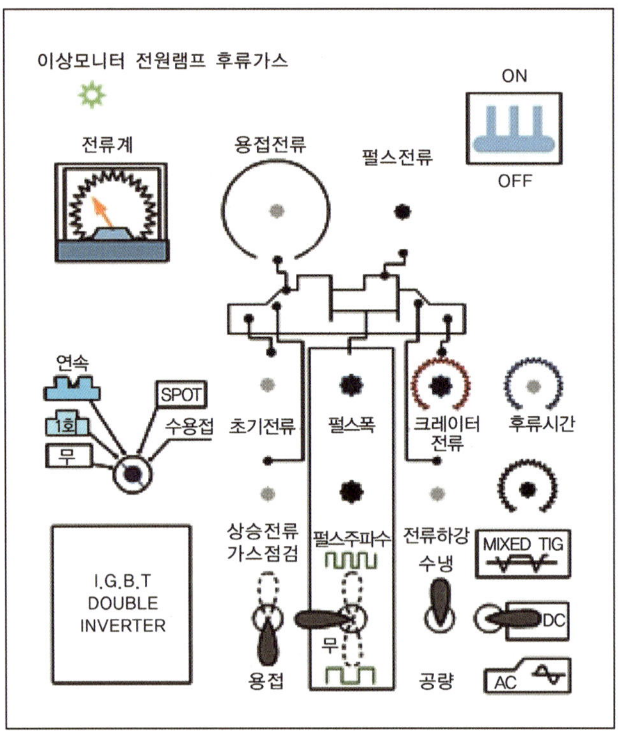

[그림 1-8] TIG 용접기 전면 패널의 각종 스위치의 종류

나. 유량 조절

용접기 전면 판넬에서 '용접/점검' 전환 스위치를 '점검(시험, 가스체크)'에 맞추고 아르곤 가스 용기의 고압 밸브를 열고 유량계의 밸브를 열면서 유량을 6~12ℓ /min로 조절한 후 다시 '용접/점검' 전환 스위치를 '용접'에 놓는다.[그림 1-9 참조] 판넬에서 아크 발생 전에 유출되는 아르곤 가스의 지연 유출 시간 조절 노브를 2~3초로, 용접 후의 가스 유출 시간을 5~10초로 맞춘다.

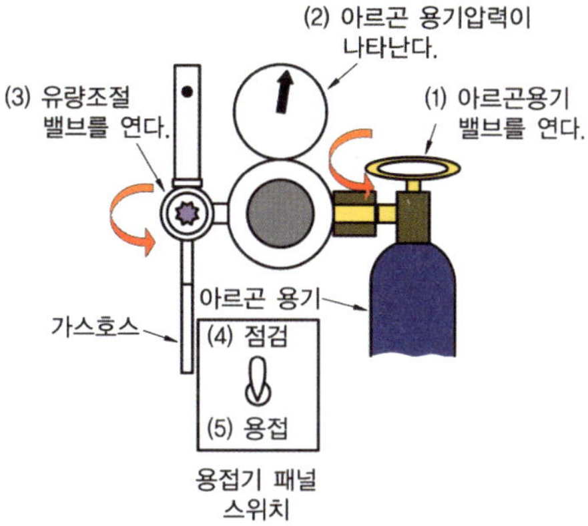

[그림 1-9] 압력-유량계 조절 순서

다. 전류 조절

용접 관계 전류를 용접 재료의 두께나 형상, 용접 방법에 따라 적당한 조건으로 조절한다. 여기서는 연강판 또는 스테인리스강판 t3.0의 판에 비드놓기를 기준으로 하여 조절한다. 초기 전류 조정 스위치를 50~70A로, 용접 전류 조정 스위치를 70~100A로, 크레이터 전류 조정 스위치를 60~80A에 맞춘다.

라. 크레이터 '유/무/반복' 조절

크레이터 '유/무' 전환 스위치를 '유' 또는 '무'로 맞춘다. '무'로 맞춘 경우는 토치 스위치를 누르면(ON하면) 용접 전류로 아크가 발생되며, 스위치를 놓으면(off하면) 아크가 꺼진다. '유'를 선택한 경우는 토치 스위치를 누르면 초기 전류 전류로 아크가 발생되며, 스위치를 놓으면 용접 전류로 아크 발생이 계속되며, 다시 스위치를 누르면 크레이터 전류로 아크 발생이 계속되며, 스위치를 놓으면 아크는 중단된다.[그림 1-10 참조]

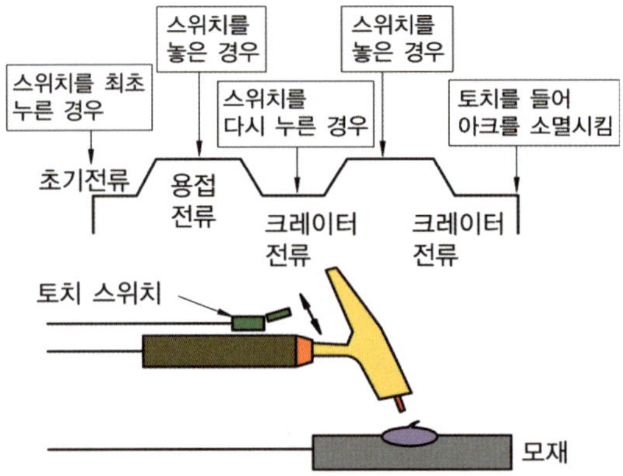

[그림 1-10] 크레이터 '유/무' 조작

반복을 선택한 경우는 최초 스위치를 누를 때는 초기 전류가, 스위치를 놓으면 용접 전류가, 다시 누르면 크레이터 전류가, 다시 놓으면 용접전류가 흘러서 'ON' 'OFF'에 따라 크레이터 전류와 용접 전류가 통전되어 아크가 반복되므로 아크를 끊을 경우는 토치를 빨리 들어 올려 아크를 끊은 후 다시 빨리 용접부쪽으로 토치를 내려서 가스 유출시간만큼 용접부를 보호해야 된다.

마. 펄스 '유/무' 선택

펄스 기능은 펄스 전류와 용접 전류가 조작 스위치에 따라 펄스 폭과 펄스 주파수에 따라 자동적으로 다양하게 반복되는 기능으로 아주 얇은 판의 용접시에 용접부를 가열과 냉각을 자동적으로 하면서 용접을 할 수 있게 하는 기능으로, 크레이터 '반복' 기능과 유사하나 '반복' 기능은 작업자가 인위적으로 열량을 조절하는데 비해 펄스 기능은 스위치 조작 상태대로 자동적으로 조절되는 기능이다.

바. 'UP SLOP', 'Down SLOP' 조절

'UP SLOP' 기능은 초기 전류에서 용접 전류로 올라가는 시간(초)이며 'Down SLOP' 기능은 용접 전류에서 크레이터 전류로 내려가는 시간이다. 'UP SLOP' 스위치를 '0'으로 놓으면 토치 스위치를 놓자 곧바로 초기 전류에서 용접 전류로 올라가며, 'Down SLOP' 스위치를 '0'로 맞혀진 상태에서 토치 스위치를 누르면 용접 전류에서 크레이터 전류로 바로 내려가게 된다. [그림 1-11 참조]

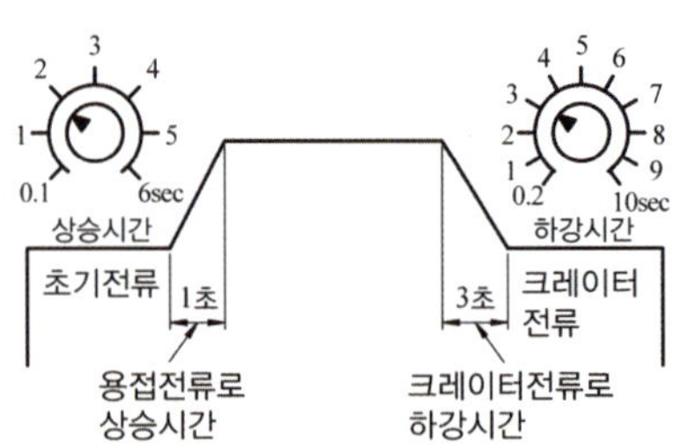

[그림 1-11] 전류 상승시간-하강시간 설정시 전류 변화

사. 아크 발생

모재를 용접 작업대에 올려놓고, 모재의 우측 끝 부분에 토치의 노즐을 모재에 가볍게 접촉시킨 후 아크를 발생해본다. 이 때 전극은 봉 지름 정도 모재에서 띄워져 있어야 된다.[그림 1-12 참조]

[그림 1-12] TIG 토치 아크 발생법

용접기 판넬의 각부 스위치를 전환시켜보며 용접기의 각 스위치별 기능과 역할을 익힌다.

극성 전환 스위치를 'DC, AC, DC-AC 중첩, spot' 기능을 각각 전화시키면서 그 특성을 익힌다.

크레이터 '유/무/반복'을 각각 달리하면서 각 기능을 익힌다.

펄스 주파수 폭 전환 스위치를 각각 선택하고 주파수 조정 스위치와 펄스 폭 조정 스위치를 조정하면서 아크를 발생해 본다.

상승 시간(UP SLOP) 조정 스위치와 하강 시간(DOWN SLOP) 스위치를 조정하고 아크를 발생해 본다.

아. 아크 종료 및 정리 정돈

아크가 종료되면 용기의 고압 밸브를 닫고, 용접기의 판넬에서 '용접/점검' 스위치를 '점검'에 맞추면 호스 내와 압력-유량계 내에 있는 잔여 가스가 배출된다.

잔여 가스를 배출하고 나면 용접기와 주위를 깨끗이 정리한다.

제2절 비드놓기 TIG 용접

1 아래보기 자세 비드놓기

가. 작업준비

1) 공구 및 보호구, 용접 재료 준비

용접 공구 및 보호구, 용접 재료(연강판 또는 스테인리스강판, 탄소강 용접봉, 스테인리스강 용접봉, 아르곤 가스) 등을 준비한다. 연강판의 경우 모재 표면의 녹, 스케일, 페인트, 오일, 수분 등을 샌드페이퍼, 와이어브러시, 산세척, 증기세척 등으로 깨끗이 한 후 마카펜으로 직선을 긋는다.

용접봉은 용접부 특성에 맞는 TIG 연강 용접봉(ER70S-6, ϕ2.4)을 준비하고 스테인리스강용 울이나 샌드페이퍼로 표면을 깨끗이 한 후 용접봉의 한쪽 끝 약 20mm 정도를 구부려 준다.(안전상 필요함)

텅스텐 전극봉(토륨 1 ~ 2% 함유, ϕ2.4)을 준비하여 전극봉 전용 가공기나 그라인더로 가공한다.

가스 노즐은 모재의 재질과 이음형태, 가스 종류에 따라 선택하며, 보통 텅스텐 전극봉 지름의 3 ~ 4배 정도 되는 것을 선택한다.[그림 2-1 참조]

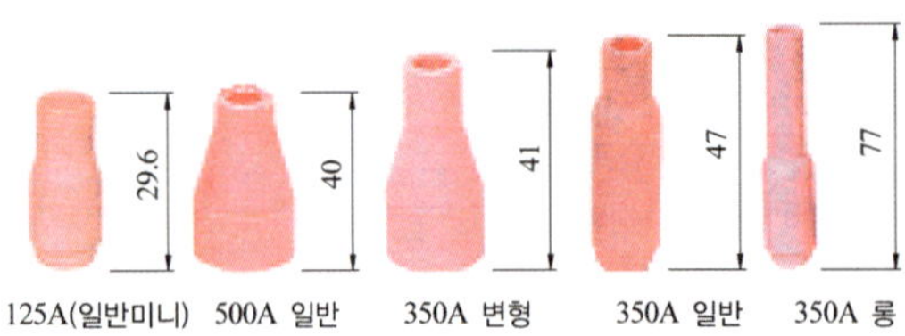

국제규격	내 경(ϕ)	국제규격	내 경(ϕ)
4번	ϕ6	7번	ϕ11
5번	ϕ8	8번	ϕ12.5
6번	ϕ10	10번	ϕ16

[그림 2-1] 세라믹 노즐의 형상

2) 용접기 점검 및 조작

1차 및 2차 케이블의 연결 상태, 아르곤 가스 용기와 호스의 연결 상태 등을 점검한다.

용접 토치에 콜릿 몸체, 노즐, 콜릿 척, 전극봉, 캡을 조립하며, 전극봉 돌출 길이는 노즐 끝에서 3 ~ 4mm 정도 돌출시킨다.(비드놓기의 경우)

각종 전환 스위치를 용접 조건에 맞게 설정 조작한다.

AC(교류), DC(직류) 전환 스위치를 DC에, 크레이터 제어 스위치 '유/무/반복'을 '유'에, 펄스 '유/무' 전환 스위치를 '무'에 맞춘다.

용접기 패널의 '용접/점검(시험)' 전환스위치를 '점검'에 놓고 유량계의 조절 밸브를 열어 유량을 6 ~ 12ℓ /min으로 조절한 후 '용접/점검(시험)' 전환 스위치를 '용접'에 놓는다.

나. 연강판 아래보기 비드놓기

1) 자용지 만들기

초기 전류는 60 ~ 80A로, 용접 전류를 80 ~ 110A로, 크레이터 전류를 용접 전류보다 20 ~ 30A 정도 낮게 조절한다.

준비된 연강판을 작업대 위에 금긋기 선이 좌우가 되도록 수평으로 올려놓고 자리에 편하게 앉아 토치를 잡고 토치를 모재의 우측 금긋기선 끝에 위치하여 노즐을 바닥에 가볍게 접촉시켜 전극이 바닥에 닫지 않도록 눕힌 후 헬멧을 쓴다.

토치 스위치를 눌러 아크를 발생한 후 토치를 진행 반대 방향으로 70 ~ 80°, 작업각 90° 정도 유지한 후 아크 길이를 전극봉 지름 정도로 유지하고 직선, 반달형 운봉 등을 하며 용접봉 공급없이 모재에 약 5 ~ 8mm 정도의 용융지를 일정한 폭과 파형이 형성한다.

용융지 상태를 점검하고 잘못된 점을 시정하려고 노력하며 약 10mm 띄어서 위와 같은 방법으로 반복 연습을 한다.

2) 비드놓기

용융지를 일정한 폭과 파형으로 형성하는 연습이 되면 용접봉을 공급하여 비드놓는 연습을 한다.

준비된 연강판을 작업대 위에 금긋기 선이 좌우가 되도록 수평으로 올려놓고 자리에 편하게 앉아 토치와 용접봉을 잡고 토치를 모재의 우측 금긋기선 끝에 위치하여 노즐을 바닥에 가볍게 접촉시켜 전극이 바닥에 닫지 않도록 눕힌 후 헬멧을 쓴다.

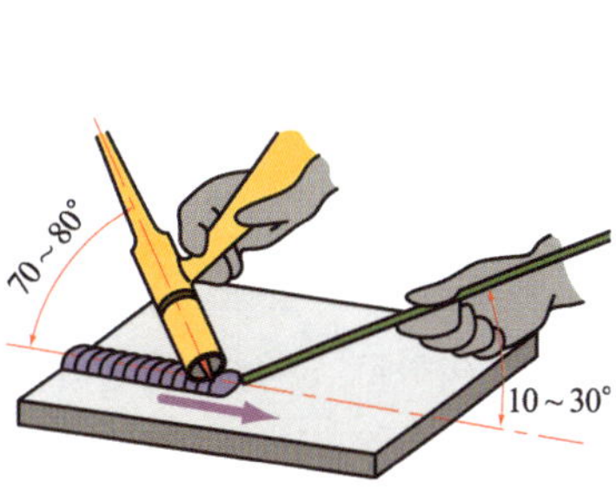

[그림 2 - 2] 아래보기 자세 토치와 용접봉 각도

토치 스위치를 눌러 아크를 발생한 후 토치를 진행 반대 방향으로 70 ~ 80°, 작업각 90°, 용접봉은 용접선과 10 ~ 30° 정도 유지한다.[그림 2-2 참조]

용융지가 형성되면 용접봉을 용융지에 첨가하면서 작은 원형 운봉 또는 8자 운봉을 하며 전진법으로 비드를 놓는다.

8자 위빙은 [그림 2-3]과 같이 A 노즐의 하단 접촉면을 반달꼴로 굴려서 윗쪽 a까지 진행한 후 접촉면을 꼭지점으로 15° 정도 우회전 한 후 다시 노즐 접촉면을 굴려서 하단 b로 진행하여 b점을 꼭지점으로 15° 정도 좌회전하여 노즐 접촉면을 굴려서 c로 진행하는 방법이다.

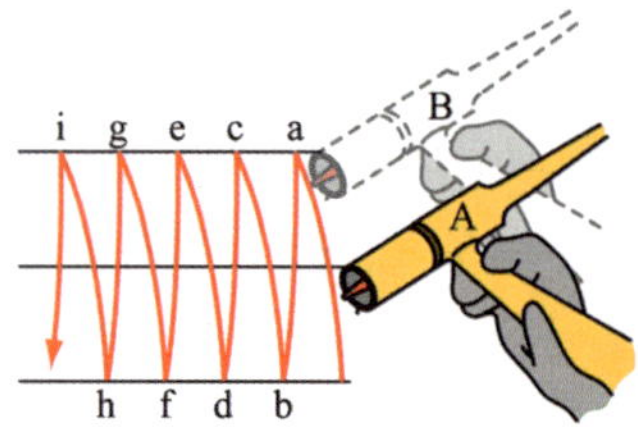

[그림 2 - 3] 8자 운봉시 노즐 움직임

이 때 전극은 일정한 높이에서 반달꼴로 움직여야 되며 전극의 높이가 높아졌다 낮아졌다 해선 안되며, 용접봉은 용융지 끝에 가볍게 접촉되어 있어야 되며 토치가 진행됨에 따라 용접봉 끝이 녹으면서 비드가 형성되므로 용접봉이 용융되어 용융지 끝을 벗어나지 않도록 왼손의 엄지와 검지로 일정한 속도로 용접봉을 밀어 넣어 주어야 된다.

종점에 가까워지면 열 집중이 커져 용락이 생길 수 있으므로 속도 조절과 크레이터 전류를 작동시켜 용락을 방지하며 크레이터 처리를 한다.

각 비드마다 아크가 꺼진 후 지연 가스가 용접부를 충분히 보호할 수 있도록 지연 가스 유출시간(설정시간 : 5 ~ 10초) 동안 토치를 크레이터부에서 머물러 준다.

3) 용접부 검사 및 반복 실습

완성된 비드의 미려도, 비드 폭과 높이, 파형 상태, 직선도 등을 검사하고 숙련이 될 때까지 반복 실습한다.

다. 스테인리스강판 아래보기 비드놓기

스테인리스강판은 강에 크롬의 함유량이 12% 이상 함유한 것으로 용접 중에 전류가 너무 높거나 과열되면 입계 부식을 일으켜 스테인리스강의 역할을 할 수 없으므로 용접 중에 과열이 되지 않도록 전류를 용접 가능한 한 최소로 하고, 2층 이상 용접할 경우는 각 층간 온도를 312℃ 이하로 낮추어 용접하여야 된다.

2 수평자세 비드놓기

가. 작업준비

모든 준비는 아래보기 자세와 동일하게 하면 된다.

나. 수평자세 비드놓기

1) 모재 고정

모재에 금긋기한 후 모재가 수직이며, 용접선이 좌우가 되도록 지그에 단단히 고정한 후 금긋기선(용접선)이 가슴 정도가 되게 작업하기 편한 높이로 맞춘다.[그림 2-4 참조]

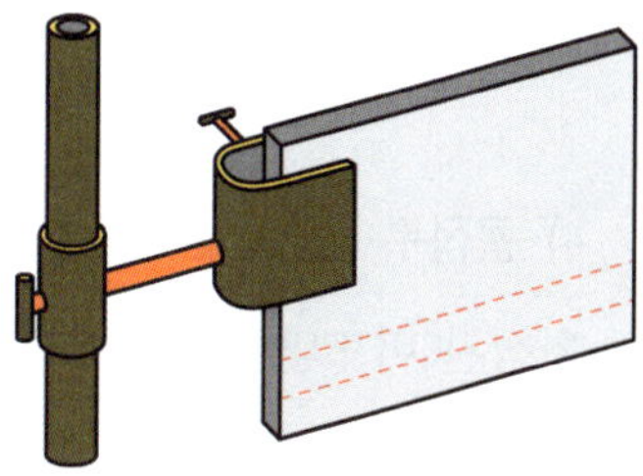

[그림 2-4] 수평자세 모재 고정

2) 용접기 조작

용접기 전면 패널의 각종 스위치를 아래보기 자세와 같은 방법으로 조작한다.

3) 수평자세 비드놓기

용접기를 조작하여 용접 전류를 90 ~ 140A로, 크레이터 전류를 용접 전류보다 10 ~ 30A 정도 낮게, 초기 전류는 60 ~ 100A로 조절한다.

용접 보호구를 착용하고, 모재 앞에 편하게 앉아 왼손에 용접봉, 오른손에는 토치를 잡고(오른손잡이의 경우) 용접 자세를 취한다.

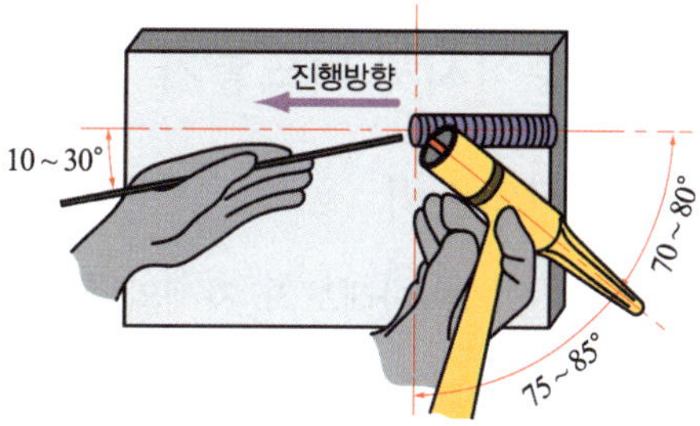

[그림 2-5] 수평자세 토치 및 용접봉각

모재의 오른쪽 끝 용접 시작점에서 토치를 경사시켜 세라믹 노즐 끝을 모재에 가볍게 접촉시키고 토치 스위치를 눌러 아크를 발생한다.

토치를 진행 반대 방향으로 70 ~ 80°, 작업각 75 ~ 85°, 용접봉은 용접선과 10 ~ 30° 정도 유지한다.[그림 2-5 참조]

아크 길이를 전극봉 지름 정도로 유지하고 토치 스위치를 놓아 용접 전류로 용융지를 형성한다.[그림 2-6 참조]

용융지가 형성되면 용접봉을 용융지에 첨가하면서 작은 원형 운봉 또는 반달형 운봉을 하며 전진법으로 비드를 쌓는다.

비드 종점에서 토치 스위치를 눌러 크레이터 처리를 한다. 종점에 가까워지면 열 집중이 커져 용락이 생길 수 있으므로 용접속도 조절과 크레이터 전류를 작동시켜 용락을 방지하며 크레이터 처리를 한다.

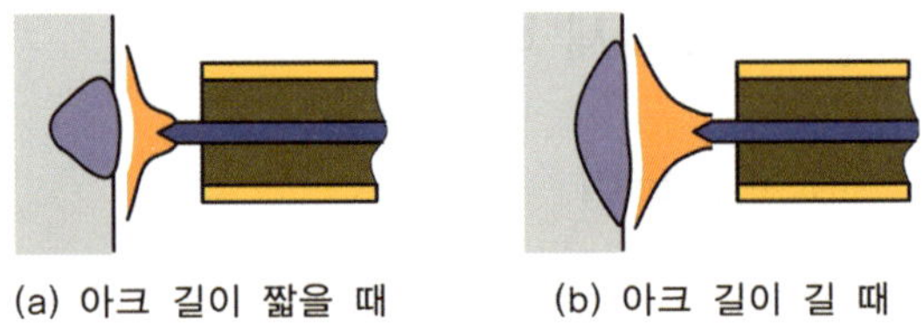

[그림 2-6] 아크 길이에 따른 비드 폭과 용입 깊이

아크가 꺼진 후 지연 가스가 용접부를 충분히 보호할 수 있도록 지연 가스 유출시간(설정시간 : 5 ~ 10초) 동안 토치를 크레이터부에서 머물러 준다.

한 줄의 비드가 완성되면 용접부를 청소한다.

4) 용접부 검사 및 반복 실습

완성된 비드의 미려도, 비드 폭과 높이, 파형 상태, 직선도, 비드의 겹침상태, 덧쌓기 정도 등을 검사한다. 또한 언더 컷, 오버 랩, 용입 불량, 비드의 이음 상태, 시점과 종점 처리 상태를 검사한다.

비드 검사가 끝나면 잘못된 점을 시정하려고 노력하며, 이전 비드 위쪽에 위와 같은 방법으로 비드를 놓는다.

3 수직자세 비드놓기

가. 작업준비

모든 준비는 아래보기 자세와 동일하게 하면 된다.

나. 수직자세 비드놓기

1) 모재 고정

모재에 금긋기한 후 모재가 수직이며, 용접선이 수직이 되도록 지그에 단단히 고정한 후 모재의 상부가 배꼽 정도가 되게 작업하기 편한 높이로 맞춘다.

2) 용접기 조작

용접기 전면의 패널의 각종 스위치를 아래보기 자세와 같은 방법으로 조작한다.

3) 수직자세 비드놓기

용접기를 조작하여 용접 전류를 90 ~ 140A로, 크레이터 전류를 용접 전류보다 10 ~ 30A 정도 낮게, 초기 전류는 60 ~ 100A로 조절한다.

용접 보호구를 착용하고, 모재 앞에 편하게 앉아 왼손에 용접봉, 오른손에는 토치를 잡고(오른손잡이의 경우) 오른쪽으로 약 45° 회전하여 앞쪽으로 45°쯤 굽혀 모재의 하단의 용접 시점에 노즐을 가볍게 접촉시키고 용접봉은 전극 앞 용접선에 용접선과 10 ~ 30° 정도로 유지시킨 후 헬멧을 쓰고 아크를 발생한다.

수직자세 토치의 진행 반대각은 75 ~ 80°, 작업각은 90°, 용접봉의 각도는 수직선에 대하여 10 ~ 30°를 유지하며 반달형, 또는 8자 위빙을 하며 상진한다.[그림 2-7 참조]

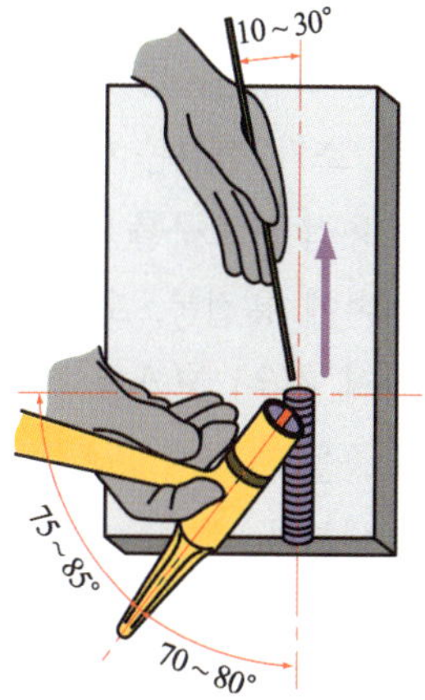

[그림 2-7] 수직자세 토치 및 용접봉 유지각도

2 위보기 자세 비드놓기

가. 작업준비

모든 준비는 아래보기 자세와 동일하게 하면 된다.

나. 위보기 자세 비드놓기

1) 모재 고정

모재에 금긋기한 후 모재가 수평이며, 용접선이 아래가 되며, 좌우가 되도록 지그에 단단히 고정한 후 모재가 머리보다 약 10cm 정도 높게 작업하기 편한 높이로 맞춘다.[그림 2-8 참조]

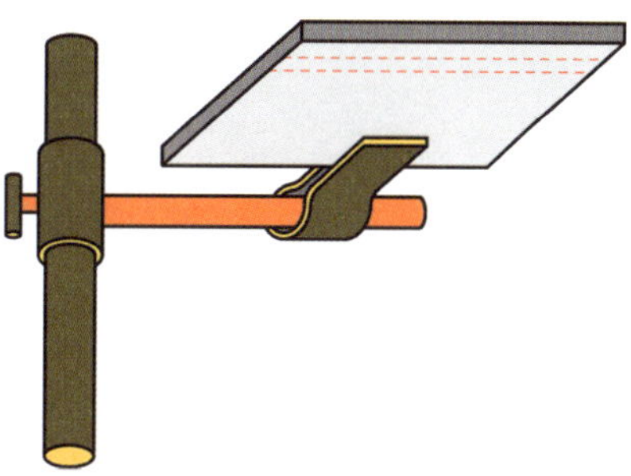

[그림 2-8] 위보기 자세 모재 고정

2) 용접기 조작

용접기 전면의 패널의 각종 스위치를 아래보기 자세와 같은 방법으로 조작한다.

3) 위보기 자세 비드놓기

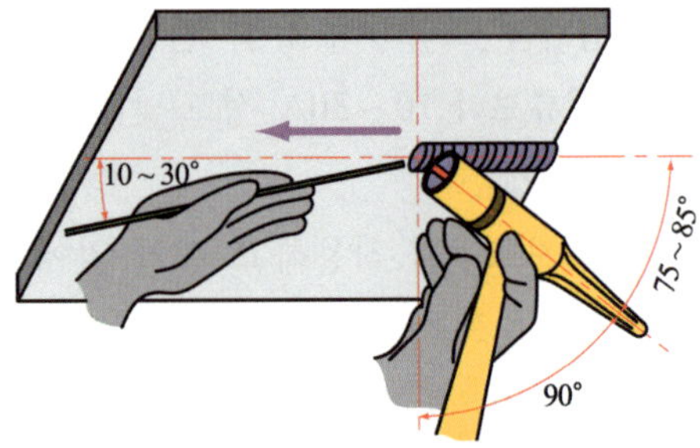

[그림 2-9] 위보기 자세 토치와 용접봉 각도

용접기를 조작하여 용접 전류를 80 ~ 120[A]로, 크레이터 전류를 용접 전류보다 10 ~ 30[A] 정도 낮게, 초기 전류는 60 ~ 100[A]로 조절한다.

용접 보호구를 착용하고, 모재 앞에 편하게 앉아 왼손에 용접봉, 오른손에는 토치를 잡고(오른손잡이의 경우) 고개를 들어 우측 용접선 끝에 토치의 노즐을 가볍게 접촉시키고 스위치를 눌러 아크를 발생한다.

토치를 진행 반대 방향으로 70 ~ 80°, 작업각 90°, 용접봉은 용접선과 10 ~ 30° 정도 유지한다.[그림 2-9 참조]

용융지가 형성되면 용접봉을 용융지에 첨가하면서 반달형 운봉 또는 8자 위빙을 하며 전진하며 좁은 비드를 쌓으며, 비드 종점에서 토치 스위치를 눌러 크레이터 처리를 한 후 스위치를 놓고 약 5초 정도 멈추어서 크레이터부를 보호한다.

4) 용접부 검사 및 반복 실습

용접부를 깨끗이 청소한 후 용접부의 외관과 결함 여부를 검사한 후 잘못된 점을 시정하려고 노력하며 옆부분에 위와 같은 방법으로 비드놓기를 한다.

제3절 T형 필릿 TIG 용접

1 아래보기 자세 T형 필릿 TIG 용접

가. 작업준비와 용접기 조작

일반적인 준비는 아래보기 비드놓기와 같이 하면 된다. 용접기 조작도 동일하게 하면 된다. 텅스텐 전극의 돌출 길이를 노즐 끝에서 4 ~ 6mm로 조절한다.

나. T형 필릿 용접 조건 설정

각 자세별로 용접 전류를 조절한다.

1) 아래보기, 수평자세 용접전류 : 100 ~ 130A
2) 수직, 위보기 자세 용접전류 : 90 ~ 120A
3) 초기 전류, 크레이터 전류는 10 ~ 30A 정도 낮게 조절한다.

다. 가접 및 역변형 주기

준비된 연강판을 T형 지그를 이용하여 T형으로 맞추어 2 ~ 3개소에 가접한 후(이때 루트 간격은 0으로 한다. [그림 3-1 참조] 가접부를 스테인리스강용 브러시로 깨끗이 닦는다.

용접 후 변형 방지를 위해 역변형을 1 ~ 2° 정도 준다.

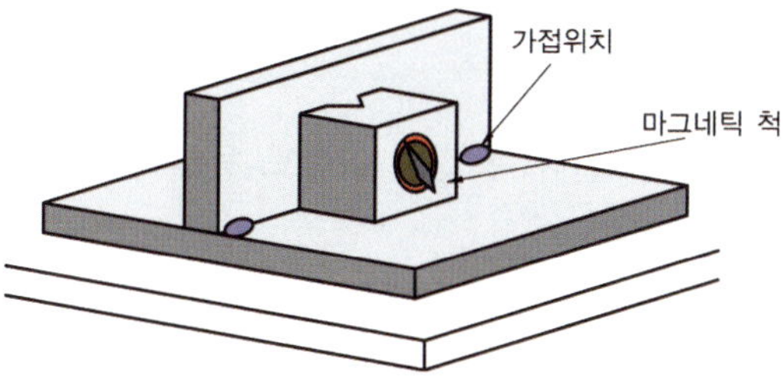

[그림 3-1] T형 필릿 용접 가접법

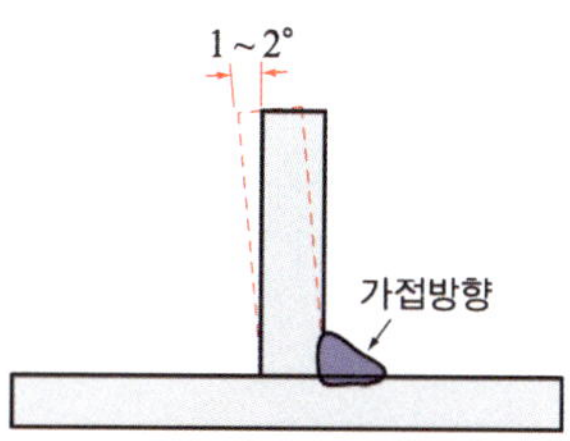

[그림 3-2] T형 필릿 역변형법

라. 아래보기 자세 T형 필릿 용접

가접된 모재의 용접선이 아래보기 자세가 되도록 작업대에 고정한다. 왼손에 용접봉, 오른손에는 토치를 잡고 용접자세를 취한다.

용접 시작점에서 토치를 경사시켜 세라믹 노즐 끝을 모재에 가볍게 접촉시키고 토치 스위치를 눌러 아크를 발생한다.

토치를 진행 반대 방향으로 70~80°, 작업각은 양 모재의 전후 판에 대해 45°, 용접봉은 용접선과 10~30° 정도 유지한다.[그림 3-3 참조]

아크 길이를 전극봉 지름 정도로 유지하고 토치 스위치를 놓아 용접 전류로 용융지를 형성하면서 작은 ∞형 운봉, 원형 운봉 또는 반달형 운봉을 하며 목 길이(각장)가 6mm 정도 되게 하며 전진법으로 비드를 쌓는다.

용접 종점에 이르면 스위치를 눌러 크레이터 전류로 크레이터 처리를 한다.

아크가 꺼진 후 지연 가스가 용접부를 충분히 보호할 수 있도록 지연 가스 유출시간 동안 토치를 크레이터부에서 머물러 준다.

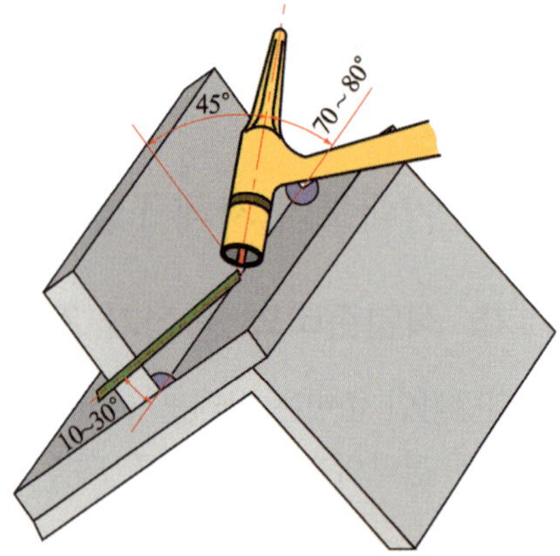

[그림 3-3] 아래보기 T형 필릿 토치 및 용접봉각도

마. 용접부 검사 및 반복 실습

필릿 용접이 완성되면 용접부를 깨끗이 청소하고 외관 및 결함 여부를 점검한 후 잘못된 점을 시정하려고 노력하며 반복 실습한다.

2 수평자세 T형 필릿 TIG 용접

가. 작업준비와 용접기 조작

일반적인 준비는 아래보기 비드놓기와 같이 하면 된다. 용접기 조작도 동일하게 하면 된다. 텅스텐 전극의 돌출 길이를 4~6mm로 조절한다.

나. T형 필릿 용접 조건 설정

아래보기 자세 T형 필릿 용접과 같이 설정한다.

다. 가접 및 역변형 주기

가접 및 역변형 주기도 아래보기 자세 T형 필릿 용접과 같은 방법으로 실시한다.

라. 수평자세 T형 필릿 용접

1) 1층으로 완성할 경우

가접된 모재의 수평판을 작업대 위에 수평으로, 용접선을 좌우가 되도록 작업하기 편한 높이로 고정한다. 작업대 앞에 편하게 앉아 왼손에 용접봉, 오른손에는 토치를 잡고 우측 시작점에서 토치를 경사시켜 세라믹 노즐 끝을 모재에 가볍게 접촉시키고 토치 스위치를 눌러 아크를 발생한다. 아크를 안정시키면서 토치를 진행 반대 방향으로 70 ~ 80°, 작업각은 수직, 수평판에 대해 45°, 용접봉은 용접선과 10 ~ 30° 정도 유지한다.[그림 3-4, 3-5 참조]

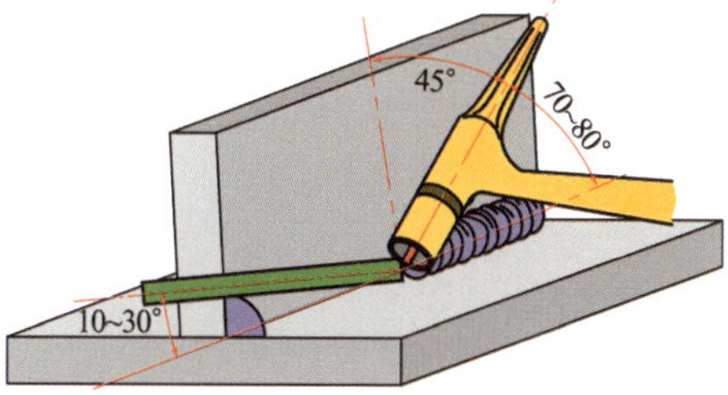

[그림 3 - 4] 수평 T형 필릿 토치, 용접봉 각도

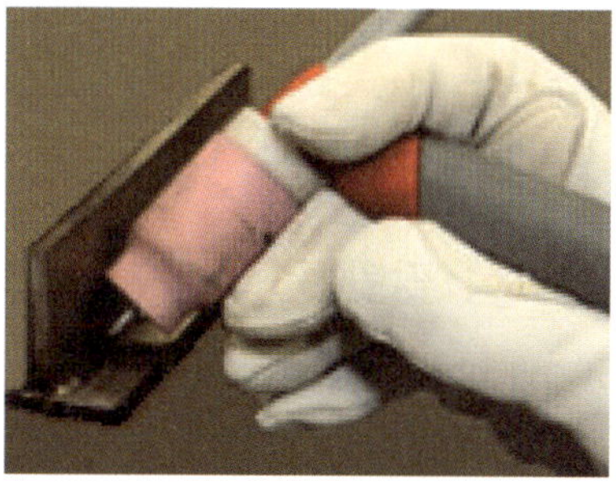

[그림 3 - 5] 수평 T형 필릿 용접 자세

양쪽 판의 용융에 따라 오버 랩 및 언더컷이 발생하지 않도록 토치의 각도를 정확히 유지한다.

용접 종점에 이르면 스위치를 눌러 크레이터 전류로 크레이터 처리를 하고 스위치를 놓아 아크를 끊는다. 아크가 꺼진 후 지연 가스가 용접부를 충분히 보호할 수 있도록 지연 가스 유출시간 동안 토치를 크레이터부에서 머물러 준다. 완성되면 용접부를 청소하고 검사를 한다.

2) 2층으로 완성할 경우

큰 각장을 필요로 할 경우 1층 비드를 위빙을 하지 않고 직선(좁은) 비드를 놓아 루트부를 확실하게 용착시킨 후 2층은 2줄로 완성한다.

2층 1패스는 1층 비드와 모재와의 경계선의 약간 위쪽에 수평판에 대하여 작업각을 약 60°로 유지하여 좁은 비드놓기로 진행하고, 2층 2패스는 1층 비드와 모재와의 경계선에서 약간 아래쪽에 작업각을 30° 정도 유지하여 좁은 비드로 완성하여 표면의 비드 형상이 약간 볼록한 형상이 되도록 완성한다.[그림 3-6 참조]

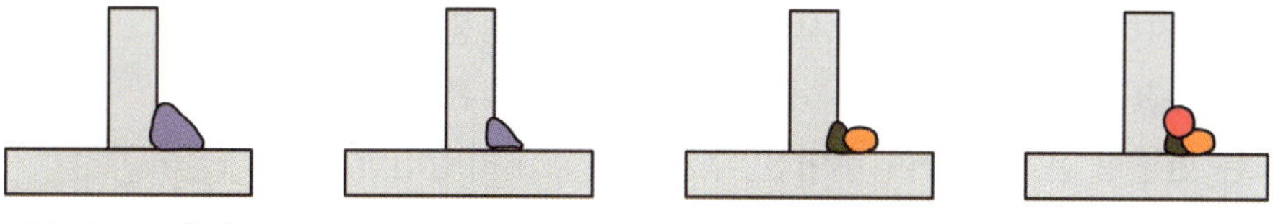

(a) 1층으로 완성 (b) 1층 직선 비드 (c) 2-1층 직선 비드 (d) 2-2층 직선 비드

[그림 3 - 6] 수평 필릿 비드놓기

마. 용접부 검사 및 반복 실습

아래보기 자세와 같은 방법으로 한다.

3 수직 상진자세 T형 필릿 용접

가. 작업준비와 용접기 조작

일반적인 준비는 아래보기 비드놓기와 같이 하면 된다. 용접기 조작도 동일하게 하면 된다. 텅스텐 전극의 돌출 길이를 4 ~ 6mm로 조절한다.

나. T형 필릿 용접 조건 설정

아래보기 자세 T형 필릿 용접과 같이 설정한다.

다. 가접 및 역변형 주기

가접 및 역변형 주기도 아래보기 자세 T형 필릿 용접과 같은 방법으로 실시한다.

라. 수직자세 T형 필릿 용접

가접된 모재의 용접선이 수직자세가 되도록 지그에 고정하고 용접하기 편한 높이로 맞춘다.

작업대 앞에 편하게 앉아 토치와 용접봉을 잡고 몸을 오른쪽으로 약 45° 회전하여 허리를 앞으로 45° 정도 구부려 모재의 루트면 하단 끝에 토치의 세라믹 노즐 끝을 모재에 가볍게 접촉시키고 용접봉은 용접선과 10 ~ 30° 정도 유지한 후 헬멧을 쓰고 토치 스위치를 눌러 아크를 발생한다.

토치를 진행 반대 방향으로 70 ~ 80°, 작업각은 양쪽 판에 대해 45°로 유지하며 루트부를 용융시키고 용융지에 용접봉을 접촉시킨 후 용접봉과 모재가 동시에 용융될 수 있도록 작은 ∞형 운봉 또는 반달형 운봉을 하며 주어진 각장을 형성하며 상진한다.[그림 3-7 참조]

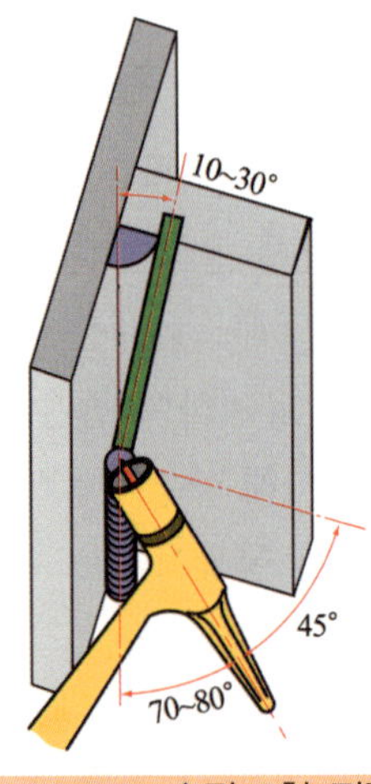

[그림 3 - 7] 수직 T형 필릿 토치 및 용접봉각

상진 중에 토치가 한곳에 머므르지 않도록 일정한 속도와 폭으로 상진하여 용락이 생기지 않도록 한다.

용접 종점 2 ~ 3mm에 이르면 스위치를 눌러 크레이터 전류로 크레이터 처리를 하고 스위치를 놓아 아크를 끊는다. 아크가 꺼진 후 지연 가스가 용접부를 충분히 보호할 수 있도록 지연 가스 유출시간 동안 토치를 크레이터부에서 머물러 준다. 완성되면 용접부를 청소하고 검사를 한다.

마. 용접부 검사 및 반복 실습

필릿 용접이 완성되면 용접부를 깨끗이 청소하고 외관 및 결함 여부를 점검한 후 잘못된 점을 시정하려고 노력하며 반복 실습한다.

4 위보기 자세 T형 필릿 용접

가. 작업준비와 용접기 조작

일반적인 준비는 아래보기 비드놓기와 같이 하면 된다. 용접기 조작도 동일하게 하면 된다. 텅스텐 전극의 돌출 길이를 4 ~ 6mm로 조절한다.

나. T형 필릿 용접 조건 설정

아래보기 자세 T형 필릿 용접과 같이 설정한다.

다. 가접 및 역변형 주기

가접 및 역변형 주기도 아래보기 자세 T형 필릿 용접과 같은 방법으로 실시한다.

라. 위보기 자세 T형 필릿 용접

가접된 모재의 용접선이 위보기 자세가 되도록 지그에 고정하고 용접하기 편한 높이로 맞춘다.(작업자의 머리 상단 높이 정도)

작업대 앞에 편하게 앉아 왼손에 용접봉, 오른손에는 토치를 잡고 토치를 용접선의 우측 끝에 세라믹 노즐 끝을 모재에 가볍게 접촉시키고 용접봉은 용접선과 10 ~ 30° 정도 유지시킨 후 토치 스위치를 눌러 아크를 발생한다.

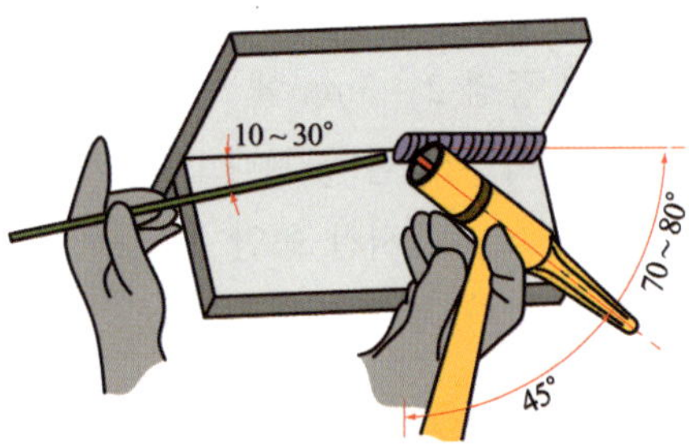

[그림 3 - 8] 위보기 T형 필릿 토치 및 용접봉각

토치를 진행 반대 방향으로 70 ~ 80°, 작업각은 수직, 수평판에 대해 45°로 유지하며, 루트부를 용융시켜 용융지를 형성시킨 후 용접봉을 가볍게 접촉시키고 전극이 모재와 용접봉을 동시에 용융시키면서 작은 ∞형 운봉 또는 반달형 운봉을 하며 전진법으로 비드를 쌓는다.[그림 3-8 참조]

운봉 중에 각장을 일정하게 형성하며 한곳에 토치가 머물지 않도록 운봉 속도를 일정하게 유지한다.

용접 종점 2 ~ 3mm에 이르면 스위치를 눌러 크레이터 전류로 크레이터 처리를 하고 스위치를 놓아 아크를 끊는다. 아크가 꺼진 후 지연 가스가 용접부를 충분히 보호할 수 있도록 지연 가스 유출시간 동안 토치를 크레이터부에서 머물러 준다. 완성되면 용접부를 청소하고 검사를 한다.

마. 용접부 검사 및 반복 실습

필릿 용접이 완성되면 용접부를 깨끗이 청소하고 비드의 미려도, 비드 폭과 높이, 파형 상태, 직선도 등을 검사한다.

언더 컷, 오버 랩, 용입 불량, 비드의 이음 상태, 시점과 종점 처리 상태를 검사한다.

바. 정리 정돈

작업이 끝나면 아르곤 가스 용기의 고압 밸브를 잠그고 용접기 전면 판넬의 '용접/점검' 전환 스위치를 '점검'으로 전환하여 호스 내의 잔여 가스를 제거한 후 용접기의 전원, 벽 스위치의 전원을 차단한다. 사용했던 장비와 공구를 깨끗이 하여 정리하고 주위를 깨끗이 청소한다.

제4절 모서리 TIG 용접

1 아래보기 자세 모서리 TIG 용접

가. 작업준비

일반적인 공구와 보호구 준비는 아래보기 자세 비드놓기와 같은 방법으로 준비하면 된다. 모재는 t4.0×70×150 2매를 준비하여 모재의 측면을 직각이며 평면으로 가공하여 모서리 모양이 확실하게 되도록 한다.[그림 4-1 참조]

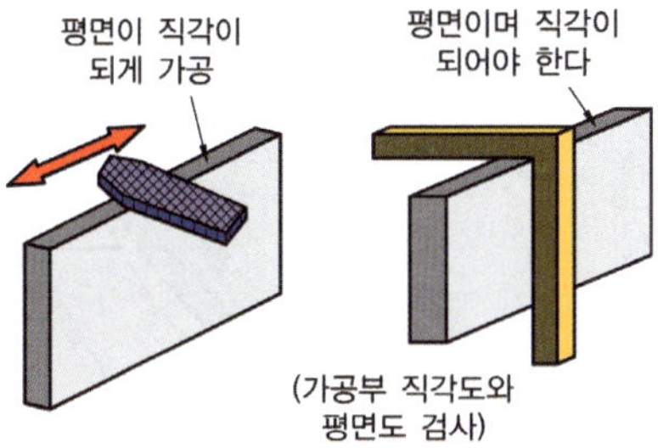

[그림 4-1] 모서리 용접부 가공

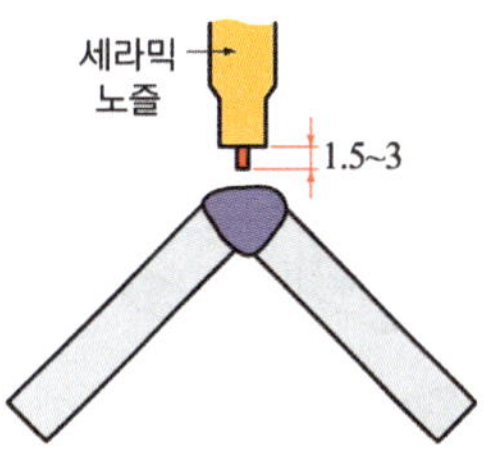

[그림 4-2] 노즐에서 전극 돌출 길이

나. 용접기 조작

일반적인 용접기 조작은 아래보기 자세 비드놓기와 동일하게 하면 된다. 텅스텐 전극의 돌출 길이를 1.5 ~ 3mm로 조절한다.[그림 4-2 참조]

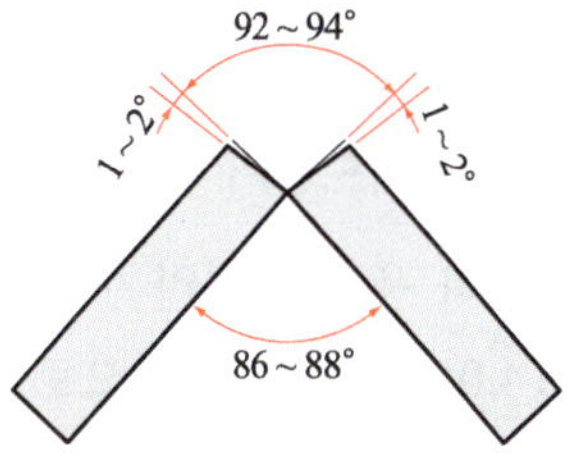

[그림 4-3] 모서리 용접 역변형 주기

다. 모서리 용접 조건 설정

각 자세별로 용접 전류를 조절한다.

1) 아래보기, 수평자세 용접전류 : 80 ~ 110A
2) 수직, 위보기 자세 용접전류 : 70 ~ 100A
3) 초기 전류, 크레이터 전류는 10 ~ 30A 정도 낮게 조절한다.

라. 가접 및 역변형 주기

준비된 연강판(또는 스테인리스 강판)을 모서리 용접 전용 지그나 마그네틱 자석을 이용하여 모서리형으로 맞추어 2 ~ 3개소에 가접한 후(이때 루트 간격은 0 ~ 3으로 한다.) 가접부를 스테인리스강용 브러시로 깨끗이 닦는다. 용접 후 변형 방지를 위해 역변형을 1 ~ 2° 정도 준다.[그림 4-3 참조]

모서리 용접부를 만들기 위한 가접법은 여러 가지가 있으며, 보조판을 이용한 가접법과[그림 4-4 (a) 참조], 앵글 형상에 바이스 클립을 이용하여 각도나 간격을 맞춘 후 가접하는 방법[그림 4-4 (b) 참조], 앵글 안쪽을 이용하여 모서리 형상으로 맞춘 후 가접하는 방법이 있다.[그림 4-4 (c)참조]

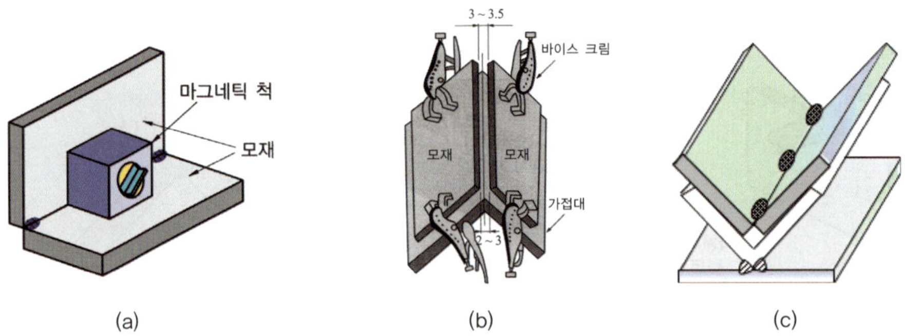

[그림 4-4] 모서리 용접 가접법

마. 아래보기 자세 모서리 용접

1) 1층 비드놓기

모서리 용접 모재의 두께에 따라 2층 또는 3 ~ n층 비드쌓기를 하여 완성하게 되며 여기서는 T4.0이므로 2 ~ 3층으로 완성하면 된다.

가접된 모재의 용접선이 아래보기 자세가 되며 용접선이 좌우가 되도록 작업대에 고정한다.

자리에 편하게 앉아 용접봉과 토치를 잡고 용접선 우측 끝에 토치의 세라믹 노즐 끝을 모재에 가볍게 접촉시키고 용접봉은 용접선에 대하여 10 ~ 30°로 유지한 후 헬멧을 쓴 후 토치 스위치를 눌러 아크를 발생한다.

토치를 진행 반대 방향으로 70 ~ 80°, 작업각은 양 모재의 V형에 대해 45° 정도 유지한다.[그림 4-5 참조]

토치 스위치를 놓아 용접 전류로 용융지를 형성하고 전극 끝 바로 앞 용융지에 넣으면서 작은 반달형 위빙을 하면서 전진하여 1층 비드를 완성한다.

1층 비드의 높이는 모서리와 모서리 사이의 수평선에 대하여 1 ~ 1.5mm 정도 낮게 쌓는다.

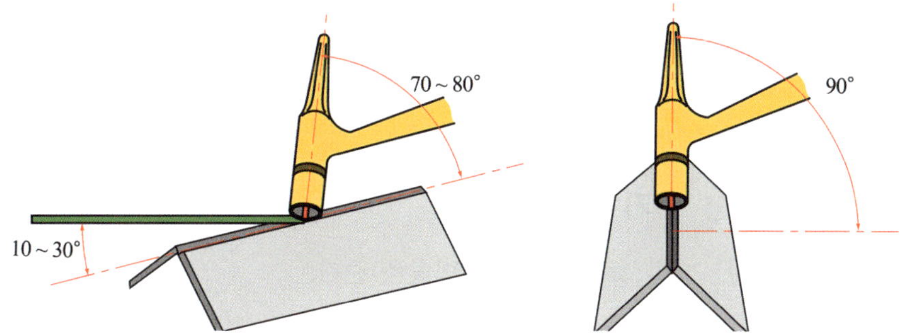

[그림 4-5] 아래보기 자세 모서리 용접 토치와 용접봉 유지각도

2) 2층(표면) 비드놓기

1층 용접부를 깨끗이 청소한 후 두 모재의 모서리와 모서리 사이를 ∞형 또는 원형, 반달형 운봉을 하며 모서리 부분이 1 ~ 2mm 정도 용융될 정도로 표면 비드를 쌓는다.

용접 속도가 너무 느리거나 전류가 높을 경우 용락 또는 오버랩이 생길 수 있으므로 위빙 폭을 양쪽 모서리 사이까지만 위빙해야 된다.

종점에 가까워지면 열 집중이 커져 용락이 생길 수 있으므로 토치 스위치를 눌러 크레이터 전류를 작동시켜 용락을 방지하며 크레이터 처리를 한다.

아크가 꺼진 후 지연 가스 유출시간(설정시간 : 5 ~ 10초) 동안 토치를 크레이터부에서 머물러 용접부를 보호한 후 토치를 들어 올린 후 용접부를 청소하고 검사를 한다.[그림 4-6 참조]

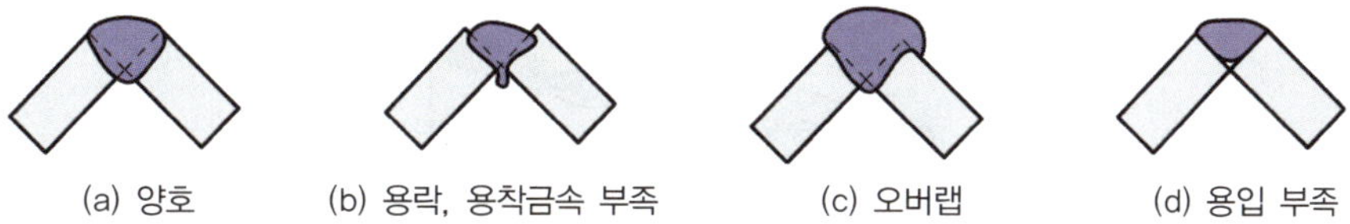

[그림 4-6] 모서리용접 비드 형상

2 수평자세 모서리 TIG 용접

가. 작업준비 및 용접기 조작

아래보기 모서리 TIG 용접과 같은 방법으로 작업준비 및 용접기 조작을 한다.

나. 모서리 용접 조건 설정

아래보기 자세 모서리 용접 조건 설정 부분과 같이 조건을 설정한다.

다. 가접 및 역변형 주기

아래보기 자세와 같은 방법으로 가접과 역변형을 준다.

라. 수평자세 모서리 TIG 용접

1) 1층 비드놓기

가접된 모재의 용접선이 수평 자세가 되도록 작업대에 고정하고 용접하기 편한 가슴 높이로 맞춘다.

작업대 앞에 모재보다 약간 왼쪽에 편하게 앉아 왼손에 용접봉, 오른손에는 토치를 잡고 토치의 세라믹 노즐 끝을 용접선의 우측 끝에 가볍게 접촉시키고 용접봉은 용접선과 10 ~ 30° 정도 유지시켜 전극 가까이 놓은 후 헬멧을 쓰고 토치 스위치를 눌러 아크를 발생한다.

토치를 진행 반대 방향으로 70 ~ 80°, 작업각은 아래쪽 판에 대해 120°로 유지하며, 작은 반달 위빙을 하며 전진하여 비드를 완성한다.[그림 4-7 참조]

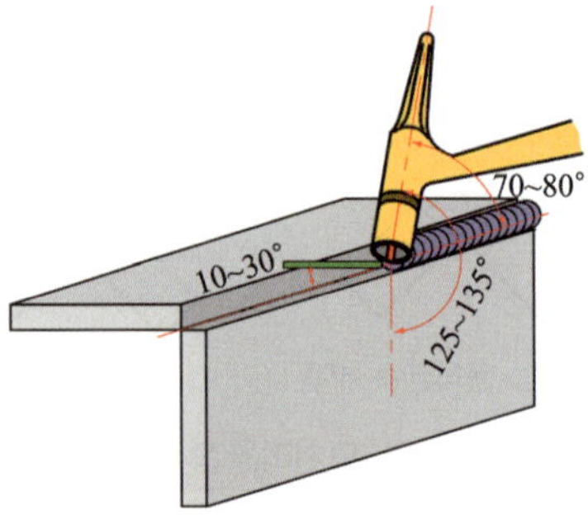

[그림 4-7] 수평자세 모서리 토치와 용접봉 각도

1층 비드의 높이는 모서리와 모서리 사이의 수평선에 대하여 1 ~ 1.5mm 정도 낮게 쌓는다.

2) 2층(표면) 비드놓기

1층 용접부를 깨끗이 청소한 후 모서리와 모서리 사이를 ∞형 또는 원형, 반달형 운봉을 하며 모서리 부분이 1 ~ 2mm 정도 용융될 정도로 표면 비드를 쌓는다. 이 때 전극봉이 모서리와 모서리를 넘어가지 않으며 용융 금속만 모서리 부분을 1 ~ 2mm 정도 덮이도록 표면 비드를 쌓는다.

종점에 가까워지면 열 집중이 커져 용락이 생길 수 있으므로 토치 스위치를 눌러 크레이터 전류를 작동시켜 용락을 방지하며 크레이터 처리를 한다.

아크가 꺼진 후 지연 가스 유출시간(설정시간 : 5 ~ 10초) 동안 토치를 크레이터부에서 머물러 용접부를 보호한 후 토치를 들어 올린 후 용접부를 청소하고 검사를 한다.[그림 4-8 참조]

[그림 4-8] 수평자세 모서리 용접부의 양 · 부

3 수직자세 모서리 TIG 용접

가. 작업준비 및 용접기 조작

아래보기 모서리 TIG 용접과 같은 방법으로 작업준비 및 용접기 조작을 한다.

나. 모서리 용접 조건 설정

아래보기 자세 모서리 용접 조건 설정 부분과 같이 조건을 설정한다.

다. 가접 및 역변형 주기

아래보기 자세와 같은 방법으로 가접과 역변형을 준다.

라. 수직자세 모서리 TIG 용접

1) 1층 비드놓기

가접된 모재가 수직이며, 용접선이 수직자세가 되도록 작업대에 고정하고 용접하기 편한 높이로 맞춘다.

작업대 앞에 모재보다 왼쪽에 편하게 앉아 토치와 용접봉을 잡고 몸을 우측으로 45° 정도 회전하여 앞으로 45° 정도 굽혀 토치의 세라믹 노즐 끝을 용접선의 하단 끝에 가볍게 접촉시킨다.

용접봉은 용접선과 10 ~ 30° 정도 유지시켜 전극 가까이 놓은 후 헬멧을 쓰고 토치 스위치를 눌러 아크를 발생한다.

토치를 진행 반대 방향으로 70 ~ 80°, 작업각은 V형에 대하여 각각 45°를 유지하며, 작은 반달 위빙을 하며 전진하여 비드를 완성한다.[그림 4-9 참조]

1층 비드의 높이는 모서리와 모서리 사이의 수평선에 대하여 1 ~ 1.5mm 정도 낮게 쌓는다.

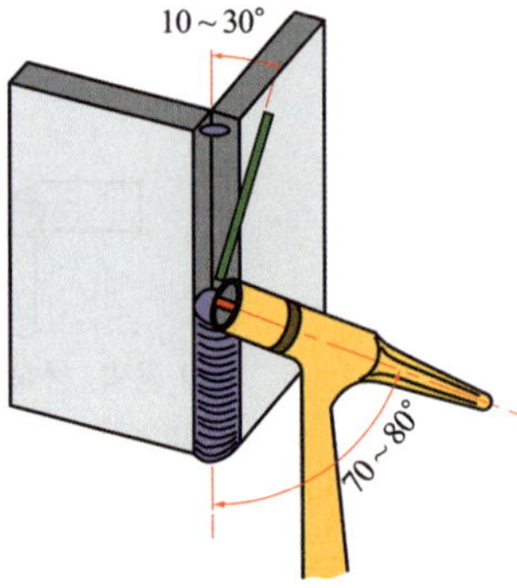

[그림 4-9] 수직 모서리 용접 토치 및 용접봉각

2) 2층(표면) 비드놓기

1층 용접부를 깨끗이 청소한 후 모서리와 모서리 사이를 ∞형 또는 원형, 반달형 운봉을 하며 모서리 부분이 1 ~ 2mm 정도 용융될 정도로 표면 비드를 쌓는다. 이 때 전극봉이 모서리와 모서리를 넘어가지 않으며 용융 금속만 모서리 부분을 1 ~ 2mm 정도 덮이도록 표면 비드를 쌓는다.

운봉 중에 한 곳에 머무름이 있을 경우 그 머문 시간 만큼 비드가 처지는 용락 현상이 생기므로 운봉 속도를 일정하게 유지해야 된다.

종점에 가까워지면 열 집중이 더 커져 용락이 생길 수 있으므로 토치 스위치를 눌러 크레이터 전류를 작동시켜 용락을 방지하며 크레이터 처리를 한다.

아크가 꺼진 후 지연 가스 유출시간(설정시간 : 5 ~ 10초) 동안 토치를 크레이터부에서 머물러 용접부를 보호한 후 토치를 들어 올린 후 용접부를 청소하고 검사를 한다.[그림 4-10 참조]

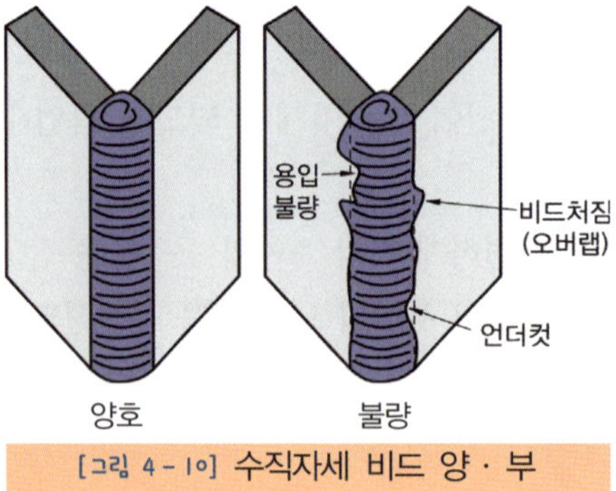

[그림 4-10] 수직자세 비드 양 · 부

4 위보기 자세 모서리 TIG 용접

가. 작업준비 및 용접기 조작

아래보기 모서리 TIG 용접과 같은 방법으로 작업준비 및 용접기 조작을 한다.

나. 모서리 용접 조건 설정

아래보기 자세 모서리 용접 조건 설정 부분과 같이 조건을 설정한다.

다. 가접 및 역변형 주기

아래보기 자세와 같은 방법으로 가접과 역변형을 준다.

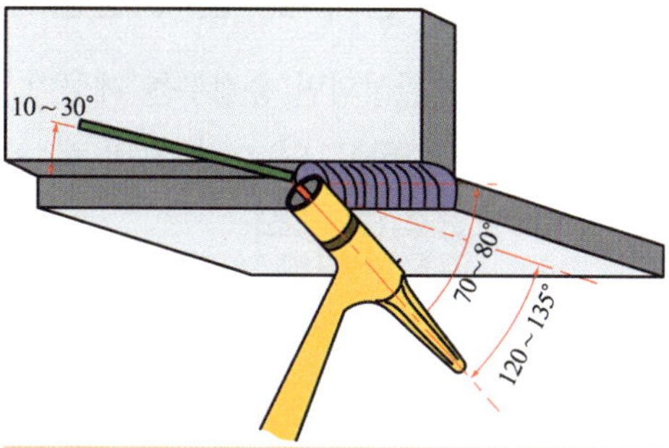

[그림 4 - 11] 위보기 모서리 용접 토치 및 용접봉 유지각도

라. 위보기 자세 모서리 TIG 용접

1) 1층 비드놓기

가접된 모재가 머리보다 위쪽이며, 용접선이 좌우가 되도록 작업대에 고정하고 용접하기 편한 높이로 맞춘다.

작업대 앞에 모재보다 약간 왼쪽에 편하게 앉아 용접봉과 토치를 잡고 토치의 세라믹 노즐 끝을 용접선의 우측 끝에 가볍게 접촉시키고 용접봉은 용접선과 10 ~ 30° 정도 유지시켜 전극 가까이 놓은 후 헬멧을 쓰고 토치 스위치를 눌러 아크를 발생한다.

토치를 진행 반대 방향으로 70 ~ 80°, 작업각은 수직판에 대해 120 ~135°, 수평판에 대하여 120 ~ 135°로 유지하며, 작은 반달 위빙을 하며 전진하여 비드를 완성한다.[그림 4-11 참조]

1층 비드의 높이는 모서리와 모서리 사이의 수평선에 대하여 1 ~ 1.5mm 정도 낮게 쌓는다.

2) 2층(표면) 비드놓기

1층 용접부를 깨끗이 청소한 후 모서리와 모서리 사이를 ∞형 또는 원형, 반달형 운봉을 하며 모서리 부분이 1 ~ 2mm 정도 용융될 정도로 표면 비드를 쌓는다. 이 때 전극봉이 모서리와 모서리를 넘어가지 않으며 용융 금속만 모서리 부분을 1 ~ 2mm 정도 덮이도록 표면 비드를 쌓는다.

운봉 중에 아크 길이가 길거나 전류가 높을 경우, 용접 속도가 느릴 경우는 용락 현상이 많이 발생할 수 있으므로 아크 길이나 전류, 용접 속도 등을 잘 맞추어 진행해야 된다.

종점에 가까워지면 열 집중이 커져 용락이 생길 수 있으므로 토치 스위치를 눌러 크레이터 전류를 작동시켜 용락을 방지하며 크레이터 처리를 한다.

아크가 꺼진 후 지연 가스 유출시간(설정시간 : 5 ~ 10초) 동안 토치를 크레이터부에서 머물러 용접부를 보호한 후 토치를 들어 올린 후 용접부를 청소하고 검사를 한다.

마. 용접부 검사 및 반복 실습

표면 비드가 완성되면 용접부를 깨끗이 청소한 후 비드의 미려도, 비드 폭과 높이, 파형 상태, 직선도 등을 검사하고, 언더 컷, 오버 랩, 용입 불량, 비드의 이음 상태, 시점과 종점 처리 상태를 검사한다.[그림 4-12 참조]

검사에서 나타난 결함이나 용접부 상태가 일어나지 않도록 노력하며 반복 실습한다.

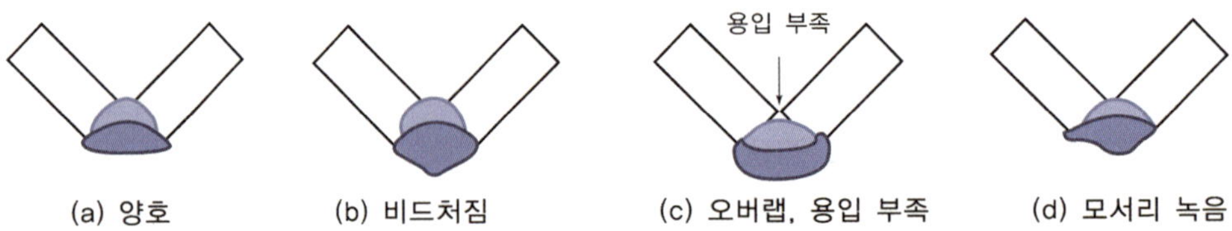

[그림 4-12] 위보기 자세 모서리 용접부의 양 · 부

바. 정리 정돈 및 주위 청소

용접이 완전히 끝나면 아르곤 가스 용기의 고압 밸브를 잠근 후 용접기 패널의 '용접/점검' 전환 스위치를 '점검'에 놓아 호스 및 압력계의 잔여 가스를 배출시킨 후 유량계의 조절 밸브를 잠근다.

용접기와 메인 전원을 차단(OFF)하고, 용접기와 공구를 정리 정돈하고 주위를 깨끗이 청소한다.

제5절 스테인리스강판 V형 맞대기 TIG 용접

1 아래보기 자세 V형 맞대기 TIG 용접

가. 작업준비

V형 맞대기 TIG 용접에 필요한 공구, 보호구, 용접 공구를 준비한다. 모재는 스테인리스강판 STS 304 t3.0(또는 t4.0)을 75×150 크기로 2매 준비한다.

텅스텐 전극은 적색(토륨 2% 함유, ϕ2.4) 전극을 선택하여 전극 끝을 경사각 30° 정도로 뾰쪽하게 가공한 후(직류 정극성 사용시) 토치에 조립하여 노즐 끝에서 전극이 3 ~ 4mm 정도 돌출되게 맞춘다.

은박지나 세라믹 백판을 준비한다. 가접대, 바이스 클램프 등도 준비하면 좋다.(연강판의 경우는 세라믹 판이나 은박지를 사용하지 않아도 됨)

나. 모재 가공

모재 가공이나 가접은 1층(백) 비드놓기 방법을 어떻게 하느냐에 따라 달라진다. 1층 용접법에는 제살 용접법과 루트 간격을 유지하여 1층(이면 비드)을 용접하는 경우로 구분할 수 있다.

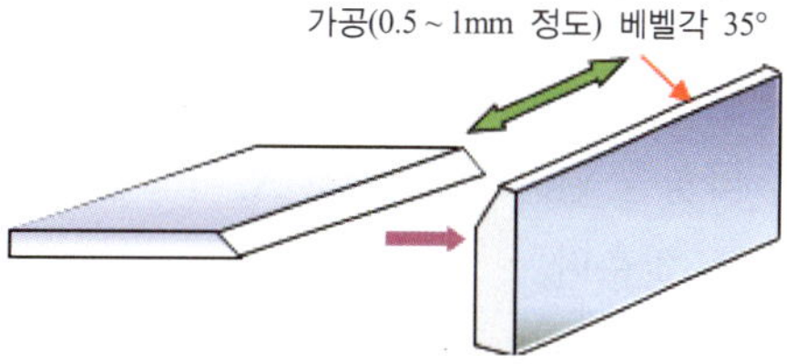

[그림 5-1] 모재 루트면 가공

맞대기 용접은 원칙적으로 루트 간격을 유지하여 이면 비드가 형성되게 하는 것이 원칙이나, 박판이나 중요하지 않은 부분의 경우는 제살용접법도 사용할 수 있다. 모재의 베벨각을 35°로 가공한 후 루트면을 0.5 ~ 1mm 정도 되게, 2개의 모재가 동일하게 가공한다.[그림 5-1 참조]

2개의 모재가 베벨각이 다르거나 루트면이 다르면 작업각을 잘 맞추었다 해도 루트면이 얇은 쪽으로 아크가 쏠리게 된다.

다. 용접기 조작

1) 가스 유량 조절

'용접/점검' 스위치를 '점검'에 놓고 아르곤 가스 유량계를 8 ~ 12ℓ/min로 조절한 후 다시 '용접'으로 전환한다.

2) 크레이터 '유/무' 선택

크레이터 '무/1회/반복' 전환 스위치는 평소 선택했던 대로 전환하는 것이 좋으나 보통 용접부 길이가 짧은 경우는 '무'를 선택한다.

크레이터 '무'를 선택한 경우는 토치 스위치를 'ON'하면 용접 전류에 의해 아크가 발생되며 스위치를 'OFF'하면 꺼진다.

크레이터 '일회'를 선택한 경우 최초 토치 스위치를 'ON'하면 초기 전류로 아크가 발생되며, 스위치를 'OFF'하면 용접 전류로 아크가 발생된다. 다시 스위치를 'ON'하면 크레이터 전류로 아크가 발생되다가 스위치를 'OFF'하면 꺼진다.

크레이터 '반복'을 선택하면 '일회'의 기능이 계속 반복하게 되며 아크를 끊으려면 토치를 모재에서 떼어야 된다.

3) 극성 선택

극성을 연강판이나 스테인리스강은 직류 정극성을, Al 합금 등은 고주파 중첩 교류에 스위치를 맞춘다.

4) 기타 조절

휴류 가스 조절 스위치는 약 5초 정도, 펄스 기능은 '무'로, 초기 전류에서 용접 전류로 전환시키는 'UP SLOP' 기능은 '0 ~ 2초'로, 용접 전류에서 크레이터 전류로 전환하는 'DOWN SLOP' 기능도 '0 ~ 2초'로 맞춘다.

라. 가접 및 역변형 주기

1) 자용용접의 경우

전류를 80 ~ 100A로 조절한 후 V형 맞대기용접할 모재의 개선 홈이 위로 향하게 하여 엇갈리지 않도록 나란히 맞대어 놓고 움직이지 않도록 고정한다.

자용(제살) 용접에 의해 이면 비드를 놓을 경우는 개선 가공된 두 모재의 루트면을 틈이 없도록 맞댄 후 한쪽 끝을 약 5mm 정도 가접한다.[그림 5-2 참조]

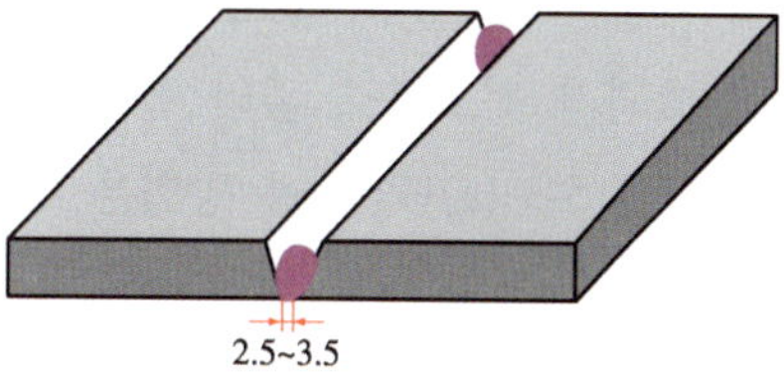

[그림 5 - 2] 스테인리스강판 TIG 맞대기 용접 가접

한쪽 가접이 끝나면 엇갈림이 없나 확인한 후 다른 편도 동일한 방법으로 가접한다. 이 때 가접된 비드가 뒤로 튀어나오면 세라믹 판 부착시 판이 들리게 되므로 연삭하여 평평하게 해야 된다. 가접 후 용접방향 반대쪽으로 약 1 ~ 2° 역변형을 준다.

만약 용접봉을 공급하여 이면 비드를 낼 경우는 약 1mm 정도의 루트면 가공을 한 모재를 루트 간격 2.4 ~ 3.5mm로 맞추어서 가접해야 된다.

2) 루트 간격을 유지하여 용접하는 경우

스테인리스강은 연강판보다 열팽창력이 커서 변형되기 쉬우므로 중심부도 가접하는 것이 좋다.

마. 뒷댐판 부착

오스테나이트계(300계열) 스테인리스강은 철에 크롬과 니켈을 함유한 비자성체이며, 용접성이 우수하고 내식성이 좋지만 고온으로부터 급냉한 것을 재가열하면 고용되었던 탄소가 오스테나이트의 결정입계로 이동하여 탄화물(Cr_4C)이 석출해서 결정입계 부근의 크롬량을 감소시켜 이로 인해 결정입계가 쉽게 부식하게 되는 입계부식을 일으킬 우려가 있다.

따라서 용접시 고온으로부터 공기와의 접촉을 막기 위해 보호가 필요하며, 가장 좋은 방법은 뒷면에 불활성 가스를 분출시켜 퍼지를 하는 것이 좋으나 이러한 퍼지가 어려운 경우 공기와의 접촉을 피하기 위한 임시방편으로 동(강)판 뒷댐판 사용, 세라믹 뒷댐판 사용, 은박지 테이프를 부착하는 방법이 사용되고 있다.

1) 동판(강판) 뒷댐판 사용

[그림 5-3 (a)]나 (b)와 같은 형상을 V형 맞대기 용접부 뒷면에 부착하는 방법이다. 뒷댐판의 재질은 동(Cu)이 좋으나 구하기 힘들면 강판으로 제작해도 된다. 이 때 홈의 깊이가 깊으면 효과가 적으므로 홈의 깊이나 폭이 너무 크지 않아야 된다.

[그림 5-3 (a)]의 사용 방법은 가접된 모재의 용접선을 뒷댐판의 홈 사이에 맞춘 후 바이스 클립 등으로 양 끝을 단단하게 밀착시킨 후 용접 모재와 뒷댐판 사이에 틈이 없도록 은박지로 밀폐시키는 방법이다. [그림 5-3 (b)]의 경우 바이스 클립이 없이 너비 너트 등으로 고정시키는 방법이며, 사용하기 편하나 제작이 어렵다.

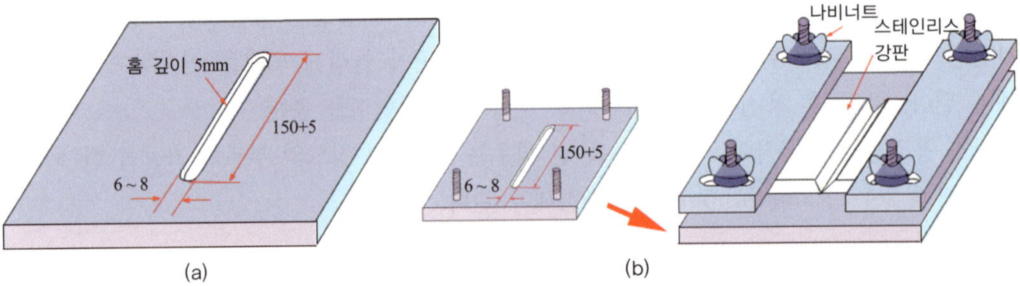

[그림 5-3] 동(강)판 뒷댐판의 형상

2) 세라믹 뒷댐판 사용

세라믹 뒷댐판은 열전도가 매우 나빠서 사용을 권장하지는 않으나, 공기 중에 노출되는 것보다는 좋기 때문에 사용되고 있다. 세라믹 뒷댐판은 시판되고 있으며, 1개의 마디가 25mm이므로 필요한 길이로 절단하여 사용하며, 자세에 따라 적합한 것을 사용하면 된다. 플럭스 코드 아크 용접 등 CO_2 용접에서 사용하는 것을 사용해도 된다.

3) 은박지 테이프 사용

은박지 테이프는 얇기 때문에 1겹으로는 약하므로 2겹 이상 사용하는 것이 좋다. 사용 방법에서 제살 이면 비드놓기 방법을 채택한 경우는 가접된 모재의 뒷면을 위로 향하게 바닥에 놓고 용접부 길이보다 10~20mm 길게 절단하여 종이를 제거하고 용접선을 제외하고 폭의 양 끝부터 용접선 쪽으로 완전하게 밀착되도록 접착시킨다. 이런 방법으로 2겹 이상을 사용하는 것이 좋으며 양쪽 홈 부분의 옆부분도 막아주는 것이 좋다.

루트 간격을 유지하여 이면 비드놓기를 채택할 경우는 가접된 모재의 뒷면을 위로 향하게 바닥에 놓은 후 피복 아크 용접봉에 물을 묻혀서 용접선에 맞춘 후 은박지 중심이 용접봉에 살짝 접촉하게 한 후 은박지의 양 옆을 가볍게 밀착시키는 방법으로 2겹으로 붙인 후 용접봉을 가볍게 흔들어 제거한 후 용접봉이 끼워진 홈 부분을 그대로 유지하면서 양 옆부분을 단단히 밀착시키고, 용접선의 양 옆을 막는 방법을 사용하면 된다.[그림 5-4 참조]

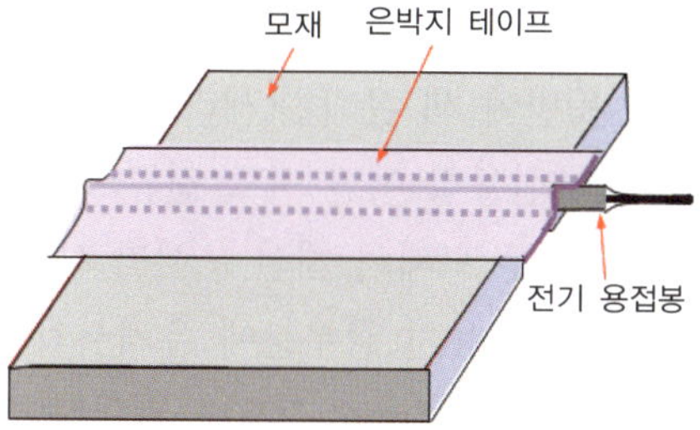

[그림 5-4] 은박지 테이프 뒷댐판 사용

바. 1층(이면, back) 비드놓기

1) 자용(제살) 이면 비드놓기

가접된 모재의 뒷면에 산화를 방지하기 위해 세라믹 판이나 은박지를 부착시킨 후 모재의 용접선이 위로 향하도록 수평판에 용접선이 좌우가 되게 아래보기 자세가 되도록 고정한다.

이면 비드 전류는 70 ~ 100A 정도로 조절한다. 이 때 제살 용접은 좀 높게, 용접봉을 공급하여 백을 내는 경우는 낮게 놓는다.

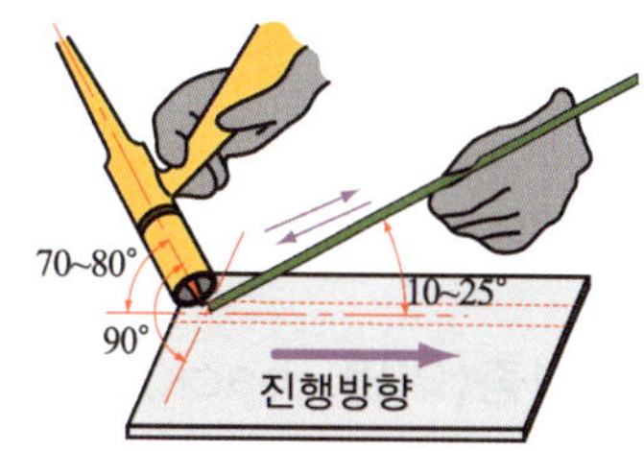

[그림 5-5] 아래보기 자세 운봉각

우측 끝에서 아크를 발생하여 두 모재가 맞닿은 루트부를 집중 가열하며 작업각 90°, 진행 반대각은 70 ~ 80°를 유지하며 용융 상태를 확인하면서 일정한 속도로 진행한다.[그림 5-5 참조] 이 때 용접봉의 공급은 하지 않으나 만약 구멍이 날 경우는 빨리 봉을 조금 공급하여 구멍의 커짐을 방지해야 된다.

2) 키홀 형성 이면 비드놓기

키홀을 형성하여 이면 비드를 놓을 경우는 가접시 루트 간격을 2.5 ~ 3.5mm 정도 유지하여 가접한 후 뒷면에 세라믹이나 은박지를 부착한 후 모재를 아래보기 자세로 고정하여 자세를 잡고 작은 키홀을 형성하면서 용접봉을 공급하며 이면 비드를 놓는다. 이 때 키홀의 크기가 일정하도록 용접봉의 공급을 잘해야 되며, 용접 중 뒷면에도 아르곤 가스를 공급해주면서 키홀을 형성하여 용접봉을 공급하면 가장 좋으나, 시험장에서는 은박지나 세라믹 판, 동 뒷댐판만 부착한 후 이면 비드를 형성할 수 밖에 없다.

사. 2층(표면) 비드놓기

2층 이상 비드를 놓을 때 용접부가 312℃ 이하(층간 온도)가 되도록 냉각시킨 후 다음 층 비드를 놓아야 된다.

또한 2층 비드를 놓을 때도 뒷면에 새 은박지(세라믹 판)를 부착시켜야 산화가 일어나지 않는다. 전류를 이면 비드 전류(제살용접 이면 비드 전류)보다 약 10A 정도 낮춘 후 노즐의 한쪽을 가볍게 모재에 접촉시키고 두 모재의 개선 모서리 사이를 반달형 또는 8자형으로 움직여 용융지를 형성하고 용접봉은 용융지 끝부분에 유지시키면 2층 비드가 형성된다. 표면 비드의 높이는 모재 표면에서 약 1 ~ 1.5mm 정도면 적당하다.

2 수평자세 V형 맞대기 TIG 용접

가. 작업준비, 모재 가공, 용접기 조작, 가접

작업준비나 모재 가공, 용접기 조작, 가접법, 은박지나 세라믹 판 부착법은 아래보기 자세와 같은 방법으로 실시하면 된다.

나. 1층(이면, back) 비드놓기

1) 1층 제살 이면 비드놓기

자융용접을 위해 루트면을 밀착시켜 가접한 모재가 수직이며 용접선이 수평이 되도록 지그에 고정하여 작업하기 편한 높이로 조절한다. 용접 전류를 70 ~ 100A 정도로 맞춘 후 작업하기 편한 자세로 앉아서 토치와 용접봉을 잡고 우측 끝 가접부에 전극을 가까이 위치한 후 스위치를 눌러 아크를 발생한다.

아크가 안정되면 두 모재의 루트부를 집중 가열 용융하며 작업각 75 ~ 85°, 진행각 70 ~ 80°로 유지하면서 용융지가 일정하게 형성되도록 진행한다.(제살 용접의 경우) 이 때 루트부에 구멍이 생길 경우 빨리 용접봉을 약간 공급하여 구멍을 채워야 된다.

2) 키홀 형성 이면 비드놓기

키홀을 형성하며 이면 비드를 놓는 방법을 적용할 경우의 모재 가공 및 가접법은 아래보기 자세와 같이 하면 된다.

토치와 용접봉을 잡고 용접선 우측 끝 가접부에서 아크를 발생하여 키홀을 형성시킨 후 용접봉을 키홀의 용융지에 접촉시키면서 작은 반달 우빙을 하여 모재의 루트면과 용접봉을 용융시켜 이면 비드를 형성하며 좌진한다. 이 때 용접봉의 각도는 용접선에 대하여 10 ~ 30° 정도로 유지하며 키홀이 생기는 부분의 위쪽 모재의 개선면에 위치하여 용접봉이 공급되도록 하는 것이 좋다.[그림 5-6 참조] 이 때 백 가스의 공급이 없으면 산화될 우려가 있으므로 주의가 필요하다.

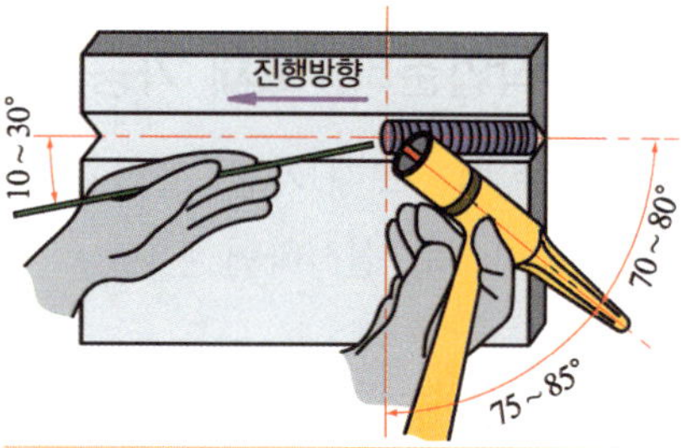

[그림 5-6] 수평자세 운봉각

다. 2층(표면) 비드놓기

스테인리스강의 경우 고온에서 장시간 유지될 경우 입계 부식의 우려가 있기 때문에 1층 용접이 끝나면 용접부의 온도가 312℃ 이하가 되도록 냉각시킨다.(층간 온도 유지)

2층 비드를 놓을 때도 뒷면에 새 은박지를 부착시켜야 산화가 일어나지 않는다.

작업각과 진행 반대각, 용접봉의 각도는 1층 비드놓기와 같이 하면 되며, 수평자세의 2층 비드도 1패스로 완성하는 방법과 2패스로 완성하는 방법이 있다. 홈 간격이 클 경우 비드의 처짐 현상이 생길 수 있으므로 위빙시 위쪽에 머무는 시간을 더 주고 용접봉 공급도 용융지 끝 상단에 하는 것이 좋다. 홈 간격이 클 경우에는 겹치기 2패스 비드로 완성하는 것이 좋다.[그림 5-7 참조]

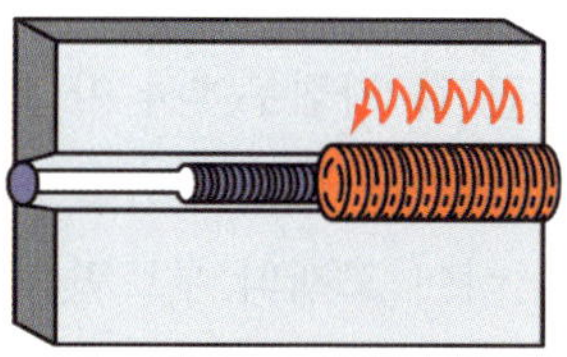

[그림 5-7] 수평자세 V형 맞대기 층별 비드놓기

3 수직자세 V형 맞대기 TIG 용접

가. 작업준비, 모재 가공, 용접기 조작, 가접

작업준비나 모재 가공, 용접기 조작, 가접법, 은박지나 세라믹 부착법은 아래보기 자세와 같은 방법으로 실시하면 된다.

나. 1층(이면, back) 비드놓기

1) 자용(제살) 이면 비드놓기

모재와 모재의 루트면을 완전 밀착시켜 가접한 모재를 토치의 전극으로 아크를 발생하여 용접봉의 공급없이 모재의 루트면을 용융시켜 루트부가 용착되도록 하는 이면 비드놓기법이다.

우선 모재와 용접선이 수직이 되도록 지그에 고정하여 작업하기 편한 높이로 조절한다. 용접 전류를 70 ~ 100A로 맞춘 후 작업하기 편한 자세로 앉아서 토치와 용접봉을 잡고 하단 끝 가접부에 전극을 가까이 위치한 후 스위치를 눌러 아크를 발생한다.

아크가 안정되면 두 모재의 루트부를 집중 가열 용융하며 작업각 90°, 진행각 70 ~ 80°를 유지하면서 용융지가 일정하게 형성시키며 상진한다.(제살 용접의 경우) 이 때 루트부에 구멍이 생길 경우 빨리 용접봉을 약간 공급하여 구멍을 채워야 된다.

2) 키홀 형성 이면 비드놓기

키홀을 형성하며 이면 비드를 놓는 방법을 적용할 경우의 모재 가공 및 가접법은 아래보기 자세와 같이 하면 된다.

토치와 용접봉을 잡고 용접선 하단 끝 가접부에서 아크를 발생하여 키홀을 형성시킨 후 용접봉을 키홀의 용융지에 접촉시키면서 작은 반달 우빙을 하여 모재의 루트면과 용접봉을 용융시켜 이면 비드를 형성하며 상진한다. 이 때 용접봉의 각도는 용접선에 대하여 10 ~ 30° 정도로 유지하며 키홀이 생기는 부분의 위쪽 모재의 개선면에 위치하여 용접봉이 공급되도록 하는 것이 좋다.[그림 5-8 참조] 이 때 백 가스의 공급이 없으면 산화될 우려가 있으므로 주의가 필요하다.

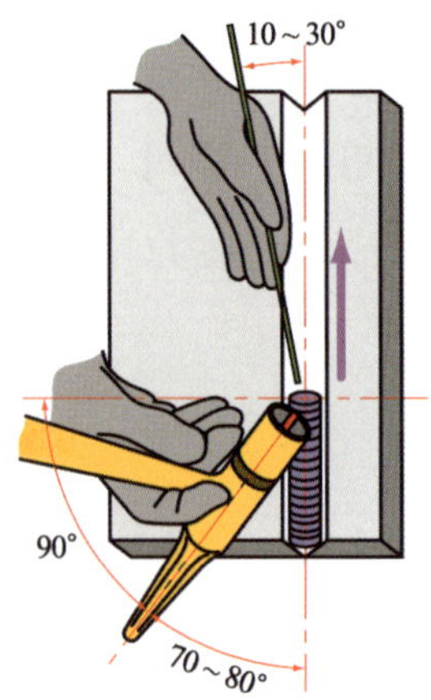

[그림 5 - 8] 수직자세 V형 맞대기 토치 및 용접봉각

다. 2층(표면) 비드놓기

층간 온도 이하로 냉각시킨 후 다시 뒷면에 새 은박지를 부착시켜 산화가 일어나지 않게 한다. 작업각과 진행 반대각, 용접봉의 각도는 1층 비드놓기와 같이 하면 되며, 비드의 처짐 현상이 생길 수 있으므로 주의가 필요하다.

4 위보기 자세 V형 맞대기 TIG 용접

가. 작업준비, 모재 가공, 용접기 조작, 가접

작업준비나 모재 가공, 용접기 조작, 가접법, 은박지나 세라믹 판 부착법은 아래보기 자세와 같은 방법으로 실시하면 된다.

나. 1층(백) 비드놓기

1) 자융(제살) 이면 비드놓기

모재와 모재의 루트면을 완전 밀착시켜 가접한 모재에 토치의 전극으로 아크를 발생하여 용접봉의 공급없이 모재의 루트면을 용융시켜 루트부가 용착되도록 하는 이면 비드놓기법이다.

모재가 수평이며 용접선이 좌우가 되며 용접부가 위에서 아래로 향하도록 지그에 고정하여 작업하기 편한 높이로 조절한다.

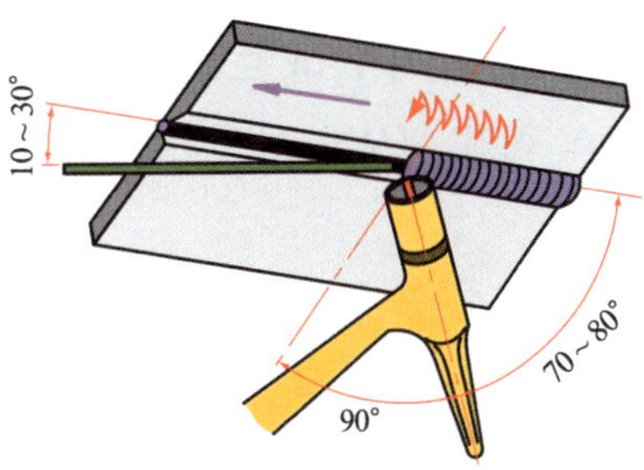

[그림 5-9] 위보기 자세 운봉각

용접 전류를 75 ~ 95A로 맞춘 후 작업하기 편한 자세로 앉아서 토치와 용접봉을 잡고 우측 끝 가접부에 전극을 가까이 위치한 후 스위치를 눌러 아크를 발생한다.

아크가 안정되면 두 모재의 루트부를 집중 가열 용융하며 작업각 90°, 진행각 70 ~ 80°를 유지하면서[그림 5-9 참조] 용융지를 일정하게 형성시키며 위빙없이 전진한다. 이 때 루트부에 구멍이 생길 경우 빨리 용접봉을 약간 공급하여 구멍을 채워야 된다.

2) 키홀 형성 이면 비드놓기

키홀을 형성하며 이면 비드를 놓는 방법을 적용할 경우의 모재 가공 및 가접법은 아래보기 자세의 루트 간격을 2.5 ~ 3.5mm 정도 띄워 가접한 모재와 같이 하면 되며, 반드시 뒷댐판을 사용해야 된다.

방법은 토치와 용접봉을 잡고 용접선 우측 끝 가접부에서 아크를 발생하여 아크를 안정시키면서 키홀을 형성시킨 후 용접봉을 키홀의 용융지에 접촉시키면서 작은 반달 위빙을 하여 모재의 루트면과 용접봉을 용융시켜 이면 비드를 형성하며 좌진한다. 이 때 용접봉의 각도는 용접선에 대하여 10 ~ 30° 정도로 유지하며 키홀이 생기는 부분의 위쪽 모재의 개선면에 위치하여 용접봉이 공급되도록 하는 것이 좋다. 이 때 백 가스의 공급이 없으면 산화될 우려가 있으므로 주의가 필요하다.

다. 2층(표면) 비드놓기

층간 온도 이하로 냉각시킨 후 2층 비드놓기를 해야 되며, 다시 뒷면에 새 은박지를 부착시켜야 산화가 일어나지 않는다. 작업각과 진행 반대각, 용접봉의 각도는 1층 비드놓기와 같이 하면 되며, 두 모재의 모서리와 모서리 사이를 위빙하여 모서리가 1 ~ 1.5mm 정도 용융되어 용착되도록 하며 모재 표면보다 1.5 ~ 2mm 정도 높게 쌓이도록 비드를 놓는다. 이 때 비드의 처짐 현상이 생길 수 있으므로 주의가 필요하다.

제6절 강관(파이프) V형 맞대기 TIG 용접

1 압력배관용 탄소강관 전자세(5G) V형 맞대기 TIG 용접

가. 작업준비

1) 공구 및 재료 준비

도면이나 WPS를 보고 필요한 공구와 재료를 준비한다. 탄소강관(ϕ162.5×70×t11.0 개선각 35°) 2개, TIG용 연강봉(ϕ2.6-1000)을 준비하고, 스테인리스강용 울이나 샌드페이퍼로 모재나 용접봉의 표면을 깨끗이 닦아준다.

용접봉은 한쪽 끝 약 20mm 정도를 구부려 용접 중 타인에게 상처를 주지 않도록 한다.

세라믹 노즐은 6 ~ 8번을 준비하여 토치에 조립하고 텅스텐 전극봉(토륨 1 ~ 2% 함유, YWTh ϕ2.4)을 준비하여 전극봉 전용 가공기나 연삭기로 전극봉의 끝각이 30° 정도 되게 가공한 후 토치에 끼우고, 노즐 끝에서 4 ~ 5mm 정도 돌출되게 맞추어 고정한다.

2) 모재 가공

강관의 한쪽 끝을 개선각 35°가 되게 파이프 가스절단기나 선반으로 절단하여 루트면을 1 ~ 1.5mm 정도 되게 하며, 두 강관의 루트면을 밀착시켰을 때 틈이 없도록 정교하게 가공한다.

3) 용접기 조작

일반적인 조작은 아래보기 비드놓기와 같은 방법으로 실시한다. 용접 전류는 모재의 두께나 형상, 용접 속도, 작업자의 성향에 따라 다르며, 층에 따라서도 다르게 적용하는 것이 일반적이다.

4) 유량 조절

아르곤가스 유량은 8 ~ 12ℓ/min 정도로 맞춘다.

나. 가접(tack welding) 및 가접부 가공

1) 가 접

가접은 강관의 크기에 따라 2 ~ 4곳을 가접한다. 준비된 강관 하나의 루트면 부분에 90°마다 석필이나 마카펜으로 선을 그어 가접부의 표시를 한 후 앵글 등 V자 모양의 가접 지그에 루트면이 맞닿도록 놓고 루트 간격을 2.5 ~ 3.5mm 정도 되게(ϕ2.4 또는 2.6를 V자 형상으로 구부려 두 강관 사이에 끼우는 법도 있음) 띄어서 금긋기로 표시된 부분마다 약 5 ~ 10mm 정도 되게 가접한다. 이 때 1개의 가접을 한 후 2개의 강관이 평행인지를 점검하여 교정한 후 대칭 부분을 가접한다. 이와 같은 방법으로 다른 2곳도 가접한다.

2) 가접부 가공

가접부는 용접 중에 완전 용착을 시키지 않으면 불량이 발생할 수 있으며 양 끝이 도톰하면 이면 비드를 놓을 때 용입 불량이 생길 수 있으므로 이면 비드놓기 전에 가접부의 양 끝을 홈쪽으로 경사지게 가공한다.(3장 피복 아크 용접 7절 [그림 7-3 참조])

다. 강관 고정

가접된 강관의 용접선이 좌우가 되며, 가접부가 큰 바늘로 20분 부분과 40분 부분이 되게 고정한 후 작업자의 머리보다 10 ~ 15cm 높이가 되게 단단하게 고정한다.[그림 6-1 참조]

[그림 6-1] 모재 고정

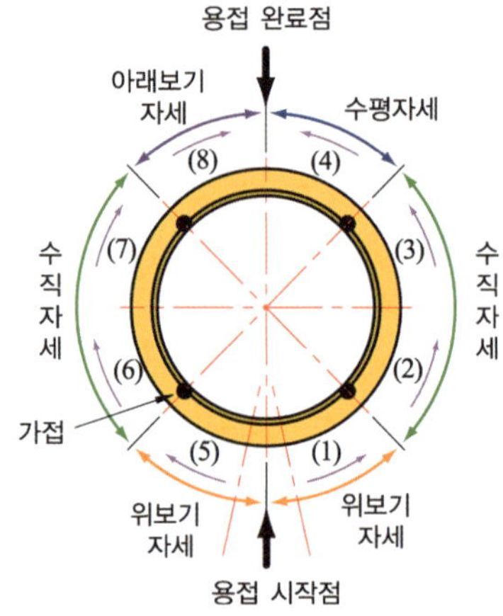

[그림 6-2] 용접 자세와 순서

라. 강관 전자세 1층(이면, back) 비드놓기

1) 위보기 자세 1층 비드놓기

용접자세는 고정된 원주면을 따라 강관 하단은 위보기 자세, 양 측면은 수직자세, 위 부분은 아래보기 자세로 구분할 수 있으나[그림 6-2 참조] 각 자세마다 용접을 중단할 필요는 없으며, 원형의 각 위치에 따른 접선에 따라 진행 반대각과 용접봉의 각도가 일정하게 유지되어야 된다.

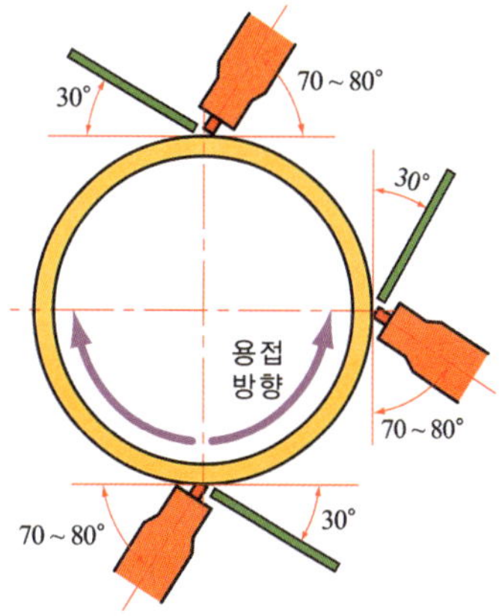

[그림 6 - 3] 자세별 토치와 용접봉 각도

이면 비드놓기 방법은 고정된 강관의 앞에 편하게 앉아 적정 작업 조건으로 맞춘 후 토치와 용접봉(ϕ2.4 ~ 2.6)을 잡고 토치의 전극 끝을 25 ~ 30분(35 ~ 30분) 부근을 집중 가열하여 루트부를 용융시켜 키홀을 형성시키고 이 키홀의 용융지에 용접봉을 공급하며 35 ~ 20분(25 ~ 40분) 사이까지 일정한 키홀의 형성과 용접봉을 공급하며 진행한다. 이 때 토치의 작업각은 90°, 진행 반대각은 원에 대한 접선에 대하여 70 ~ 80°를 유지하며 전진하고, 용접봉은 원의 접선에 대하여 20 ~ 30°를 유지하며 된다.[그림 6-3 참조]

이면 비드놓기 전류가 너무 세거나 용접봉의 공급이 늦어지면 키홀이 너무 커져서 진행이 안되거나 용락, 언더컷이 매우 심하므로 진행 속도와 용접봉 공급 속도를 일정하게 유지해야 된다.

2) 수직자세 1층 비드놓기

전자세 강관 용접에서는 자세를 구분할 필요가 없이 작업이 가능한 범위까지 진행하는 것이 좋으므로 긴 용접봉(1000mm)을 사용하여 가급적 잇는 부분이 적게 되도록 하는 것이 필요하다.

따라서 꼭 구분을 한다면 10 ~ 20분, 40 ~ 50분 사이를 수직자세로 보면 된다.[그림 6-2 참조] 수직자세는 위보기 자세보다 작업하기 편하며, 키홀이 잘 보여 일정한 키홀을 유지하기도 쉬워 이면 비드를 양호하게 용착시킬 수 있다. 그러나 키홀이 너무 커질 우려가 많으므로 용접봉 공급이나 토치의 진행 속도를 잘 맞추어 진행하여야 된다.

3) 아래보기 자세 1층 비드놓기

아래보기 자세는 수직자세를 제외한 상부 부분을 말한다. 아래보기는 다른 자세보다 작업하기 편하지만 강관이라서 전체가 동그랗기 때문에 평판 V형 맞대기를 하는 것과는 좀 더 어려운 부분이다.

강관 전자세 비드놓기나 맞대기 용접시 중요한 것은 원형이기 때문에 토치나 용접봉을 진행 중에 항상 원의 접선에 대한 진행각(진행 반대각)을 계속 조절하여 일정한 각도를 유지해야 된다.

4) 반대편 전자세 1층(이면) 비드놓기

강관에 비드놓기나 맞대기용접의 경우 한곳에서 전체를 빙 둘러 용접할 수 없으므로 이전 1층 이면 비드놓기의 반대 방향으로 위의 작업 '1) ~ 3)'의 방법과 같은 방법으로 실시하면 된다.

이 때 이면 비드가 이어지는 부분은 비드 잇기법과 같이 이전 비드의 5 ~ 7mm 뒤에서 아크를 발생하여 용융지를 만들며 루트 간격 사이로 진행하다가 비드 끝 부분이 용융되어 키홀이 형성되면 용접봉을 공급하며 진행하여야 된다.

5) 1층 비드 잇기

1층(백) 비드를 이을 때는 이전 비드 끝에서 이전 비드 약 5 ~ 7mm 부분부터 가열하여 용융지를 형성하면서 비드 끝 부분으로 진행하여 끝 부분의 루트부에 키홀이 형성되면 용접봉을 공급하면서 이전 1층(이면, back) 비드와 같은 방법으로 진행하며, 비드의 폭이나 높이가 일정하도록 진행한다.

마. 2 ~ n층 비드놓기

1층(백) 비드놓기가 끝나면 전류를 10 ~ 30A 높여서 2층 이상의 비드를 놓으며, 개선면의 모서리가 용융되지 않도록 해야 되며, 표면 비드 이전의 비드 높이는 강관 표면보다 0.5 ~ 1.0mm 낮게 쌓아야 된다.

바. 표면 비드놓기

이전 비드를 강철 와이어 브러시로 깨끗이 청소하고 연강용 ϕ3.2 용접봉을 잡고 토치의 전극을 35~30분(또는 25~30분) 부근을 집중 가열하여 두 모재의 개선 모서리를 1~1.5mm 정도 포함한 두 모서리 사이를 용융지를 만들고 이 용융지에 용접봉을 공급하며 일정한 폭과 높이가 되도록 반달형 또는 원형 위빙을 하며 위보기 자세, 수직자세, 아래보기 자세로 진행한다. 이 때 토치의 작업각은 90°, 진행 반대각은 원의 접선에 대하여 70~80°를 유지하며 전진하고, 용접봉은 원의 접선에 대하여 20~30°를 유지하면 된다.

(a) 1층 이면 비드 (b) 2층 비드

[그림 6-4] 전자세 V형 맞대기 용접

[그림 6-4]는 강관 V형 맞대기 용접이 완성된 형상을 나타낸 것이다.

비드놓기 중 전류가 너무 높거나 용접봉의 공급이 늦어지면 용락이나 언더컷이 매우 심하므로 진행 속도와 용접봉 공급 속도를 일정하게 유지해야 된다.

전자세 표면 비드놓기가 최초 비드에 도달하면 최초 비드를 5~7mm 정도 겹쳐 비드를 놓아 이음부를 충분히 용융시켜야 된다.[그림 6-5 참조]

사. 검사 및 반복 실습

용접이 끝나면 용접부 전체를 깨끗이 청소한 후 각종 용접 결함의 여부와 용접 외관 전체를 점검하여[그림 6-6 참조] 잘못된 점을 시정하려고 노력하며 위의 '가~바'를 반복 실습한다.

모든 기술은 숙련에 달려 있다. 모든 작업이 잘 되었더라도 여러 번 반복 실습하여 언제 실시해도 동일하게 양호한 용접부가 얻어질 때까지 해야 된다.

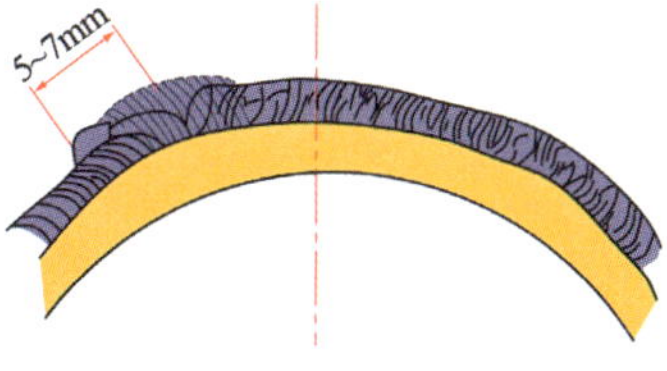

[그림 6-5] 비드 끝단의 보강

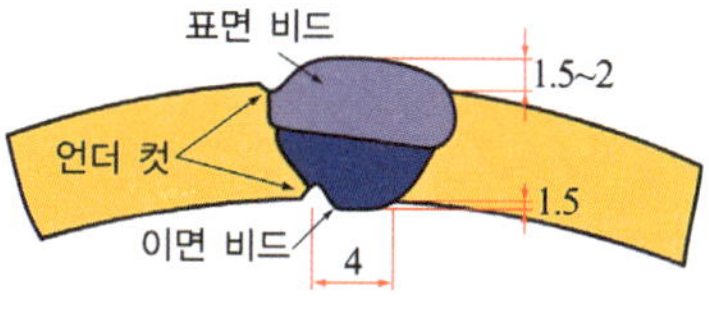

[그림 6-6] 용접부 결함 검사

아. 굽힘 시험 또는 방사선(X선) 탐상 검사

1) 굽힘 시험

용접사의 기량 정도를 평가하는 시험에서는 규정에서 정한 시간 내에 시험편을 용접하게 한 후 제출된 용접 시험편을 보고 용접부의 외관, 결함 유무 등을 점검하는 외관 검사를 한다.

그리고 외관 검사에 합격한 시험편에 대해 굽힘 시험이나 방사선 검사를 실시하여 용접부의 연성 정도나 내부의 결함 유무를 파악하여 규정에서 정한 기준에 합격하면 기량을 인정하게 된다.

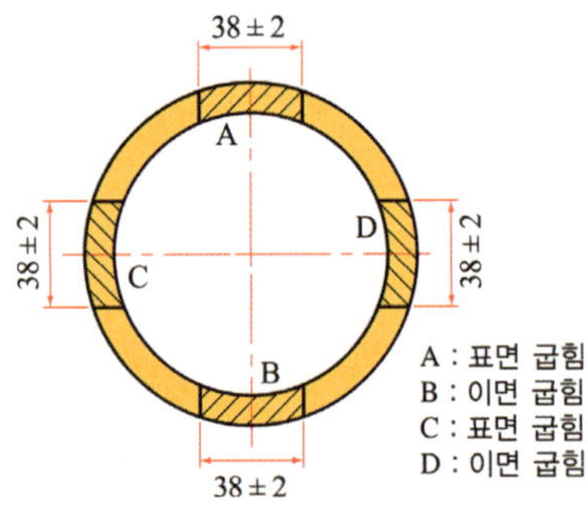

[그림 6-7] 강관 V형 맞대기 용접 굽힘 시험편 채취 부분

시험 방법의 적용은 각종 코드에서 정한 기준에 따라 굽힘 시험만 하거나, 방사선 검사만 하는 경우, 이 두 가지 방법을 다 적용하는 경우 등이 있다.

굽힘 시험은 용접된 강관을 [그림 6-7]의 빗금친 부분과 같이 38±2로 4개를 가스절단이나 플라스마 절단하여 강관 표면 높이보다 높은 덧살을 연삭 등으로 제거한 후 2개는 용접부 표면이 밖이 되게 하고, 2개는 용접부 백이 밖이 되도록 굽힘 시험기로 U자형으로 굽힌다.

굽혀진 시험편의 외부를 보고 1개라도 균열이 3mm 이상이거나, 작은 균열을 합하여 7mm 이상인 경우, 또는 기공 등이 10개 이상인 경우 불합격으로 판정한다.

2) 방사선 탐상 검사

방사선 탐상 시험은 검사 자격을 갖춘 자격자가 실시하여야 되며, 용접부의 사용 용도나 적용 코드에 따라 정한 기준 이내가 되어야 합격하게 된다.

방사선 탐상 검사의 결함 판별은 KS B 0845에서 규정한 결함의 분류 및 등급 분류에 대한 사항을 기준으로 필름 관찰기로 관찰한다. 결함의 분류는 제1종(기공 및 이와 유사한 둥근 결함)과 제2종(슬래그 섞임 및 이와 유사한 결함), 제3종(터짐 및 이와 유사한 결함)으로 분류하고 있다.

① **제1종 결함 :** 기공 및 이와 유사한 원형 결함으로 시험부의 전 면적 중 점수가 가장 크게 나타나는 부분의 시험 시야 내를 대상으로 한다. 시험 시야의 크기는 모재의 두께에 따라 [표 6-1]에 나타낸 크기로 한다.
결함이 1개일 경우의 결함 점수는 결함의 긴 지름에 따라 [표 6-1]의 값을 사용한다. 다만 결함의 긴 지름이 [표 6-1]에 표시하는 값 이하의 것은 결함 점수로서 계산하지 않는다.

표 6-1 X선 결함 판별 기준

<table>
<tr><th>구 분</th><th colspan="7">항목 및 크기, 점수, 크기, 계수, 간격</th></tr>
<tr><td rowspan="2">시험 시야의 크기</td><td colspan="2">25 이하</td><td colspan="3">25 ~ 100</td><td colspan="2">100 초과</td></tr>
<tr><td colspan="2">10×10</td><td colspan="3">10×20</td><td colspan="2">10×30</td></tr>
<tr><td rowspan="2">결함의 점수</td><td>1.0 이하</td><td>1.0 ~ 2.0</td><td>2.0 ~ 3.0</td><td>3.0 ~ 4.0</td><td>4.0 ~ 6.0</td><td>6.0 ~ 8.0</td><td>5.0 초과</td></tr>
<tr><td>1</td><td>2</td><td>3</td><td>6</td><td>10</td><td>15</td><td>25</td></tr>
<tr><td rowspan="4">산정않는 결함의 치수</td><td colspan="4">모재 두께</td><td colspan="3">결함의 치수</td></tr>
<tr><td colspan="4">20 이하</td><td colspan="3">0.5</td></tr>
<tr><td colspan="4">20 ~ 50</td><td colspan="3">0.7</td></tr>
<tr><td colspan="4">50 초과</td><td colspan="3">모재 두께의 1.4(%)</td></tr>
<tr><td rowspan="3">결함의 계수</td><td colspan="4">결함의 종류</td><td colspan="3">계 수</td></tr>
<tr><td colspan="4">슬래그 섞임</td><td colspan="3">1</td></tr>
<tr><td colspan="4">용입 부족, 융합 부족</td><td colspan="3">2</td></tr>
<tr><td rowspan="3">결함과 결함의 간격</td><td colspan="4">결함의 종류</td><td colspan="3">결함과 결함의 간격</td></tr>
<tr><td colspan="4">슬래그 섞임</td><td colspan="3">큰 쪽의 결함의 치수</td></tr>
<tr><td colspan="4">용입 부족, 융합 부족</td><td colspan="3">큰 쪽의 결함의 치수의 2배</td></tr>
</table>

표 6-2 제1종 및 제4종 결함의 분류

<table>
<tr><th>시험 시야(mm)</th><th colspan="2">10×10</th><th colspan="2">10×20</th><th>10×30</th></tr>
<tr><th>모재 두께(mm) / 등 급</th><th>10 초과</th><th>25 이하</th><th>25 초과
55 이하</th><th>50 초과
100 이하</th><th>100 초과</th></tr>
<tr><td>1 류</td><td>1</td><td>2</td><td>4</td><td>5</td><td>6</td></tr>
<tr><td>2 류</td><td>3</td><td>6</td><td>12</td><td>15</td><td>18</td></tr>
<tr><td>3 류</td><td>6</td><td>12</td><td>24</td><td>30</td><td>36</td></tr>
<tr><td>4 류</td><td colspan="5">결함 점수가 3류보다 많은 것</td></tr>
</table>

② 제2종 결함 : 결함의 종류에 따라 [표 6-1]에 표시하는 계수를 곱하여 결함 길이로 한다. 결함과 결함의 간격이 [표 6-2]에 표시하는 값을 초과하는 경우에는 각각 독립된 값으로 하나 1 이하의 경우에는 각각의 결함 길이의 총합을 그 결함군의 결함 길이로 한다.

③ 등급 분류

제1종 결함의 등급 분류는 [표 6-2]의 기준에 따라 실시하는 것으로 한다. 표 중에 나타낸 숫자는 결함 점수의 허용 한도를 표시한다. 다만 결함의 긴 지름이 모재 두께의 1/2를 초과할 경우에는 4급으로 한다.

또한 1급에 대하여는 결함의 긴 지름이 [표 6-1]에 표시하는 값 이하의 것이라도 시험 시야 내에 10개 이상 있어서는 안된다.

제2종 결함의 등급 분류는 [표 6-3]의 기준에 따라 실시하는 것으로 한다. 다만 1급에 대하여는 용입 부족 또는 융합 부족이 있어서는 안된다. 제3종 결함의 등급 분류는 모두 4급으로 한다. [그림 6-9]는 용접 결함별 X선 필름을 나타낸 것이다.

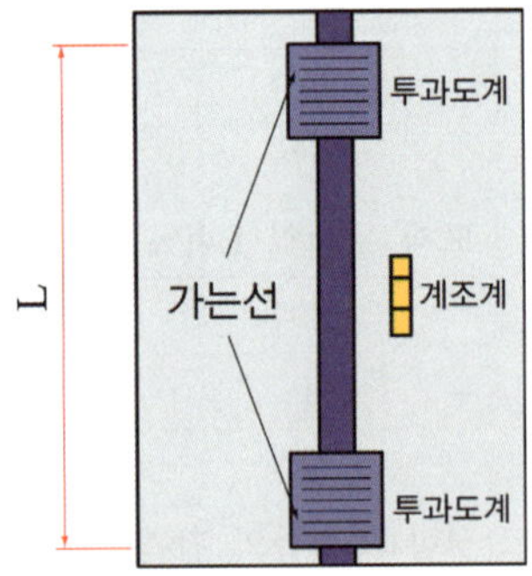

[그림 6-8] 투과도계와 계조계의 배치

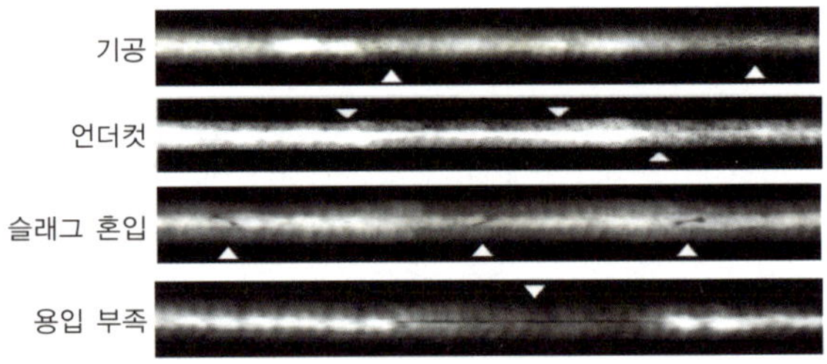

[그림 6-9] X선 필름

표 6-3 제2종 결함의 분류

등급 \ 모재 두께(mm)	12 이하	12 초과 48 미만	48 이상
1류	3 이하	모재 두께의 1/4 이하	12 이하
2류	4 이하	모재 두께의 1/3 이하	16 이하
3류	6 이하	모재 두께의 1/2 이하	24 이하
4류	결함 길이가 3류보다 긴 것		

2 스테인리스강관 전자세(5G) V형 맞대기 TIG 용접

가. 스테인리스강(stainless steel)

스테인리스강은 저탄소강에 Cr(12% 이상) 및 Ni을 다량 첨가하여 강한 보호 피막을 형성시켜 산화 작용이나 수용액 작용에 의하여 녹이 발생하지 않도록 내식성을 크게 향상시킨 것으로, 녹이 슬지 않는다고 하여 불수강이라고도 한다.

스테인리스강은 Fe-Cr계와 Fe-Cr-Ni계로 크게 분류하며, 조직에 따라 페라이트계, 마르텐사이트계, 오스테나이트계, 석출 경화계, Cr-Mn계가 있다.[표 6-4 참조]

표 6-4 스테인리스강의 분류와 특성

조직상 분류	주성분	탄소 함유량	담금질경화성	내식성	굴곡성	용접성
페라이트계	Cr 12 ~ 18%	0.2% 이하	전혀 없음	보통	보통	보통
마르텐사이트계	Cr 12 ~ 14%	0.15% 이상	있음	나쁨	나쁨	불가
오스테나이트계	Cr 17 ~ 20% Ni 7 ~ 10%	0.2% 이하	없음	좋음	좋음	좋음

나. 스테인리스강의 종류별 특성

1) 페라이트계 스테인리스강

18% Cr계로, STS 430이 대표적이다. 마르텐사이트계에 비해 내식성이 크고, 강자성체이며, 용접 구조용으로도 가능하다. 일반용품, 건축용, 장식용, 식품공업, 기계 부품 등에 주로 사용된다.

2) 마르텐사이트계 스테인리스강

13% Cr계로, STS 410이 대표적이다. 이것은 열처리에 의해 경화하고 담금질성을 가지며, 강자성체이다. 일반용품, 칼, 기계 부품, 의료용 기기, 밸브 등에 주로 사용된다.

3) 오스테나이트계 스테인리스강

① 18Cr ~ 8Ni 강(STS 304)이 대표적이며, 비자성체이고 내산 및 내식성이 우수하다.
② 인성과 전연성이 좋아 가공이 용이하며, 용접성이 좋으나 담금질이 안된다.
③ 열팽창계수가 탄소강의 1.5배, 열전도율은 약 60%로 열가공시 변형과 잔류 응력이 문제된다.
④ 염산, 묽은 황산, 염소 가스, 황산염 용액에 대한 내산성이 약하다.
⑤ 탄화물이 결정 입계에 석출하기 쉽다.
⑥ 용도 : 일반용품, 화학 공업, 항공기, 원자력 발전, 차량, 주방 기구, 식기, 의료용, 장식용, 건축용, 식품용, 기계 부품

4) 석출 경화형(Precipitation Hardening) 스테인리스강

① 오스테나이트계는 우수한 내열성, 내식성은 있으나 강도가 부족하고, 마르텐사이트계는 경화능은 있으나 내식성 및 가공성이 좋지 못한 점을 충족시키고, 좋은 특성을 살리기 위해 석출 경화 현상을 이용한 것이다.

② 현재 규격화된 것은 KS에 3종, AISI 규격에 7종, JIS 규격에 2종이 있다. 이중에 대표적인 것은 STS 630과 STS 631이 있다.

③ 이 합금은 보통 10 ~ 30%Cr과 Ni, Mo도 다양한 비율로 함유되어 있다. Cu, Al, Ti 및 Cb을 첨가하여 석출 경화상을 만든다.

㉠ 17-4 PH강(STS 630) : 17%Cr-4%Ni-3 ~ 5%Cu-Nb-Ta 합금으로 Ms 변태점이 상온 위에 있기 때문에 고용화 열처리를 하면 마르텐사이트(Cu가 과포화된) 조직으로 되며, 우수한 내식성과 높은 강도, 경도를 갖게 한 강이다.

㉡ 17-7 PH강(STS 631) : 17%Cr-7%Ni-0.75 ~ 1.5%Al 합금으로 변태점이 상온 이하에 있으므로 중간 열처리로 변태점을 상온 이상으로 끌어 올려 오스테나이트 상태에서 마르텐사이트(Martensite)로 변태시킨 다음에 석출 경화 열처리한다.

다. 18-8강의 입계 부식

1) 입계 부식의 원인

입계 부식(grain boundary corrosion)이란 고온으로부터 급냉한 것을 재가열하면 고용되었던 탄소가 오스테나이트의 결정 입계로 이동하여 탄화물(Cr_4C)이 석출해서 결정 입계 부근의 Cr량이 감소하게 되며 이로 인해 결정 입계가 쉽게 부식하게 되는 현상이다.

0.02%C 이하의 오스테나이트계 스테인리스강에서는 별 문제가 없으나 그 이상의 경우는 480 ~ 800℃의 온도 영역에서 장시간 유지하거나, 서냉 또는 급냉시켰을 때 탄소가 오스테나이트 결정립계에 이동하여 Cr_4C의 석출로 Cr량이 감소되어 내식성을 잃게 되거나 저하되고, 결정립계가 부식 또는 부스러지는 성질이며, 용접 쇄약(weld decay)이라고도 한다.

이것은 오스테나이트 지중에 고용한 탄소가 크롬 탄화물로 되어 결정립계에 망상으로 석출하여 입계의 양쪽에 크롬 희박층이 생겨서 그 부분의 내식성이 저하되고, 부식 환경에 달하면 결정 입계부가 선택적으로 부식되는 것이며, 탄화물의 입계 석출로 석출물과 오스테나이트 기지 사이의 전해 부식 작용에 의해서도 입계 부식이 촉진된다.

특히 650℃ 부근에서 제일 입계 부식을 받기 쉬우며 오스테나이트계 스테인리스강의 용접 열영향부 부근이 이와 같은 것에 해당한다.

2) 입계 부식 방지법

① 입계부식이 없는 재료를 선택한다 : 극저탄소(C : 0.03% 이하) 스테인리스강, 또는 안정화 원소(Ti, Ta, Nb)가 첨가된 스테인리스강을 사용한다.
② 고용화 열처리한다 : 용접 등에서 크롬 탄화물의 생성 위험이 있는 경우는 탄화물 분해 온도인 1050 ~ 1100℃의 고온으로 적당한 시간 가열하여 석출 탄화물을 완전히 오스테나이트에 재고용시킨 후 이를 급냉시켰을 때 가장 좋은 연성과 내식성을 갖게 된다.
③ 합금원소를 첨가한다 : 페라이트 조직을 만드는 원소를 첨가(Mo, Si, V 등)한다.

라. 스테인리스강의 용접성

스테인리스강은 대부분의 용접이 가능하다. 문제는 용입량을 최소화하고 입열량이 적은 용접부의 설계와 용접법을 적용하는 것이 중요하다. 따라서 용접시 탄화 크롬의 생성을 피해야 하므로 불활성 가스나 비산화성 가스로 용접부를 보호해야 된다. 스테인리스강은 탄소강에 비해 팽창 계수가 50% 이상 크므로 용접 변형이 심하며 다른 재료와 용접시 열팽창계수의 차에 의해 균열의 발생이 크므로 주의해야 된다.[그림 6-10 참조]

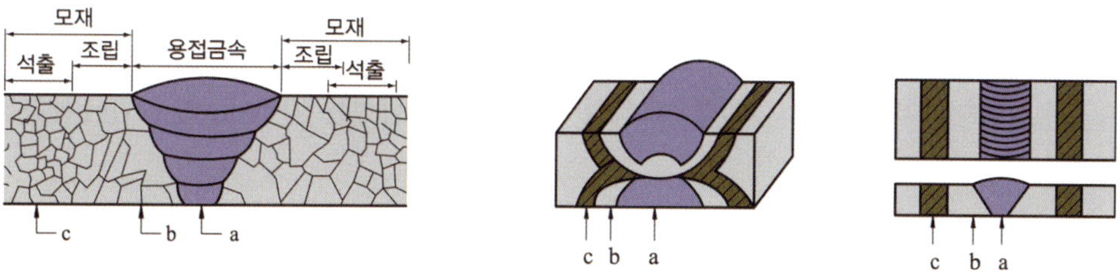

[그림 6 - 10] 스테인리스강의 열영향부

마. 스테인리스강의 용접법

1) 피복 아크 용접

스테인리스강은 피복 아크 용접이 많이 사용되며 직류의 경우 역극성이 사용된다. 용접 전류는 탄소강의 경우보다 10 ~ 20% 정도 낮게 사용하는데 전류가 낮으면 용입 불량이 생기기 쉬우므로 용접 홈 가공, 치수, 가접 등에 주의해야 하며, 판두께 1mm 이하는 용락의 위험성이 크므로 주의해야 한다. 최근에는 용접봉의 발달로 0.8mm 두께의 판 용접에도 이용되고 있다.

2) 불활성 가스 텅스텐 아크(TIG) 용접

스테인리스강의 용접에 광범위하게 사용되며, TIG 용접은 0.4 ~ 8mm 정도의 얇은 판의 용접에 사용되고 있다. 용접 전에 기름, 먼지, 녹 등을 완전 제거해야만 되며, 용접 전류는 직류 정극성이 좋고, 전극은 토륨(Th)이 들어있는 텅스텐 전극봉이 좋다. 전극의 끝부분은 뾰족하게 하는 것이 전류가 안정되고 열 집중성이 좋다.

3) 불활성 가스 금속 아크(MIG) 용접

MIG 용접법은 TIG 용접법에 비하여 두꺼운 판의 용접에 이용되며, 심선은 0.9 ~ 1.6mm 정도이며, 직류 역극성으로 시공한다. 이는 아크 집중성이 좋다. 순수 아르곤을 사용할 경우 스패터가 비교적 많이 발생하며 아크가 약간 불안정하므로 2 ~ 5%의 산소를 혼합하여 사용하고 있다.

바. 스테인리스강의 종류별 용접법

1) 페라이트계 스테인리스강의 용접

① 페라이트계 스테인리스강은 철에 크롬을 16% 이상 함유한 고크롬강으로 페라이트 조직을 형성하고 있으나 자경성은 없으며, 주로 18 Cr강 및 25 Cr강이 쓰인다.
② 오스테나이트계에 비해 내식성, 내열성이 약하며 용접성은 약간 있으나 담금질성은 없어 열처리가 안된다.
③ 열영향부의 조대화로 취성이 생길 우려가 있으므로 가는 봉의 사용과 저전류로 용접하며, 예열 온도는 200℃ 정도, 층간 온도는 80% 정도로 한다.
④ 용접 후에는 후열처리를 하면서 서냉해야 한다.

2) 마르텐사이트계 스테인리스강의 용접

마르텐사이트계는 용접이 곤란한 재료의 하나이다. 즉 용접을 하면 균열이 생기기 쉽다. 특히 탄소 함유량이 높을수록 경화가 심하고 전류 응력이 커지며, 급냉 후에 균열이 생기므로 예열과 후열이 필요하다.

① 철에 크롬을 12 ~ 13% 함유한 저탄소(0.08 ~ 0.15%) 합금으로 공냉 자경성이 있고 자성을 띤다. 증기 및 가스 터빈 등의 내마모성이 필요한 곳에 사용되며, 성형성은 좋으나 용접성은 불량하다.
② 용접에 의해 급열, 급냉할 때 마르텐사이트를 생성하여 균열 우려가 있으며, 탄소량이 많을수록 잔류 응력이 커져 용접성이 나빠진다.

③ 용접봉은 알루미늄이 소량 첨가된 비자경성인 12 Cr강을 사용하며, 200 ~ 400℃의 예열과 층간 온도를 유지한다.

④ 용접 직후 냉각되기 전에 700 ~ 800℃로 가열 유지한 후 공냉하며, 후열 처리가 불가능할 때는 18% Cr-12% Ni-Mo 함유봉을 사용한다.

3) 오스테나이트계 스테인리스강의 용접

① 철에 크롬과 니켈을 함유한 것으로 대표적인 것에 18 Cr-8 Ni인 18-8 스테인리스강이 있다.

② 내식성이 가장 좋으나 담금질성이 없으며, 천이 온도가 낮고 강인성, 가공성, 용접성이 우수하다.

③ 예열을 하지 않으며, 용접 중 층간 온도가 320℃ 이상을 넘어서는 안된다.

④ 용접봉은 모재의 재질과 같은 것, 될수록 가는 것을 사용하고 낮은 전류로 용접하여 용접 입열을 낮춘다.

⑤ 짧은 아크 길이를 유지하며 용접하고, 아크를 중단하기 전에 크레이터를 채운다.

⑥ 18 – 8 강 용접시 주의 사항

㉠ 열팽창계수가 크고 용접성 변동이 심하며 변형도 크다.(연강보다 50% 크다)

㉡ 연강보다 낮은 전류로 작업하는 것이 좋다.

㉢ 용접 후 680 ~ 480℃ 범위로 서냉되면 크롬 탄화물이 결정 입계에 석출되어 내식성을 떨어뜨린다.

㉣ 용접 중에 고온 균열이 발생하기 쉬우므로, 두꺼운 판을 제외하고는 예열을 실시하지 않는다.

㉤ 산소 아세틸렌 용접은 기계적 성질을 나쁘게 하므로 좋지 않다.

㉥ 용접봉은 될수록 지름이 가는 것을 사용하고 짧은 아크로 용접한다. 아크 길이가 길면 탄화 크롬 석출로 부식 저항이 저하된다.

㉦ 반드시 크레이터를 채우도록 하며, 용접봉 성분은 모재와 맞는 것, 또는 극저탄소 함유 용접봉을 쓴다.

사. 스테인리스강관 전자세 V형 맞대기

스테인리스강관 전자세 V형 맞대기 용접법도 '압력배관용 탄소강관 전자세 V형 맞대기 용접'법과 거의 유사하다. 다만 스테인리스강은 모재의 청정과 아르곤 가스의 순도, 그리고 강관 내부의 퍼지 가스의 사용[그림 6-11 참조], 용접 가능한 범위에서 가급적 낮은 전류 사용, 층간 온도 유지 등에 더 신경을 써야 된다.

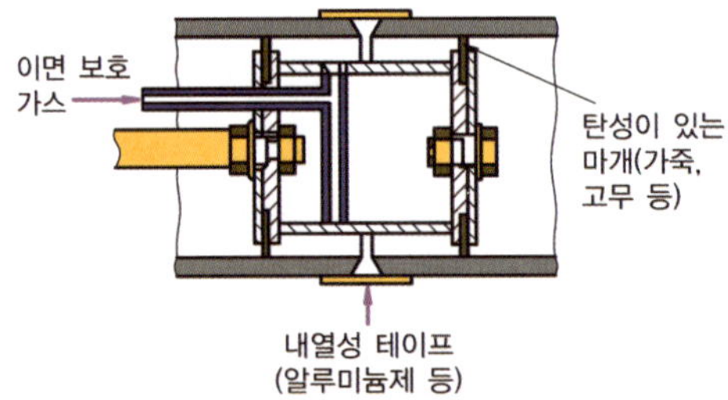

[그림 6-11] 관 이면 비드 보호가스 공급 지그의 예

1) 공구 및 재료 준비

일반적인 공구나 보호구는 탄소강관 V형 맞대기 용접법과 같이 준비한다. 스테인리스강용 연삭 숫돌, 스테인리스강관(ϕ150×70×t5.0 개선각 35°) 2개, TIG 용접봉(Y308 ϕ2.6-1000)을 준비한다.

2) 가 접

탄소강관의 V형 맞대기 용접과 같은 방법으로 실시한다. 다만 가접부를 확실하게 용착시키고, 가접 후 전·후면을 깨끗하게 청소해야 된다.

3) 퍼지 지그 설치 및 모재 고정

스테인리스강관 V형 맞대기 용접은 백(파이프 내부)이 고온에 의해 부식될 수 있으므로 내부에 아르곤 가스나 질소 가스를 집어넣어서 공기와의 접촉을 막아야 되므로 [그림 6-11]과 같은 퍼지 지그나 세라믹 판 또는 간이법으로 은박지 등을 부착시킨 후 용접에 임해야 된다.

퍼지 지그 설치나 아르곤 가스를 용접부 백에 분출시킬 수 있는 준비를 한 후 전자세로 용접하기 편한 높이로 관이 수평이며, 용접선이 수직이 되게 고정한다.

4) 1층 이면 비드놓기

전류는 용접이 가능한 한 범위에서 낮은 전류로 맞추고, 퍼지 가스를 분출시킨 후 탄소강관 V형 맞대기 1층 비드놓기와 같은 방법으로 30 ~ 35분(또는 25 ~ 30분) 부분에서 아크를 발생하여 위보기 자세에서 수직자세로, 아래보기 자세로 진행 위치에 따라 토치와 용접봉 각도를 일정하게 유지하며 키홀을 형성하고 용접봉을 공급하여 이면 비드를 놓는다.

가능하면 비드 잇는 부분이 적은 것이 좋으나, 비드를 이어야 될 경우는 이전 비드의 끝에서 20mm 정도를 깨끗이 청소한 후 이전 비드의 10 ~ 20mm 부분에서 아크를 발생하여 충분하게 가열하여 비드 끝으로 이동한 후 끝부분에서 키홀을 형성하여 이전 방법과 같이 진행한다.

5) 2층 이상, 표면 비드놓기

2층 비드 이상 비드놓기도 탄소강관 V형 맞대기 용접과 같이 하면 된다. 다만 층간 온도를 유지하면서 비드를 놓아야 된다. 1층 용접 후 충분하게 식혀서 312℃ 이하가 되었을 때 2층 이상의 비드를 놓는다.

표면 비드는 개선면 끝 모서리를 1 ~ 1.5mm 정도 용융되어 비드가 덮히도록 비드를 놓는다.

3 스테인리스강관 45° 경사 전자세(6G) V형 맞대기 TIG 용접

가. 45° 경사 전자세 용접

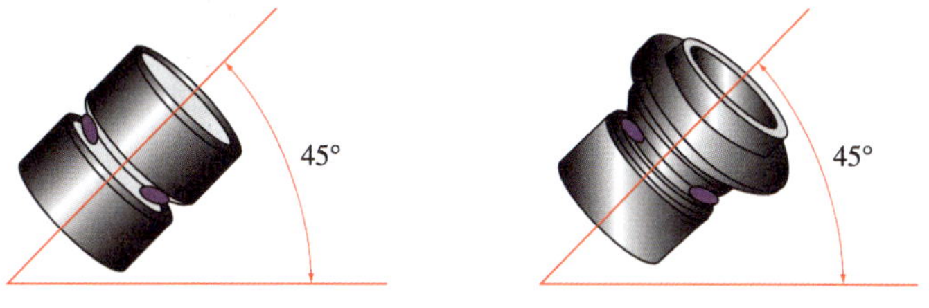

(a) 강관 45° 경사(6G) (b) 강관 장애물 45° 경사(6GR)

[그림 6 - 12] 강관 45° 경사 전자세 V형 맞대기 용접

강관 45° 경사 V형 맞대기 용접을 ASME 코드나 AWS 규정에 의한 용접 자세 기호로는 6G라고 부른다.[그림 6-12 참조] 이 용접 자세에서 1층 비드를 놓을 때 주의할 점은 경사진 용접선을 따라 키홀을 정확히 유지할 수 있어야 된다.

따라서 경사진 루트 간격을 따라 토치의 운봉각과 용접 속도를 잘 맞추어 운봉하며, 아래쪽에 비드 처짐이 생기지 않도록 한다.

2층(표면 비드 포함) 비드 용접시 운봉 속도와 비드 양 끝에 머무는 시간이 맞지 않으면 위쪽에 언더컷, 아래쪽에 오버랩이나 처짐이 생길 우려가 있으므로 주의해야 한다.

나. 강관 45° 경사 V형 맞대기 TIG 용접 준비

강관 45° 경사 V형 맞대기 TIG 용접 준비도 스테인리스강관 전자세(5G) V형 맞대기 TIG 용접법과 동일하게 하면 된다.

다. 강관 베벨 가공

강관 45° 경사 V형 맞대기 TIG 용접 강관 가공도 스테인리스강관 전자세(5G) V형 맞대기 TIG 용접법과 동일하게 하면 된다.

라. TIG 용접기 점검 및 조작 및 유량 조절

강관 45° 경사 V형 맞대기 TIG 용접기 점검 및 조작도 스테인리스강관 전자세(5G) V형 맞대기 TIG 용접법과 동일하게 하면 된다.

마. 스테인리스강관 45° 경사 고정

가접된 강관을 지그에 용접선이 45° 경사 수직이 되며 가접부가 30분 위치가 되도록 고정한다.[그림 6-13 참조] 작업자가 허리를 굽혀서 위보기 자세를 할 수 있으며, 허리를 세워서 아래보기 자세 운봉을 할 수 있을 정도의 높이로 높이를 조절한다.

[그림 6 - 13] 강관 45° 경사 고정

바. 1층(이면) 비드놓기

토치와 용접봉을 잡고 허리를 굽혀 토치를 용접 시작점(보통 강관의 하단 가접부 : 강관의 32 ~ 33분 또는 27 ~ 28분) 부근으로 옮겨 노즐을 가볍게 접촉시키고 용접봉은 접선에 대하여 10 ~ 30°를 유지하여 노즐 가까이 놓은 후 헬멧을 쓰고 토치의 스위치를 눌러 아크를 발생하여 아크를 안정시킨다.

아크가 안정되면 토치의 작업각은 90°, 진행 반대각을 접선에 대해 70 ~ 80°로 유지하면서 스위치를 놓아 용접 전류로 직각 또는 약간 경사진 작은 ∞형, 대파형, 부채꼴형 등의 운봉을 하여 가접부를 충분히 용융시키며 진행하다가 루트부에 키홀이 형성되면 전극 바로 앞의 키홀 용융지의 끝에 용접봉을 일정하게 공급하며 위보기 자세에서 수직자세로, 수직자세에서 아래보기 자세로 토치의 각도를 원의 접선에 따라 일정하게 유지하며 진행하여 1층(이면) 비드를 놓는다.[그림 6-14 참조]

이 때 전극은 루트 간격보다 1 ~ 1.5mm 넓으며, 작업대 면과 수평이 되도록 운봉한다.

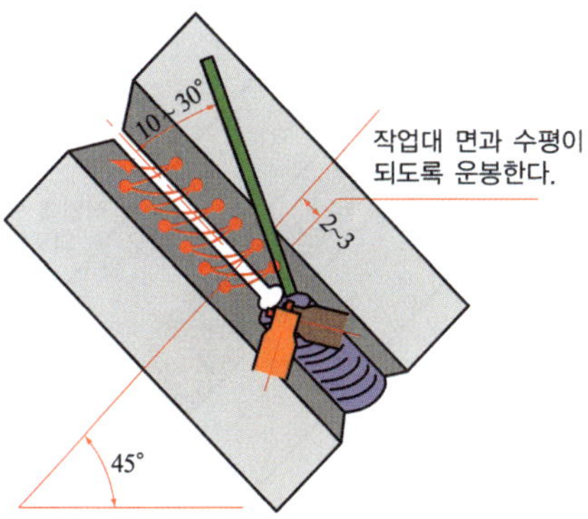

[그림 6 - 14] 강관 45° 경사 1층 비드 운봉

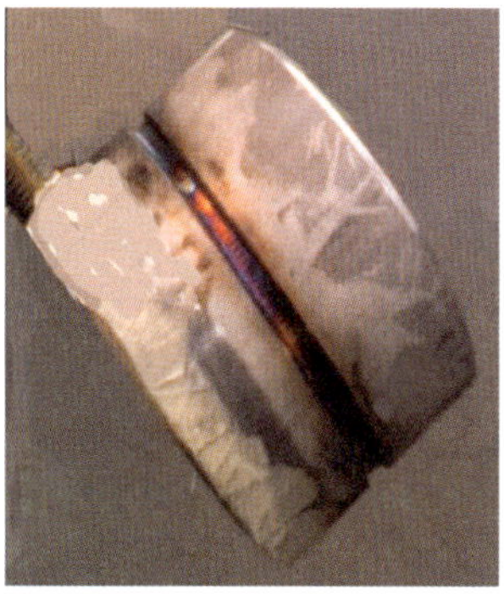

[그림 6 - 15] 1층 비드의 형상

사. 비드 잇기

한 층의 비드놓기가 완료될 때까지 가능한 한 비드놓기가 중단되지 않도록 비드를 놓아야 되지만 어떤 원인이든 일단 아크가 중단되면 비드가 끝났던 부분을 스테인리스강용 와이어 브러시나 휠 브러시, 또는 연삭 숫돌로 깨끗하게 닦아준다. 비드가 끝난 부분은 홈쪽으로 경사지게 가공한 후 이전 비드 끝에서 약 10mm 이상 부분에 토치의 노즐을 가볍게 대고 아크를 발생하여 천천히 비드 끝까지 진행하다가 끝부분에 키홀이 형성되면 용접봉을 공급하며 위의 비드놓는 방법과 동일하게 진행하여 비드놓기를 완성한다.

아. 2층 비드놓기

1층 비드놓기가 완료되면 용접부를 스테인리스강 브러시 등으로 깨끗하게 청소한 후 층간 온도(312℃) 이하가 될 때까지 모재를 냉각시킨 후 2층 비드를 놓아야 된다.

작업 방법은 1층 비드놓기와 동일하게 강관 중심선에 대하여 15° 정도 경사 운봉하거나, 평행 운봉하면 되며, 용접 전류를 10 ~ 20A 높게 조절하고 1층 비드와 충분히 용합되도록 한다.

자. 표면 비드놓기

판두께에 따라 2층, 또는 3층, 그 이상으로 비드를 놓아 표면 비드를 완성할 수 있으나 표면 비드놓기 이전의 비드 높이가 모재 표면보다 1 ~ 1.5mm 1층 비드가 높게 쌓인 경우 표면 비드를 놓아야 된다.[그림 6-16 참조]

용접 조건이나 운봉 방법은 2층 이상의 방법과 거의 같으나 완성된 표면의 비드 높이는 모재 표면에서 1.5 ~ 2mm, 폭은 모서리에서 모서리 사이보다 2 ~ 3mm 크게, 이면 비드의 높이는 1.5 ~ 2mm가 되게 한다.[그림 6-17 참조]

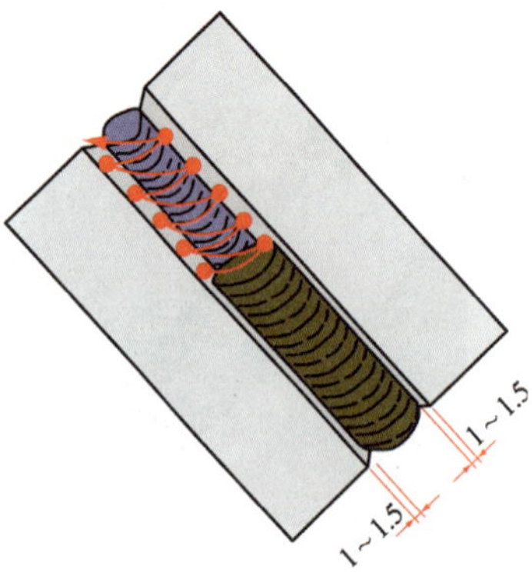

[그림 6 - 16] 강관 45° 경사 2층 비드 운봉

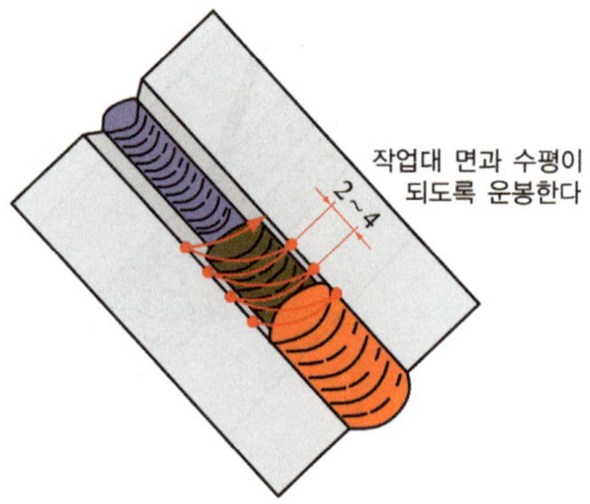

[그림 6 - 17] 강관 45° 경사 표면 비드 운봉

차. 검사 및 반복 실습

용접이 완료되면 용접부를 깨끗이 청소한 후 용접부의 외관과 결함의 유무를 검사하고, 필요하면 X선 투과 검사를 하여 내부의 결함 유무를 점검하여 용접부를 검증한다. 검증된 결과를 토대로 잘못된 점을 고치려고 노력하며 숙련이 될 때까지 반복 실습한다.

카. 정리 정돈 및 주위 청소

실습이 끝나면 아르곤 가스 용기의 밸브를 잠근 후 용접기 전면 판넬에서 '용접/점검' 전환 스위치를 '점검(가스체크)'으로 전환하여 호스 내의 잔여 가스를 제거한 후 용접기의 전원을 차단하고, 벽 스위치, 메인 스위치 순으로 차단한다.

사용했던 기계와 공구를 정리 정돈하고 주위를 깨끗이 청소한다.

고수열강 **용접실습**

초　판 인쇄 | 2013년　6월　5일
초　판 발행 | 2013년　3월　10일
개정5판 발행 | 2022년　10월　5일

공　저 | 정균호 · 박승리
발행인 | 조규백
발행처 | **도서출판 구민사**
(07293) 서울특별시 영등포구 문래북로 116, 604호(문래동 3가 46, 트리플렉스)
전화 (02) 701-7421(~2)
팩스 (02) 3273-9642
홈페이지 www.kuhminsa.co.kr

신고번호 | 제2012-000055호 (1980년 2월 4일)
I S B N | 979-11-6875-115-6 [13500]

값 28,000원